Bergmann | Das große Buch der Vogelfedern • Singvögel

Hans-Heiner Bergmann

Das große Buch der Vogelfedern

Die Singvögel Mitteleuropas

unter Mitarbeit von
Ralph-Günther Lösekrug

AULA-Verlag Wiebelsheim

Prof. Dr. Hans-Heiner Bergmann
Landstr. 44
D-34454 Bad Arolsen
E-Mail: bergmannhh@web.de

Bibliografische Information der Deutschen Nationalbibliothek
Die Deutsche Nationalbibliothek verzeichnet diese Publikation in der Deutschen Nationalbibliografie; detaillierte bibliografische Daten sind im Internet über http://dnb.d-nb.de abrufbar.

3., komplett neu überarbeitete Auflage
Die Vorauflagen erschienen unter dem Titel: Die Federn der Vögel Mitteleuropas – Ein Handbuch zur Bestimmung der wichtigsten Arten.

www.aula-verlag.de

Umschlagabbildungen: Federn: H.-H. Bergmann, Eichelhäher: Reto/stock.adobe.com
Druck und Verarbeitung: Belvédère Print & Packaging bv
Printed in Europe/Imprimé en Europe
ISBN 978-3-89104-851-1

Inhaltsverzeichnis

Zu diesem Buch

„Die kleinen Federn mit dem Spitzenfleck habe ich in deinem Buch gesucht und nicht gefunden. Und die Hand- und Armschwingen sind alle so ähnlich! Bitte zeig doch mehr typisches Gefieder.“ – Das war der Notruf eines Naturfreundes, der draußen eine Rupfung gefunden hatte und sie nach einem älteren Federbuch bestimmen wollte. Seine Not ist verständlich. Die Vielfalt der Federn nach Größe, Form, Farbe und Muster von vielen Arten ist wirklich kaum mit einfachen Mitteln zu bewältigen. Wer eine kritische Artbestimmung von gefundenen Vogelfedern vornehmen will, braucht häufig den kompletten Satz der Hand- und Armschwingen des Vogels mit allen Säumen und Fahnenstrukturen zum Vergleich, und möglichst noch das Kleingefieder. Aber oft findet man nur ein paar Deckfedern vom Körper oder vom Flügel eines Vogels. Dann muss man schon Glück und viel Erfahrung mitbringen, um zu dem richtigen Ergebnis zu gelangen. Das vorliegende Buch soll die Aufgabe des Bestimmens wenigstens bei den mitteleuropäischen Singvögeln mit allen Mitteln erleichtern, soweit diese verfügbar sind.

In früheren Bestimmungsbüchern über Vogelfedern – so auch in den beiden Vorauflagen dieses Buches – wurde nur eine kleine Auswahl von Federn der einzelnen Arten präsentiert. Der Benutzer, der seine gefundenen Federn bestimmen wollte, kam da oft an seine Grenzen. Dabei musste er das Federbuch mindestens zusammen mit einem Feldführer auf dem Tisch haben, um den anfallenden Fragen zum Federkleid einigermaßen gewachsen zu sein. Zusätzlich brauchte er oftmals Vorkenntnisse, um zu wissen, wo in dem Federkleid des Vogels die gefundenen Federn ihren Platz hätten.

In diesem Buch stellen wir für die Singvögel Mitteleuropas die Federn in großer Vollständigkeit und erstmals mit einer Kombination verschiedener Aspekte des Gefieders vor:

Abb. 1: Leicht zu bestimmen: Die 7. Armschwinge (A7) aus dem rechten Flügel eines männlichen Seidenschwanzes. Ein rotes Hornplättchen am Ende der Feder findet man nur beim Seidenschwanz.

Abb. 2: Schwer zu bestimmen: Da der ganze Vogel am 6.7.1962 bei Villeneuve in der Camargue auf der Straße gefunden wurde, ist der Befund klar: A7 aus dem rechten Flügel eines Drosselrohrsängers.

- Eine Darstellung des ganzen Vogels im Foto,
- sämtliche wichtigen Federn von Flügel und Schwanz, dazu Proben des Kleingefieders, einzeln auf einer farbigen Fototafel im DIN-A4-Format angeordnet und (bis auf wenige Ausnahmen) meist im Maßstab 1 : 1 abgebildet,
- den ausgebreiteten Flügel im Foto,
- eine ausführliche textliche Beschreibung des Gefieders.

Diese Beschreibung geht auf die einzelnen Schwingen, Steuerfedern und Decken nach Form und Färbung ein, außerdem auf das Kleingefieder und den Schnitt des Flügels sowie auf die Unterschiede zu ähnlichen Arten, zusätzlich auf Vorkommen und Mauser der Vogelart.

Dabei werden für die Steuerfedern und Handschwingen auch **Maße** angegeben, sodass man eine Vorstellung von der Größe des Vogels gewinnt. Hier handelt es sich durchweg um Maße, die an den einzelnen Federn aus Federsammlungen mit der Schieblehre (Messschieber) oder mit Lineal von verschiedenen Sammlern gewonnen wurden. Es handelt sich nicht um das Teilfedermaß, das am kompletten Flügel ermittelt wird (DO-G).

Soweit angebracht und möglich, werden auch die Unterschiede in den Kleidern von Männchen und Weibchen sowie Alt- und Jungvögeln beschrieben. Beschriftungen auf den Tafeln geben Hinweise zur körperlichen Zuordnung der Federn am Vogel. Dazu sollte man auch die beispielhaft beschriftete Federtafel auf Seite 10 vor Augen haben.

Gegenüber den Vorauflagen dieses Federbuchs sind nicht nur Format und Federauswahl geändert, sondern es ist auch ein knappes Dutzend neuer Singvogelarten aufgenommen worden, während einige Arten wegfallen mussten. Da die auf den Tafeln dargestellten Federn weit überwiegend aus der **Federsammlung** des Autors hervorgehen, muss man mit der Begrenzung einer solchen Sammlung auskommen. Manchmal fehlt eine Steuerfeder oder eine Schwinge, kein Wunder bei einem auf einer Rupfung oder einem Straßentotfund beruhenden Sammlungsstück. Die Sammlung des Autors umfasst mehr als 4000 Belege von über 430 Arten der Paläarktis. In diesem Buch wird das Gefieder von fast 140 Singvogelarten Mitteleuropas dar-

Abb. 3 Der geöffnete Flügel einer Blaumeise zeigt ein gerundetes Flügelprofil. Die blauen Armdecken bilden einen hellen Saum.

gestellt. Wer danach sucht, wird auch bei den ausgewählten Arten Lücken finden. In der Reihenfolge der Arten folgt dieses Buch der jüngsten Artenliste der Vögel Deutschlands (Barthel & Krüger 2018). Die Federn der Nicht-Singvögel werden in separaten Büchern behandelt.

Die **Flügelfotos** auf den Textseiten zu den Arten zeigen jeweils den rechten Flügel des Vogels in geöffneter Form, damit möglichst viel von den Spitzen der Handschwingen und zugleich der spitze oder gerundete Schnitt des Flügels sichtbar wird, dazu auch Bänder und andere Muster auf dem Oberflügel (Abb. 3, 5). Die Flügel sind in dieser Form aufgespannt und getrocknet worden. Nur in wenigen Fällen mussten die Federn einzeln einer Sammlung entnommen und dann auf Karton in entsprechender Form montiert werden. Wo die Sammlungen selbst das nicht hergaben, haben wir auf Fotos von fliegenden Vögeln zurückgegriffen.

Abb. 4: Die beiden geschlossenen Flügel einer Schwanzmeise zeigen wenig von der Flügelform. Die inneren Armschwingen bilden ein weißes Fenster.

Abb. 5: Der halb geöffnete Flügel einer jungen Bachstelze zeichnet sich durch die stark verlängerte Armschwinge A7 im inneren Armflügel aus.

Bei einem geschlossenen Flügel könnte man die relative Länge von Schirmfedern und Handschwingen direkt erkennen – die sogenannte Handflügelprojektion (Abb. 4). Geschlossene Flügel werden hier mit wenigen Ausnahmen nicht abgebildet, man kann sie aber auf den Vogelfotos und in den Bestimmungsbüchern betrachten. Bei einigen Arten gibt es extrem lange Schirmfedern im inneren Armflügel, die den ganzen geschlossenen Handflügel oder große Teile davon abdecken würden. Das gilt unter den Singvögeln für Lerchen, Stelzen (Abb. 5) und Pieper.

Die **Artentexte** zu den Tafeln wurden in der Regel so bearbeitet, dass sie zusammen mit dem Flügelfoto eine DIN-A4-Seite füllen. In einigen Fällen konnte auch verbleibender Druckraum für ein zusätzliches kleines Federfoto genutzt werden.

Auswahl und Anordnung der Federn

In diesem Buch ist die Anzahl der vorgestellten Federn gegenüber den Vorauflagen stark vergrößert. Sie entspricht den Bedürfnissen der Benutzer, ergibt sich aber auch aus der Anzahl an Federn, die man in eine wissenschaftlich geführte **Federsammlung** normalerweise aufnimmt und die man auf einer Unterlage aus Papier oder Pappe fixiert. Die Federn wurden in der Sammlung des Autors auf weißes Druckerpapier geklebt. Dabei wurde ein gängiger Alleskleber verwendet, der über Jahrzehnte nicht verdirbt und dennoch das Ablösen der einzelnen Federn erlaubt. Das weiße Papier bringt allerdings den Nachteil mit sich, dass helle Säume der Federn sich gegen den Untergrund nicht gut abheben. Für den Druck der ausgewählten Vorlagen wurde deshalb ein grafisches Verfahren angewendet, das es ermöglicht, die Federn mit allen Säumen und Farbgebungen auf dem Untergrund sichtbar zu machen, teils durch geeignete Beleuchtung und Schattenwurf.

Einzelheiten über die Anordnung der Federn sind auf der Tafel S. 10 und aus dem zugehörigen Text ersichtlich. Sowohl beim Flügel als auch beim Schwanz und den übrigen Federn genügt es, jeweils nur eine Hälfte zur Verfügung zu haben. Man kann davon ausgehen, dass bei dem Vogel die linke und die rechte Hälfte der Federn spiegelbildlich übereinstimmen.

An einem kompletten Vogel treten die den Körper bedeckenden Federn jeweils reihen- oder büschelweise auf, also in Verbänden vereinigt auf **Federfluren**, und decken die dazwischenliegenden federfreien **Federraine** mit ab. Jede einzelne Deckfeder wirkt mit ihren Nachbarn zusammen und bildet ein Stück Federkleid. Dabei ändern sich durch gegenseitiges Überdecken manche Eigenschaften. Die Farben wirken intensiver. In der Federsammlung des Autors und dadurch auch in der Präsentation in diesem Buch sind deswegen beim Kleingefieder häufig Federbüschel neben Einzelfedern aufgeklebt. Die Körperfedern schließen sich auf den Tafeln meist seitlich neben oder unter den Schwanzfedern und Schwanzdecken an. Dabei sind in der Regel Federproben von folgenden Körperregionen angeordnet:

Oberseite: Scheitel, Vorderrücken, Hinterrücken;
dazu Unterseite: Kehle, Brust, (Bauch), Flanke.

Je nach vorhandenem Platz kann das Kleingefieder des Körpers auch anders angeordnet sein. Bei den Singvögeln genügt für die meisten Arten ein Blatt im Format DIN-A4. Nur einige Drosseln und die Rabenvögel nehmen mehrere Sammlungsblätter in Anspruch, die dementsprechend für den Abdruck verkleinert werden mussten. Bei den dabei entstehenden Verkleinerungen beachte man die Maßstabsangaben in Prozent. Bei einigen Arten wäre es notwendig, mehrere Individuen darzustellen, weil die Federn bei verschiedenen Kleidern unterschiedlich sind. Ein Beispiel: Beim Neuntöter gibt es Unterschiede im Gefieder von adulten Männchen und Weibchen. Die Anzahl der erwünschten Tafeln würde aber den Rahmen des Buches sprengen.

Die Feder – wie herum? Fahne oben oder unten?

Ganz spontan fasst man eine Feder an der Spule an und hält sie mit der Fahne aufrecht vor sich. Das ist, als wenn man eine Blume am Stiel anfasst. Für eine Nelke ist das auch richtig, weil sie mit dem Stängel aus dem Boden herauswächst. Eine Feder dagegen ist ein Produkt aus der Haut des Vogels. Sie wächst nach unten heraus. Am deutlichsten wird das am Schwanz sichtbar. Auch die Schwingen und Decken des zusammengelegten Flügels und das meiste Kleingefieder am Körper weisen nach hinten, also beim stehenden Vogel nach unten. In der Anatomie der Wirbeltiere wird ein äußeres Organ grundsätzlich so dargestellt, dass der körpernahe Teil oben ist und der körperferne unten. Demnach muss auch die Feder anatomisch richtig mit der Spule nach oben und den Fahnen nach unten gezeigt werden. Aus diesem Grund sind die Federn in der vorliegenden Federsammlung in dieser Anordnung auf der Unterlage fixiert worden: Spule nach oben, Fahne nach unten. Das Druckverfahren im DIN-A4-Hochformat ergab jedoch meist eine horizontale Lage der Schwingen und der übrigen Federn. Die Federn werden im Übrigen grundsätzlich von ihrer Oberseite her gezeigt. Sie trägt das meiste Pigment und bildet das äußerlich wirksame Färbungsmuster. Von der Unterseite her betrachtet sind die Federn meist blasser und weniger ansehnlich. Manchmal ist der Schaft auffällig hell (Abb. 7).

Abb. 6: Schwanzfedern eines Kleibers: Anatomisch richtig ist die linke Feder abgebildet: Spule nach oben, Fahnen nach unten.

Die Flügelform: rund oder spitz?

In vielen Fällen trägt die **Flügelform** zur Bestimmung und auch zum Verständnis der Anpassung des Vogels bei. Die Texte oder Bildunterschriften zu den abgebildeten Flügeln enthalten meist die pauschale Angabe, ob der Flügel rund oder spitz geschnitten ist. Das bezieht sich auf das Profil des geöffneten ausgestreckten Flügels. Einen spitzen Flügel findet man beispielsweise bei den Schwalben. Einen gerundeten Flügel besitzen die Meisen: Hier bilden die ausgebreiteten Handschwingen ein rundes Profil, wie die gespreizten Finger einer Hand (Abb. 3). Spitze Flügel sind ökologisch typisch für Dauerflieger und Fernzieher, runde Flügel für Standvögel, die nicht weit zu fliegen haben. Spitzflügelige Vögel fliegen schnell im freien Luftraum, rundflügelige sind nicht so schnell, aber wendig und können sich auch im dichten Wald und im Geäst eines Baumes oder Strauchs geschickt bewegen.

Abb. 7: Schwanzfedern der Gartengrasmücke: links St1 von der Ober-, rechts St2 von der Unterseite gesehen.

Bei manchen nah verwandten Arten muss man die Schwingenformel prüfen, um die Artzugehörigkeit festzustellen. Der Mariskenrohrsänger ist beispielsweise ausgesprochen rundflügelig im Vergleich zum Schilfrohrsänger. Der Zilpzalp ist kurz- und rundflügelig im Vergleich zum nahe verwandten Fitis (Abb. 8). Natürlicherweise gibt es zwischen den Extremen alle denkbaren Übergänge. Auch der relativ spitzflügelige Fitis muss Kompromisse machen. Er bewohnt im Brutgebiet und auch im Winter die Vegetation und muss sich dort schwirrend und mit vielen Wendungen im Laubwerk und Gezweig der Bäume und Büsche fortbewegen. Während seiner Wanderung ins afrikanische Überwinterungsgebiet und zurück muss er aber als Fernzieher Tausende von Kilometern im nächtlichen Streckenflug zurücklegen. An seinem Flügel arbeiten also verschiedene Selektionsdrücke gegeneinander und erzeugen einen Kompromiss. Diesem Dilemma entgeht er auch nicht, wenn er als Ausnahme zweimal im Jahr sein ganzes Gefieder erneuert – einmal direkt nach der Brut, zum zweiten Mal während des Winters in Afrika.

Abb. 8: Trotz gleicher Größe der Vögel sind die Flügel verschieden: links langer spitzer Flügel vom Fitis, rechts kurzer runder Flügel vom Zilpzalp.

H10
HD9
OHD
St6
St5
St4
Alula
St3
St2
St1
UHD
innen
OSD
USD
außen
K
H1
A1
GOAD
Ober-
seite
Unter-
seite
UAD
A9
GOAD10

Auch die **Handschwingenprojektion** – die Distanz zwischen der Spitze der längsten Handschwinge und derjenigen der längsten Schirmfeder im zusammengelegten Flügel (s. Abb. 4, 8) – ist ein solches Merkmal. Spitzflügelige Vögel haben eine lange Handschwingenprojektion, rundflügelige eine kurze. Die Längenrelationen zwischen den Flügelfedern verschieben sich allerdings, wenn diese dem Flügel entnommen und auf einer Linie angeordnet werden. Daraus ergibt sich, dass die einzelnen Handschwingen von innen nach außen kürzer wirken, als sie im Federverband am kompletten Handflügel wären. Die Schwingenformel ist also bei den aufgeklebten Federn leicht verzerrt. Auch die fotografische Darstellung der ausgespannten Flügel lässt die Schwingenrelationen kaum besser erkennen als die einzelnen aufgeklebten Schwingen dies tun. Der ausgebreitete Flügel, wie er in den Fotos gezeigt wird, ist ebenfalls nicht normiert. Je weiter er beim Trocknen gespreizt wird, desto runder wirkt er (s. S. 102). Man präpariert ihn meist in einer mittleren Spreizung. So ähnlich hält man ihn auch bei einem lebenden Vogel, um die Schwingenformel zu erfassen.

Der Flügelschnitt wirkt sich vor allem in der relativen **Länge der einzelnen Schwingen** im Flügel aus. Bei einem spitzen Flügel liegen die längsten Handschwingen ganz vorn an der Spitze des Flügels. Bei einem runden Flügel sind die längsten Handschwingen weit zurückverlegt: Manchmal ist erst die 5. oder 6., vom Handgelenk aus gezählt, am längsten. Das ist allerdings nicht die ganze Wahrheit. Von den 10 Handschwingen eines spitzen Flügels ragt häufig die 8. oder 9. am weitesten vor. Die 10. dagegen – an der anatomischen Spitze des Flügels – ist bei Singvögeln oftmals stark reduziert. Sie liegt verborgen unter der letzten oberen Handflügeldecke HD9 und erreicht bei einem kleineren Singvogel in vielen Fällen nur eine Länge von 10 bis 15 mm. Sie taugt meist nicht zum Fliegen, sondern wirkt allenfalls noch stützend an der Basis ihrer Nachbarn. Die Flügelspitze ist sozusagen in der Evolution nach innen verlagert: Je länger H9, desto kürzer H10. Trotz ihrer geringen Größe wurde in der Federsammlung immer darauf geachtet, dass H10 und ihre Nachbarin HD9 erhalten blieben. Sie stützen die Aussagen über den Flügelschnitt.

Abb. 9: Junge Singdrossel: Die Handschwingen 6 bis 8 tragen an den Spitzen ihrer Außenfahnen Verengungen. Foto R.-G. Lösekrug

Bezeichnend sind auch die **Verengungen** der Außen- und Innenfahnen der Handschwingen. Sie fehlen bei den spitzen Flügeln, sind aber umso stärker ausgebildet, je runder

Die Federtafel: Beispiel für Beschriftung

Die Federn sind in der Reihenfolge angeordnet, wie sie beim Vogel im Flügel und im Schwanz auftreten. Da nicht auf jeder Tafel des Buches sämtliche Federn beschriftet werden sollten, werden auf diesem Beispielblatt anhand der Federn der Uferschwalbe weitgehend vollständige Beschriftungen beispielhaft erklärt. Eine Übersicht über die im Buch verwendeten Abkürzungen findet sich auf Seite 296.
Oben rechts beginnen die Handschwingen. Die äußerste (oftmals sehr kleine) wird als die zehnte (H10) gezählt, weil sie als letzte gemausert wird. Die Zählung der Handschwingen beginnt also mit H1 am Handgelenk. In die Lücken zwischen die Spulen der Handschwingen werden die zugehörigen Großen Oberen Handdecken (OHD oder HD) eingefügt, die mit ihren Spulen im natürlichen Verband wirklich zwischen den Spulen der Handschwingen befestigt sind und die Zwischenräume zwischen den Handschwingen an der Basis abdecken. Im freien Feld neben den äußeren Handschwingen ist normalerweise eine Serie von drei kleinen kurzen zugespitzten Schwingen fixiert, welche die Alula (das „Flügelchen") bilden. Sie sind natürlicherweise an einem freistehenden Finger fixiert, dem sogenannten Daumen, der am Handgelenk ansitzt.

Auf die innerste Handschwinge H1 folgt zum Körper hin die äußerste Armschwinge A1, die ihrerseits wieder die Nummer 1 trägt, weil sie unter den Armschwingen als erste gemausert wird. Die Armschwingen unterscheiden sich in ihrer Form etwas von den Handschwingen, weil sie meist zum Körper hin ein wenig gebogen sind. Zur Schulter hin werden sie weicher und symmetrischer. Diese inneren Armschwingen werden als Schirmfedern (Sch) bezeichnet. Bei den meisten Singvögeln zählt man 9 Armschwingen, bei den Lerchen und Rabenvögeln aber 10. Bei den Armschwingen stehen die länglich-ovalen Großen Oberen Armdecken (GOAD), die die Basis der Armschwingen abdecken und im kompletten Flügel jeweils auf der Spule der zugehörigen Armschwinge angebracht sind. Auch bei der innersten Handschwinge steht eine solche Deckfeder vom Typ Armdecke, aber in kleinerem Format. Sie wird Karpaldecke (K) genannt, weil sie vom Handgelenk (Karpalgelenk) ausgeht. An die innerste Große Obere Armdecke (GOAD 9) schließt sich eine zehnte an.

Links oben auf der Tafel sind die Steuerfedern der linken Seite angeordnet. Sie werden von innen (unten, St1) nach außen (oben St6) gezählt, weil auch ihre Mauser in dieser Reihenfolge erfolgt. Darunter stehen einige Unterschwanzdecken (USD) sowie Oberschwanzdecken (OSD).

Die Steuerfedern sind im Allgemeinen nicht beschriftet, weil sie anhand ihrer gestreckten geraden Form leicht zu erkennen sind, auch meist in den Tafeln abseits der Flügelfedern und ihrer Decken abgebildet sind. Die Steuerfedern werden häufig von innen nach außen länger, bei den Ober- und Unterschwanzdecken gilt das Gegenteil.

der Flügel ist. Diese Verschmälerungen der Fahnen gehen immer von der Federspitze aus und sind am längsten bei den äußeren Handschwingen, sie nehmen dann von Feder zu Feder ab. Sie reichen bei einem Singvogel meist nicht weiter als von der 9. (nur innen) bis zur 5. Handschwinge. Dabei liegen gleich weite Verengungen der benachbarten Schwingen einander gegenüber: Die Verengung der Außenfahne bei der 7. Handschwinge liegt auf der gleichen Höhe wie diejenige bei der Innenfahne der benachbarten 8. Handschwinge. So entsteht von beiden Seiten her ein Spalt zwischen beiden Federspitzen. Bei den einzeln nebeneinandergelegten Federn stimmen diese Relationen nicht mehr so ganz, weil die Federn mit ihren Spulen künstlich auf einer geraden Linie angeordnet sind, während sie im Flügel versetzt gegeneinander angewachsen sind: Sie wirken in der natürlichen Flügelspitze etwas länger, je weiter sie außen sitzen. Umgekehrtes gilt für die Armschwingen (s. S. 11). Einen Teil dieser Relationen kann man im Foto des geöffneten Flügels erkennen; man versteht die Zusammenhänge aber erst richtig, wenn man auch die Einzelfedern und die Texte dazu mit betrachtet.

Abb. 10: Am größten und ansehnlichsten aus dem Kleingefieder sind oft die Unterschwanzdecken, hier eine solche von einer Singdrossel mit einer Länge von 55 mm.

Was man in diesem Buch nicht findet

Wie der Untertitel deutlich macht, werden in diesem Band nur Singvögel Mitteleuropas behandelt. Das sind meist kleinere Vögel, deren Gefieder auf einer DIN-A4-Tafel gezeigt werden kann. Bei großen Drosseln und einigen anderen Arten waren schon zwei Blätter nötig, die dann verkleinert worden sind. Die größten Singvögel sind die Rabenvögel. Hier mussten stärkere Verkleinerungen vorgenommen werden. Es gibt auch unter den Nicht-Singvögeln kleine Arten, wie zum Beispiel Strandläufer, deren Gefieder man in diesem Buch nicht finden wird. Was man auch nicht finden wird, sind die Federn nicht-heimischer Arten. Nach dem Kanarienvogel oder auch dem Wellensittich wird man in diesem Buch daher vergebens blättern, obwohl dem aufmerksamen Beobachter ihre Federn nicht ganz selten draußen in einer Rupfung begegnen.

Es fehlen in der Präsentation der Federn immer Eigenschaften, die wir am Original wahrnehmen, aber nicht im Buch vermitteln können: Elastizität und Duft der Federn, fast immer auch die Ansicht ihrer Unterseite und ihre Wölbung. Bei vielen Arten wäre darüber hinaus auch die bildliche Darstellung verschiedener Kleider in Abhängigkeit vom Alter, vom Geschlecht und von den Jahreszeiten erwünscht. Und alle Federn und Flügel heimischer Vögel im Format 1 : 1 abzubilden, wird wohl mit den Möglichkeiten des Buchdrucks gar nicht zu erreichen sein. Zusätzlich sei auf die Darstellungen im Internet verwiesen (s. S. 292).

Das Wunder der Vogelfeder – eine allgemeine Einführung

Was man von einem Vogel außer der Stimme zuerst wahrnimmt, ist das **Federkleid**. Dabei stellt das Gefieder nur etwas Äußerliches dar. Hinter dieser Körperhülle verbergen sich viele Organe, die für den Vogel mindestens ebenso wichtig sind: die Haut, die Sinnesorgane, das Nervensystem, die Muskulatur, der Verdauungsapparat, die Blutgefäße und endlos vieles andere. Aber kaum etwas ist so speziell wie die Federn. Ohne sie könnte der Vogel sich nicht gegen Kälte und Hitze schützen, ohne sie könnte er nicht fliegen, sie machen ihn aber auch schön: Färbung und Gestalt werden von den Federn bestimmt. Sie sind Leichtgewichte und erfüllen trotzdem etliche Funktionen.

Vögel erkennt man an den Federn. Es gibt außer den Vögeln keine anderen Tiere, die sich mit Federn ausgestattet haben. Federn sind artspezifisch. Doch nicht nur Arten, sondern häufig zusätzlich auch Unterarten, Männchen und Weibchen, Alt- und Jungvögel einer Art, zuweilen sogar Individuen und ihre Kondition kann man an ihren Federn unterscheiden. Mit den Mitteln dieses Buches lassen sich allerdings oft nur die Artunterschiede erfassen, sehr begrenzt über die Texte auch Geschlechter und Altersklassen.

An einem einzigen Vogel können viele Tausende von Federn stehen, die alle verschieden sind, am Rücken

Abb. 11: Dohle im Juli: Beide Handflügel und der Schwanz zeigen Mauserlücken.

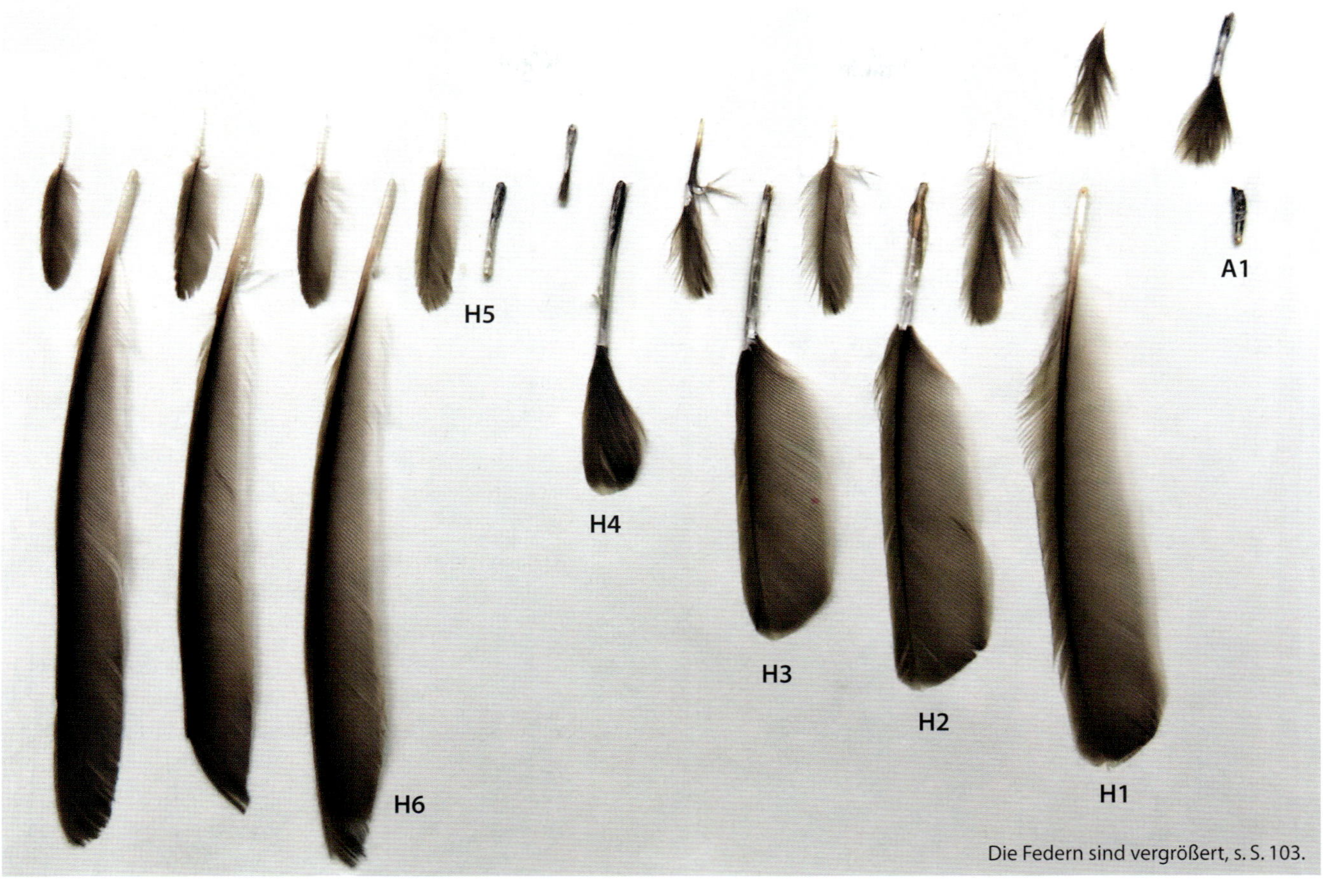

Abb. 12: Mauserbild aus dem linken Handflügel eines Fitis, Einzelfedern aufgeklebt: H1 ist fertig ausgewachsen, H2 bis H5 stufig wachsend, als nächste würde H6 abgeworfen. Bei A1 im Armflügel wird die Mauser aktiv, während die Lücke im inneren Handflügel sich schließt.

anders als am Bauch, am Schwanz anders als am Kopf. Federn eines einzigen Vogels bieten also oft eine schon beinahe unfassbare Vielfalt – einen Ausschnitt aus der Biodiversität, mit der die Lebenserscheinungen aufwarten. Das ist nicht anders als bei einer Buche, deren Blätter alle verschieden sind.

Obwohl der Vogel sich bester Gesundheit erfreut, zeigen seine Federn kein eigenes Lebenszeichen. Sie sind tote Horngebilde, die nicht einmal mehr nachwachsen können, wie es das Haar und der Fingernagel eines Säugetiers kann, auch eine Kralle und der Hornschnabel des Vogels.

Abb.13: Rupfung: Der Sperber hat einen rastenden Birkenzeisig auf Spiekeroog am 13.10.2012 geschlagen und gerupft. Alle Federn liegen durcheinander auf einem Haufen.

Im Gegenteil: Unter dem Einfluss von Außenfaktoren wie Licht, Luft, Wasser und mechanischen Ursachen verlieren die Federn im Lauf der Zeit ihre Färbung, Form und Funktion. Der Vogel benötigt deswegen die Fähigkeit, sein Federkleid zu erneuern; das geschieht meist einmal im Jahr. Diesen aufwändigen Prozess nennt man Mauser.

Die dabei entstehenden Lücken werden meist von den Nachbarfedern abgedeckt. Die abgeworfenen Federn gelten für den Vogel als Müll, obwohl sie oft noch in gutem Zustand sind: Er verwirft sie einfach. Die einzelnen Federn, die man in der Landschaft findet, sind meist solche Mauserfedern. Der Vogel verliert aber auch Federn durch Unfall, wenn er an ein Hindernis gestoßen oder hängen geblieben ist. Auch beim Kampf mit Artgenossen gehen oft Federn verloren. Man findet schließlich auch Rupfungen und Risse, das sind ganze Anhäufungen von Federn am Boden. Sie entstehen dann, wenn ein Greifvogel oder ein Säugetier einen Vogel erbeutet hat und sich der Federn entledigt, die er ohnehin nicht verdauen kann. Letztlich trifft man auch auf ganze tote Vögel oder Teile von ihnen. Sie sind durch Anfliegen an eine Stromleitung, an eine Glasscheibe oder an ein fahrendes Fahrzeug umgekommen – oder durch einen Feind, eine Krankheit oder Altersschwäche.

Wie oben schon gesagt: Die Federn vermitteln einen Zugang zur Identität des Vogels. Es ist aber oft schwierig, eine Feder oder eine Rupfung einer Vogelart zuzuordnen. Um eine Feder wissenschaftlich sicher zu bestimmen, benötigt man heute ein Labor und molekulare Methoden. Wer das nicht zur Verfügung hat, braucht doch wenigs-

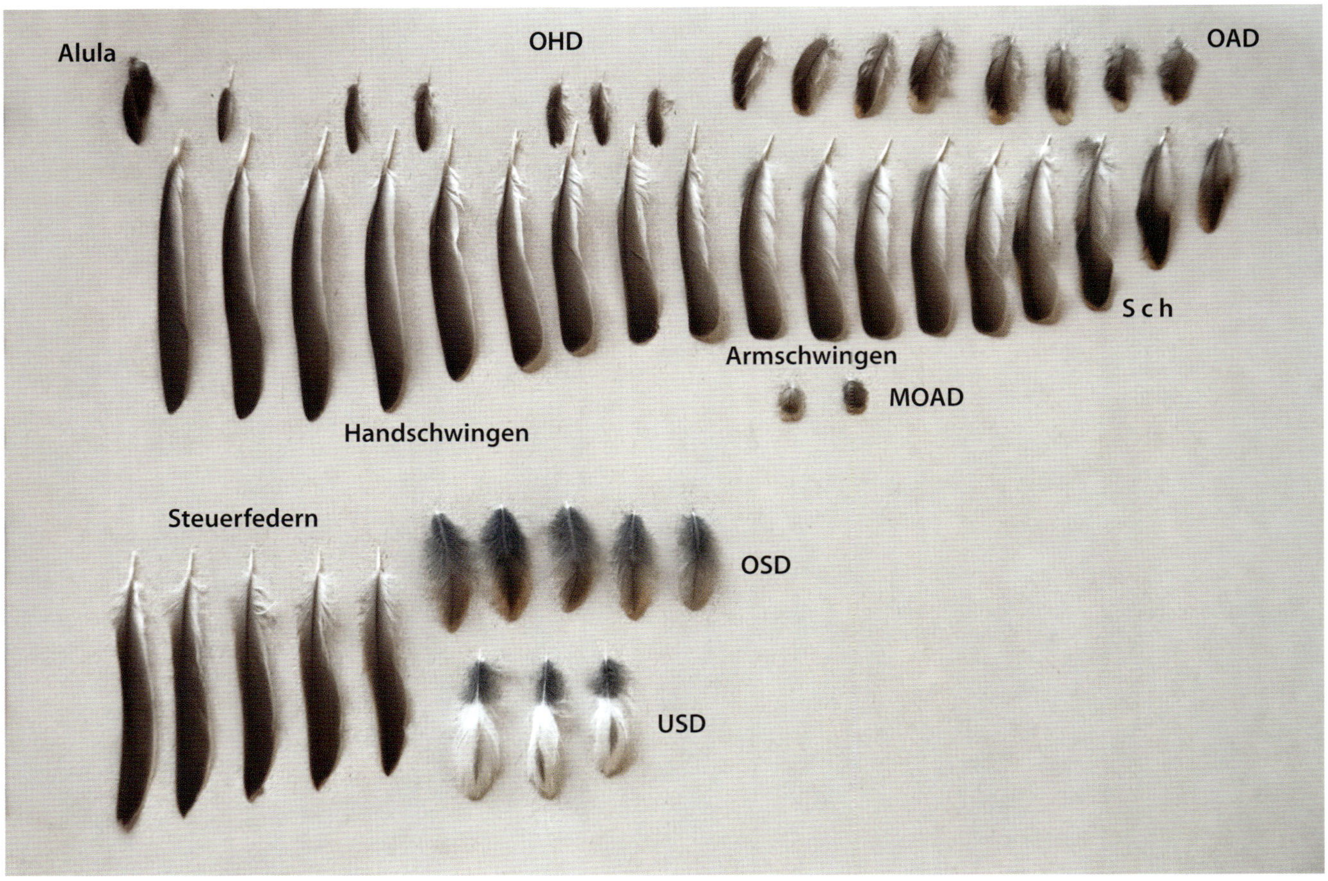

Abb. 14: Die Federn des Birkenzeisigs wurden eingesammelt, geordnet und aufgeklebt: OHD Obere Handdecken, OAD Obere Armdecken, MOAD Mittlere Obere Armdecken, OSD Oberschwanzdecken, USD Unterschwanzdecken, Sch Schirmfedern. Ein vollständigeres Bild bietet die Tafel der Uferschwalbe (s. S. 10).

tens eine Abbildung, die die Größe, Form und das Färbungsmuster der Feder wiedergibt.

Obwohl die Feder hauptsächlich dem Zweck dient, den Vogel zu wärmen und sein Flugvermögen zu sichern, sind Federn häufig auch ansehnliche Objekte von äußerem Reiz. Dazu tragen Färbung, Muster und Form bei. Diese Merkmale kennzeichnen auch den Vogel äußerlich. Je länger die mit Augenflecken verzierten Oberschwanzdecken eines Pfauenmännchens sind, desto stärker ist der Vogel und desto attraktiver für die Weibchen. Das alles verweist auch gleichzeitig auf die Vielgestaltigkeit der Federn, der man allein bei einer Vogelart begegnen kann, und gibt einen Eindruck von den Selektionsprozessen, die in der Evolution und Stammesgeschichte die Vielfalt der Federn hervorgebracht haben.

Die Vogelfeder – ein leichtgewichtiges Werkzeug

Ein Vogel, von der Ferne angeschaut, wirkt oft nur bunt. Beschreibungen dazu – auch für die Unterschiede zwischen Männchen und Weibchen, zwischen Jungen und Alten – findet man für die einzelnen Arten in den Bestimmungsbüchern, von denen einige im Literaturverzeichnis am Ende dieses Buches genannt sind. Dass aber das Kleid des Vogels aus endlos vielen einzelnen Federn zusammengesetzt ist, darauf wird man erst aufmerksam, wenn man den Vogel aus nächster Nähe sieht oder in der Hand hält.

Ein amerikanischer Wissenschaftler hat sich der Aufgabe unterzogen, die Federn von Haussperlingen zu zählen. Dabei kam er auf Zahlen von über 3500 im Winter, im Juli waren es nur knapp 3200. Große Vögel haben mehr Federn als Kleinvögel. So fand man bei einem Zwergschwan 25 216 Federn, die meisten mit 80 % am Kopf und an dem langen Hals. Eine Bienenelfe, ein winziger Kolibri von nur wenigen Gramm Gewicht, hat weniger Federn, deren kleinste am Augenlid nur 0,4 Millimeter Länge erreicht. Man hat bei einem Rubinkehlkolibri 940 Federn gezählt. Die längsten Federn hat ein männlicher Pfau, bei ihm erreichen die mit einem bunt schimmernden Augenmuster versehenen Oberschwanzdecken bis zu 1,5 Meter Länge. Es sind 100 bis 150 solcher Federn, die 5 % vom Körpergewicht des großen Vogels ausmachen. Die Zahl der echten Steuerfedern, die unter den Decken verborgen sind, beträgt nur 20, bei den Hennen 18. Für alle Vögel bedeutet das Gefieder eine erhebliche Investition an Protein, aber auch eine Beseitigung des schädlichen Schwefels aus dem Stoffwechsel: Der Schwefel ist in bestimmten Aminosäuren der Federn eingebaut und wird bei der Mauser entsorgt.

Wegen ihrer großen Zahl und der verschiedenen Aufgaben, die sie erfüllen müssen, nehmen die Federn häufig einen größeren Anteil des Körpergewichts des Vogels in Anspruch. Üblicherweise macht das Federgewicht eines Vogels 5-10 % des Körpergewichts aus – das ist meist immer noch das Doppelte des Skeletts. Nur das Alpenschneehuhn leistet sich für den alpinen Winter ein Feder-

Abb. 15: Die langen äußeren Schwanzfedern der Rauchschwalbe zeigen die Kondition und die Fitness des Vogels an.

kleid, das dichter, federreicher, flauschiger und wärmender ist als zu anderen Jahreszeiten. Es nimmt zu dieser Zeit ein Viertel des Körpergewichts in Anspruch: Von „federleicht" ist dann keine Rede mehr. Im Frühjahr mausert der Vogel in ein leichteres Kleid und hat es dann bequemer, die für ein Schneehuhn lästige Wärme des Sommers zu überstehen.

Frei von Federn sind meist nur wenige Stellen am Körper des Vogels: der untere Teil der Beine und die Zehen, der Schnabel, die Augen. Das wirkt sich deutlich bei der Temperaturregulation aus, weil über die nackten Stellen Wärme nach außen verloren geht oder umgekehrt der Körper bei Hitze gekühlt wird. Die Schneehühner, von denen oben die Rede war, schützen sich umgekehrt gegen Wärmeverluste durch dicht befiederte Läufe und Zehen und werden deshalb als Raufußhühner bezeichnet. Wasservögel verhindern Wärmeverluste durch ein Wärmeaustauschsystem in den Beinen. Nur die offenen Augen verlieren viel Wärme. Über Herbstsche Körperchen als Messeinheiten sowie glatte Muskulatur kann die Federstellung reguliert werden. Ansonsten ist die Haut bei den meisten Vogelarten aber auch keineswegs gleichmäßig mit Federn bedeckt. Die Federn stehen in ein paar engen Reihen konzentriert auf den Federfluren, zwischen denen sich federlose Federraine erstrecken. Diese Felder dazwischen werden aber von den Deckfedern der Federfluren mit geschützt. Nur beim Strauß, den Wehrvögeln und bei den Pinguinen (hier in großer Dichte) ist die Körperoberfläche gleichmäßig befiedert.

Keratin: der Stoff, aus dem die Federn sind

Die Federn bestehen aus einem elastischen und haltbaren Hornstoff namens Keratin. Dies ist ein spezielles Protein, wie jedes Eiweiß aus Aminosäuren zusammengesetzt. Keratine gelten als die stabilsten Eiweißstoffe in der Natur, widerstandsfähig gegen Enzyme und damit auch gegen die meisten bakteriellen Einflüsse. Es gibt zwei verschiedene molekulare Grundformen: Alpha-Keratin ist nach dem Modell einer Helix schraubig gewunden und relativ flexibel. Es ist der typische Grundstoff von Haut, Haaren, Krallen und Nägeln bei Säugetieren einschließlich des Menschen. Beta-Keratin dagegen besteht aus gefalteten Ketten, es ist zäher und widerstandsfähiger als das Säugerkeratin und kommt nur bei Vögeln vor. Die beteiligten schwefelhaltigen Aminosäuren Methionin, Cystin und Cystein sorgen mit ihren Schwefelbrücken für die Elastizität der Federn. Bei Vögeln tritt Keratin in unterschiedlichen Varianten auf. Das Beta-Keratin der Federn ist leichter als dasjenige der Hornschnäbel und der Krallen. Auch die Läufe und die Zehen eines Vogels sind von Platten oder Schuppen aus Keratin bedeckt.

Das Prinzip Klettverschluss

Die normalen Konturfedern eines Vogels, also alle Federn außer bestimmten kleinen Borstenfedern und Dunen, bestehen aus Kiel und Fahne. Die Fahne muss den Luft-

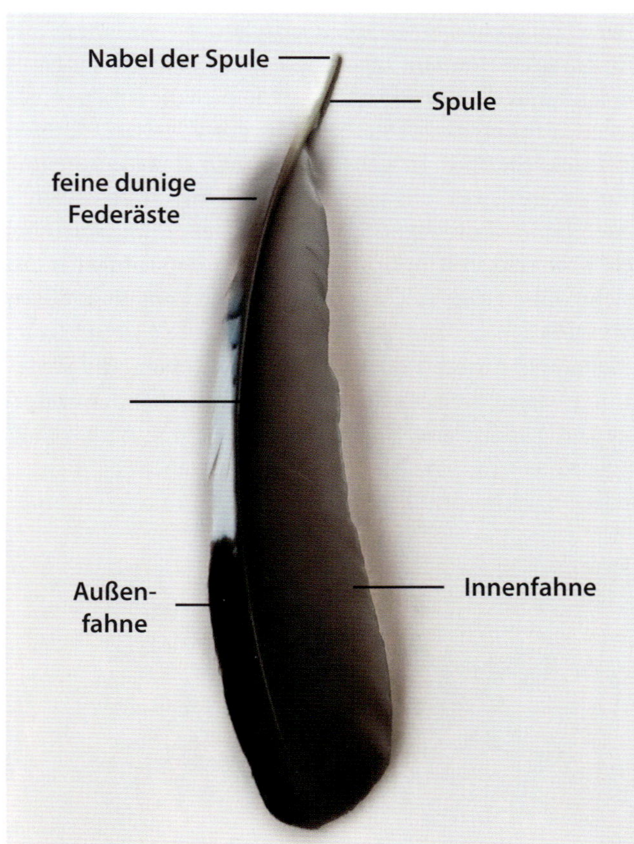

Abb.16: Hier sind am Beispiel der 5. Armschwinge eines Eichelhähers die wichtigsten Teile einer Konturfeder benannt.

strom beim Fliegen aushalten, sie muss die Haut abdecken, sie muss aber auch elastisch, leicht und in Grenzen reparabel sein: Eine Federfahne kann man mit leichter Mühe entlang der Federäste aufreißen – vom äußeren Federsaum bis zum Federschaft. Zwischen zwei Fingern von der Ober- und der Unterseite her streichend kann man die getrennten Fahnenstücke ebenso leicht wieder zusammenfügen, wie bei einem Klettverschluss: Eine Streicheleinheit für die Feder, wie sie von jedem Vogel jeden Tag mit dem Schnabel angewendet wird. Dieses spurlose Zusammenfügen der Federfahne beruht auf ihrer Feinstruktur.

Abb. 18: Singendes Amselmännchen: Das schwarze Gefieder enthält den Farbstoff Melanin, der Schnabel und der Augenring sind durch Carotinoid gelb oder orange gefärbt.

Die Feder – Bau und Feinstruktur

Sucht man sich eine größere Feder eines Vogels aus, stößt man meist auf eine Steuerfeder aus dem Schwanz oder eine Schwinge – so werden die Flugfedern aus dem Flügel genannt. Solch eine Feder als Teil des Großgefieders trägt auf beiden Seiten des Schaftes die elastisch verformbaren Fahnen (s. Abb. 16). Die Außenfahne ist etwas fester und schmaler, die Innenfahne weicher und breiter. Die Feder ist fast immer etwas körperwärts gebogen und nach unten gewölbt. Die Federn der beiden Körperseiten sind symmetrisch gebaut. Der Kiel hat in seinem untersten Teil in der Haut gesteckt und ist hier unpigmentiert und hohl. Dieser Teil wird Spule oder Calamus genannt. Schwingen, Steuerfedern und die sonstigen den Körper bedeckenden Federn sind trotz unterschiedlicher Größe und Gestalt sämtlich nach diesem Prinzip gebaut und werden als **Konturfedern** zusammengefasst. Außer ihnen gibt es noch kleine Federchen verschiedener Gestalt, vor allem die Dunen oder Daunen, bei denen keine Fahnen ausgebildet sind und die vor allem der Wärmeisolation dienen. Sie stellen sozusagen das Untergefieder des Vogels dar. Dunen sind so leicht und zart gebaut, dass man keine Berührung spürt, wenn man mit geschlossenen Augen ein solches Federchen auf die Handfläche gelegt bekommt. Auch bei den Konturfedern gibt es an der Basis der Fahnen meist solche dunenartigen Zonen, wo sich die Fahnen auflösen (Abb. 16).

Schon bei grober Betrachtung erkennt man eine Struktur der Fahne: Sie besteht aus parallel verlaufenden Federästen, die meist zur Federspitze hin schräg zum Schaft angeordnet sind. An den Federästen stehen in dichten Reihen nach beiden Seiten Strahlen, die mit bloßem Auge schon nicht mehr erkennbar sind. Zur Federbasis hin sind es Bogenstrahlen, die in ihrer Längsrichtung basalwärts krempenartig aufgebogen sind. Auf der anderen Seite des Astes, zur Federspitze hin, treten an ihre Stelle Hakenstrahlen, die mit Serien feinster Häkchen besetzt sind. Legt sich ein Feld solcher Hakenstrahlen auf die nächstbenachbarten Bogenstrahlen auf, so greifen die Häkchen in die Krempen der Bogenstrahlen ein und verhaken sich dort. Auf diese Weise wird der Zusammenhalt der Federfahne erzeugt – das erinnert an einen Klettverschluss.

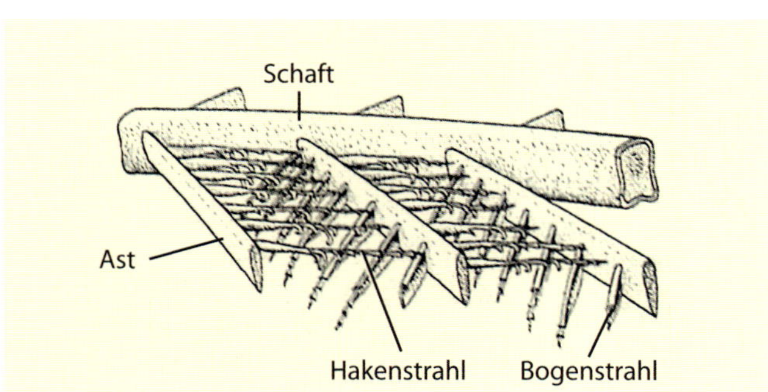

Abb. 17: Mikroskopischer Ausschnitt aus einer Konturfeder (aus Westheide & Rieger 2015, verändert).

Die Farben der Federn

Viele Federn sind einfach nur braun oder schwarz. Aber es gibt auch die unglaublichsten Farbtöne, Schillern und Schimmern. Die Federfarben gehen auf verschiedene Quellen zurück. **Pigmentfarben** werden während des Wachstums vom Organismus in die Feder eingelagert. Die Farben Braun, Dunkelgelb, Schwarz und Grau werden von Melaninen geliefert. **Melanine** entstehen ursprünglich in speziellen Zellen in der Neuralleiste des Embryos, einem Vorgänger des Rückenmarks. Sie bilden sich aus der Aminosäure Tyrosin, die oxidiert und mit einem Protein verbunden wird. Die Pigmentkörnchen bildenden Zellen wandern dann in die sich bildende Feder ein. Da dabei auch zusätzliches Keratin entsteht, stabilisiert dies

Abb. 19: Rote Farben sind bei Vögeln beliebt, wie bei Gesicht, Kehle und Brust des Rotkehlchens. Rot geht meist auf Carotinoid zurück.

die Federn. Exponierte Federn an Flügelspitzen werden häufig durch Melanin und das damit verbundene Keratin verstärkt. Sie stellen pigmentierte elastische Keratinskelette dar, nicht geeignet zum Wärmen. Doch sind sie hier umso besser an den zerstörerischen Einfluss des Lichtes und an mechanische Belastung angepasst. Die jährliche Mauser (s. u.) befreit den Vogel von manchen stofflichen Anteilen des Melanins, auch von dem giftigen Phenol, das im Tyrosin enthalten ist. Die dunkle Färbung von Federn, Haut und im Nervensystem schützt den Vogel auch vor der gefährlichen UV-Strahlung, die vom Melanin in Wärme umgewandelt wird.

Die Rotfärbung von Flamingos sowie die Gelbfärbung beim Kanarienvogel, beim Grünfinken und manchen anderen Arten gehen jedoch auf **Carotinoide** zurück, die aus der Nahrung stammen, also nicht von den Vögeln gebildet werden können. Deshalb werden Flamingos in menschlicher Obhut bei der Mauser weiß, wenn ihrem Futter nicht Carotinoide beigemischt werden oder kleine Krebse, die solche Farbstoffe enthalten. Bei männlichen adulten Amseln wird das Carotinoid im Schnabel und im Augenring sichtbar und zeigt das Alter und die Kondition des Vogels an (Abb. 18). Amselmännchen mit intensiv gefärbten Schnäbeln werden von den Weibchen bevorzugt. Rotkehlchen tragen viel Orange im Gesicht sowie an Kehle und Brust (Abb. 19). Sie reagieren mit heftiger Aggression auf rote Federn, selbst auf ein rotes Federbüschel an einem Stück Draht. Sie benötigen viel Carotinoid für ihr Gefieder. Als Insektenfresser gewinnen sie es wohl überwiegend aus Schmetterlingsraupen, die von Blättern leben. Blätter enthalten neben dem grünen Chlorophyll auch gelbes Xanthophyll – ein Carotinoid.

Die Farbklasse der Porphyrine leitet sich von Abbauprodukten des Blutfarbstoffs (Häm) ab und erzeugt Rot- oder Grünfärbung. Die Farbe, die wir bei Vögeln nicht sehen können, ist UV. Sie findet sich manchmal in den Federn, aber auch anderswo in der Natur, wie bei vielen Früchten.

Bei der Rosenmöwe und bei Pelikanen stammt der zarte Rosafarbton aus dem Exkret der Bürzeldrüse, das der Vogel bei der Gefiederpflege mit dem Schnabel von außen auf die Federn aufbringt. Auch die zarte Lachsfärbung des männlichen Gänsesägers im Prachtkleid geht auf diese Quelle zurück. Federfärbung kann auch von körperfremder Herkunft sein: Durch orange Haftfarben sind die alten Bartgeier gefärbt, die sich eigene Badestellen am Boden aussuchen, um sich mit solcher mineralischer Farbe zu imprägnieren. Weiße Federn von Schneehühnern können ebenfalls durch Sandbäder rötlich oder grau getönt werden.

Neben den Pigmentfarben treten bei vielen Vögeln **Strukturfarben** auf, die an speziellen dünnen Plättchen im Keratin entstehen und je nach Lichteinfall und Betrachtungsrichtung unterschiedlich schimmern – von violett über blau bis gelblich oder grünlich. Das Prachtkleid der Stare und der Spiegel im Armflügel der Stockente sind solche Beispiele. Das Blau in den Flügeldecken des Eichelhähers wird durch Unterlagerung von dunklem Melanin unter das farblose, trübe Keratin erzeugt (Tyndall-Effekt) – ebenfalls eine Strukturfarbe, aber ohne schillernden Schimmer.

50 %

Abb. 20: Die schöne schwarz-weiß-blaue Bänderung beim Eichelhäher konzentriert sich im Flügel auf die Alula (oben) sowie auf die Hand- und die äußeren Armdecken. Das Blau ist eine Strukturfarbe.

Mauser: Die Feder wird augetauscht

Eine gefundene Feder kann man viele Jahre lang unbeschädigt aufbewahren, wenn man dafür sorgt, dass sie nicht von Motten, Federlingen, Milben oder anderen Schädlingen befallen wird. Im freien Gebrauch am Vogel getragen, wenn sie dem Wind und Wetter, der Strahlung der Sonne und anderen wechselnden Außeneinflüssen ausgesetzt ist, zeigt auch eine Feder im Lauf der Zeit Gebrauchsspuren. Auch die Reibung benachbarter Federn aneinander kann eine Rolle spielen. Dort wo sie mit dem dunklen Pigment Melanin durchsetzt sind, halten sie länger. Oft sind die gemauserten Federn auch noch ganz unversehrt, als ob sie ein weiteres Jahr getragen werden könnten. Wo das Pigment fehlt, also an weißen Stellen, baut sich das Keratin am ehesten ab. Jedenfalls wird eine Erneuerung durchgeführt. Das geschieht bei den meisten Vögeln einmal im Jahr: im Sommer, wenn die anstrengende Fortpflanzungszeit vorbei ist, wenn es noch genügend Nahrung gibt und der Vogel noch nicht wandern muss. Den Prozess der alljährlichen Federerneuerung nennt man **Mauser** (abgeleitet vom lateinischen mutari – sich verwandeln). Er nimmt meist etliche Wochen oder einige Monate in Anspruch. Das Federkleid wird dabei nicht komplett auf einmal abgestoßen, sondern in geordnetem Ablauf, sodass der Vogel nicht federlos dasteht, sondern immer von Federn bedeckt ist, teils noch von den alten, teils mehr und mehr von neuen. Bei den meisten Vögeln werden auch die Flügelfedern in bestimmter Reihenfolge erneuert, sodass zwar wandernde Mauserlücken im Flügel entstehen, der Vogel aber trotzdem flugfähig bleibt (Abb. 11, 12).

Die einzelne Feder wächst aus einer Hautpapille der Lederhaut heraus. Sie ist zunächst in einer verschlossenen, innerlich gut durchbluteten Hornscheide geschützt,

Abb. 21: Besonders die mittleren, obenauf liegenden Schwanzfedern sind der Abnutzung ausgesetzt. Hier Federn der Dorngrasmücke frisch (links) und gebraucht (rechts)

dem Blutkiel. Dieser öffnet sich dann von der Spitze her und zerfällt, sodass die darin aufgerollt angelegte Feder sich nach und nach entrollen kann und freigestellt wird. Wenn allerdings die Nahrungszufuhr für den Vogel unterbrochen wird und er eine Weile hungern muss oder Stress erleidet, entstehen in der sich bildenden Feder Lücken quer über die Außen- und Innenfahne. Man nennt diese Bänder **Hungerstreifen**: Die Stoffzufuhr ist gestoppt, aber die Feder wächst weiter. Solche Hungerstreifen können manchmal nur eine einzelne Feder betreffen, die gerade erneuert wird. Sind alle Federn mit einem solchen Streifen versehen, kann man davon ausgehen, dass es sich um einen Jungvogel handelt: Alle Federn sind in demselben Wachstumsstadium vom Hunger oder Stress betroffen.

Manche Vögel bedienen sich der Abnutzung von Federn auch zu dem Zweck, ein neues Kleid anzulegen. Ein Star wird durch seine Mauser im Herbst (Abb. 22) zum Perlstar: Das neue Kleid ist über und über mit hellen Flecken bedeckt. Diese Flecke brechen im Lauf der Zeit weg, sodass der Vogel im Frühjahr ohne Mauser zum Glanzstar wird: Die bis dahin verborgenen, farbig schillernden Strukturfarben der Deckfedern kommen zum Vorschein. Auch viele andere Vogelarten bedecken sich in der Mauser für den Winter mit tarnenden Säumen, derer sie sich im Frühjahr entledigen, so Bluthänflinge, Buchfinken und Haussperlinge.

Federn für viele Zwecke

Man hat lange darum gestritten, ob Federn primär zur Wärmeisolation entstanden sind oder als Flugfedern ausgebildet wurden. Doch auch nicht-fliegende Dinosaurier trugen schon federartige Bildungen auf ihrer Haut und hielten damit ihren Körper warm. Daher ist dieser Streit entschieden: Federn sind primär Wärmefedern. Erst sekundär sind sie an das Fliegen angepasst worden: Der Flügel für das Fliegen, der Schwanz für das Steuern, die Körperdecken für das Erzeugen einer glatten und flugangepassten Oberfläche und Körpergestalt. Zusätzlich könnten schon früh Gestalt- und Färbungsmuster auf den Federn entstanden sein, die dem Imponieren, der Werbung, der Tarnung, der Identifikation und anderen Schauzwecken dienen. Federn sind auch Hilfsapparate der Wahrnehmung. Da ihre Basis von Nervenfasern und Muskeln umsponnen ist, können passive Bewegungen der Feder wahrgenommen werden. Wenn eine Feder verschoben ist, merkt das der Vogel und bringt sie mit dem Schnabel oder durch Schütteln wieder in ihre richtige Stellung. Federn können auch aktiv aufgerichtet und niedergelegt

Abb. 22: Der junge Star ist im September dabei, sein hellbraunes Jugendkleid durch dunkle, metallisch schimmernde Federn zu ersetzen.

werden und damit dem Ausdrucksverhalten und der Wärmeregulation dienen.

Das Haar oder der Fingernagel eines Menschen besteht wie bei einem Vogel aus Keratin (s. S. 15), ist aber selbst nicht mehr belebt und man kann beide abschneiden, ohne dass Schmerz entsteht. Doch wachsen beide von der Basis her ständig nach und es tut weh, wenn man ein Haar ausreißt. Bei einem Vogel ist die Feder vollständig abgestorben, sobald ihr Wachstum abgeschlossen ist. Man kann sie auch beschneiden, ohne dass es dem Vogel weh tut. Da sie aber mit der Spule in der Haut verankert und dort von Muskelfasern, Blutgefäßen und Nerven umsponnen ist, entstehen dem Vogel Schmerzen, wenn man die Feder ausreißt. Deswegen ist das Ausrupfen von Federn bei lebendem Geflügel international in vielen Ländern verboten. Während der Mauser, bei der natürlichen Erneuerung einer Feder, spürt der Vogel selbst keinen Schmerz. Die Feder wird durch die nachwachsende Nachfolgerin von unten her herausgedrängt und löst sich leicht ab, wenn der Vogel sein Gefieder pflegt. Er hat die Feder dann plötzlich lose im Schnabel und lässt sie einfach fallen. Die Erneuerung des Federkleides kostet den Vogel jedoch viel Energie. Er lebt dann meist zurückgezogen und benötigt reichlich gute Nahrung.

Federn als Rechtsgut

Man darf gefundene Federn nicht ohne Weiteres in Besitz nehmen. Sie sind in der Europäischen Union genauso wie lebende oder tote Vögel durch internationale und nationale Gesetzgebung geschützt. Das gilt auch für Federn, soweit sie erkennbar sind, das heißt einer Vogelart zugeordnet werden können. Entscheidend für den Vogelschutz ist seit 1979 die Vogelschutzrichtlinie (VschR 79/409). Sie regelt den Schutz aller wildlebenden Vogelarten und ihrer Lebensräume in Europa. International gilt das Washingtoner Artenschutzabkommen, das 1973 beschlossen wurde. Es bezieht sich auf den grenzüberschreitenden Handel mit gefährdeten Arten (Convention on International Trade in Endangered Species, CITES). Zuständig für diesbezügliche Rechtsfragen in der Bundesrepublik Deutschland ist das Bundesamt für Naturschutz (BfN). Auch Vogelfedern von gefährdeten Arten dürfen demnach nicht ohne CITES-Bescheinigung über Ländergrenzen gebracht und schon gar nicht gehandelt werden. Das gilt auch für andere Teile und selbst für Gewebeproben der Vögel.

Lokal oder regional kann man eine Ausnahmegenehmigung für das Sammeln von Vogelfedern bei der zuständigen Naturschutzbehörde beantragen, wenn man nachweist, dass das Sammeln wissenschaftlichen oder pädagogischen Zwecken dient. Außerdem muss sichergestellt werden, dass die Sammlung nach wissenschaftlichen Kriterien geführt und am Ende ihrer Verwendung einem Museum zur Verfügung gestellt wird.

Danksagung

Frau Dr. Wiltraud Engländer, Frau Dr. Ruth Raiss sowie den Herren Prof. Dr. Rudolf Abraham, Hans-Joachim Fünfstück, Dr. Ernst Gerstner, Gerd Michael Heinze, Manfred Koch, Thomas Lechner, Achim Menzel, Dr. Franz Müller, Hermann Rank, Dr. Christoph Unger, Johannes Wassermann und anderen danke ich dafür, dass sie mir wertvolle Federbelege ausgeliehen oder überlassen haben. Die Angaben über die Länge von Handschwingen und Steuerfedern in diesem Buch wurden dem Werk von Hansen & Synnatzschke (2015) entnommen. Bei der Neubearbeitung dieses Werkes hat sich Gabriel Hartmann in hohem Maße verdient gemacht. Georg Grothe, Svenja Klink und Elena Laarmann vom Aula-Verlag sei für die engagierte redaktionelle Arbeit gedankt. Herr Ralph-Günther Lösekrug hat mit seiner Sammlung und seiner Fotografie die Herstellung der Flügelfotos ermöglicht und damit das Buch bereichert. Einige wertvolle Flügel sind von den Herren Jens und Klaus Peters hierfür zur Verfügung gestellt worden. Die Fotos der Federtafeln wurden professionell von Frau Olga Zaharevici, Nürnberg, erstellt.

Abb. 23: Diese Armschwinge hat ein mausernder Mäusebussard fallen gelassen. Die Regentropfen perlen von der Feder ab.

Neuntöter *Lanius collurio*

Federmerkmale: Bei den **Altvögeln** sind die Unterschiede zwischen den Geschlechtern auch im Großgefieder auffallend. Bei den diesjährigen, eher weibchenfarbigen Jungvögeln sind diese Unterschiede nicht erkennbar.

Von den einzelnen **Handschwingen** sind H7/8 die längsten (71 bis 84 mm, Mittel 78 mm, n = 139). H7 und 8 haben eine Außenfahnenverengung, H(7) 8 bis 10 eine Verengung der Innenfahne. H10 ist ungefähr 2,5 cm lang. Beim alten **Männchen** sind die Handschwingen dunkelbraun bis schwarzbraun, H1 bis 8 haben aber ein weißes Feld an der Basis der Innenfahne, das bis zu einem Drittel der Fahnenlänge ausmacht. Bei H3 bis H6 (7) erfasst dieses Feld auch die Basis der Außenfahne. Im gestreckten Flügel kann es als kleiner weißer Streif unter den Handdecken sichtbar werden. Die Schäfte laufen aber schwarz abwärts bis zur Spule. Die **Armschwingen** sind dunkel graubraun, die Innenfahnen nur wenig aufgehellt. Sie haben hellbräunliche Außen- und Endsäume, die sich zu den Schirmfedern hin verstärken. Die Schäfte sind schwarzbraun.

Alle **Handschwingen** sind beim alten **Weibchen** dunkel graubraun, nur die Basis der Außenfahnen ist ein wenig aufgehellt. Die Schäfte sind fast schwarz abgehoben. Die Innenfahnen sind randlich hell gesäumt. Die Armschwingen ähneln denen des Männchens, aber mit deutlich abgehobenen braunen Außensäumen und schwachen hellen Endsäumen.

Bei den **Steuerfedern** sind in allen Kleidern St1, 2 oder 3 mit durchschnittlich 81 mm am längsten, streuen aber zwischen 68 und 89 mm (n = 296). St6 ist 7 bis 10 mm kürzer als die längste. Nur beim alten **Männchen** sind sie zweifarbig. Während hier St1 ganz schwarz ist, haben St2 bis 6 ein breites schwarzes, zu St6 hin schmaler werdendes Endband. An der Federspitze folgt ein weißer Saum. Die verbleibende Federbasis ist weiß. Der Schaft hebt sich bei St2 bis 6 schwarz ab. Die Oberschwanzdecken sind grau, die Unterschwanzdecken weißlich-rahmfarben. Das Deckgefieder der Körperoberseite ist rotbraun, die Körperunterseite ist hellrosa, ohne alle Zeichnung.

Beim alten **Weibchen** sind die **Steuerfedern** durchweg dunkelrotbraun. Bei St5 und 6 läuft ein schmaler rahmfarbener Saum von der Außenfahne über die Federspitze bis zur Innenfahne. Die Körperunterseite trägt auf jeder Feder eine doppelte dünne Querlinie, sodass ein Wellenmuster entsteht. Die Körperoberseite ist jedoch braun.

Beim **Jungvogel** ist das Großgefieder ähnlich dem des alten Weibchens, aber im frischen Zustand mit hellen Endsäumen an den inneren Hand- und den Armschwingen ausgestattet. Auch sind die Armschwingen an den Außenfahnen ockerfarben gesäumt. Diese Säume verstärken sich zu den Schirmfedern hin und intensivieren ihre Farbe zu einem matten Rotbraun. Bei den drei Schirmfedern A7 bis 9 ist ein dunkles Subterminalband ausgeprägt. Gleiches gilt für alle Großen Oberen Armdecken. Das Körpergefieder ist mit einem doppelten dunklen Querband gezeichnet. Auch die rötlichen Oberschwanzdecken tragen einen subterminalen dunklen Fleck, die Unterschwanzdecken dagegen sind in allen Kleidern rein rahmfarben.

Vorkommen: Als Spezialisten für Großinsekten und Fernzieher sind Neuntöter gefährdet. Sie haben sich teilweise in jüngerer Zeit erholt. Man rechnet mit Brutbeständen von 84 000 bis 150 000 Revieren.

Mauser: Die Altvögel beginnen im Hochsommer, teils schon in den Spätphasen der Jungenaufzucht, mit der Kleingefiedermauser. Dabei werden teilweise bereits Schirmfedern und Handschwingen erneuert. Die weitere Vollmauser findet im afrikanischen Winterquartier statt. Auch die Jungvögel erneuern dort ihr gesamtes Gefieder.

Ähnliche Arten: Steinschmätzer und Braunkehlchen haben ebenfalls weiße Basen der seitlichen Steuerfedern, aber die Federn sind kürzer und nicht so schlank. Beim Rotkopfwürger ist das Basisdrittel oder sogar die Basishälfte aller Handschwingen in allen Kleidern weiß oder hellocker. Dafür haben die Steuerfedern St2 bis 5 viel weniger Weiß als beim Neuntötermännchen, außerdem sind die Schäfte im weißen Feld ebenfalls weitgehend weiß.

ad. ♂ 100 %

Der Handflügel ist spitz geschnitten: Neuntöter sind ausgesprochene Fernzieher. Im kompletten Flügel ist H8 am längsten, H10 ist etwa so lang wie die längsten Handdecken.

Neuntöter
Lanius collurio
En: Red-backed Shrike
Fr: Pie-grièche écorcheur
Es: Alcaudón Dorsirrojo
It: Averla piccola
ad. ♂ 100 %

Schwarzstirnwürger *Lanius minor*

Federmerkmale: Von den **Handschwingen** ist H8 mit durchschnittlich 98 mm am längsten (90 bis 103 mm, 56 Werte). Nur H7 bis 8 haben eine Verengung der Außenfahne, H7 bis 10 eine solche der Innenfahne. Die Handschwingen sind zweifarbig: Die basale Hälfte ist weiß, die Spitzenhälfte schwarzbraun. Der schwarze Schaft läuft vom Spitzenteil noch ein Stück weit dunkel in das weiße Feld hinein. In der Außenfahne von H9 reicht das Schwarz basal fast bis zum Federgrund. Die mit etwa 2,5 cm Länge kleine H10 ist fast ganz dunkel. Im gestreckten Flügel des fliegenden Vogels erscheinen die weißen Basen der Handschwingen als weißer Handflügelspiegel und enden abrupt am Übergang zum Armflügel wie beim Rotkopfwürger.

Anders als beim Raubwürger sind die **Armschwingen** fast einfarbig dunkel – bis auf eine schwache Aufhellung der Innenfahne. Bei manchen Individuen tritt an der Basis der Innen- und/oder Außenfahne ein kleines weißes Feld auf, das jedoch äußerlich unter den oberen Armdecken verborgen ist. Beim **Jungvogel** haben die Armschwingen helle Endsäume, die sich in den Schirmfedern bis zu einer Breite von 2-3 mm ausdehnen. Im Jugendkleid sind auch die oberen Flügeldecken und die grauen Mantelfedern hell gesäumt. Die Decken der Unterseite sind weiß, sie werden erst bei einer Vollmauser im Überwinterungsgebiet durch matt rosafarbenes Gefieder ersetzt. Den Jungvögeln fehlt vor der Vollmauser auch die schwarze Stirn.

Von den **Steuerfedern** sind in der Regel die mittleren St1 bis 3 mit etwa 94 mm die längsten, sie variieren zwischen 87 und 100 mm (n = 83). Nach außen nimmt ihre Länge ab, besonders von St5 nach St6 um 8 – 10 mm. Die Steuerfedern sind relativ lang und schmal, aber breiter als bei Rotkopfwürger und Neuntöter. St1 ist häufig ganz schwarz. Bei St2 sind zwei Drittel oder mehr an der Spitze schwarz, die Basis ist weiß. Dieses weiße Feld dehnt sich bei St3 bis 5 noch aus. Ab St3 taucht an der Spitze der Feder ein weiterer weißer Fleck auf, der ebenfalls bei den folgenden Federn größer wird. St5 und 6 können schon ganz weiß sein, doch haben sie häufig noch einen länglichen Pigmentfleck auf der Innenfahne. Die Schäfte sind in diesem Bereich meist dunkel, werden aber zur Spitze und zur Basis der Feder hin weiß.

ad. ♂

Mauser: Noch während der Ausbildung des ersten vollständigen Federkleids der Jungvögel findet in der Zeit vom 20. bis 60. Lebenstag eine jugendliche Teilmauser im Brutgebiet statt. Dabei können außer dem Körpergefieder auch die Schirmfedern A7 und A8 betroffen sein. Eine Vollmauser der Alt- und Jungvögel findet dann erst nach dem Wegzug im südafrikanischen Winterquartier statt.

Vorkommen: Der Schwarzstirnwürger war früher in Süddeutschland in Streuobstwiesen und ähnlichen Lebensräumen als wärmeliebender Sommervogel verbreitet, ist aber dort seit Jahrzehnten ausgestorben. Als letztes Brutjahr gilt bei uns 1987; 2005 wurde noch eine Brut nachgewiesen. Heute ist er hierzulande meist nur als gelegentlicher Sommergast oder Ausnahmeerscheinung anzutreffen. Er ist auf offene Flächen am Boden und Großinsekten angewiesen. Bei den Brutvorkommen neigt er zu lockerer Koloniebildung.

Ähnliche Arten: Der Raubwürger ist von der Farbverteilung her ähnlich, aber größer. Der Schwarzstirnwürger hat ähnlich wie der Raubwürger weiße basale Felder („Spiegel“) in den Handschwingen. Ihm fehlt aber eine Fortsetzung davon in den Armschwingen oder sie ist nur spurenhaft vertreten. Der Schwarzstirnwürger hat entschieden mehr Weiß in den Schwanzkanten. Er ist deutlich größer als der Rotkopfwürger, aber kleiner als der Raubwürger und seine Verwandten. Altvögel zeichnen sich durch eine rosafarbene Tönung der Unterseite aus.

ad. ♂ 100 %

Der Flügel ist viel spitzer als beim Raubwürger. Der geschlossene Flügel weist ähnlich wie beim Raubwürger und beim Rotkopfwürger einen weißen Spiegel in den Handschwingen auf, der aber das Ausmaß der Weißfärbung nur ahnen lässt. Beim offenen Flügel zeigt er sich als breites weißes Band an der Basis des Handflügels.

Schwarzstirnwürger
Lanius minor
En: Lesser Grey Shrike
Fr: Pie-grièche à poitrine rose
Es: Alcaudón Chico
It: Averla cenerina
ad. ♂ 100 %

Raubwürger *Lanius excubitor*

Federmerkmale: Der Raubwürger ist die größte in Mitteleuropa heimische Würgerart. Mit den Farben Schwarz, Weiß und Grau ähnelt er am ehesten dem Schwarzstirnwürger.

Von den einzelnen **Handschwingen** sind H6 und 7 am längsten (87 bis 104 mm, Mittel 95 mm, n = 63), H10 ist immer noch etwa 40 mm lang. H6 bis 8 haben eine Außenfahnenverengung, H(6) 7 bis 10 eine Verengung der Innenfahne. Das Großgefieder wartet mit Schwarz-Weiß-Kontrasten auf. Die Handschwingen sind durchweg zweifarbig. Bei H1 ist etwa ein Drittel, bei H9 sind fast zwei Drittel der Länge beider Fahnen an der Spitze braunschwarz. Die Basis ist demgegenüber weiß. Die Schäfte laufen ein Stück weit dunkel in die weißen Felder hinein. Bei H1 bis H3 oder 4 (5) endet die Feder an der Spitze zusätzlich mit einem 2 mm breiten, weißen bis hellgrauen Saum.

Die **Armschwingen** 1 bis 6 sind ähnlich gefärbt wie die inneren Handschwingen. Der Spitzensaum der Armschwingen wird jedoch zur Schulter hin noch breiter und gewinnt über den Rand der Innenfahne Kontakt mit dem basalen weißen Feld. Die drei Schirmfedern sind wieder fast ganz schwarz bis auf helle Endsäume, die aber der Abnutzung unterliegen können. Das gilt auch für die Großen Oberen Armdecken bis auf die genannten Säume. Der Mantel ist grau bis zum Oberschwanz, die Unterseite an der Kehle weiß, die Brust mehr oder weniger grau, der Bauch und der Unterschwanz wieder weiß.

Von den **Steuerfedern** erreichen die längsten im Mittel 116 mm und variieren zwischen 105 und 128 mm (n = 131). Sie sind relativ lang und schmal, wie bei den Würgern üblich, und am Ende gerundet. Die längsten Steuerfedern stehen in der Schwanzmitte (St1 oder 2), von dort nimmt die Länge ab, am meisten von St5 nach St6. Die Stufung des gesamten Schwanzes erreicht damit insgesamt 16 bis 23 mm. Die mittlere Steuerfeder ist fast ganz schwarzbraun bis auf einen weißen, leicht abnutzbaren Spitzenfleck und je ein helles Feld an der Basis beider Fahnen. Von St1 aus nehmen nach außen hin sowohl die basalen weißen Felder als auch dasjenige an der Spitze an Ausdehnung zu. St6 kann dann nur noch ein kleines Stück schwarzes Feld in der Basishälfte der Innenfahne aufweisen oder sie ist ganz weiß. Die Schäfte sind an ihre Umgebung angepasst, doch können sie auch dunkel pigmentiert ein gutes Stück weit in das Spitzenweiß der Feder hineinlaufen. Die Oberschwanzdecken sind hellgrau, die Unterschwanzdecken weiß.

Vorkommen: Der Raubwürger ist ein heute relativ seltener und nur lokal vorkommender Brut- und Jahresvogel. Er bewohnt Moor- und Heideflächen sowie offenes Ackerland mit einzelnen Baum- und Gebüschgruppen. Die Brutpaarzahl für Deutschland wurde letzthin mit nur 1500 bis 2300 angegeben, scheint aber leicht zu steigen. Im Winter haben wir nordische Vögel in größerer Zahl als Kurzstreckenzieher zu Gast.

Mauser: Die Jungvögel absolvieren eine Mauser des Kleingefieders, beginnend etwa im Alter von 40 Tagen. Die Vollmauser der Altvögel findet ab Juli bis in den Herbst hinein im Brutgebiet statt. Sie beginnt, sobald die Jungen ausgeflogen sind. Im Frühjahr folgt nur noch eine Kleingefiedermauser.

Ähnliche Arten: Der Schwarzstirnwürger ist von der Farbgebung her ähnlich, aber kleiner, mit mehr Weiß in den Schwanzkanten und ohne Weiß in den Armschwingen. Der Flügel ist bei ihm spitzer geschnitten, was sich in mehreren Details der Schwingenformel äußert. Rotkopfwürger und Neuntöter sind kleiner, mit anderer Schwarz-Weiß-Verteilung im Schwanz oder bei weiblichen und jungen Neuntötern ganz ohne Weiß. Der Raubwürger ist die einzige Art mit ausgedehnten weißen Feldern in der Basis der sechs äußeren Armschwingen. Das gilt sowohl für die Innen- wie auch für die Außenfahnen.

Im Vergleich zum Schwarzstirnwürger ist der Flügel viel runder geschnitten, weil der Vogel zu den Standvögeln oder Kurzstreckenziehern gehört. Im kompletten Flügel ist H7 am längsten. Die runden Flügel werden nicht selten zum Rütteln benutzt. Im offenen Flügel dehnt sich das weiße Flügelband bis in den Armflügel hinein aus. Dieser Flügel ist nicht komplett gestreckt.

Juv. 90 %

Raubwürger
Lanius excubitor
En: Great Grey Shrike
Fr: Pie-grièche grise
Es: Alcaudón Norteño
It: A verla maggiore
ad. 70 %

Rotkopfwürger *Lanius senator*

Federmerkmale: Die **Handschwingen** sind zweifarbig - wie bei Raub- und Schwarzstirnwürger. Die Spitzenhälfte oder bei den äußeren Handschwingen die zwei äußeren Drittel sind dunkel- bis schwarzbraun, der verbleibende Teil bis zur Spule ist weiß mit schwacher Tönung. Der Schaft ist auch im hellen Basisfeld bis fast zur Spule dunkel gefärbt. H6 bis 10 haben Verengungen der Innenfahnen, Außenfahnenverengungen findet man bei H(6) 7 und 8. Die längste einzelne Handschwinge ist H7 (76 bis 89 mm, Mittel 81 mm, n = 75). H10 hat eine Länge von wenig über 25 mm.

Die **Armschwingen** sind in den Außenfahnen und im größeren Teil der Innenfahnen durchgehend schwarzbraun, aber mit einer teils fleckigen Aufhellung an der Basis der Innenfahne beim alten Männchen. Im frischen Zustand sind sie mit schmalen hellen End- und Außensäumen ausgestattet. A1 (zuweilen auch 2) ist mit einem kleinen beigefarbenen Feld an der Basis der Außenfahne versehen. Im Jugendkleid kann dies auch bei den anderen Armschwingen auftreten. Die Armschwingen und -decken haben weißliche Endsäume, die im Sommer abgerieben sind.

Die **Steuerfedern** sind schmal und relativ lang. Die längsten Steuerfedern erreichen eine Länge von 82,5 mm im Mittel (Variation 75 bis 91 mm, n = 110). Die mittleren sind ganz schwarz oder schwarzbraun. Bei den übrigen bildet sich an der Federbasis ein kleines weißes Feld, das sich von St2 ab vergrößert und bei St4 oder St5 ungefähr die Hälfte der Fahnenlänge einnimmt. Bei St6 ist die Außenfahne ganz weiß, auf der Innenfahne bildet sich nur mehr ein schwarzer Fleck nahe der Spitze ab. Von den schwarzen Feldern aus zieht sich ein feiner Schaftstrich teilweise bis gegen die Federbasis. St3 bis St6 haben zusätzlich ein an Breite zunehmendes helles Spitzenband, das bei älteren Federn abgenutzt wird.

Der **Jungvogel** trägt ein tarnfarbiges, völlig abweichendes Kleid mit viel Querbänderung, besonders an den Flanken und den Flügeldecken. Bei ihm sind die Weißanteile kleiner und hellocker getönt, die Spitzensäume weniger ausgeprägt und die Grundfärbung der Schwingen ist dunkelbraun anstelle schwarzbraun. Die braune, vom Scheitel bis zum Hinterhals reichende Kopfkappe fehlt den Jungvögeln, sie ist beim Weibchen weniger intensiv rotbraun gefärbt als beim Männchen. Bei den Angehörigen der Unterart *L. s. badius* der westlichen Mittelmeerinseln fehlt ein weißer Spiegel in den Handschwingen des zusammengelegten Flügels und ist auch im Flug nur angedeutet. Er wird bei den Vögeln der Nominatform nicht durch die Handdecken, sondern durch die Außenfahnen der Handschwingen erzeugt.

ad. ♀

Vorkommen und Mauser: Der Rotkopfwürger war früher in Mitteleuropa häufig, ist aber hier weitgehend ausgestorben und tritt nur noch vereinzelt als Ausnahmegast in Erscheinung. In ganz Deutschland rechnet man noch mit ein bis vier Brutpaaren. In südlichen Ländern ist er nach wie vor ein häufiger Sommervogel. Die Altvögel mausern im Sommer noch im Brutgebiet nach dem Flüggewerden der Jungvögel ihr Kleingefieder, eventuell auch einige Schirm- und Steuerfedern. Die vollständige Vollmauser von Alt- und Jungvögeln erfolgt erst im afrikanischen Winterquartier.

Ähnliche Arten: Im Gegensatz zum Neuntöter sind die Handschwingen etwa zur Hälfte in der Basis weiß oder hellocker. Die schwarze oder dunkelbraune Endbinde im Schwanz des Rotkopfwürgers erreicht bei den inneren Steuerfedern die Basis, verschmälert sich aber nach außen hin, teils bis zu einem schmalen Fleck nahe der Spitze von St6. Beim Neuntöter ist nur St1 dunkel, bei den folgenden Steuerfedern überwiegt das Weiß, sodass eine gleichmäßige schwarze Endbinde entsteht. Die Oberschwanzdecken des Rotkopfwürgers sind weiß oder hellgrau und nicht grau oder braun wie beim Neuntöter. Die Steuerfedern und Schwingen sind kleiner als bei Schwarzstirn- und Raubwürger.

ad. ♂ 100 %

Der Flügel des Fernziehers ist mäßig spitz geschnitten. Im kompletten Flügel ist H7 (8) am längsten. H6 ist nicht viel kürzer als H7. Der Flügel ist nicht komplett gespreizt.

Rotkopfwürger
Lanius senator
En: Woodchat Shrike
Fr: Pie-grièche à tête rousse
Es: Alcaudón Común
It: Averla capirossa
ad. ♂ 100 %

Pirol *Oriolus oriolus*

Federmerkmale: Unter den **Handschwingen** sind H7 und 8 mit 10,9 bis 13,2 cm (Mittel 12,4 cm, n = 65) die längsten. H10 ist etwa halb so lang wie H9. H7 und 8 haben eine deutliche Außenfahnenverengung, bei H6 ist sie nur angedeutet oder fehlt. Beim ausgefärbten **Altvogel** sind sie schwarz mit schmalen weißlichen Außensäumen und Spitzensäumen, deren Breite nach innen im Handflügel zunimmt. Die Innenfahnen sind schwach aufgehellt und hell gesäumt. Die äußeren Großen Oberen Handdecken haben gelblich-weiße Spitzen mit schwarzem Schaftstrich. Im kompletten Flügel bilden sie einen variabel geformten Spiegel. Die Alulafedern sind ebenso schwarz wie die Handschwingen.

Die **Armschwingen** sind ebenso gefärbt wie die Handschwingen, die Schäfte von oben dunkel, von unten heller grau. Bei Altvögeln sind die Armschwingen mit hellen Spitzensäumen oder Spitzenflecken versehen, bei jüngeren Vögeln mit dünnen Säumen. Insgesamt sind zehn Armschwingen vorhanden, die innersten vier sind Schirmfedern. Die oberen Flügeldecken tragen bei Jungvögeln im ersten vollständigen Federkleid gelbe Endsäume. Wenn sie in der Jugendmauser teilweise ersetzt werden, entstehen auffallende Mausergrenzen. Die unteren Flügeldecken sind gelb.

Die **Steuerfedern** sind farbkräftig kontrastiert. Unter ihnen sind St1 und 6 bis zu 4 mm kürzer als die längsten mit durchschnittlich 93 mm Länge (Variation zwischen 83 und 104 mm, n = 204). Der Schwanz ist weitgehend gerade geschnitten. Die Steuerfedern verdunkeln sich von der gelblichen Basis her im Jugendkleid allmählich zur Mitte oder zur Spitze hin zu Schwarz; beim alten Männchen ist der Basalteil insgesamt schwarz und scharf abgesetzt. An der Spitze folgt ein leuchtend gelbes Feld, das bei St1 als schmaler Endsaum beginnt, nach außen hin ausgedehnter wird, sich aber dann beim Weibchen auf die Innenfahne begrenzt. Die Unterschwanzdecken sind leuchtend gelb, die Oberschwanzdecken schmutzig gelb.

ad. ♂ 50 %

ad. ♀ 50 %

Die Flügel des Fernziehers sind spitz geschnitten. H8 ist hier am längsten.

ad. ♂

Bei **Jungvögeln** bis zum zweiten Kalenderjahr sind die Steuerfedern etwas zugespitzt und ebenfalls matt gelb. Das gelbe Spitzenfeld ist bei ihnen kleiner, mehr oder weniger auf die Innenfahne beschränkt und meist keilförmig. Der Schaft ist bei allen von oben dunkel pigmentiert, von unten aber weißlich. Bei Jungvögeln im ersten Herbst sind die Schirmfedern frisch, bei Altvögeln abgerieben. Wegen großer Variabilität sind die Geschlechter im zweiten Kalenderjahr feldornithologisch nicht sicher unterscheidbar. Es gibt auch bei älteren Vögeln stärker oder weniger farbintensiv gefärbte Kleider, sodass alte Weibchen im fortgeschrittenen Kleid männchenfarbig wirken. Während alte Männchen unterseits intensiv dottergelb gefärbt sind, zeichnen sich die Kleider von Jungvögeln und Weibchen durch weißliche, grünliche oder gelbliche Grundtöne sowie durch feine Strichelung besonders an den Flanken aus. Die Oberen Handdecken tragen nur schmale gelbliche Endsäume, die Schirmfedern und die inneren Großen Oberen Armdecken sind weitgehend grünlich getönt.

Vorkommen: Der Pirol tritt regelmäßig als sommerlicher Laubwaldbewohner im Tiefland auf, aber mit Verbreitungslücken. Er bevorzugt lichte Bestände oder Baumgruppen, auch Feldgehölze, Parks, Alleen, Obstgehölze, jeweils mit hohen Baumkronen. Die Zahl der ermittelten Brutreviere für ganz Deutschland schwankt zwischen 32 000 und 57 000. In jüngerer Zeit ist eine schwache Zunahme bemerkt worden.

Mauser: Die Altvögel mausern das Kleingefieder sowie manchmal einige Steuerfedern und Armschwingen ab Ende Juni noch im Brutgebiet. Die Mauser wird dann abgebrochen und die eigentliche Vollmauser findet erst im Winterquartier in Afrika statt. Bei den Jungvögeln ist der Mauserablauf ähnlich wie bei den Älteren.

Ähnliche Arten: Gelb-schwarze Steuerfedern mit leuchtend gelben Spitzenflecken oder -feldern gibt es in unserem Gebiet nur beim Pirol und beim Seidenschwanz. Gegenüber den großen Drosseln sind bei den Schwingen die hellen Spitzensäume bezeichnend.

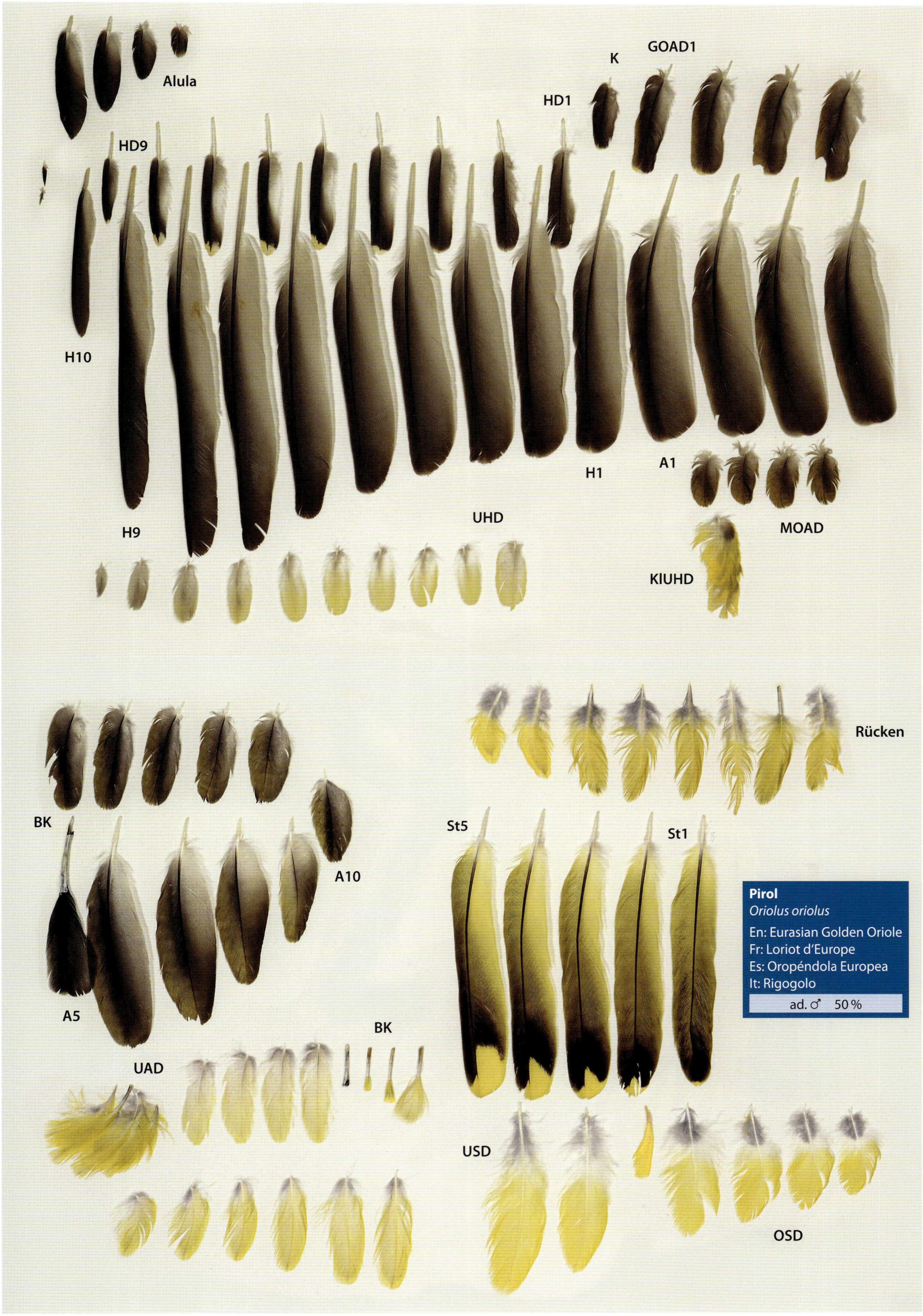

Pirol
Oriolus oriolus
En: Eurasian Golden Oriole
Fr: Loriot d'Europe
Es: Oropéndola Europea
It: Rigogolo
ad. ♂ 50 %

Eichelhäher *Garrulus glandarius*

Federmerkmale: Von den einzelnen **Handschwingen** ist H4 am längsten (14,9 bis 17,8 cm, Mittel 16,2 cm, n = 103), doch die Nachbarn H5 und 6 sind jeweils nur 1 mm kürzer. H4 bis 9 haben schwache, aber lange Außenfahnenverengungen, bei H4 bis 10 sind Verengungen auch an den Innenfahnen erkennbar. Die Fahnen sind dunkelgrau, die Innenfahnen gegen die Basis nur schwach aufgehellt. Dagegen tragen die Außenfahnen von H3 bis 9 einen hellen, leicht graubraun getönten Saum, der fast bis an den Schaft heranreicht. Bei H1 bis 5 wird dieser Saum im Basisdrittel durch ein schwaches weiß-blau-schwarzes Quermuster ersetzt.

Die **Armschwingen** sind breiter, stärker zum Körper gebogen und am Federende rund mit einer kleinen Spitze am Schaftende. Die äußeren A1 bis A5 sind dunkelgrau bis schwarz gefärbt, die Außenfahne trägt jedoch in ihrer Mitte ein weißes, leicht bläulich getöntes Feld, das zur Fahnenbasis hin bzw. in Schaftnähe von einem kurzen schwarz-blauen Streifenmuster abgelöst wird. Diese hellen Felder bilden im geschlossenen Flügel einen weißen Spiegel. Bei A6 ist das weiße Feld durch weiß-blau-schwarze Bänderung ersetzt. Die Schirmfedern A7 und 8 sind schwarz mit schwacher Aufhellung in der basalen Innenfahne. A9 ist dagegen dunkel rotbraun mit einem schwarzen Spitzenfeld in der Außenfahne, die kleine zusätzliche A10 ist warmbraun und nur noch 4 cm lang.

Bei den Großen Oberen Handdecken, den Alulafedern und den vier äußeren Großen Oberen Armdecken (einschließlich der Karpaldecke) tritt in den Außenfahnen das weiß-blau-schwarze **Bändermuster** auf, das die Eichelhäherfedern so attraktiv macht. Jeweils ein basal weiß beginnendes rechteckiges Fensterchen verfärbt sich in Richtung der Federspitze hellblau und wird schließlich tiefschwarz. Dieses Muster wiederholt sich je nach Alter des Vogels und Federtyp unterschiedlich häufig bis zur Federspitze. Auf den Handdecken haben weniger, auf den größeren Armdecken mehr dieser Bändermuster Platz. Auf der GOAD1 kann man beim Jungvogel nur sieben oder acht, beim Altvogel meist zehn bis zwölf schwarze Bänder zählen (ohne die schwarze Endbinde). Mausergrenzen beim Jungvogel kann man an unterschiedlichem Bändermuster ablesen. Bei den Alulaschwingen greift das Muster in die Innenfahne über. Die inneren Armdecken sind schwarz, meist mit bräunlichen Schäften und ebensolcher Aufhellung an der Basis. Die Mittleren Oberen Armdecken sind graubraun, die unteren Armdecken rosabraun.

Die **Steuerfedern** sind dunkel graubraun bis schwarz, schlank und am Ende leicht zugespitzt oder abgerundet. Die längste Steuerfeder erreicht im Mittel 15,9 cm bei einer Variation zwischen etwa 13,7 und 17,6 cm (n = 738). Am längsten ist oft St4. Die mittleren Federn sind gewölbt, die seitlichen abgeflacht. St6 ist heller als die mittleren. Sie ist an der Innenfahne fein hell gesäumt. Bei schräger Aufsicht kann man in den Fahnenoberseiten Wachstumsstreifen erkennen. Im Basisdrittel der Außenfahnen tragen die Steuerfedern nahe dem Schaft oftmals eine Folge schwach bläulicher Flecke. Bei Jungvögeln erreicht St5, etwa 4 cm vor der Spitze gemessen, 20 bis 25 mm Breite; bei Altvögeln sind die Steuerfedern hier mit 25 bis 30 mm breiter.

Vorkommen: Der Eichelhäher ist ein häufiger Brut- und Jahresvogel in Mitteleuropa. In Deutschland rechnet man mit 510 000 bis 690 000 Revieren. Die Bejagung der Vögel ist ein historischer Missgriff. Durch Verstecken von Eicheln und Bucheckern im Boden tragen sie zur Ansiedlung der Laubbäume bei.

Mauser: Die Vollmauser der Altvögel beginnt in der Jahresmitte mit den Deckfedern des Rückens und zieht sich bis zum Jahresende hin. Die Mauser der Flügelfedern und des Schwanzes verläuft dann relativ rasch, sodass große Mauserlücken entstehen können. Allein die Handschwingenmauser kann gut drei Monate in Anspruch nehmen und vollzieht sich im Hoch- und Spätsommer.

Ähnliche Arten: Die weiß-blau-schwarze Querbänderung auf den Außenfahnen von Alula, Hand- und äußeren Armdecken ist arttypisch.

ad. ♂ 50 %

Der Handflügel ist extrem rund geschnitten, wie das Foto beispielhaft zeigt.

H10
H2
K
A3
Alula
UHD
UAD
A9
USD
OSD
Eichelhäher
Garrulus glandarius
En: Eurasian Jay
Fr: Geai des chênes
Es: Arrendajo Euroasiático
It: Ghiandaia
juv. ♂ 70 %

Elster *Pica pica*

Federmerkmale: Unter den **Handschwingen** weisen H(4) 5 bis 8 eine Außenfahnenverengung auf, (H4) H5 bis 10 eine Verengung der Innenfahnen. Bei den Einzelfedern ist H5 mit 13,9 bis 18,6 cm (Mittel 16,5 cm, n = 94) am längsten, ihre beiden Nachbarn sind aber kaum kürzer. H10 erreicht immerhin noch etwa 6 cm. Das große weiße Fenster im geöffneten Handflügel beruht auf einem weißen Feld in den Innenfahnen der Handschwingen. Bei H1 ist es annähernd rechteckig und besetzt nur die äußere Hälfte der Fahne, endet aber abgerundet vor ihrem Ende. Zu den äußeren Handschwingen hin wird dieses Feld immer größer, erreicht schließlich beinahe das basale Ende der Fahne und schickt bei den Handschwingen 5 bis 10 einen fingerartigen Fortsatz in die schwarzbraune Spitzenzone der Innenfahne (bei Jungvögeln weniger weit, s. u.). Demgegenüber sind die Außenfahnen der Handschwingen tiefschwarz mit bläulichem Glanz. Die Alulafedern ebenso wie die Großen Oberen Handdecken und die Großen Oberen Armdecken sind schwarz mit grünlichem Schimmer auf den Außenfahnen.

Die **Armschwingen** sind schwarz mit leuchtend grünblau schimmernden Außenfahnen. Bei den Schirmfedern greift der farbige Schimmer mehr und mehr auch auf die Innenfahnen über.

Der Schwanz ist stark gestuft, sodass die mittleren **Steuerfedern** am längsten sind, die äußeren am kürzesten. Die mittleren Steuerfedern sind durchschnittlich 23,9 cm lang, variieren aber zwischen 18,2 und 28,5 cm (n = 400). St6 als kürzeste erreicht etwa die halbe Länge (rund 56 %) von St1. Die Federn sind schmal linealisch, extrem lang und flexibel, die Fahnen weich und seidig glatt. Die Steuerfedern sind im Prinzip schwarz, tragen jedoch einen changierenden, grünen, purpurfarbenen, bläulichen oder violetten Metallschimmer, der durch Strukturfarben erzeugt wird. Diese prachtvolle Färbung begrenzt sich aber oft auf die Außenfahnen, die Innenfahnen sind schwarz. Nur bei St1 reflektieren beide Fahnen so bunt. Die Federn sind am Ende gerundet, jedoch am Schaft zu einer feinen Spitze ausgezogen. Durch Abnutzung können sowohl die Spitzen selbst als auch die Strukturfärbung im Spitzenbereich der Feder verloren gehen. Die Federn des Bürzels sind hellgrau, bei östlichen Vögeln mehr weiß.

Beim **Jungvogel** sind die weißen „Finger" in den Handschwingen kürzer als beim Altvogel, das heißt, die schwarzen Spitzenfelder der Handschwingen sind ausgedehnter. Die kurze H10 zeigt solche Unterschiede am deutlichsten. Sie ist weniger sichelförmig gebogen, kürzer und breiter als beim Altvogel und das Weiß endet weit vor der Spitze. Ferner verfügt A1 nahe ihrer Spitze meist zusätzlich über ein verkleinertes weißes Innenfahnenfenster, bei A2 reduziert es sich auf einen länglichen Fleck, bei A3 ist es nur ausnahmsweise als kleiner Fleck vorhanden.

Vorkommen: Die Elster ist ein häufiger, territorialer Standvogel. Da die Offengebiete durch die intensive Landbewirtschaftung als Lebensräume weitgehend entwertet sind, haben sich Elstern wie auch andere Vögel vielfach in Stadtrandgebiete und andere Siedlungsräume zurückgezogen. Hier haben sie häufig neben den anderen Singvögeln ihre Bestände vergrößert, werden aber durch den Habicht reguliert, der ebenfalls die Städte bewohnt. Insgesamt ist keine Zunahme festzustellen. Man rechnet für Deutschland heute mit 375 000 bis 555 000 Revieren.

Mauser: Die Altvögel erneuern ihr Gefieder in einer Vollmauser nach Ende der Brutzeit im Sommer ab Juni/Juli. Die Nichtbrüter beginnen früher damit. Jungvögel absolvieren eine Teilmauser des Kleingefieders wie bei den anderen Rabenvögeln.

Ähnliche Arten: Das Schwarz-Weiß-Muster der Schwingen und der vielfarbige Glanz der überlangen, schlanken Steuerfedern machen auch Funde einzelner Federn häufig unverkennbar. Die schwarzen Armschwingen kann man ebenfalls am intensiven grünblauen Schimmer erkennen.

♂ 50 %

Der Elsternflügel ist sehr rund geschnitten. Im kompletten Flügel sind H5 bis H7 am längsten.

Elster
Pica pica
En: Eurasian Magpie
Fr: Pie bavarde
Es: Urraca Común
It: Gazza
ad. 50 %

Tannenhäher *Nucifraga caryocatactes*

Federmerkmale: Die **Handschwingen** 5 bis 9 sind im Spitzenteil der Außenfahne sowie bei H6 bis 10 auch an den Innenfahnen verengt. Die längste einzelne Handschwinge ist H5 (15,5 bis 17,8 cm, Mittel 16,3 cm, n = 56); von hier aus nehmen die Schwingen bis zur Flügelspitze an Länge ab. H10 ist noch etwa 7,5 cm lang. Schwingen, Steuerfedern und Flügeldecken sind schwarzbraun, weisen aber im frischen Zustand und besonders auf den Außenfahnen einen feinen dunkelgrünen oder dunkelblauen Glanz auf. H4 trägt unterhalb der Mitte am Rand der Innenfahne einen halbeiförmigen oder halbkreisförmigen weißen Fleck; auf H5 ist er oft ebenfalls entwickelt, aber schmaler und länger. Spurenhaft kann er auch auf H3 und 6 vorhanden sein. Im frischen Zustand haben die inneren Handschwingen weißliche oder graue Spitzensäume, die sich am Schaftende zu einem Spitzenfleck ausweiten können. Weiße Spitzenflecke gibt es außerdem bei den Alulafedern, an den äußeren Handdecken und verbreitet im sonstigen Kleingefieder, besonders ausgedehnt bei den unteren Flügeldecken. Sie sind bei den inneren Handschwingen und mittleren Armdecken der Jungvögel ankerförmig geformt, bei Altvögeln nur keilförmig oder fehlen ganz.

Die zehn **Armschwingen** mit ihren Großen Oberen Armdecken sind abgesehen von dem schwachen Glanz auf den Außenfahnen unauffällig. A10 ist mit nur 4 cm Länge sehr klein. Die Schwingen und die Decken können kleine weiße Spitzenflecke haben, an den Enden der Armschwingenschäfte gibt es manchmal winzige weiße Spitzchen.

Die **Steuerfedern**, deren längste 12,1 bis 14 cm, im Mittel 13 cm (n = 65), misst, werden von innen nach außen schmaler und nehmen an Länge ab; St6 ist etwa 1 cm kürzer als St5. Sie haben eine weiße Endbinde, die von innen nach außen breiter wird. Bei der innersten Steuerfeder ist sie ein schmaler Saum, der sich bald abnutzt. Weiter außen kann sie auf 2 cm Breite zunehmen, an der Federspitze aber durch Abnutzung und Verschmutzung beeinflusst sein. Bei der dünnschnäbligen Unterart ist sie noch breiter (1,9 bis 3,2 cm) als bei den hiesigen Vertretern (1,2 bis 2,3 cm). Der Schaft ist im dunklen Feld dunkel, im weißen Spitzenfeld hell. Die Oberschwanzdecken sind so schwarz wie die Basis der Steuerfedern, können aber dunkelbraun ausbleichen; die Unterschwanzdecken sind in ihren Fahnenanteilen weiß.

Vorkommen: Die in den Alpen und den höheren Mittelgebirgen vorkommenden Tannenhäher gehören der dickschnäbligen Unterart (*caryocatactes*) an, während die Verwandten der Unterart *macrorhynchos* sich nur gelegentlich als Invasionsgäste aus dem Osten bei uns einstellen. In den Alpen ist der Tannenhäher als Brutvogel weitgehend auf die montanen bis subalpinen Nadelholzbestände ab 1000 m beschränkt, erreicht aber in den zentralen und südalpinen Wäldern von Lärchen und Zirbelkiefern Höhen bis über 2000 m. In den Mittelgebirgen lebt er hauptsächlich in Fichtenbeständen, auch unter 500 m. Die Population scheint leicht abzunehmen, in Deutschland sind beim jüngsten Monitoring nur 4400 bis 7500 Reviere ermittelt worden.

Mauser: Die Jungvögel beginnen ihre Teilmauser schon im Alter von 6 bis 7 Wochen und beschließen sie etwa 3 Wochen später. Die Vollmauser der Altvögel findet ab April/Mai bis in den Hochsommer hinein statt, beginnend während der Brut und der Jungenaufzucht. Die innersten Handschwingen fallen als erste bereits im April. Im Mai/Juni setzt die Mauser des Kleingefieders ein. Altes Gefieder bleicht bräunlich aus, das frische ist dunkel.

Ähnliche Arten: Sowohl die Handschwingen als auch die Steuerfedern und das Kleingefieder tragen arttypische weiße Markierungen. Die Steuerfedern des Alpenschneehuhns sind ebenfalls schwarz (mit Ausnahme der mittleren) und verfügen über einen weißen Endsaum, der allerdings zu den äußeren Steuerfedern hin schmaler wird, beim Tannenhäher breiter. Bei der Turteltaube tragen die ähnlichen Steuerfedern eine blaugraue Tönung und einen weißlichen, wolligen Flaum an der Basis.

50 % Die Flügel sind sehr rund geschnitten.

Tannenhäher
Nucifraga caryocatactes
En: Spotted Nutcracker
Fr: Cassenoix moucheté
Es: Cascanueces Común
It: Nocciolaia
ad. 50 %

Die Federn gehen auf eine Rupfung zurück, daher ist die Zuordnung der Flügeldecken nicht sicher.

Alpendohle *Pyrrhocorax graculus*

Federmerkmale: Die „Bergkrähen" der Gattung *Pyrrhocorax* unterscheiden sich von den anderen schwarz gefiederten Rabenvögeln durch gelbe bzw. rote Beine und Schnäbel. Bei der Alpendohle ist der Schnabel gelb, die Füße bei Altvögeln rötlich, bei Jungen noch dunkel. Beim stehenden Vogel überragt der Schwanz deutlich die Spitzen der zusammengelegten Flügel, bei der Alpenkrähe (hier nicht behandelt) ist der Schwanz kürzer.

Im Flugbild der Alpendohle sind die **Handschwingen** deutlich gefingert, wenn auch nicht so stark wie bei der Alpenkrähe. Dabei sind fünf frei stehende Handschwingenspitzen zu sehen. H6 bis 9 tragen eine Außenfahnenverengung, die bei H9 fast die Basis der Fahne erreicht, bei H7 bis 10 ist die Innenfahne verengt. H7 ist am längsten (21-25 cm, Mittel 23 cm, n = 28), H6 ist nur wenige Millimeter und H9 deutlich kürzer. Alle Federn sind schwarz mit einem schwachen grünlich-bläulichen Glanz und einem süßlich-muffigen Geruch wie bei anderen Rabenvögeln. Besonders die äußeren Handschwingen wirken – einzeln betrachtet – schlank und zierlich im Vergleich zu denen der Krähen. Die Schäfte sind oberseits glänzend schwarz, unterseits matt grau.

Die äußeren **Armschwingen** sind schwach nach innen gebogen, A1 bis 7 sind an der Spitze leicht eingebuchtet, mit einer winzigen Schaftspitze in der Mitte. Bei den Schirmfedern A8 bis 10 ist das nicht der Fall.

Der Schwanz ist an seinen Enden schwach gerundet. Von den **Steuerfedern** sind die längsten (je eine von St1 bis 5) im Mittel 17,3 cm lang (Variation 15,5 bis 19,6 cm, n = 30), die mittlere ist meist wenige Millimeter kürzer. Die beiden äußeren Steuerfedern sind stärker gestuft, etwa 6 mm und bis zu 20 mm kürzer als die längste. Sie sind schmal und am Ende gerundet, im frischen Zustand in der Mitte fein zugespitzt. Die Schäfte sind schwarz, hellen sich aber zur Fahnenbasis hin allmählich etwas auf. Der Dunenanteil an der Fahnenbasis ist grau.

Vorkommen: Alpendohlen sind Brutvögel der alpinen Zone des Hochgebirges ab etwa 1600 m, ihre Bruten, meist in Kolonien, reichen möglicherweise bis in eine Höhe von 3000 m. Wo sich die Gelegenheit ergibt, brüten sie auch in Gebäuden der alpinen Lagen. Im deutschen Alpengebiet kann man mit 550 bis 1000 Revierpaaren rechnen. Alpendohlen sind streng an die alpine Zone gebunden, sie kommen nur im Winter regelmäßig zu Besuch ins Tal und stellen sich dann auch in Stadtzentren ein, wo sie Nahrung finden. Als geschickte Flieger und sehr soziale Vögel werden sie nur selten Beute von Wanderfalke, Habicht oder Steinadler.

Mauser: Man wird von ihnen im Sommer eher einzelne Mauserfedern als eine Rupfung finden. Für einzelne Federfunde gibt es besonders dort Gelegenheit, wo sich die Vögel an Gipfelstationen, auf Wanderwegen und Rastplätzen einfinden, um von den Mahlzeiten der Menschen einen Anteil zu fordern. Bei den Schwingen kann man die mehr bräunlichen der vorjährigen Vögel von den schwarzen der älteren Individuen unterscheiden. Auch sind die Federn der vorjährigen Jungvögel im Sommer stärker abgenutzt als die der Altvögel. Die Vollmauser der Altvögel findet von Juni bis September statt, teils auch bis in den Spätherbst. Gemauserte Federn aus Flügel und Schwanz lassen kaum Zeichen von Abnutzung erkennen, selbst bei Volierenvögeln. Alpendohlen fliegen elegant und mit großer Wendigkeit.

Ähnliche Arten: Sowohl bei schwarzen Einzelfedern als auch bei Rupfungen ist es interessant, sie bis zur Art zu bestimmen. Das dürfte aber nicht so leicht sein, besonders dort, wo neben der Alpendohle auch Kolkraben, Rabenkrähen, Nebelkrähen oder gar Alpenkrähen vorkommen. Bei allen Krähen und dem Kolkraben glänzt das Großgefieder intensiv hell- bis stahlblau. Bei der Alpendohle ist der Schwanz länger als bei der Alpenkrähe, die Steuerfedern nehmen nach außen hin an Länge ab, bei der Alpenkrähe sind sie gleich lang.

Bei der fliegenden Alpendohle wirken die Flügel rund geschnitten. Die längsten Handschwingen sind H7 bis 9 (Flügelmodell).

Alpendohle
Pyrrhocorax graculus
En: Alpine Chough
Fr: Chocard à bec jaune
Es: Chova Piquigualda
It: Gracchio alpino
ad. 35 %

Dohle *Coloeus monedula*

Federmerkmale: Bei den **Handschwingen** ist im geschlossenen Flügel H8 am längsten, bei den Einzelfedern ist H7 die längste (17,5 bis 21 cm, Mittel 19,6 cm, n = 60) und H8 etwa 5 mm kürzer. Die schlanke H10 erreicht mit etwa 11 cm gut die Hälfte der Länge von H7 und 8. H6 bis 8 haben eine Außenfahnenverengung, H6 bis 10 eine solche der Innenfahnen. Die Verengungen der Außenfahnen, tendenziell auch die der Innenfahne, werden, wie bei den Schwingen üblich, von außen nach innen im Flügel kürzer. Der Flügel ist zwar recht rund geschnitten, wirkt aber im Flug wegen des kurzen Halses und des kleinen Schnabels relativ etwas schlanker und länger als bei den anderen Rabenvögeln. Das Großgefieder ist durchweg schwarz. Die Außenfahnen der Handschwingen und die der Steuerfedern schimmern bei Altvögeln grünlich, die der Armschwingen violett. Die Schäfte sind von oben wie von unten ebenso schwarz wie die Fahnen und hellen sich erst gegen die Spulen hin allmählich auf. Sie heben sich allenfalls durch ihren Glanz bei schrägem Auflicht ab.

Die **Armschwingen** sind recht breit und die inneren gerundet doppelspitzig, wobei die Spitze der Innenfahne diejenige der Außenfahne ein wenig überragt. Nur die vier inneren Armschwingen lassen als Schirmfedern davon nichts erkennen, wobei A9 und 10 schon nach außen gebogen und verkürzt sind.

Die längsten **Steuerfedern** haben eine durchschnittliche Länge von 13,4 cm (Variation zwischen 11,3 und 15 cm, n = 166), sind also im Vergleich zu denen der anderen großen Rabenvögel schlank und zierlich. Meist sind St3 bis 5 am längsten, St1 und 6 sind etwa 5 mm kürzer. Sie sind an der Basis oder in der Mitte der Fahnen am schlanksten und verbreitern sich zum abgerundeten Ende hin schwach in der Innenfahne. Im frischen Zustand tragen sie eine kleine Spitze am Ende des Schaftes, später sind diese Spitzchen abgerieben. Die Schwanzdecken und das meiste sonstige Kleingefieder sowie die Unterflügeldecken sind in Abstufungen schwarzgrau bis grau.

Vorkommen: Dohlen sind häufige, aber in ihren Beständen leicht abnehmende Kulturfolger, die vorzugsweise in alten Gebäuden und Ruinen, in Kirchen und Burgen kolonieweise brüten. Nicht selten nutzen sie auch Baumhöhlen in Parks und im Wald, vor allem Höhlenzentren des Schwarzspechts; sie können auch als Felsbrüter auftreten. Sie scheuen sich auch nicht davor, Schornsteine, Belüftungsschächte und größere Nistkästen in Besitz zu nehmen. Man rechnet heute in Deutschland mit 83 000 bis 140 000 Paaren. Sie sind Standvögel, nur die Jungen wandern zeitweise ab. Dohlen sind auch außerhalb der Brutzeit häufig in der Brutkolonie anwesend. Abends versammeln sie sich dann in Gehölzen oder Stadtparks zusammen mit anderen Rabenvögeln zur gemeinschaftlichen Übernachtung. Hier kann man auch noch späte Mauserfedern finden.

Mauser: Die Mauser des Großgefieders kann schon während der Brutzeit im Mai/Juni beginnen. Als erste finden sich in der Kolonie im Mai die inneren Handschwingen – wohl von den Nichtbrütern. Die Federerneuerung wird größtenteils im Sommer mit den äußeren Handschwingen H10 und dem Kleingefieder abgeschlossen. Die Federn der vorjährigen Vögel sind oft bräunlich getönt und stärker abgenutzt im Vergleich zu denen der Altvögel.

Ähnliche Arten: Die anderen schwarzen Rabenvögel haben ein ähnliches Gefieder, doch sind alle entsprechenden Federn größer als die der Dohle. Dohlenfedern findet man mindestens während der Brutzeit bei den Kolonien, später im Jahr an den Gemeinschaftsschlafplätzen. Doch können dort auch andere Rabenvögel beteiligt sein. Schwarze Federn der Elster haben einen intensiven blauen Glanz.

80 %

Flügel schlanker als bei den Verwandten. Die Vögel können selbst mit ganz abgebrochenen Steuerfedern und stark deformierten Schwingen am Ende der Brutzeit noch einigermaßen fliegen. Alle Federn strömen einen moschusartigen süßlichen Geruch aus, der wahrscheinlich von der Bürzeldrüse geliefert wird.

Dohle
Coloeus monedula
En: Western Jackdaw
Fr: Choucas des tours
Es: Grajilla Occidental
It: Taccola
50 %

Saatkrähe *Corvus frugilegus*

Federmerkmale: Wie bei anderen Rabenvögeln tragen alle Federn mindestens im frischen Zustand einen moschusartigen Geruch, der sich bei eingesammelten Federn auch über viele Jahre halten kann. Verengungen der Außenfahnen finden sich bei den **Handschwingen** 5 (schwach) bis 9 (10), an den Innenfahnen bei H6 bis 10, sodass die meisten Handschwingen klar „gefingert" sind. H10 überragt mit etwa 14 cm Länge die Großen Oberen Handdecken weit und erreicht im geschlossenen Flügel sogar die Spitzen von H1 oder 2. H7 ist als Einzelfeder mit 24,3 bis 29,2 cm (Mittel 26,3 cm, n = 63) am längsten. An der Flügelspitze findet man vor H10 noch eine kleine Feder, die eine HD10 oder ein Remicle sein kann. Diese Feder gibt es auch bei den anderen Rabenvögeln. Die Federn sind schwarz, die Außenfahnen schimmern aber violett; auch die Schäfte sind sehr dunkel. Das gilt nicht für die Unterseite, wo im Dunkelgrau eine helle Querbänderung der Schäfte auftritt.

Von den elf **Armschwingen** sind sieben normal geformt, die übrigen vier sind Schirmfedern, davon A10 und 11 sehr klein. Bei den äußeren Armschwingen ist die Spitze gerundet zweispitzig, das heißt am Schaftende etwas eingezogen; dennoch ragt hier wie bei den anderen Rabenvögeln ein feines Schaftspitzchen heraus, das eine Länge von 3 mm erreichen kann.

Die **Steuerfedern** bilden im Flugbild einen an den Ecken deutlich abgeschnittenen Schwanz, der aber nicht so keilförmig ist wie bei alten Kolkraben. St6 ist bei Jungvögeln etwa 2 cm, bei Altvögeln bis zu 3 cm kürzer als St1. Die längste Steuerfeder erreicht im Mittel etwa 18,2 cm, variiert aber zwischen 15,2 und 20,8 cm Länge (n = 425). Die Federn werden auch von innen nach außen schmaler. Sie sind mattschwarz, im frischen Zustand glänzen vor allem die Außenfahnen, bei St1 schimmert auch die Innenfahne grünlich-violett. Das Schaftende ist jeweils zu einer kleinen Spitze ausgezogen.

Vorkommen: Die Saatkrähe ist lokaler Brutvogel in Kolonien, Teilzieher sowie zahlreicher Durchzügler und Wintergast. Die Brutkolonien und Schlafplätze liegen oft in Baumgruppen in der offenen Landschaft, teilweise auch

inmitten von Städten. Die Art ist als Brutvogel hierzulande nicht gefährdet, sondern nimmt mäßig zu – trotz mancher Verfolgung durch den Menschen. Besonders Brutkolonien in Ortschaften ziehen immer wieder den Hass besonders der in Kolonienähe wohnenden Menschen auf sich, die sich durch Lärm während der Brutzeit und Verschmutzung gestört fühlen. Man rechnet mit etwa 105 000 Brutpaaren in Deutschland, etwa einem Zehntel der Zahl der Rabenkrähen.

Mauser: Die Vollmauser der Altvögel beginnt schon während der Brutzeit im Juni. Dabei gehen die noch nicht brütenden Jungvögel des Vorjahres voran, die alten Männchen und Weibchen folgen nach. Die Mauser kann sich bis in den Herbst hinziehen. Die diesjährigen Jungvögel erneuern nur das Kleingefieder, mitunter innere Handschwingen und einige mittlere Steuerfedern.

Ähnliche Arten: Der Handflügel ist etwas spitzer geschnitten als bei Raben- und Nebelkrähe, obwohl die Fahnenverengungen gleich verteilt sind. Bezeichnend für die Saatkrähe ist der nach außen hin etwas keilförmig geformte Schwanz. Gegenüber dem Kolkraben sind die Federn allerdings deutlich kleiner, der Schwanz ist weniger keilförmig. Die Federn des Kolkraben sind gegenüber denen der anderen schwarzen Rabenvögel einfach sehr groß. Am Geruch kann man sie leider nicht unterscheiden.

60 %

Der Handflügel ist zwar wie bei den anderen Rabenvögeln im Prinzip rund geschnitten, wirkt aber bei der Saatkrähe – wohl in Anpassung an die größeren Flugleistungen des Vogels – etwas länger und spitzer als bei Raben- und Nebelkrähe. Die längste einzeln verglichene Handschwinge H7 überragt ihre Nachbarin H8 deutlich, bei den beiden sogenannten Aaskrähen (Raben- und Nebelkrähe) ist H6 am längsten und etwa gleich lang wie H5 und 7. Je weiter innen die längste Handschwinge liegt, desto runder ist der Flügelschnitt. Der Flügel kann als 6-fach gefingert gelten.

Saatkrähe
Corvus frugilegus
En: Rook
Fr: Corbeau freux
Es: Graja
It: Corvo comune
35 %

Rabenkrähe *Corvus corone*

Die Unterschiede zwischen Raben- und Nebelkrähe beziehen sich auf das Kleingefieder: Rabenkrähe schwarz, Nebelkrähe zu großen Teilen grau. Wo die beiden Populationen aneinanderstoßen, treten in einem 50–120 Kilometer breiten Gürtel Hybriden auf.

Federmerkmale: Die **Handschwingen** 5 bis 9 sind an ihren Außenfahnen verengt, H(5) 6 bis 10 an den Innenfahnen. Die längste einzelne Handschwinge ist H6 (23,7 bis 30 cm, Mittel 27,5 cm, n = 77), doch sind H5 und 7 nur wenige Millimeter kürzer. H10 erreicht eine Länge von etwa 13 bis 14 cm. Die Federn sind schwarz und glänzend, die Außenfahnen haben einen schwachen blaumetallischen Schimmer. Die Außenfahne endet basal etwa 2 cm vor derjenigen der Innenfahne.

Die zehn **Armschwingen** sind verhältnismäßig breit, sie glänzen ebenso wie die Handschwingen. Die Spitze ist bei A1 bis 6 am Schaft etwas eingezogen, dennoch ragt hier ein feines Spitzchen etwa 2 mm heraus. Die Schirmfedern sind symmetrisch gebaut, kürzer und am Ende abgerundet.

Der Schwanz ist nach außen nur wenig abgerundet. Die **Steuerfedern** erreichen im Mittel 19,1 cm Länge, variieren aber zwischen 16,1 und 21,6 cm (n = 187). Sie sind untereinander annähernd gleich lang, nur St1 ist ein wenig und St6 deutlich kürzer; bei der Rabenkrähe ist St6 etwa 10 mm, bei der Nebelkrähe etwa 15 mm kürzer als St5 – alles mit großer Streuung. Sie sind schwarz, nur an der Basis der Innenfahne etwas aufgehellt. Die Außenfahnen und bei St1 beide Fahnen verfügen über einen matt stahlblauen Glanz. Der basal die Fahnen abschließende Dunenflaum ist bei der Rabenkrähe bräunlich grau, bei der Nebelkrähe weißlich grau. Ansonsten sind die Steuerfedern der Rabenkrähe in den Durchschnittswerten länger als die der Nebelkrähe. Die Schäfte sind wie die Fahnen schwarz, nur an der Basis heller. Bei den Jungvögeln sind die Steuerfedern an ihrem Ende statistisch kürzer als bei Altvögeln und nicht so abgerundet, sondern sanft keilförmig zugespitzt. Nicht ganz selten treten bei Rabenkrähen besonders in Siedlungen weiße Flecke im Gefieder auf. Solche Pigmentschwächen sind außenbedingt und können beispielsweise aus schlechter Ernährung hervorgehen. Sie können sich bei einer Mauser verstärken oder abschwächen.

Vorkommen: Raben- und Nebelkrähe sind nahe miteinander verwandt und wurden lange zu einer Art, heute zu einer Superspezies gerechnet. Nebelkrähen kommen südlich des Alpenhauptkamms, östlich der Elbe und nördlich von Schleswig-Holstein als Jahresvögel vor, Rabenkrähen in den übrigen Gebieten. Die Rabenkrähe ist also ein Vogel West- und Nordwesteuropas. Im Osten Sibiriens gibt es ebenfalls Rabenkrähen. Sie bevorzugen abwechslungsreiche Waldlandschaft und Offenland, kommen aber selbst im Hochgebirge und an den Küsten, in Ortschaften und in industriellen Agrarsteppen vor. Die Brutpaare sind während der Brutzeit territorial, die Nichtbrüter bilden vagabundierende Gruppen. Außerhalb der Brutzeit finden sie sich, oft mit Dohlen und auch Saatkrähen vergesellschaftet, abends an Gemeinschaftsschlafplätzen zusammen. Trotz teilweise illegaler Verfolgung gelten die Rabenkrähen-Bestände in Deutschland als stabil. Man kann mit 670 000 bis 910 000 besetzten Revieren rechnen.

Mauser: Die Altvögel beginnen mit ihrer Vollmauser schon im Mai während der Jungenaufzucht; sie dauert bis in den Sommer und Herbst hinein. Die Jungvögel erneuern im ersten Kalenderjahr nur das Kleingefieder, selten eine Schirmfeder oder eine innere Steuerfeder. Den Fortgang der Mauser kann man an den jeweils frischen Federn verfolgen, die sich an den Gemeinschaftsschlafplätzen finden.

Ähnliche Arten: Die Federn von Kolkraben sind durchschnittlich größer, die der Dohlen kleiner als bei der Rabenkrähe. Der Schwanz ist bei der Saatkrähe etwas keilförmig, beim Kolkraben im Alterskleid betont keilförmig. Die Flügel sind bei Raben- und Nebelkrähe runder als bei Saatkrähe und Kolkrabe.

60 %

Der Flügel ist bei Raben- und Nebelkrähe etwas runder geschnitten als derjenige der Saatkrähe und des Kolkraben.

Rabenkrähe
Corvus corone
En: Carrion Crow
Fr: Corneille noire
Es: Corneja Negra
It: Cornacchia nera
35 %

Nebelkrähe *Corvus cornix*

Die Unterschiede zwischen den beiden Krähen beziehen sich auf das Körpergefieder: Rabenkrähe am Körper schwarz, Nebelkrähe grau.

Federmerkmale: Die **Handschwingen** 5 bis 9 sind bei der Nebelkrähe an ihren Außenfahnen verengt, Innenfahnenverengungen gibt es bei H(5) 6 bis 10. Die längste einzelne Handschwinge ist H6 (23,7 bis 30 cm, Mittel 27,5 cm, n = 77), doch sind H5 und 7 nur wenige Millimeter kürzer. H10 erreicht eine Länge von etwa 13 bis 14 cm. Die Federn sind schwarz und glänzend, die Außenfahnen haben einen schwachen blaumetallischen Schimmer. Die Enden der inneren Handschwingen weisen feine Spitzen auf. Die Außenfahne endet an der Basis etwa 2 cm vor derjenigen der Innenfahne. Der hier ansitzende Flaum ist bei der Nebelkrähe weißlich, bei der Rabenkrähe grau.

Die zehn **Armschwingen** sind verhältnismäßig breit, sie glänzen ebenso wie die Handschwingen. Die Spitze ist bei A1 bis 6 am Schaft etwas eingezogen, dennoch ragt hier ein feines Spitzchen etwa 2 mm heraus. Die Schirmfedern sind symmetrisch gebaut, kürzer und am Ende abgerundet. Der Schwanz ist nach außen nur wenig abgerundet im Vergleich zu Kolkrabe und Saatkrähe. Die **Steuerfedern** erreichen im Mittel 19,1 cm Länge, variieren aber zwischen 16,1 und 21,6 cm (n = 187). Sie sind untereinander annähernd gleich lang, nur St1 ist ein wenig und St6 deutlich kürzer. Bei der Rabenkrähe ist St6 etwa 10 mm, bei der Nebelkrähe etwa 15 mm kürzer als St5 – alles mit großer Streuung. Die Steuerfedern sind schwarz, nur an der Basis der Innenfahne etwas aufgehellt. Die Außenfahnen und bei St1 beide Fahnen verfügen über einen matt stahlblauen Glanz. Der basal die Fahnen abschließende Dunenflaum ist bei der Rabenkrähe bräunlich-grau, bei der Nebelkrähe weißlich-grau. Ansonsten sind die Steuerfedern der Rabenkrähe in den Durchschnittswerten länger als die der Nebelkrähe. Bei den Jungvögeln sind die Steuerfedern an ihrem Ende nicht so abgerundet, sondern sanft keilförmig zugespitzt. Außerdem sind sie auch statistisch kürzer als bei Altvögeln. Die südlichen Populationen sind kontrastreicher gefärbt, das heißt die grauen Gefiederpartien sind heller.

Hybride: Die Mischlinge zwischen Raben- und Nebelkrähe trifft man vorwiegend in einem Gürtel von 50–120 km Breite in der stabilen Kontaktzone der Populationen. Bei den Hybriden ist das Gefieder intermediär und variabel. Das Kehl- und Brustfeld der Nebelkrähe dehnt sich weiter aus, bei anderen sind die grauen Partien fleckig oder der Bauch ist dunkel gefärbt.

Vorkommen: Raben- und Nebelkrähe sind nahe miteinander verwandt und wurden lange zu einer Art, heute zu einer Superspezies gerechnet. Die genetischen Unterschiede zwischen ihnen sind noch gering. Nebelkrähen kommen südlich des Alpenhauptkamms, östlich der Elbe und nördlich von Schleswig-Holstein meist als Jahresvögel vor, Rabenkrähen in den übrigen Gebieten. Beide bevorzugen als Generalisten abwechslungsreiche Waldlandschaft und Offenland, kommen aber selbst im Hochgebirge und an den Küsten, in den Ortschaften und in industriellen Agrarsteppen vor. Man kann mit 56 000 bis 78 000 besetzten Revieren für die Nebelkrähe in Ostdeutschland rechnen. Hinzu kommen 670 000 bis 910 000 Reviere der Rabenkrähe im Westen.

Mauser: Die Altvögel beginnen mit ihrer Vollmauser schon im Mai während der Jungenaufzucht, der Vorgang dauert bis in den Sommer und Herbst hinein. Die Jungvögel erneuern im ersten Kalenderjahr nur das Kleingefieder, selten eine Schirmfeder oder eine innere Steuerfeder. An Gemeinschaftsschlafplätzen besteht die Möglichkeit, im Sommer und Herbst Mauserfedern der verschiedenen Rabenvögel zu finden, die hier zusammentreffen.

Ähnliche Arten: Die Federn von Kolkraben sind durchschnittlich größer, die der Dohlen kleiner. Der Schwanz ist bei der Saatkrähe angedeutet keilförmig, beim Kolkraben im Alterskleid deutlich keilförmig.

60 %

Der Flügel ist bei Nebel- wie Rabenkrähe etwas runder geschnitten als derjenige der Saatkrähe und des Kolkraben. Die Schulter der Nebelkrähe ist schon grau.

Nebelkrähe
Corvus cornix
En: Hooded Crow
Fr: Corneille mantelée
Es: Corneja Cenicienta
It: Cornacchia grigia
35 %

H10 und A10 fehlen, ebenso OSD und USD

Kolkrabe *Corvus corax*

Federmerkmale: Der Kolkrabe ist zugleich der größte Rabenvogel und der größte Singvogel sowie einer der intelligentesten Vögel der Welt. Die rabenschwarzen Federn tragen mindestens im frischen Zustand einen kräftigen Geruch und hauptsächlich auf den Außenfahnen einen grünlichen oder lilablauen metallischen Schimmer – je nachdem, aus welcher Richtung man sie betrachtet. Im Laufe des Jahres können sie jedoch bräunlich ausbleichen.

Die Zahl der Schwingen ist für Rabenvögel normal: zehn **Handschwingen**, zehn oder elf Armschwingen. Außenfahnenverengungen finden sich bei den Handschwingen 6 bis 10, solche der Innenfahnen bei denselben und bei H5 in Andeutung. Durch die starke Ausprägung der Verengungen wirkt der gespreizte Handflügel fünf- bis sechsfach gefingert. Von den Handschwingen sind H6 und 7 mit 31,5 bis 38,8 cm (Mittel 35,5 cm, n = 54) die längsten. Besonders bei den Handschwingen fällt von der Unterseite her eine v-förmige Querbänderung des Schaftes auf. H10 scheint bei Altvögeln spitzer und schlanker als bei Jungvögeln zu sein. Vor H10 findet sich noch eine zusätzliche kleine und sehr scharf zugespitzte Feder vom Typus Handdecke, die man auch bei anderen Rabenvögeln antrifft.

Die **Armschwingen** 1 bis 6 sind an der Spitze etwas eingebuchtet. Ebenso wie die inneren Handschwingen tragen sie hier eine feine Schaftspitze, die die Fahne um bis zu 4 mm überragt. Die A10 ist leicht nach außen, also zur Flügelspitze hin, gebogen. Eine noch kleinere etwas schlankere Feder mit der gleichen Form dürfte eine A11 sein.

Der Schwanz ist bei Altvögeln keilförmig gestuft, das heißt, die äußeren **Steuerfedern** sind deutlich kürzer als die inneren. Das macht von der längsten Steuerfeder (St1 oder 2) bis zur äußersten (St6) einen Unterschied von 23 bis 35 mm aus. Im Federverband kann der Unterschied sogar 50 mm betragen. Beim Jungvogel ist diese Stufung schwächer ausgeprägt. Das macht sich auch im Flugbild bemerkbar, das bei Jungvögeln mehr gerundet wirkt. Die längste Steuerfeder misst 22 bis 27 cm, im Mittel 24,6 cm (n = 61). Im frischen Zustand sind die Federn am Schaftende zu einem feinen Zipfel ausgezogen.

Vorkommen: Nachdem Kolkraben durch Verfolgung in vielen Gebieten an den Rand des Aussterbens gebracht worden waren, haben sie aus Rückzugsgebieten im Norden und Osten Mitteleuropas und in den Alpen sowie durch Wiederansiedlungsprogramme allmählich die entstandene Verbreitungslücke wieder aufgefüllt und sind jetzt in Mitteleuropa weit verbreitet. Man kann in Deutschland heute mit 20 000 bis 28 000 Brutpaaren rechnen, die Bestände nehmen noch zu. Auch in den Alpen sind sie vielerorts Charaktervögel geblieben, doch kommen sie anders als zum Beispiel Alpendohlen nur selten in größeren Gruppen vor, sondern meist paarweise, einzeln oder im Familienverband. Brutnachweise reichen dort von den Tieflagen bis über 2200 m. Bei der Nahrungssuche erreichen die Vögel die höchsten Lagen weit über 2500 m. Wegen der geltenden Schutzvorschriften durch die Vogelschutzrichtlinie werden sie wohl kaum mehr abgeschossen – außerdem erfreuen sie sich wegen ihrer nachgewiesenen Klugheit auch in der Öffentlichkeit eines zunehmenden Ansehens.

Mauser: Die Vollmauser der Altvögel beginnt teilweise schon während der Nestlingsphase der Jungen im März/April und zieht sich bis in den Herbst hinein. Im Sommer sind die Jungvögel an ihren Flügeln ohne Mauserlücke und an ihren gerundeten, nicht keilförmigen Schwänzen zu erkennen.

Ähnliche Arten: Die entsprechenden Federn der anderen schwarzen Rabenvögel sind durchweg kleiner, aber im Einzelfall nicht leicht zu unterscheiden. Die längsten Handschwingen bei Raben- und Saatkrähe messen etwa 24 bis 29 cm, beim Kolkraben etwa 36 cm. Der Kolkrabe unterscheidet sich durch einen keilförmig geschnittenen Schwanz, bei den Altvögeln stärker als bei den Jungvögeln.

Der offene Handflügel ist wie bei den Verwandten stark gefingert. Er ist spitzer geschnitten als bei den anderen schwarzen Rabenvögeln.

Kolkrabe
Corvus corax
En: Northern Raven
Fr: Grand Corbeau
Es: Cuervo Grande
It: Corvo imperiale
ad. 50 %

Weitere Federn des Kolkraben auf den folgenden beiden Seiten.

Kolkrabe
Corvus corax
En: Northern Raven
Fr: Grand Corbeau
Es: Cuervo Grande
It: Corvo imperiale
ad. 50 %

Kolkrabe
Corvus corax
En: Northern Raven
Fr: Grand Corbeau
Es: Cuervo Grande
It: Corvo imperiale
ad. 50 %

Seidenschwanz *Bombycilla garrulus*

Federmerkmale: Der Seidenschwanz gehört zu den wenigen Singvogelarten mit lebhaften Färbungsmustern in den Schwingen und Schwanzfedern, ergänzt noch durch rote Ornamente aus Hornsubstanz. Von den **Handschwingen** sind H6 bis 9 als einzelne Federn etwa gleich lang. Die längste Handschwinge erreicht 91 bis 110 mm (Mittel 98 mm, n = 66). Nur bei H7 und 8 ist eine Verengung der Außenfahne, bei H8 und 9 eine solche der Innenfahne erkennbar. Die Schwingen sind sämtlich graubraun gefärbt mit verschwommener Aufhellung zum Rand der Innenfahne hin. Die Schäfte sind nur wenig dunkler als die Fahnen. Die Handschwingen tragen an der Spitze ihrer Außenfahne einen längsovalen, bis etwa 12 mm langen gelben Fleck, der bei H6 bis 9 weißlich und kleiner wird. Bei **Jungvögeln** kann er durchweg weißlich sein und schon ab H7 fehlen. Bei Altvögeln kommt ein weißer Endsaum an der Innenfahne hinzu. Beide zusammen bilden im geschlossenen Flügel des Altvogels eine Serie v-förmiger Haken in der Flügelspitze. Bei Jungvögeln entstehen wegen des Fehlens dieser Innenfahnensäume keine derartigen Haken. Die Oberen Handdecken 1 bis 7 (8) haben breite weiße Spitzen. Sie bilden einen hellen Saum an der Handflügelbasis, der besonders im geöffneten Flügel auffällt.

Die **Armschwingen** setzen die Reihe der längsovalen hellen Flecke an der Spitze der Außenfahnen bis zu A7 fort; sie sind aber weißlich und ohne Gelbton. Bei Altvögeln beider Geschlechter tragen die Armschwingen 1 bis 7 (8) oder ein Teil von ihnen an ihrer Spitze als Verlängerung des Schaftes Ornamente in Gestalt länglicher roter Hornplättchen (häufig und fälschlich als „Siegellack"-Plättchen bezeichnet, einige Millimeter lang, etwa 1 mm breit). Bei jungen Weibchen können sie ganz fehlen; bei alten Männchen treten sie in wenigen Fällen auch an den Steuerfedern auf.

Die **Steuerfedern** sind untereinander etwa gleich lang, nur die mittleren und die äußersten sind ein wenig kürzer. Die längste Steuerfeder misst im Mittel 69 mm und variiert zwischen 59 und 75 mm (n = 73). Die äußeren Federn können im Spitzendrittel etwas nach außen gebogen sein. Die Fahnen sind dunkelgrau, zum Innensaum und zur Basis hin heller, sie verdunkeln sich zur Spitze hin. Dort folgt ein gelbes Endband mit einer Breite von 3 bis 11 mm. Es ist bei St3 bis 5 am breitesten. Bei alten Männchen ist es tiefgelb, bei

ad. ♂

jüngeren Vögeln blasser. Bei Männchen aller Altersklassen hat es an St5 eine Breite von 7 bis 11 mm, bei alten Weibchen 5 bis 8 mm, bei jungen Weibchen nur 3 bis 6 mm. Die Oberschwanzdecken sind grau, die Unterschwanzdecken matt oder lebhaft rotbraun.

Vorkommen: Der Seidenschwanz ist ein Vogel des Nordens und brütet nicht bei uns. Überwinterungen finden alljährlich im nordöstlichen Mitteleuropa statt. In manchen Jahren fliegen darüber hinaus besonders bei Missernten der Eberesche in der Heimat große Trupps der Vögel invasionsartig ins zentrale Mitteleuropa ein. Sie halten sich dann gerne in den Siedlungen auf und fressen Beeren und andere Früchte. Viele verunglücken an Fensterscheiben. Der Heimzug findet von März bis Mai statt.

Mauser: Die Vollmauser der Altvögel vollzieht sich nach der Brutzeit im Brutgebiet und wird auch während des Wegzugs kaum unterbrochen, sodass einige Individuen auch bei Invasionen noch Mauserstadien im Großgefieder aufweisen und einzelne Mauserfedern verlieren.

Ähnliche Arten: Unverwechselbar – keine andere heimische Singvogelart hat eine solche gelbe Endbinde im Schwanz und rote Hornplättchen als Verlängerung der Schäfte in den Armschwingen aufzuweisen. Die Steuerfedern des Pirols sind größer und dunkler und haben gelbe Endflecke in anderer Form. Ein fliegender Trupp von Seidenschwänzen im Gegenlicht kann unter ungünstigen Beobachtungsbedingungen mit einem Starentrupp verwechselt werden. Bei den Federn aber kommen solche Verwechslungen nicht infrage.

ad. 80 %

Der Flügel ist recht spitz geschnitten. Hier sind H8/H9 am längsten. Das Flugbild erinnert an dasjenige des Stars.

Seidenschwanz
Bombycilla garrulus
En: Bohemian Waxwing
Fr: Jaseur boréal
Es: Ampelis Europeo
It: Beccofrusone
juv. 100 %

Tannenmeise *Periparus ater*

Federmerkmale: Unter den **Handschwingen** sind H5 (und 6) die längsten (51 bis 60 mm, Mittel 55 mm, n = 71). H10 ist mit etwa 20 mm relativ groß im Vergleich zu den meisten Singvögeln. H5 bis 8 weisen Verengungen an den Außenfahnen auf. Die Schwingen sind klein, zart und dunkelgrau. Die Handschwingen weisen einen hellen Saum am Rand der Innenfahne auf, der zu den äußeren hin schmaler wird und bei H9 und 10 fehlt. Ihr Schaft hebt sich dunkel von den Fahnen ab.

Bei den **Armschwingen** nimmt ein heller Saum teilweise die ganze innere Hälfte der Innenfahne ein. Bei ihnen hebt sich somit der dunkle Schaft am deutlichsten von den Fahnen ab. Bezeichnend für die Art sind die weißen Spitzenflecke an allen Großen Oberen Armdecken, die sich jedoch fast ganz auf die Außenfahnen beschränken. Solche Spitzenflecke kann man teilweise auch bei den Mittleren Oberen Armdecken (hier auch auf den Innenfahnen), den drei Schirmfedern sowie angedeutet an der A6 und den beiden inneren Alulafedern finden. Bei den Jungvögeln ergibt sich nach der jugendlichen Teilmauser meist eine Mausergrenze im Bereich der 2. bis 7. Großen Oberen Armdecke. Die inneren vermauserten Decken haben einen graublauen Außensaum, bei den äußeren unvermauserten ist er grünlich grau.

Die **Steuerfedern** sind dunkelgrau bis grauschwarz und von zarter Struktur. St4 und 5 sind mit durchschnittlich 50 mm (Variation zwischen 46 und 56 mm, n = 262) am längsten, die übrigen sind etwa 1 mm und St1 ist 2 mm kürzer. Die Schäfte sind schwarz, allenfalls an der Basis etwas heller. St6 ist manchmal an der Spitze etwas nach außen gebogen. Die Unterschwanzdecken sind weißlich, die Oberschwanzdecken grau. Das Kleingefieder der Körperunterseite ist im Gegensatz zu Blau- und Kohlmeise nicht gelblich, sondern ebenfalls grau.

Vorkommen: Die Tannenmeise ist ein weit verbreiteter und typischer Jahresvogel in dichten, hochstämmigen Nadelwäldern mit geschlossenem Kronendach, vor allem in Fichtenwäldern. Auch in den Alpen ist sie als Brutvogel von den Tallagen bis in Höhen von etwa 2000 m recht gleichmäßig verteilt. Da sie sehr häufig ist, tritt sie nicht selten als Beute des Sperlingskauzes auf und man kann ihre Federn im Auswurf der von dieser Kleineule besetzten Bruthöhlen finden. Die Zahl der erfassten Reviere in Deutschland beläuft sich auf 1,1 bis 1,6 Millionen. Die Populationsdichte und die Wanderungen schwanken

ad.

erheblich in Abhängigkeit von der Strenge des Winters und der Ernte der Fichtensamen.

Mauser: Die Vollmauser der Altvögel findet zwischen Mitte Juni und Anfang September statt, ist aber im Falle des Wegzugs oft noch nicht ganz abgeschlossen. Die Jungvögel absolvieren ihre Teilmauser im gleichen Zeitraum, sind aber beim Wegzug damit auch oft noch nicht fertig. Sie schließen dabei auch Armdecken sowie einzelne Schirm- und Steuerfedern ein.

Ähnliche Arten: Schwingen und Steuerfedern sind wie bei allen echten Meisen zart und schwer zu identifizieren. Den Tannenmeisenfedern fehlt jedoch die Blautönung von Blaumeisenfedern. Auch sind die äußeren Steuerfedern ohne Weiß, was für die größere Kohlmeise typisch ist. Kohlmeisen haben aber auch sonst viel größere Federn. Kennzeichnend für die Tannenmeise sind die Großen Oberen Armdecken mit ihren weißen Endflecken sowie die Mittleren Oberen Armdecken mit ihren tropfenförmigen Spitzenflecken. Sumpf- und Weidenmeisen sind mehr bräunlich. Das Schwarzkehlchen hat ebenfalls schwarze Steuerfedern, die aber kräftiger gebaut sind.

links: St6 von oben
rechts: St5 von unten

100 %

Der Flügel ist sehr rund geschnitten, wie es auch bei den anderen Meisen der Fall ist. Das zeigt sich hier daran, dass H5 und 6 einzeln die längsten Handschwingen sind und dass eine Fahnenverengung der Handschwingen bei H5 bis H8 besteht. Auch H10 ist wie bei anderen Meisen relativ lang.

Tannenmeise
Periparus ater
En: Coal Tit
Fr: Mésange noire
Es: Carbonero Garrapinos
It: Cincia mora

100 %

Haubenmeise *Lophophanes cristatus*

Federmerkmale: Die Haubenmeise wurde früher ebenso wie die anderen echten Meisen in der Gattung *Parus* geführt. Diese ist aber in jüngerer Zeit in verschiedene Gattungen aufgespalten worden, sodass die Haubenmeise als einzige europäische Art die Gattung *Lophophanes* vertritt (griech. lophos bedeutet Nacken). Unter ihren einzelnen **Handschwingen** sind H5 und 6 die längsten (52 bis 62 mm, Mittel 57 mm, n = 56). H5 bis 8 sind an den Außenfahnen verengt. Mit 22 bis 23 mm Länge ist H10 ganz ansehnlich. Ein schmaler heller Saum ziert die Außenfahnen, am intensivsten an den verengten Spitzenteilen der Handschwingen. Alle Schwingen, mit Ausnahme der beiden äußeren Handschwingen und der Schirmfedern, werden von hellen Säumen an der Innenfahne begleitet. Diese enden aber bei den Handschwingen vor den verengten Spitzen. Die Hand- und **Armschwingen** sind dunkler als die Schwanzfedern, jedoch ein wenig bräunlicher als bei Sumpf- und Weidenmeise. Nur die drei Schirmfedern sind heller mit einem Stich ins Isabellfarbene. Der geschlossene Flügel ebenso wie der ganze Mantel wirken einfarbig bräunlich.

Die **Steuerfedern** sind ebenfalls einfarbig hellbräunlich, entschieden heller als bei Sumpf- und Weidenmeise; die Innenfahnen sind mit einem lichten Saum versehen. Sie sind mit durchschnittlich 55 mm bei der längsten (Variation zwischen 51 und 60 mm, n = 59) dennoch annähernd gleich lang, nur St1 kann 2 bis 4 mm kürzer als die übrigen sein. Die Außenfahne ist besonders bei den Außensteuerfedern und an deren Basis isabellfarben aufgehellt. Der Schaft hebt sich kaum von der Fahnenfärbung ab – dies im Unterschied zu Weiden- und Sumpfmeise, bei denen die dunklen Schäfte gegenüber den ebenfalls dunkleren Fahnen deutlich kontrastieren. Unter günstigen Bedingungen kann man an den Steuerfedern das Alter des Vogels erkennen: Bei Jungen sind sie schmal und zugespitzt, bei den Alten breiter und am Ende mehr abgerundet. Am besten kann man das an den mittleren Steuerfedern sehen.

So hübsch die **Haube** auf dem Oberkopf der Haubenmeise für den Beobachter erscheinen mag, so wenig wird man davon bei einer der selten gefundenen Rupfungen des Vogels in der Regel erkennen können. Immerhin: Die längsten Haubenfedern erreichen bis zu 27 mm, sind schmal und stark zugespitzt, im Zentrum schwarz und hell gesäumt.

Vorkommen: Die Haubenmeise ist bei uns streng an das Vorkommen von Fichten oder Kiefern gebunden. Sie ist zudem auf stehende tote Bäume oder Baumstümpfe angewiesen, da sie ihre Bruthöhlen im morschen Holz selbst zimmert. Im Laubwald ebenso wie in Gartenlebensräumen kommt sie nur dort vor, wo Nadelbäume gruppenweise eingestreut sind. In Südeuropa besiedelt sie allerdings auch reinen Laubwald. Sie bevorzugt bei uns ansonsten geschlossenen Nadelwald und besiedelt als ortstreuer Brut- und Jahresvogel alle Höhenlagen von etwa 200 bis 1800 m, allerdings überall nur in geringer Dichte. Die Art ist bei uns mit 385 000 bis 610 000 Revieren viel seltener als Blau- und Kohlmeise.

Mauser: Die Vollmauser der Altvögel erfolgt erst Wochen nach dem Ausfliegen der Jungen im Spätsommer und Herbst, kann aber bei den Männchen schon während der Brutzeit beginnen. Die Teilmauser der Jungvögel läuft ebenfalls im Spätsommer und Herbst ab und kann neben den Armdecken einige Schirm- und mittlere Steuerfedern einschließen.

Ähnliche Arten: Die Steuerfedern sind heller bräunlich als bei den anderen Meisenarten, besonders in den Außenfahnen. Die Schäfte heben sich in der Spitzenhälfte der Federn nicht dunkel ab, was bei Weiden- und Sumpfmeise der Fall ist. Dennoch kann man Einzelfunde von Schwingen oder Kleingefieder nicht der Haubenmeise oder den schwarzköpfigen Meisen zuordnen. Selbst ganze Rupfungen sind schwer zu bestimmen. Schwarze spitze und verlängerte Scheitelfedern mit weißlichen Randsäumen gibt es jedoch nur bei der Haubenmeise.

Federn der Haube

100 %

100 %

Der offene Flügel ist in seiner Form stark gerundet. Hier sind die längsten Federn H7 und H8, anders als bei den Einzelfedern (H5 und H6).

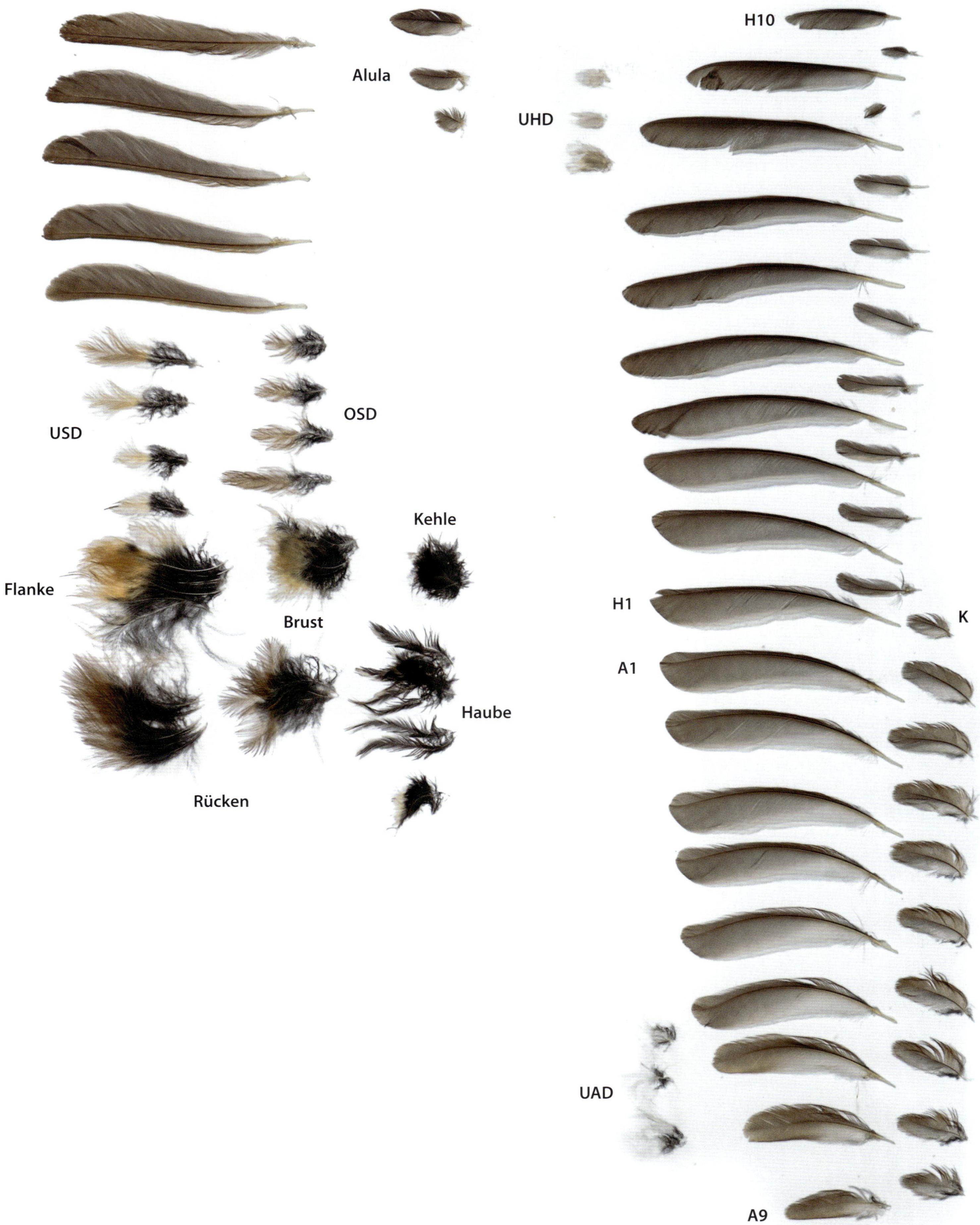

Haubenmeise
Lophophanes cristatus
En: European Crested Tit
Fr: Mésange huppée
Es: Herrerillo Capuchino
It: Cincia dal ciuffo
100 %

Sumpfmeise *Poecile palustris*

Federmerkmale: Sumpfmeise und Weidenmeise sind Zwillingsarten, die als schwarzköpfige braune Meisen einander so ähnlich sind, dass sie erst relativ spät als eigene Arten erkannt wurden. Sie zählen heute als einzige mitteleuropäische Vertreter zur Gattung *Poecile*. Bei der Sumpfmeise sind die **Handschwingen** (4) 5 und 6 (51 bis 61 mm, Mittel 57 mm, n = 74) am längsten ausgebildet. Schwache Außenfahnenverengungen findet man bei H(5) 6 bis 8. Innenfahnenverengungen sind kaum zu erkennen, allenfalls beginnen sie dort, wo die hellen Innensäume der Handschwingen enden. Die Federn sind graubraun, die hellen Säume an den Innenfahnen sind sehr schmal. Die Schäfte sind durchweg schwarzbraun abgesetzt. Die Außenfahnen sind extrem schmal, wie bei den anderen Meisen.

Bei den **Armschwingen** hellt sich die Basis der Innenfahnen stärker auf, insgesamt werden sie zu den Schirmfedern hin heller. Die beiden innersten Schirmfedern sind fast einheitlich isabellfarben mit schwach dunkel abgesetztem Schaft, was aber bei der Weidenmeise ganz ähnlich ist. Die Armschwingen bilden im Gegensatz zur Weidenmeise mit ihren Außensäumen kein Armflügelfenster, allenfalls eine Andeutung davon im frischen Herbstgefieder.

Die **Steuerfedern** sind graubraun, die Säume der Außenfahnen aber heller, im Ton olivgrau. Nur St6 ist insgesamt heller, die Außenfahne ist hellbräunlich, ihr Außensaum und die Federspitze können sogar weißlich sein. Bei St5 ist die schmale Außenfahne ebenfalls recht hell. Während die Steuerfedern 1 bis 5 mit etwa 60 mm (Variation 53 bis 62 mm, n = 106) fast alle die gleiche Länge aufweisen, ist St6 um 1 bis 3 mm kürzer. Die mittleren Steuerfedern sind stärker gewölbt, was auch bei anderen Meisen der Fall ist. Die Schäfte sind dunkler als die Fahnen. Wie bei anderen Meisen sind die Steuerfedern bei Jungvögeln schmaler und spitzer als bei Altvögeln.

Vorkommen: Sumpfmeisen sind weitgehend Standvögel. Sie leben in gut strukturierten Laub- und Mischwäldern, in Parks und Gärten, soweit höhere Laubbäume vorhanden sind, und halten sich vorzugsweise in den Baumkronen auf. Sie sind in allen deutschen Bundesländern verbreitet und ihre leicht zunehmenden Bestände schwanken zwischen 405 000 und 530 000 Revieren. Sie sind wie die anderen echten Meisen Höhlenbrüter, sind aber auf vorgefundene Bruthöhlen angewiesen, weil sie anders als die Weidenmeisen keine eigenen Höhlen herstellen.

Mauser: Die Vollmauser der Altvögel findet im Frühsommer im Brutgebiet statt. Die Flügelmauser kann Anfang Juli schon fast abgeschlossen sein. Die Jungen mausern drei bis vier Wochen nach dem Ausfliegen hauptsächlich das Kleingefieder, hin und wieder auch eine Schirmfeder und einige Steuerfedern.

Ähnliche Arten: Am ähnlichsten ist die Weidenmeise, die aber an den hellen Außensäumen der Armschwingen besonders im zusammengelegten Flügel unterschieden werden kann. Bei der Weidenmeise ist die schwarze Kopfplatte in allen Kleidern matt, bei der Sumpfmeise im Alterskleid glänzend, nicht jedoch beim Jungvogel. Durch andere Farbgebung und Größe unterscheiden sich die Federn von denen anderer Meisenarten, doch muss man für die Bestimmung am besten Material der verschiedenen Arten bei gutem Licht vergleichen. Einzelne Schwingen oder Steuerfedern der schwarzköpfigen Meisen lassen sich ohne Vergleichsmaterial häufig gar nicht bestimmen. Auch die Federn der Haubenmeise sind sehr ähnlich, mit Ausnahme der Haubenfedern.

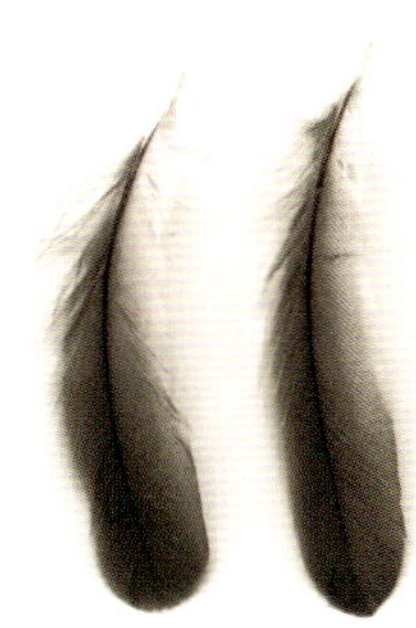

A7 von Sumpf- (links) und Weidenmeise

100 %

Die Sumpfmeise als die nächste Verwandte der Weidenmeise ist wie diese ausgesprochen rundflügelig. Das zeigt sich deutlich daran, dass die längste einzelne Handschwinge (H5, H6) weit zurückverlegt ist und von hier aus die äußeren Handschwingen stufig an Länge abnehmen. H10 ist allerdings wie bei den anderen Meisenarten noch recht lang und überragt die Handdecken weit.

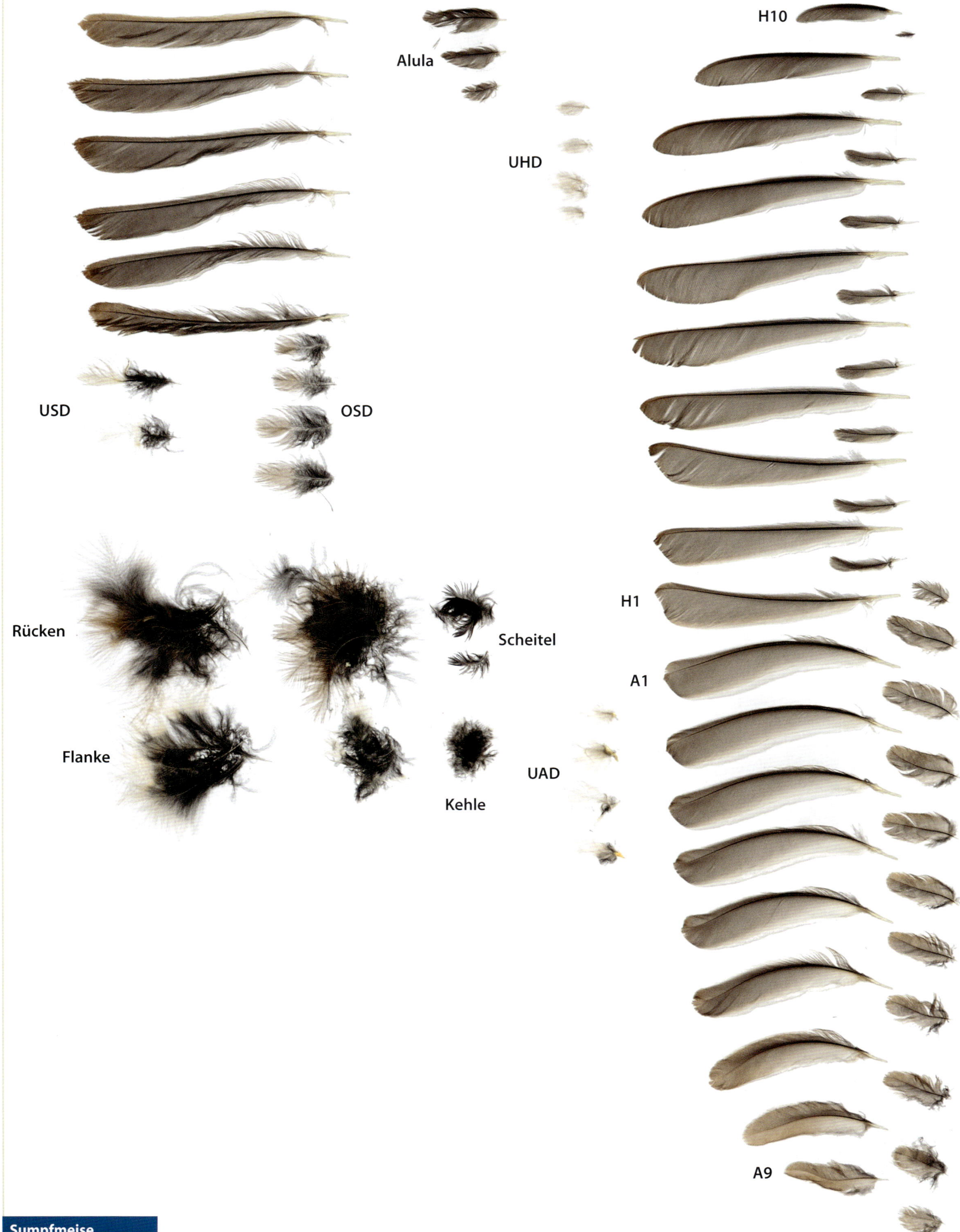

Sumpfmeise
Poecile palustris
En: Marsh Tit
Fr: Mésange nonnette
Es: Carbonero Palustre
It: Cincia bigia
100 %

Weidenmeise *Poecile montanus*

Federmerkmale: Weiden- und Sumpfmeise sind äußerst ähnlich, die sichere Bestimmung gefundener Federn ist umso schwieriger. Alle Schwingen sind dunkel graubraun, mit hellen Säumen an der Außen- und Innenfahne. In der Bestimmungsliteratur stehen Unterschiede im Kopfgefieder und im Körpergefieder, die man aber nur beim vollständigen Vogel verwenden kann.

Nur bei den beiden äußeren **Handschwingen** und den zwei inneren Schirmfedern sind kaum Säume zu erkennen. Die Schäfte heben sich im Allgemeinen schwarzbraun von den durchscheinenden Fahnen ab. Diese Beschreibung gilt für beide schwarzköpfige Meisen. Bei der Weidenmeise sind H5 und 6 mit 52 bis 62 mm (Mittel 56 mm, n = 67) am längsten. H4 bis 8 sind an den Außenfahnen verengt, an den Innenfahnen ist nichts davon zu erkennen.

Bei dieser Art weist der geschlossene Armflügel auf die Ferne ein helles Fenster auf, das bei der Sumpfmeise fehlt. Bei den **Armschwingen** (2) 3 bis 7 stellt sich das als beigefarbener Saum an den Außenfahnen dar. Die Schirmfedern sind insgesamt heller, wobei sich der Schaft dunkel abhebt.

Ebenso wie die Flügellänge bei beiden Arten etwa gleich ist, stimmen auch die Maße der längsten **Steuerfedern** überein: bei der Sumpfmeise durchschnittlich etwa 60 mm (53 bis 62 mm), bei der Tiefland-Weidenmeise *salicarius-rhenanus* im Schnitt 57 mm (54 bis 63 mm). Bei der Alpenmeise und wohl auch bei der nordischen Population *borealis* liegen die mittleren Federwerte (über 60 mm) jedoch höher. Beim Schwanz tritt eine Besonderheit auf: Die äußere Steuerfeder St6 ist bei beiden Arten deutlich kürzer als die längste (St3). Das macht bei der Sumpfmeise nur 1 bis 3 mm, bei der Weidenmeise 4 bis 10 mm aus. Beides gilt im frischen, nicht abgenutzten Zustand. Die Variation ist aber größer, sodass hiernach nur bei Extremwerten eine sichere Bestimmung möglich ist. Für beide Arten ist jedoch gültig: Bei den äußeren Steuerfedern ist die Außenfahne weißlich aufgehellt. Der Schaft ist bei der Weidenmeise etwas stärker als bei der Sumpfmeise. Er ist oberseits schwarzbraun, unterseits in der Basishälfte weiß. Bei diesjährigen Jungvögeln beider Arten sind die Steuerfedern schmal und zugespitzt, bei Altvögeln breiter und abgerundet. Am besten sieht man das bei St1. Der Unterschied wird im Laufe des Winters durch Abnutzung geringer.

Vorkommen: Von der Weidenmeise gibt es in Mitteleuropa zwei Unterarten: Im Tiefland lebt die Unterart *Poecile montanus salicarius*, in den Alpen die etwas größere „Alpenmeise" *Poecile montanus montanus*. Beide zusammen werden auch Mönchsmeise genannt. Die beiden Populationen zeichnen sich durch unterschiedliche Gesänge aus, lassen sich jedoch an den Federn kaum unterscheiden. Die Weidenmeise ist keineswegs an Weiden gebunden, wohl aber an morsche Bäume, worin sie ihre Bruthöhle aushackt. Die Brutvorkommen der Alpenmeise verteilen sich recht gleichmäßig auf die Höhenlagen bis etwa 2000 m, während die Sumpfmeise das Tiefland bewohnt und nur selten oberhalb von 1000 m brütet. Für die Weidenmeisen-Population wird ein etwas abnehmender Bestand zwischen 64 000 und 120 000 Revieren angegeben.

Mauser: Die Vollmauser der Weidenmeisen findet nach der Brutzeit im Sommer zwischen Juni und Mitte September statt. Danach ist das helle Fenster im Armflügel am besten ausgebildet.

Ähnliche Arten: In fast jeder Hinsicht (mit Ausnahme der Lautäußerungen) ist die Weidenmeise der Sumpfmeise sehr ähnlich, sie erreicht aber im Gebirge höhere Lagen. Durch andere Farbgebung und Größe unterscheiden sich die Federn von denen anderer Meisenarten, doch muss man für die Feder-Bestimmung der beiden schwarzköpfigen Meisen am besten gesichertes Material bei gutem Licht vergleichen. Hilfreich sind die beigefarbenen Säume der inneren Armschwingen bei der Weidenmeise (siehe Abbildung bei Sumpfmeise, S. 56). Ein Hilfskriterium ist die relative Länge der Außensteuerfeder. Einzelfedern lassen sich meist gar nicht zuordnen.

100 %

Die Flügel sind rund geschnitten wie bei den anderen Meisen. Am längsten sind H6 und H7.

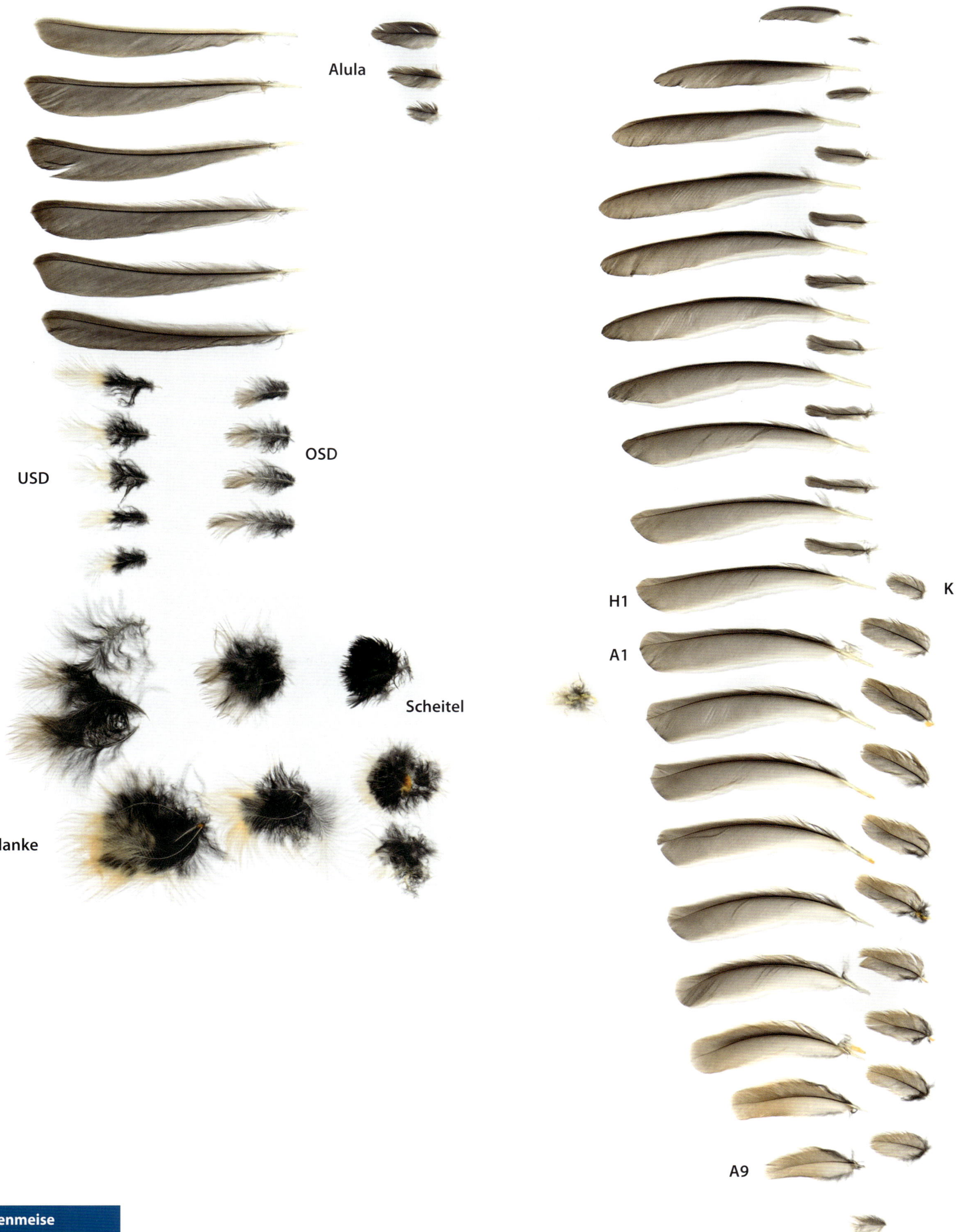

Weidenmeise

Poecile montanus

En: Willow Tit

Fr: Mésange boréale

Es: Carbonero Montano

It: Cincia alpestre

100 %

Blaumeise *Cyanistes caeruleus*

Federmerkmale: Die längste einzelne **Handschwinge** ist H5, mit 55 bis 66 mm, Mittelwert 59 mm (n = 127). H6 ist fast gleich lang, von hier aus werden die Schwingen in beide Richtungen kürzer. H10 ist immer noch etwa 20 mm lang, viel länger als die Große Obere Handdecke 9. H5 bis 8 weisen eine Außenfahnenverengung auf, die nur bei gut erhaltenen Federn zu erkennen ist. An ihr ist die Außenfahne fein hell gesäumt, an den übrigen Teilen und den nicht verengten Federn ist der Außensaum matt blau. Der schmale helle Innensaum der Handschwingen lässt ebenfalls den außen verengten Teil frei. Sonst sind die Handschwingen durchscheinend schwarzblau.

Das gilt auch für die **Armschwingen**, die eine deutliche Biegung zum Körper hin aufweisen. Sie sind im Grundton etwas heller, sodass sich der schwarze Schaft besser von den Fahnen abhebt. Die Außenfahnen schimmern matt bläulich. Mit A1 beginnend entwickeln sie an ihrer Spitze einen weißen Endsaum, der bei der Schirmfeder A8 eine Breite von 4 mm erreichen kann. Auch die Großen Oberen Armdecken verfügen über einen weißlichen Endsaum, der etwa in der Mitte der Reihe seine größte Breite von 2 bis 3 mm erreicht. Im kompletten Flügel bilden diese Säume eine weiße Armflügelbinde wie bei der Kohlmeise. Die Karpaldecke, z. T. die Große Decke HD1 sowie die Schirmdecken HD8 und 9 wie auch die Mittleren Oberen Armdecken sind ohne einen solchen Endsaum.

Die zarten **Steuerfedern** sind untereinander annähernd gleich lang. Die längste misst im Mittel 56,7 mm (Streuung 50 bis 63 mm, n = 457). Nur St1 ist einige Millimeter kürzer als die übrigen. Die Steuerfedern sind wie die Schwingen durchscheinend schwarzblau, die Außenfahnen mit bläulichem Schimmer, besonders bei alten Männchen. Bei St1 sind beide Fahnen mehr oder weniger blau. Die Schäfte heben sich schwarz von den Fahnen ab; sie sind auf der Unterseite ebenfalls dunkel, nur bei St6 hell. St5 und 6 sind fein weiß gesäumt, bei St6 ist der Außenfahnensaum deutlich weiß. Hier kann das äußere Federdrittel leicht nach außen gebogen sein. Die Unterschwanzdecken sind hellgelb, teilweise aber auch mit schwacher dunkler Pigmentierung, als ob der Bruststreif bis nach unten reicht, wie bei der Kohlmeise. Das Geschlecht kann man nach der Blaufärbung der Steuerfedern nicht sicher bestimmen. Bei **Jungvögeln** sind die Steuerfedern schmaler als bei den Alten und im frischen Zustand deutlich zugespitzt.

Vorkommen: Die Blaumeise gehört neben der Kohlmeise zu den häufigsten Meisen, zugleich zu den häufigsten Kleinvögeln und vor allem zu den alltäglichen Besuchern an winterlichen Futterstellen. In Deutschland kann man mit 3,25 bis 4,8 Millionen Brutrevieren rechnen. Blaumeisen sind in allen Baumbeständen – vor allem in Laubbäumen – zu finden, sie halten sich im Winter auch gern in Schilfbeständen auf. Im Frühjahr besuchen sie Weiden- und andere Blüten, um dort Nektar und Kleininsekten zu gewinnen.

Mauser: Sie mausern als Altvögel ihr Gefieder vom Frühsommer bis in den Herbst hinein über eine individuelle Dauer von vier Monaten hin. Die Mauser der Handschwingen allein dauert bis zu 80 Tage. Die Mauser der **Jungvögel** umfasst außer dem Kleingefieder in variabler Form ebenfalls Schirm- und Steuerfedern sowie manchmal auch Armschwingen. Da meist außerdem alle Großen Oberen Armdecken erneuert werden, entsteht ein Farbkontrast zwischen Armdecken (blau) und nicht vermauserten Handdecken (graublau). Gefundene Mauserfedern lassen sich recht leicht bestimmen.

Ähnliche Arten: Wegen der blauen Tönung und der geringen Größe kann man die Schwingen und die Steuerfedern der Blaumeise kaum mit denjenigen anderer Arten verwechseln. Stahlblauen Schimmer gibt es bei den viel stabileren Federn des Eisvogels. Kennzeichnend für die Blaumeise sind neben dem Blau die weißen Endsäume der Großen Oberen Armdecken und der Schirmfedern. Ähnliche Säume gibt es nur bei der Kohlmeise.

100 %

Der Flügel der Blaumeise ist wie bei den anderen Meisen sehr rund geschnitten. H7/8 sind im Verband am längsten.

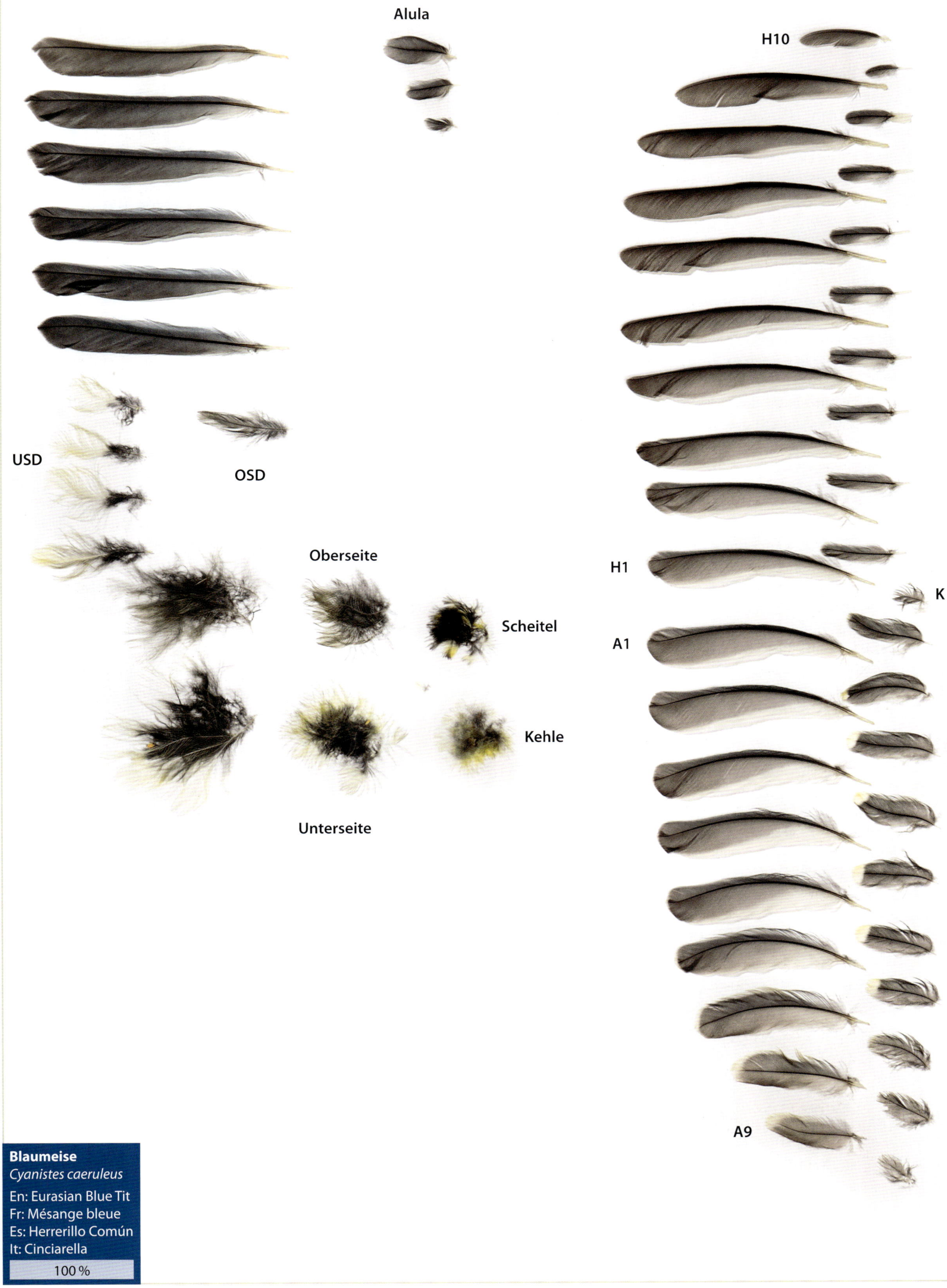

Blaumeise
Cyanistes caeruleus
En: Eurasian Blue Tit
Fr: Mésange bleue
Es: Herrerillo Común
It: Cinciarella
100 %

Kohlmeise *Parus major*

Federmerkmale: Bei den einzeln betrachteten **Handschwingen** sind H5 und 6 am längsten (62 bis 72 mm, Mittel 67 mm, n = 175). H(4) 5 bis 8 weisen Außenfahnenverengungen auf – bei manchen Individuen kaum zu erkennen. H10 ist mit 21 bis 25 mm länger als bei vielen anderen Singvögeln, sie überragt alle Handdecken – dies ein Zeichen für ausgeprägt runden Flügelschnitt. Die Handschwingen sind durchscheinend dunkelgrau, die Außenfahnen und die Schäfte fast schwarz, der Außenfahnenrand mit feinem hellem Saum versehen. Die Ränder der Innenfahnen werden von einem etwa 2 mm breiten weißen Feld begleitet. Dieses endet bei den äußeren Handschwingen jeweils dort, wo die spitzenständige Verengung der Innenfahne beginnt.

Die **Armschwingen** sind den inneren Handschwingen ähnlich, aber etwas kürzer und stärker nach innen gebogen. Hier fallen grüngelbe Außensäume auf; sie verstärken sich von Feder zu Feder und ziehen sich um das Federende herum, an den drei Schirmfedern werden sie 2 bis 3 mm breit. Auch die Großen Oberen Armdecken haben derartige bis 5 mm breite Endsäume und bilden damit die helle Flügelbinde, die den geöffneten Flügel der Kohlmeise kennzeichnet.

Die längsten **Steuerfedern** erreichen eine Länge von durchschnittlich 68 mm (Variationsweite 52 bis 76 mm, n = 528). Am längsten sind St2 bis 5, St1 ist meist kürzer, St6 ist am kürzesten; der Unterschied zur längsten kann 7 mm betragen. St2 bis 5 sind schwärzlich mit matt bläulich oder gelblich getönter oder bei alten Männchen blaugrauer Außenfahne. Der Schaft setzt sich nur im schwach aufgehellten Basalteil der Fahnen dunkel ab. St1 ist relativ schmal und bleigrau mit zusätzlichem, gelblichem Außensaum, der Schaft mit einem beidseitig begleitenden Schaftstrich hebt sich dunkel ab. St6 weist jedoch ein Farbmuster auf, das im Unterschied zu anderen Meisenarten im gespreizten Schwanz eine weiße Kante erzeugt. Die Außenfahne ist fast vollständig weiß, von der Spitze der Innenfahne her begleitet sie ein sich verschmälernder Keilfleck im äußeren Fünftel bis Drittel der Federlänge – er kann sogar die Hälfte erreichen. Der Schaft ist auch im weißen Feld dunkel. St5 weist demgegenüber nur eine schwache weiße Spitze an der Außenfahne, manchmal ebenso an der Innenfahne auf. Die Federenden sind gerundet, die Enden der Innenfahnen etwas abgeschrägt. Während die Oberschwanzdecken dunkel graublau sind, setzt sich ein schwarzer Brust- und Bauchstreif bis in den Unterschwanz fort, sodass selbst die Unterschwanzdecken schwarze neben weißen Fahnenanteilen haben. Beim Männchen ist das stärker ausgeprägt als beim Weibchen und bei Jungvögeln. Jungvögel kann man daran erkennen, dass die unvermauserten Handdecken schwächer bläulich, manchmal grünlich sind im Vergleich zu den vermauserten Großen Oberen Armdecken.

Vorkommen: Die Kohlmeise ist neben der Blaumeise die häufigste Meisenart in Mitteleuropa. Die Erfassung für den „Atlas deutscher Brutvögel" ergab 5,65 bis 7,0 Millionen Reviere. Die Kohlmeise ist in der Regel Standvogel und besiedelt als Brutvogel alle Arten von Baumbeständen, wenn sie Höhlen vorfindet. Im Winter wandern Vögel aus dem Norden zu, teilweise invasionsartig. Kohlmeisen gehören zu den häufigsten Besuchern von Futterstellen. Als häufige und größte Meisenart wird sie oft zum Opfer von Katzen und Sperbern, sodass sich ihre Federn nicht selten finden lassen.

Mauser: Die Vollmauser der Altvögel dauert drei Monate und kann individuell schon während der Nestlingszeit der Jungen der letzten Brut einsetzen. Die letzten Federn werden im September erneuert. Die Jungvögel mausern im Sommer nicht nur ihr komplettes Kleingefieder, sondern auch Schirmfedern und einige Steuerfedern.

Ähnliche Arten: Die Kohlmeise ist die einzige heimische Meise mit weißen Schwanzkanten. Sie ist auch die bei weitem größte Meisenart. Noch viel mehr Weiß im Schwanz und in den Flügeln gibt es nur bei der östlich verbreiteten Lasurmeise (*Cyanistes cyanus*).

Die Kohlmeise ist ausgesprochen rundflügelig. Wegen der Säume im Armflügel vergleiche man die Blaumeise.

Kohlmeise
Parus major
En: Great Tit
Fr: Mésange charbonnière
Es: Carbonero Común
It: Cinciallegra

ad. ♀ 100 %

Beutelmeise *Remiz pendulinus*

Federmerkmale: Die längste **Handschwinge** misst 48 bis 52 mm (Mittel 49,9 mm, n = 24). Die Hand- und **Armschwingen** sind graubraun, tragen aber an Innen- und Außenfahne einen schmalen, hellen, ringsum laufenden Saum. Die Handdecken sind ebenfalls graubraun, jedoch an der Spitze hell rahmfarben gesäumt, woraus im geschlossenen Flügel ein helles Band entstehen kann. Die Alula setzt sich schwarz ab und trägt einen lichten Außensaum. Die Großen Oberen Armdecken sind außen breit tief-rotbraun gesäumt und am Ende mit einer 1,5 bis 2 mm breiten, hell rostbeigen Spitze versehen, sodass sich ein deutlicher Armflügelsaum bildet. Bei den Schirmfedern ist der weißliche bzw. rahmfarbene Saum außen ausgesprochen breit, die Innenfahne setzt sich hellbeige ab. Das Federzentrum ist heller als bei den übrigen Armschwingen, wirkt aber trotzdem im Kontrast zu den fast weißen Säumen dunkel. Die innerste Schirmfeder A9 ist fast gänzlich hell, ihr bleibt nur ein zentraler dunkler Schaftstrich.

Die **Steuerfedern** sind sehr zart, schlank und an den Spitzen gerundet. Ihre Zartheit wird durch die weißlichen, rahmfarbenen Außen- und die breiten weißlichen Innen- und Endsäume noch betont. Sie wirken von unten noch heller als oberseits. Der Schwanz ist schwach gegabelt. Die längsten Steuerfedern erreichen im Mittel 51 mm Länge (Variation zwischen 46 und 56 mm, n = 33). St1 kann 5 bis 6 mm kürzer sein als die benachbarte Feder. Die Unterschwanzdecken sind weißlich mit dunklem Schaftstrich oder reinweiß. Beim Großgefieder der Beutelmeise sind kaum Unterschiede zwischen Alt- und Jungvögeln bekannt. Beim Kleingefieder gibt es an Kopf und Rücken auffallende Unterschiede zwischen Jung- und Altvögeln: Dem Jungvogel fehlt die schwarze Augenmaske, sie ist allenfalls matt angedeutet. Scheitel und Nacken sind nicht grau, sondern bräunlich.

Vorkommen: Die Beutelmeise ist ein lückenhaft verbreiteter Brut- und Sommervogel, dessen Population sich seit einiger Zeit in Mitteleuropa schubweise westwärts ausgebreitet hat, jedoch auch wieder Rückgänge zu verzeichnen hat. Für ganz Deutschland kann man mit nur 1700 bis 3000 Revieren rechnen – mit abnehmender Tendenz. Beutelmeisen bewohnen zur Brutzeit lichte Baumbestände am Wasser, halten sich aber auch gern im Röhricht mit Rohrkolben auf, um Nistbaumaterial und Nahrung zu suchen. Die kunstvollen beutelartigen Nester werden vorzugsweise in Erlen-, Birken- und Weidengezweig über dem Wasser hängend angelegt. Das Paarverhalten ist häufig polygam. Auch außerhalb der Brutzeit sind die Vögel regelmäßig im Schilf anzutreffen, dann auch in größeren Gruppen.

Mauser: Die Vollmauser der Altvögel beginnt schon während der Brutzeit, bei den Weibchen schon im Mai, bei den Männchen einen Monat später. Die Jungvögel mausern ihr Kleingefieder vom Spätsommer bis in den Herbst hinein, dabei werden auch manchmal Schirm- und Steuerfedern, zuweilen sogar einige Hand- und Armschwingen ausgetauscht. In den Großen Oberen Armdecken kann dabei eine Mausergrenze sichtbar werden. Im Frühjahr gibt es noch eine weitere Teilmauser unterschiedlichen Umfangs.

Ähnliche Arten: Die Federn der nicht selten im Schilfröhricht vorkommenden Bartmeise sind unverwechselbar anders – sowohl in der Form und der Größe als auch in der Farbgebung. Die Steuerfedern des Bluthänflings tragen ebenfalls beidseitig weiße Randsäume, sind aber länger, wesentlich kräftiger, zugespitzt und kaum in den Lebensräumen der Beutelmeise zu finden.

St4 (links) und H4 vom Bluthänfling zum Vergleich

100 %

Der Flügel der Beutelmeise ist rund geschnitten. Im kompletten offenen Flügel sind H6 bis H8 etwa gleich lang.

Beutelmeise
Remiz pendulinus
En: Eurasian Penduline Tit
Fr: Rémiz penduline
Es: Pájaro-moscón Europeo
It: Pendolino
♂ 100 %

Bartmeise *Panurus biarmicus*

Federmerkmale: Die längste **Handschwinge** misst nur 47 bis 59 mm, als Mittel bei 69 Messwerten ergibt sich 53 mm, wobei den Jungvögeln die kleineren Werte zukommen. Dennoch ist H10 kaum länger als die winzige äußerste große Handdecke. H6 bis 8 sind an den Außenfahnen verengt. Sowohl die Hand- als auch die Armschwingen sind überraschend bunt, genauer gesagt dreifarbig. Bei den äußeren Handschwingen 4 bis 9 ist die Außenfahne bis fast an den Schaft heran leuchtend weiß, bei den inneren wird sie hellbraun, was sich bei den Armschwingen fortsetzt. Der geschlossene Handflügel wirkt somit weiß, der Armflügel hellbraun. Auch die Alula trägt mit ihren hellen Außensäumen zu dem lebhaften Bild bei. Die graubraune Innenfahne trägt bei den Handschwingen einen hellen Innensaum.

Bei den **Armschwingen** ist die Außenfahne bis fast an den Schaft heran lebhaft braun, dem steht ein breiter heller Saum der sonst graubraunen Innenfahne gegenüber. Dieser Saum zieht sich um das Federende herum. Nur bei den Schirmfedern A7 und 8 wird die Innenfahne graubraun-weiß bis ganz weiß, die Außenfahne teilt sich in ein schwarzes Feld und einen braunen Saum. Die Schirmfeder A9 kann fast ganz weiß sein. Die Großen Oberen Armdecken tragen mit lebhaft hellbraun gefärbten Außen- und Innensäumen noch zu dem bunten Bild bei. Die inneren sind beim Altvogel überwiegend schwarz.

Der Schwanz ist ausgesprochen lang und stark gestuft, das heißt, die äußeren **Steuerfedern** sind nur etwa halb so lang wie die mittleren. Der Längenunterschied zwischen den benachbarten Federn ist bei St1 und 2 noch schwach, er nimmt nach außen hin zu. Die längsten Steuerfedern in der Mitte messen im Mittel 86 mm, sie variieren zwischen 68 und 99 mm (n = 51). Die Steuerfedern 1 bis 4 sind bei Altvögeln matt-orange, an ihrer Spitze nach außen zunehmend aufgehellt. Die kurze Steuerfeder 6 trägt beim Männchen ein unnachahmliches Gemisch aus Weiß, Schieferschwarz und Mattbraun, das sich besser in der Abbildung zeigen als beschreiben lässt. Beim Weibchen im Alterskleid weisen auch St4 und 5 schwarze Felder in der Mitte auf. Schwarze Unterschwanzdecken gehören zum Männchen, beim Weibchen sind sie hellbeige. Beim **Jungvogel** unterscheiden sich die Schwanzfedern drastisch. Hier sind nur die mittleren Paare mattorange bis strohfarben, das zweite schon mit kräftigem schwarzem Endsaum. Die übrigen Schwanzfedern sind schwarz mit weißem seitlichem Endsaum, der zu den Schwanzseiten hin breiter wird. Die Unterschwanzdecken sind hellocker. Im Flügel des Jungvogels sind alle Säume schmaler und weniger farbintensiv, die Schirmfedern sind wie die oberen Flügeldecken und der Rücken mattschwarz.

Vorkommen: Bartmeisen sind spezialisierte Jahresvögel in ausgedehnten Schilfbeständen im Binnenland wie in Küstennähe. Das Verbreitungsgebiet reicht von Europa bis Mittelasien und ist in viele lokale und regionale Vorkommen zerteilt. Die Population ist stets durch strenge Winter gefährdet, kann aber Verluste durch mehrere Bruten pro Jahr wieder ausgleichen. Die Brutbestände sind sehr ungleichmäßig auf die Bundesländer verteilt, am meisten findet man noch in Mecklenburg-Vorpommern. Insgesamt errechnen sich für Deutschland 4100 bis 8000 Brutreviere – bei ansteigendem Trend.

Mauser: Die Vollmauser der Altvögel beginnt Mitte August und erstreckt sich bis in den Oktober hinein. Auch die Jungvögel legen von Juli bis Anfang Oktober schon eine Vollmauser ab. Danach sind sie nicht mehr als Junge erkennbar. Die Geschlechter kann man schon ab dem Nestlingsstadium an der Schnabelfärbung unterscheiden: Männchen gelb, Weibchen grau.

Ähnliche Arten: Keine. Man beachte aber, dass die Kleider von Jung- und Altvögeln so unterschiedlich sind, als gehörten sie zu zwei verschiedenen Arten. Lebensraum und Lautäußerungen sind jedoch arttypisch.

100 %

Der Flügel ist im Profil sehr rund geschnitten, sodass die längsten einzeln betrachteten Handschwingen etwa H5 und 6 sind. Im Flügelverband sind H6 bis H8 ungefähr gleich lang.

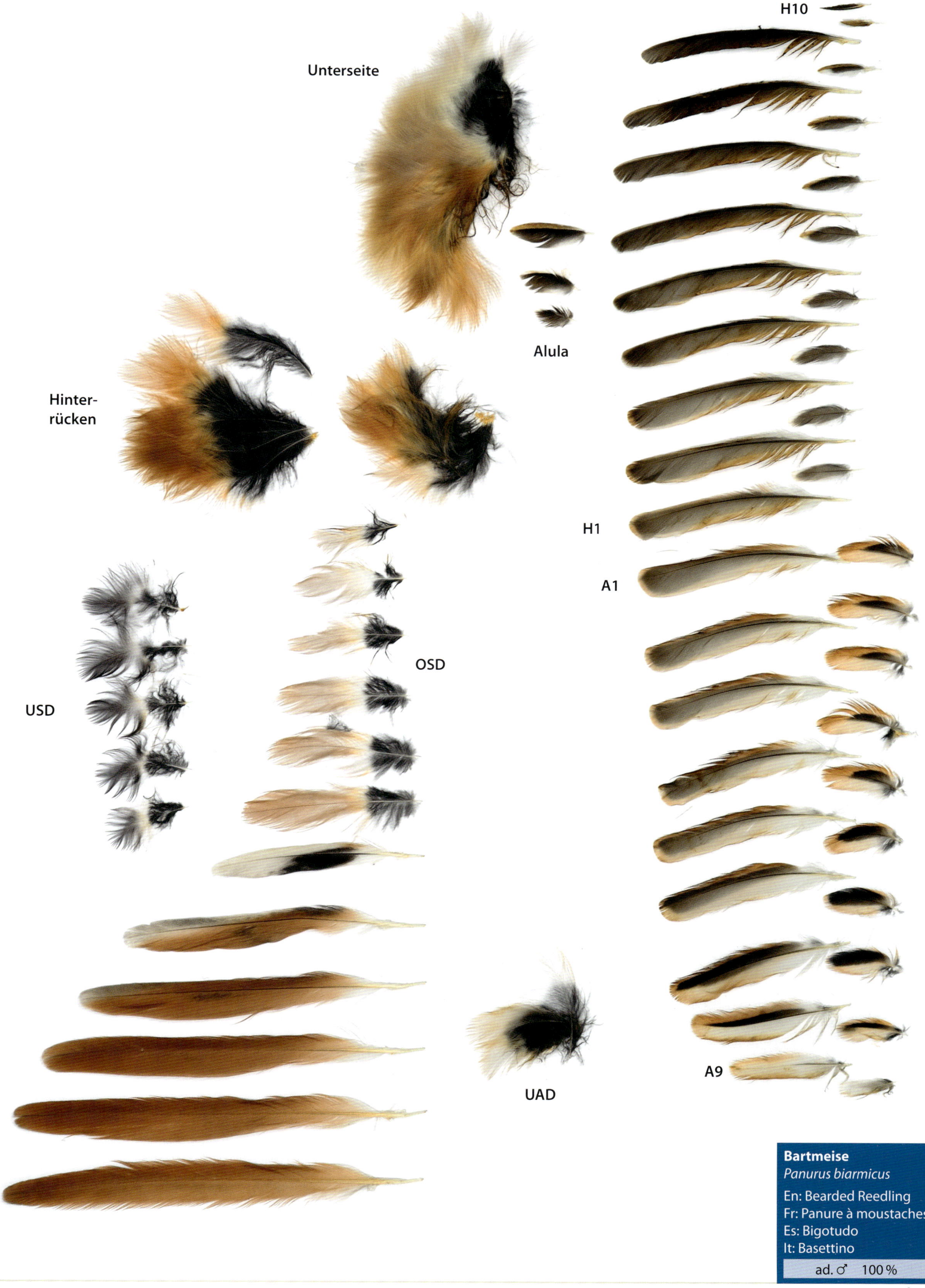

Bartmeise
Panurus biarmicus
En: Bearded Reedling
Fr: Panure à moustaches
Es: Bigotudo
It: Basettino
ad. ♂ 100 %

Heidelerche *Lullula arborea*

Federmerkmale: Die Schwingen sind beim Altvogel dunkel graubraun. Bei den **Handschwingen** sind H5 bis 8 an den Außenfahnen verengt, bei H6 bis 9 an den Innenfahnen. H6 ist mit 69 bis 87 mm (Mittel 81 mm, n = 50, bei einem Jungvogel nur 72 mm) am längsten, die benachbarten H7 und 8 sind wenig kürzer; auch bei den nebeneinander gelegten Schwingen entsteht ein sehr rundes Profil. H5 ist allerdings deutlich kürzer als H6. H9 hat eine helle Außenfahne, bei den nach innen folgenden gibt es schmale helle Säume, besonders beim Jungvogel. Die Aufhellung an den Innenfahnen ist schwach und verschwommen. Die inneren Großen Oberen Handdecken haben hellbräunliche Spitzensäume, die aber ab der vierten bis zur achten breiter und heller werden. Auch die Alulaschwingen (besonders die mittlere) tragen solche breiten weißlichen Spitzensäume, die mit den Großen Oberen Handdecken zusammen im offenen Flügel eine schmale Flügelbinde, im geschlossenen Flügel ein charakteristisches Hell-Dunkel-Hell-Muster am Flügelbug bilden.

Die **Armschwingen** und auch die zugehörigen Großen Oberen Armdecken haben helle Endsäume. Die Schwingen sind gerundet doppelspitzig, wobei die Innenfahne etwas überragt. Die Schirmfedern sind dunkler als die übrigen Armschwingen, aber an der Spitze bräunlich aufgehellt. Sie neigen zu starker Abnutzung. Bei den Jungvögeln fallen die rahmfarbenen Säume von Armschwingen und Armdecken auf, die zum dunkleren Federzentrum hin noch kontrastiert sind.

Der Schwanz ist wie auch im Flugbild sehr kurz. Die längste **Steuerfeder** erreicht durchschnittlich nur 56 mm und variiert zwischen 50 und 61 mm (n = 62). St3 bis 6 sind etwa gleich lang, nur die beiden inneren Paare sind kürzer, wozu auch die starke Abnutzung von St1 im Sommer beiträgt. Die Steuerfedern sind schwarzbraun, die beiden inneren fahlbraun. Anstelle der weißlichen Schwanzkanten anderer Lerchenarten sind die Steuerfedern St(2) 3 bis 6 bei der Heidelerche mit hellen dreieckigen Spitzenflecken versehen. Nur bei St6 dehnt sich dieses Feld als Keilfleck auf etwa ein Viertel bis ein Drittel der Federlänge zur Außenfahne hin aus (15 bis 22 mm). Auf diese Weise entsteht im Flug ein heller Endsaum des Schwanzes, der sich zur Mitte hin abschwächt.

Vorkommen: Heidelerchen bevorzugen als Sommervögel Ödländereien und trocken-warme Sandgebiete mit Kiefern. Sie sind lückenhaft und in geringer Dichte verbreitet; ihre Bestände haben insgesamt abgenommen, scheinen sich aber in jüngerer Zeit etwas zu erholen. In Deutschland wurden immerhin 27 000 bis 47 000 besetzte Reviere gezählt, etwa zehnmal so viel wie Haubenlerchen. Vielfach trifft man sie jedoch nur truppweise als Durchzügler im März und September/Oktober an. Manche versuchen auch zu überwintern.

Mauser: Die Vollmauser von Alt- und Jungvögeln findet nach Ende der Brutzeit im Sommer und Herbst statt. Bei den Jungvögeln setzt sie 4 – 6 Wochen nach dem Flüggewerden ein. Nach dieser Jugendmauser sind die Jungvögel nicht mehr am Gefieder zu erkennen.

Ähnliche Arten: Falls vorhanden, kann man die Lerchenarten am besten anhand der unterschiedlich gefärbten und gemusterten Steuerfedern unterscheiden: Ohrenlerche schwarz, St1 breit fuchsig gesäumt, St6 mit wenig Weiß, Heidelerche mit hellen dreieckigen Endflecken, Feldlerche mit weißen Kanten. Helle Endflecken an den Schwanzfedern gibt es sonst auch beim Steinsperling, bei der Alpenbraunelle sind sie verhältnismäßig klein. Bei der Haubenlerche sind die Schwanzkanten farbig getönt.

100 %

Die Heidelerche verfügt wie die anderen Lerchenarten über runde Flügel. Sie ist kein Fernzieher. H5 bis H9 heben sich als Einheit aus dem geöffneten Flügel heraus.

Heidelerche
Lullula arborea
En: Woodlark
Fr: Alouette lulu
Es: Alondra Totovía
It: Tottavilla
ad. ♀ 100 %

Feldlerche *Alauda arvensis*

Federmerkmale: Von den **Handschwingen** sind H6 bis 8 mit einer Verengung der Außenfahne, H7 (die längste) bis H9 mit einer solchen der Innenfahne versehen. H9 fällt durch einen breiten weißlichen Außensaum auf, die übrigen Handschwingen durch einen schmaleren. Ihre Grundfärbung ist dunkelbräunlich grau. Die inneren H1 bis H4 haben einen verschwommenen hellen Endsaum aufzuweisen, außerdem sind sie doppelspitzig, am Schaft etwas eingezogen. In der Population haben die Männchen längere Flügel als die Weibchen. Wahrscheinlich gilt das auch für die einzelnen Handschwingen. Die längsten messen für beide Geschlechter zusammen 68 bis 102 mm (Mittel 92 mm, n = 88). Bei einem Jungvogel ergab sich ein Wert von 77 mm.

Die **Armschwingen** sind breit geschnitten, mit deutlichem Außensaum und einer schwachen Aufhellung des Innenfahnenrandes. Bei ihnen ist die Doppelspitzigkeit noch stärker ausgeprägt, wobei die Innenfahne etwas überragt. Das ist auch bei den Großen Oberen Armdecken der Fall, bei den vier Schirmfedern aber abnehmend; hier ist der Außen- und Endsaum noch klarer abgesetzt als bei den anderen Armschwingen, betont durch das dunklere Federzentrum. Die längste Schirmfeder A7 überragt A6 um etwa 3 mm. Die Großen Oberen Armdecken ebenso wie die Mittleren haben klar abgesetzte sandfarbene Endsäume.

Unter den **Steuerfedern** erreicht die längste, meist eine der äußeren, im Schnitt 74,5 mm und variiert zwischen 56 und 84 mm (n = 106). Die Maße schwanken stark. Die mittlere St1 ist 2 bis 11 mm kürzer als ihre Nachbarin und 7 bis 10 mm kürzer als die längste Steuerfeder. Das führt zu einer deutlichen Einbuchtung des Schwanzes. St1 ist braun mit beidseitig sehr breiten sandfarbenen Säumen und weicher Übergangszone zum dunkleren Fahnenkern. Die folgenden Steuerfedern sind dunkelbraun mit schmalen hellen Außensäumen. St5 ist wieder breiter weiß gesäumt, sodass der Saum in der Spitzenhälfte der Außenfahne die halbe oder ganze Fahnenbreite einnimmt. Der Schaft von St1 bis 5 ist farblich an die Fahnen angepasst, bei St6 ist er durchgehend weiß. Die Feder ist farblich zweigeteilt. Die Basis der Außenfahne ist meist braun, ebenso bei der Innenfahne; von hier zieht sich das braune Feld schmaler werdend am Saum der Innenfahne entlang bis fast zur Spitze. Der Rest der Feder erzeugt einen weißen Keil über Innen- und Außenfahne und damit beim fliegenden Vogel eine auffallende weiße Schwanzkante. Das Weiß kann durch Imprägnierung beim Sandbaden rötlich oder anders getönt sein. Beim **Jugendkleid**, das schon im ersten Sommer vollständig ausgetauscht wird, sind die Steuerfedern schwächer und durchschnittlich 5 bis 10 mm kürzer; besonders die mittleren sind häufig gegen die Spitze quergebändert. Ansonsten sind bei ihnen alle hellen Säume in den Schwingen wie in den Decken durch schmale dunkle Säume unterlegt und damit kontrastiert.

Vorkommen: Feldlerchen sind heute in der offenen Landschaft selten geworden oder vielfach schon ausgestorben. Da sind die registrierten Bestände von 1,2 bis 1,85 Millionen Revieren nur scheinbar groß. Sie sind fakultative Teilzieher, das heißt, sie können zwischen beiden Strategien wechseln: Einige versuchen zu überwintern, doch gibt es auch Zuzug aus dem Norden.

Mauser: Die Vollmauser der Altvögel findet im Sommer nach der Brut noch im Brutgebiet statt. Die Handschwingenmauser dauert 50 bis 58 Tage. Die Jungvögel erneuern ihr gesamtes Gefieder, beginnend etwa drei Wochen nach dem Flüggewerden. Sie sind nach etwa drei Monaten damit fertig.

Ähnliche Arten: Falls vorhanden, kann man die Lerchenarten am besten anhand der unterschiedlich gefärbten und gemusterten Steuerfedern unterscheiden: Ohrenlerche schwarz, St1 breit gesäumt, St6 mit wenig Weiß, Heidelerche mit hellen Endflecken, Feldlerche Mitte braun mit breiten hellen Säumen, Rest dunkelbraun, weiße Schwanzkanten. Bei der Haubenlerche sind die hellen Schwanzkanten farbig getönt.

100 %

Der Flügel ist wie bei den anderen Lerchen rund geschnitten. H6 bis 9 sind hier am längsten.

Feldlerche
Alauda arvensis
En: Eurasian Skylark
Fr: Alouette des champs
Es: Alondra Común
It: Allodola
ad. ♀ 100 %

Haubenlerche *Galerida cristata*

Federmerkmale: Bei den **Handschwingen** misst die längste (H6) 74 bis 95 mm (Mittel Altvögel 88 mm, n = 41). Von ihnen weisen H5 bis 8 eine Außenfahnenverengung auf, H5 bis 9 sind auch an der Innenfahne verengt. Die Grundfärbung aller Schwingen ist dunkel graubraun. H9 hat eine helle Außenfahne, die folgenden Handschwingen haben beim Altvogel schmale helle Säume. Von den Enden der Innenfahnenverengungen aus zieht sich ein helles Feld breiter werdend bis zur Fahnenbasis. Bei den inneren Handschwingen H1 bis 4 erreicht dieses aufgehellte Feld fast die Federspitze. Diese breiten Innensäume sind nicht weißlich, sondern rosafarben bis gelblich-rötlich getönt. Beim **Jungvogel** sind alle Handschwingen breit beige gesäumt.

Die Säume der **Armschwingen** sind ebenfalls rötlich getönt. Die inneren Hand- und die Armschwingen haben schmale helle Spitzensäume in derselben Farbe. Sie sind außerdem gerundet zweispitzig. Bei den inneren Armschwingen überragt die Innenfahnenspitze etwas diejenige der Außenfahne. Bei den vier Schirmfedern klingt die Zweispitzigkeit aus. Hier sind die ringsum laufenden hellen Säume im frischen Gefiederzustand fast 3 mm breit, können sich aber weitgehend abnutzen. Die äußerste Schirmfeder A7 überragt beim Altvogel ihre Nachbarin A6 um fast 10 mm, nicht jedoch beim Jungvogel. Die folgenden Schirmfedern sind dann kürzer. Die Großen und Mittleren Oberen Armdecken haben ebenfalls hellrötlich getönte Säume. Die Schäfte der Schwingenunterseiten sind hell.

Die längsten **Steuerfedern** sind mit durchschnittlich 69,3 mm relativ kurz (Variation Altvögel zwischen 58 und 79 mm, n = 43). St2 bis 6 sind etwa gleich lang, nur St1 ist noch etwas kürzer. Ihre Enden sind schwach gerundet. St1 und 2 sind hell rotbraun an der Basis, zur Spitze hin dunkler. Die folgenden sind schwarzbraun. Bei St6 sind die Spitzenhälfte der Außenfahne und ein Keilfleck der Innenfahne schwach aufgehellt, aber nicht weiß, sondern rötlich oder sandbräunlich getönt. Der Schaft ist dunkel. Im **jugendlichen** Nestlingskleid sind alle hellen Säume von Schwingen und Decken dunkel kontrastiert, das heißt mit einem feinen dunklen Saum unterlegt. Bei den Großen und Mittleren Oberen Handdecken sind die Säume am Schaft eingezogen und bilden Dreiecksflecken. A7 ist gegenüber A6 nicht verlängert, sondern um wenige Millimeter verkürzt. Die Steuerfedern sind schmal und schwach, die beiden mittleren Paare mit angedeuteter Querbänderung oder Wölkung versehen. Die Säume können sich rasch abnutzen, was sich aber durch die Jugendvollmauser bald erledigt.

Vorkommen: Als ursprüngliche Steppenbewohnerin nutzt die Haubenlerche vor allem Brachflächen und Ödland, aber auch große Parkplätze, Anlagen in Vorstädten und sogar Flachdächer, soweit offener Boden und eine lockere Krautschicht verfügbar sind. Wegen der Bodenversiegelung, der intensiven Landbewirtschaftung und des Drucks von Bodenfeinden sind die Vögel an vielen Orten ausgestorben oder stehen kurz davor. In ganz Deutschland kann man heute nur noch mit 1700 bis 2700 Revieren rechnen. Haubenlerchen sind Standvögel mit geringer Wandertendenz, neigen aber in Kältewintern zur Winterflucht.

Mauser: Die Vollmauser der Altvögel findet nach der Brutzeit zwischen Juli und September im Brutgebiet statt. Die Vollmauser der Jungvögel beginnt etwa vier bis sechs Wochen nach dem Flüggewerden und endet im August oder September.

Ähnliche Arten: Falls vorhanden, kann man die Lerchenarten am besten anhand der unterschiedlich gefärbten und gemusterten Steuerfedern unterscheiden: Ohrenlerche schwarz, St1 breit fuchsig gesäumt, St6 mit wenig Weiß; Heidelerche mit hellen, dreieckigen Endflecken, Feldlerche mit weißen Kanten. Die Schwanzkanten der Haubenlerche sind nicht weiß, sondern farbig getönt. Kennzeichnend sind auch die rötlichen Innensäume der Schwingen.

100 %

Der Flügel als der eines Standvogels ist ausgesprochen rund und breit geschnitten. H5 bis H9 ragen aus dem geöffneten Flügel heraus.

Haubenlerche
Galerida cristata
En: Crested Lark
Fr: Cochevis huppé
Es: Cogujada Común
It: Cappellaccia
juv. 100 %

H1 und H2 sind frisch vermausert (BK).

Ohrenlerche *Eremophila alpestris*

Federmerkmale: Die **Handschwingen** 6 bis 8 haben eine Außenfahnenverengung, bei H(6) 7 bis 9 gibt es eine Verengung der Innenfahne. H8 ist bei den Einzelfedern mit 73 bis 100 mm (Mittel 91 mm, n = 61) am längsten, H9 und 7 sind nur wenige Millimeter kürzer. Die Innenfahnensäume sind nur schwach aufgehellt. Die Grundfärbung der Handschwingen ist dunkel graubraun, bei den Armschwingen ist sie heller. H9 hat einen weißlichen Außensaum. Die inneren Handschwingen haben einen etwa 1 mm breiten hellen Endsaum.

Bei den **Armschwingen** setzt sich dies fort, der helle Innenfahnensaum ist hier besser abgegrenzt. Besonders die inneren Armschwingen sind deutlich gerundet zweispitzig. A7 als längste Schirmfeder überragt die benachbarte A6 um etwa 4 mm. Die Schirmfedern sind dunkel graubraun wie die Handschwingen mit einer Aufhellung an der Spitze, die aber durch Abnutzung verschwinden kann. Besonders der Farbkontrast zwischen der hellen A6 und der dunklen A7 kann kräftig ausgebildet sein. Die Großen Oberen Armdecken sind im Alterskleid unauffällig, können aber auch helle Endsäume tragen.

Der Schwanz ist recht lang, die längste **Steuerfeder**, meist eine von St2 bis 4, misst durchschnittlich 76 mm und variiert zwischen 58 und 91 mm (n = 86). Die mittleren beiden Paare und die äußeren sind wenige Millimeter kürzer. Die Außensteuerfedern können ein wenig nach außen gebogen sein. St1 ist beidseitig breit rostbraun bis fahlbraun gesäumt, darin ein ebenfalls breit angelegter dunkelbrauner Schaftstrich, der an der Basis und vor der Spitze schmal ausläuft. Die weiteren Steuerfedern sind schwarz bis schwarzbraun und an der Basis teilweise weißlich oder hell rostbraun aufgehellt. Die beiden äußeren haben weißliche Spitzen- und Außensäume, bei St5 sehr schmal, bei St6 nur knapp auf den Schaft oder in die Innenfahne übergreifend. Der Schwanz wirkt daher beim fliegenden Vogel schwarz und lässt kaum eine helle Außenkante erkennen. Die Oberschwanzdecken sind fuchsig mit breitem dunklem Schaftstrich, die Unterschwanzdecken weitgehend weiß, können aber an den Spitzen leicht bräunlich getönt sein.

ad.

Vorkommen: Die Ohrenlerche brütet nicht bei uns, sondern ist ein Vogel des Nordens. Doch kommt sie alljährlich als Wintergast an die Küsten von Nord- und Ostsee. Seltener gelangt sie auch ins Binnenland. Die überwinternden Bestände an den Wattenmeerküsten sind in der jüngeren Vergangenheit stark zurückgegangen (4800 bis 9500 Individuen), wahrscheinlich durch Überweidung mit Rentieren in den skandinavischen Brutgebieten und Schädigung der Salzwiesen bei uns.

Mauser: Die Vollmauser der Altvögel findet im Spätsommer bis September/Oktober noch im Brutgebiet statt. Sie dauert etwa acht bis zehn Wochen. Die Jungvögel unterziehen sich, beginnend etwa im Alter von fünf Wochen nach dem Schlüpfen, ebenfalls einer Vollmauser, die etwa neun Wochen in Anspruch nimmt und Ende August bis Mitte Oktober abgeschlossen wird. Die bei uns an den Küsten auftretenden Vögel sind alle im frischen Alterskleid.

Ähnliche Arten: Falls vorhanden, kann man die Lerchenarten am besten anhand der unterschiedlich gefärbten und gemusterten Steuerfedern unterscheiden: Ohrenlerche schwarz, St1 breit rostbraun gesäumt, St6 mit wenig Weiß, Heidelerche mit hellen Endflecken, Feldlerche mit weißem Keilfleck bis in die Innenfahne, was zu weißen Schwanzkanten führt. Bei der Haubenlerche sind die Schwanzkanten farbig getönt.

100 %

Im Vergleich zu den anderen Lerchen ist der Flügel weniger rund geschnitten. Die frei stehenden Handschwingen H6 bis 9 im offenen Flügel wirken sehr schlank. Im geschlossenen Flügel wird die Flügelspitze von den dunklen Schirmfedern weitgehend abgedeckt.

St6 (links) und St2

Ohrenlerche
Eremophila alpestris
En: Horned Lark
Fr: Alouette hausse-col
Es: Alondra Cornuda
It: Allodola golagialla
100 %

Die Federn stammen aus einer Rupfung, sind daher unvollständig.

Uferschwalbe *Riparia riparia*

Federmerkmale: Anders als Rauch- und Mehlschwalbe lebt die Uferschwalbe nicht im Umfeld des Menschen. Sie ist Spezialistin für die Nähe des Wassers und brütet in selbst ausgegrabenen Höhlen in Steilhängen. Unter den einzeln betrachteten **Handschwingen** ist typischerweise H9 die längste mit 82 bis 99 mm (Mittel 91 mm, n = 87), H8 ist nur wenig kürzer. H10 ist mit etwa 14 mm knapp so lang wie die äußerste Handdecke. Von der Spitze aus nimmt die Handschwingenlänge stufig ab bis zu H1. Bei den inneren Handschwingen sind die Innenfahnenspitzen schräg zugespitzt. Das Großgefieder ist dunkelbraun und nicht schwarzbraun wie bei Rauch- und Mehlschwalbe. Die Federn sind zur Basis hin besonders in der Innenfahne bräunlich aufgehellt. Die Schäfte heben sich von oben gesehen kaum ab, sind aber unterseits sehr hell.

Die **Armschwingen** sind kurz und nach innen gebogen. A1 bis 6 sind an der Spitze eingebuchtet, bei den inneren steht die Spitze der Innenfahne über. Den Schirmfedern fehlt diese Doppelspitze, sie sind stufig verkürzt. A7 ist wie bei den anderen Schwalben nicht über ihre Nachbarinnen hinaus verlängert. Die Jungvögel im ersten vollständigen Federkleid kann man gut identifizieren. Bei ihnen sind die Schirmfedern an der Spitze etwa 1 bis 2 mm breit beigefarben gesäumt. Das gilt auch für alle Oberen Armdecken, die Schulter- und Rückenfedern sowie die Oberschwanzdecken. Beim Altvogel fehlen diese Säume oder sind bei den Schirmfedern nur sehr dünn entwickelt.

Die äußeren **Steuerfedern** erreichen eine maximale Länge von 57 mm (Variation 48 bis 64 mm, n = 144). Sie verkürzen sich von außen nach innen um insgesamt 6 bis 12 mm, sodass der Schwanz mäßig eingebuchtet ist. Sie sind an Außen- und Innenfahne fein hell gesäumt, am stärksten bei St6. Diese Säume nutzen sich im Laufe der Saison ab. Den Steuerfedern fehlt ein helles Fenster in der Innenfahne (siehe Rauch- und Felsenschwalbe). Die Unterschwanzdecken sind nahezu reinweiß, die Oberschwanzdecken graubraun.

Vorkommen: Uferschwalben bauen kolonieweise horizontale Brutröhren in Prallhängen von Fließgewässern und in sandigen Steilküsten, sekundär auch in Sand- und Kiesgruben, wo sich dringender Schutzbedarf ergibt. Die Nahrungssuche findet vor allem über Gewässern, Feuchtgebieten und Grünland statt, im Winter in der Savanne. Vor dem Wegzug im Spätsommer sammeln sie sich abends an Gemeinschaftsschlafplätzen im Schilf oder Gebüsch, wo sich auch Baumfalken und Sperber als Beutegreifer einstellen. In Deutschland rechnet man bei allgemein zurückgehenden Beständen noch mit 85 000 bis 135 000 Brutpaaren.

Mauser: Jung- wie Altvögel unterziehen sich im Winterquartier einer Vollmauser, die aber schon im Brutgebiet beginnen kann und beim Wegzug unterbrochen wird. Sie nimmt vier bis fünf Monate in Anspruch.

Ähnliche Arten: Der Vogel ist spitzflügelig wie die anderen Schwalben, aber unter den heimischen Arten die kleinste. Der Schwanz ist nicht gegabelt wie bei der Rauchschwalbe und der Rötelschwalbe, schwächer eingebuchtet als bei der Mehlschwalbe und ohne weiße Fleckenzeichnung. Das Großgefieder ist dunkelbraun und nicht schwarzbraun, ihm fehlt bläulicher Glanz. Beim Jungvogel tragen die Schirmfedern helle Endsäume, ähnlich wie bei der Mehlschwalbe.

Schirmfedern A7-9 von Altvogel (oben) und Jungvogel

Der Flügel ist wie bei den anderen Schwalben sehr spitz geschnitten. H8 und H9 bilden die Spitze. Die Art ist strenge Fernzieherin und überwintert in Westafrika.

Uferschwalbe
Riparia riparia
En: Sand Martin
Fr: Hirondelle de rivage
Es: Avión Zapador
It: Topino
ad. ♂ 100 %

Weitere Beschriftungen auf Seite 10

Rauchschwalbe *Hirundo rustica*

Federmerkmale: Unter den einzelnen **Handschwingen** ist H8 mit 91 bis 118 mm (Mittel 104 mm, n = 159) die längste, H9 ist nur wenig kürzer, dagegen ist H10 mit 12 – 16 mm sehr kurz. Von H8 bis 1 nehmen die Handschwingen rasch an Länge ab. Sie sind auffallend flach und haben schmale Außenfahnen, während die Innenfahnen zur Spitze hin keilartig auslaufen. Von einer Fahnenverengung gibt es keine Andeutung. Die Schäfte sind oberseits dunkel, von der Unterseite her hell. Die Federn sind glänzend schwarzbraun, die Federspitzen und die Außenfahnen glänzen bläulich.

Die **Armschwingen** 1 bis 6 sind einheitlich nach innen gebogen, untereinander etwa gleich lang und am Ende zweispitzig gerundet. Die Schirmfedern A7 bis 9 nehmen rasch an Länge ab, A7 ist kürzer als A6. Auch hier schimmern die Außenfahnen bläulich, die Innenfahnen sind schwach bräunlich aufgehellt. Das Gleiche gilt für die Großen Oberen Armdecken. Die unteren Flügeldecken und die Unterschwanzdecken sind blassrötlich getönt.

Die **Steuerfedern** sind kaum verwechselbar. Sie sind bei Altvögeln schwarzbraun mit metallisch grünem oder blauem Glanz, bei Jungvögeln dunkel graubraun. Nur an der Basis hellen sich die Fahnen und der Schaft auf, der Glanz fehlt dort. Der Schwanz ist tief gegabelt, bei Jungvögeln kräftig eingebuchtet. Dazu trägt vor allem die Außensteuerfeder bei, die beim Altvogel in ihrer Spitzenhälfte spießartig verschmälert ist. Diese Feder zeigt mit ihrer Länge und Fleckung die Kondition beziehungsweise Fitness ihrer Träger an, erschwert aber das Fliegen. Gleichwohl treffen die Weibchen ihre Partnerwahl nach der Länge der St6. Sie erreicht bei alten Männchen meist etwa 118 mm, variiert zwischen etwa 100 und 136 mm. Bei alten Weibchen ist sie im Mittel nur 96 mm lang, sie variiert zwischen 84 und 106 mm. Bei Jungvögeln im ersten Federkleid ist diese Feder nur etwa 60 bis 88 mm lang (meist etwas über 70 mm) und nicht spießartig ausgezogen. St2 (manchmal erst ab St3) bis 6 tragen in ihrem Spitzendrittel auf der Innenfahne einen weißlichen runden Fleck, der vom Innenfahnensaum aus meist den Schaft erreicht. Bei St6 ist er zum Ende hin spitz ausgezogen. Besonders bei Jungvögeln kann der Fleck stärker rötlich getönt oder gerandet sein.

ad. ♂

Vorkommen: Rauchschwalben bauen ihre Nester als Kulturfolger innerhalb von Gebäuden. Wegen der Sanierung vieler Gebäude und des Mangels an Baumaterial für die Nester, vermutlich auch wegen Nahrungsmangels, gehen die Bestände zurück. In Deutschland wurden zuletzt noch 480 000 bis 920 000 Brutpaare ermittelt. Sie fangen Luftplankton im freien Luftraum, bei Schlechtwetter bodennah oder über dem Wasser. Sie überwintern als Fernzieher im tropischen bis südlichen Afrika.

Mauser: Die Vollmauser kann sowohl bei Alt- als auch bei diesjährigen Jungvögeln bereits im Brutgebiet einsetzen. Bei manchen Vögeln sind davon schon die ersten Hand- und Armschwingen betroffen. Die Mauser wird für den Wegzug unterbrochen und im Winterquartier fortgesetzt. Sie dauert zwischen 4,5 und 6,5 Monate und ist meist vor dem Heimzug beendet.

Ähnliche Arten: Bei der Mehlschwalbe ist der Schwanz nur schwach eingebuchtet, das heißt, die äußeren Schwanzfedern sind nur wenig länger als die inneren. Ferner fehlt ihnen ein weißes Fenster in den Steuerfedern 2 bis 6. Bei der Rötelschwalbe sind die äußeren Steuerfedern ebenfalls verlängert, tragen aber nur manchmal rudimentäre Andeutungen eines weißen Fensters. Bei der Felsenschwalbe ist der Schwanz nur eingebuchtet und kürzer sowie dunkelbraun. Nur die Steuerfedern 2 bis 5 tragen auf der Innenfahne je ein weißes oder cremefarbenes Fenster, das nach außen hin kleiner wird; Ober- und Unterschwanzdecken sind dunkelbraun. Beim Stieglitz sind die Steuerfedern nicht länger als 60 mm und schwarz, aber anders geformt und mit anderer weißer Fleckenzeichnung versehen.

100 %

Der extrem spitze Flügel ist typisch für einen schnellen Dauerflieger. H9 ist im Verbund etwas länger als H8.

Rauchschwalbe
Hirundo rustica
En: Barn Swallow
Fr: Hirondelle rustique
Es: Golondrina Común
It: Rondine

ad. ♂ 100 %

Felsenschwalbe *Ptyonoprogne rupestris*

Federmerkmale: Unter den einzelnen **Handschwingen** ist H8 etwa gleich lang wie H9, was aber im Flügel selbst dazu führen muss, dass H9 die Spitze bildet. H10 ist winzig, mit etwa 13 mm kürzer als die äußerste Handdecke. Das Großgefieder ist schwarzbraun, bei der Uferschwalbe dagegen eher braunschwarz, bei Mehl- und Rauchschwalbe dunkel schwarzbraun. Demzufolge heben sich die Schäfte bei der Felsenschwalbe dunkel gegenüber den Fahnen ab, besonders bei den Innenfahnen, die sich zu ihrem Rand und zur Basis hin allmählich aber deutlich aufhellen.

Die **Armschwingen** 1 bis 6 sind wie bei den anderen Schwalben am Ende gerundet zweispitzig. Das lässt sich bei den Schirmfedern A7 bis 9, wenn sie frisch sind, allenfalls in Spuren weiterverfolgen. Die Großen Oberen Armdecken sind im frischen Zustand dunkelbraun, später bleichen sie zu einem Mattbraun aus, ebenso die Schirmfedern.

Der Schwanz ist nur schwach gegabelt, was während des Fluges kaum auffällt. Unter den **Steuerfedern** ist St1 nur 4 bis 6 mm kürzer als St6 (zwei Maße mit 61 und 62 mm). Sie sind nicht so schlank wie bei den anderen Schwalbenarten. St2 bis St5 tragen auf der Innenfahne 11 bis 13 mm vor ihrem Ende je ein weißes oder cremefarbenes Fenster, das im Schwanz nach außen hin kleiner wird. Nur selten findet es sich in kleiner Ausführung auch auf St6, bei manchen Individuen sind auf jeder Schwanzseite nur zwei bis drei Flecke. Dieses Muster wird beim lebenden Vogel am besten im Gegenlicht sichtbar, wenn er den Schwanz in bestimmten Flugphasen oder bei Streckbewegungen und während der Gefiederpflege spreizt. Die Ober- und Unterschwanzdecken sind dunkelbraun.

Flügel: Der Flügel ist schwalbentypisch spitz. Felsenschwalben sind keine Fernzieher, nur die nördlichen Teilpopulationen verlassen ihr Brutgebiet. Im südlichen Europa trifft man schon Überwinterer an, beispielsweise in Portugal. Sie sind aber bei der Nahrungssuche Dauerflieger.

Vorkommen: Die Felsenschwalbe ist Brutvogel in steilen Felsformationen im Gebirge bis in Höhen von 2000 m ü. NN und mehr, in Bayern zwischen 700 und 1400 m. Sie hat sich in jüngerer Vergangenheit zunehmend auf das Brüten an Bauten eingestellt, unter Brücken ebenso wie an Häusern und anderen Bauwerken. Für Deutschland wurden in Bayern nur 70 bis 110 Brutpaare ermittelt, für die Schweiz 4000 bis 5000, für Österreich 1500 bis 3000, wohl überall mit steigender Tendenz. In den nördlichen Teilen ihres europäischen Verbreitungsgebiets ist sie Zugvogel, weiter südlich Teilzieher oder Jahresvogel.

Mauser: Die Mauser des Großgefieders beginnt bei den Ziehern bereits im Brutgebiet im Juli oder August nach dem Schlüpfen der Jungen, teilweise auch schon während der Bebrütung. Sie wird während des Wegzugs fortgesetzt und im Winter vor dem Jahreswechsel abgeschlossen.

Ähnliche Arten: Unter den heimischen Schwalben hat nur noch die Rauchschwalbe eine helle Fleckenreihe im Schwanz bis hin zur Steuerfeder 6, bei der Rötelschwalbe ist sie allenfalls angedeutet. Doch sind bei diesen Arten die Federn schmaler, eher schwarz als schwarzbraun, die äußeren zudem stark verlängert. Der kleineren, braunschwarzen und zierlicheren Uferschwalbe fehlen helle Flecke im Schwanz.

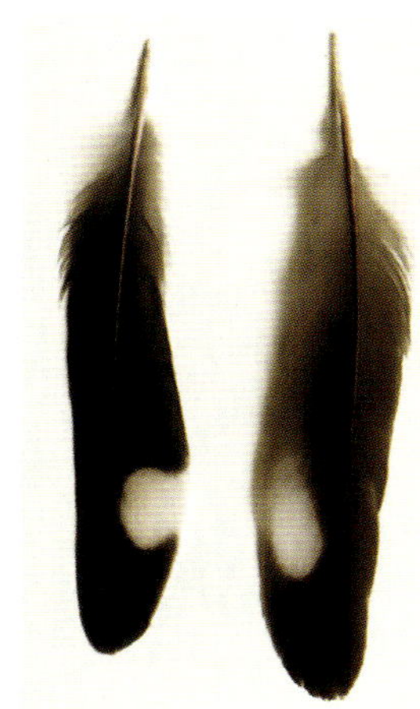

St2 von Rauch- (links) und Felsenschwalbe

Felsenschwalbe
Ptyonoprogne rupestris
En: Eurasian Crag Martin
Fr: Hirondelle de rochers
Es: Avión Roquero
It: Rondine montana
juv. 100 %

Mehlschwalbe *Delichon urbicum*

Federmerkmale: Die **Handschwingen** 8 und 9 sind am längsten, H9 übertrifft mit 84 bis 101 mm (Mittel 93 mm, n = 61) ihre Nachbarin noch um 2 mm. H10 ist klein und schmal, nimmt also nicht die Flügelspitze ein, sondern wirkt an ihrer Basis zusammen mit den äußeren Handdecken stabilisierend. Die inneren Handschwingen sind asymmetrisch zugespitzt. Von einer Fahnenverengung ist nichts zu erkennen. Das Großgefieder der Altvögel ist einfarbig braunschwarz, die Hand- und Armschwingen sind an den Innenfahnen und die Steuerfedern an der Basis etwas bräunlich aufgehellt. Die dunklen Spitzen schimmern bläulich. Bei den Jungvögeln in ihrem ersten vollständigen Federkleid sind die Brauntöne noch stärker ausgeprägt als bei den Alten.

Die **Armschwingen** 1 bis 6 sind kurz und schwach nach innen gebogen. Sie sind an ihrer Spitze eingebuchtet, beide Spitzen sind gerundet. Bei den inneren Armschwingen ist die Spitze der Innenfahne länger als die der Außenfahne. Die Schirmfedern sind stufig verkürzt, wobei A7 nur wenig kürzer als die reguläre A6 ist.

Hand- und Armschwingen ebenso wie die drei äußeren **Steuerfedern** haben feine weißliche Spitzensäume. Bei Jungvögeln sind sie bei den drei Schirmfedern mit etwa 2 mm Breite am stärksten ausgeprägt. Die inneren Steuerfedern sind im Durchschnitt 20 mm kürzer als die äußeren, der Schwanz ist dadurch eingebuchtet, aber längst nicht so stark gegabelt wie bei der Rauchschwalbe. Die längste Steuerfeder St6 misst bei Altvögeln im Mittel etwa 66 mm, bei Jungvögeln ist sie etwa 10 mm kürzer. Insgesamt ergibt sich eine Variation von 55 bis 77 mm (n = 221). Die Federn sind schwarzbraun, im frischen Zustand mit schwachem Glanz versehen, an der Basis etwas heller. Die äußeren sind an den Innenfahnen abgeschrägt, sodass sie zugespitzt wirken. St1 und 2 sind am Ende gerundet. Die Oberschwanzdecken sind dunkel mit hellem Innenfahnenfeld, die Unterschwanzdecken cremefarben, hell graubraun oder gewölkt mit schwach abgesetztem dunklem Schaft. Die dunige Basis setzt sich wie bei dem Kleingefieder vieler anderer Vögel dunkelgrau gegen die helle Fahne ab.

Vorkommen: Mehlschwalben kommen später im Brutgebiet an als Rauchschwalben, bleiben aber länger bis in den Herbst hinein, was auch durch Zweit- oder seltene Drittbruten gefördert wird. Sie sind durch das kolonieweise Brüten außen an Häusern (gelegentlich auch an Felswänden) nicht so stark von Sanierungsmaßnahmen an und in den Gebäuden betroffen wie Rauchschwalben. Für ihren Nestbau – auch an Schwalbenhäusern – benötigen sie jedoch feuchten Boden. Das Beseitigen der Nester auch außerhalb der Brutzeit ist gesetzlich verboten. Die Brutbestände nehmen leicht ab. Man kann in Deutschland noch mit 500 000 bis 920 000 Paaren rechnen, vor 1998 waren es noch bis zu 1,4 Millionen. Man kann den Vögeln mit Schwalbenhäusern behilflich sein.

Mauser: Die Vollmauser kann sowohl bei Alt- wie bei den diesjährigen Jungvögeln bereits im Brutgebiet mit dem Kleingefieder einsetzen. Bei manchen Individuen sind davon schon die ersten Handschwingen und Schirmfedern betroffen. Die Mauser wird für den Wegzug unterbrochen und im Winterquartier fortgesetzt. Meist ist sie bei einer Dauer von etwa sechs Monaten vor dem Heimzug abgeschlossen. Darauf folgt im Frühjahr eine neuerliche Kleingefiedermauser.

Ähnliche Arten: Die Federn wirken zierlicher als bei der Rauchschwalbe. Die äußere Steuerfeder ist zwar im Schwanz die längste, aber nicht spießartig ausgezogen wie bei der Rauch- und der Rötelschwalbe. Außerdem sind die Steuerfedern durchweg schwarz, das heißt ohne weißes Fenster. Bei der Uferschwalbe sind sie in der Grundfärbung bräunlicher und nicht so stark gestuft.

100 %

Der Flügel ist wie bei den anderen Schwalben als Dauerflieger und Fernzieher sehr spitz geschnitten. Die Länge der Handschwingen nimmt von H9 und H8 zu dem kurzen Armflügel hin stufig ab. Die Schirmfedern A8 und 9 sind noch weitgehend in Stufen verkürzt.

Mehlschwalbe
Delichon urbicum
En: Common House Martin
Fr: Hirondelle de fenêtre
Es: Avión Común
It: Balestruccio
100 %

Rötelschwalbe *Cecropis daurica*

Die Rötelschwalbe wurde hier neu aufgenommen, obwohl sie nur als Ausnahmegast vor allem in Süddeutschland gelegentlich auftritt. Um sie zu entdecken, muss man in den rastenden Schwalbenscharen nach Individuen suchen, die im Flug an eine Rauchschwalbe erinnern, aber einen hellen Bürzel wie eine Mehlschwalbe haben. Der Bürzel ist jedoch nur im Jugendkleid reinweiß, bei Altvögeln deutlich ocker getönt.

Federmerkmale: Die längste einzelne **Handschwinge** ist H8 mit etwa 100 mm Länge, H9 ist 2 mm kürzer, H 7 ist bereits 5 mm kürzer. Doch ändern sich die Relationen, wenn die Federn im Flügel stehen. Dann wird H9 länger als H8. Die kleine, scharf zugespitzte H10 ist mit einer Länge von 15 bis 18 mm kürzer als die äußerste Obere Handdecke. Die Schwingen sind sämtlich beim Altvogel schwarzbraun bis schwarz, mit einer schwachen Aufhellung der Innenfahne. Beim diesjährigen Jungvogel sind sie dunkelbraun, mit deutlicherer Aufhellung der Innenfahne. Die inneren Handschwingen H1 bis H4 (H5, H6) lassen schon Andeutungen der Zweispitzigkeit der Armschwingen erkennen. Das findet sich bei der Rauchschwalbe allenfalls bis H3.

Die Handschwingen nehmen nach innen hin stark an Länge ab und erreichen das Ausmaß der bereits sehr kurzen A1. Die **Armschwingen** A1 bis 6 sind gerundet zweispitzig. Die Schirmfedern A7 bis A9 verkürzen sich in der Folge der vorangehenden Armschwingen. Beim Jungvogel sind A1 bis A6 am Ende fein hell gesäumt, A7 bis A9 tragen breitere ockerfarbene Säume.

Von der Gesamtlänge des Vogels von 16–17 cm machen die Schwanzspieße 5–6 cm aus. Der Schwanz ist tief gegabelt wie bei der Rauchschwalbe, was bei dem Weibchen und den Jungvögeln weniger ausgeprägt ist als bei den alten Männchen. Die äußeren verlängerten **Steuerfedern** können beim Altvogel, zuweilen auch beim Jungvogel, an der Basis der spießartigen Verengung auf der Innenfahne eine Andeutung eines hellen Schwalbenfensters tragen (wie bei der Rauchschwalbe, s. dort). Die mittleren Oberschwanz- und Unterschwanzdecken sind schwarzbraun, doch zieht sich das dunkle Pigment in den äußeren zur Spitze zurück und weicht bei den randlichen Decken ganz

ad.

einem Ockerton. Bei Altvögeln ist die Körperunterseite diffus längsgestrichelt, bei Jungvögeln ist dieses Merkmal schwach ausgeprägt.

Vorkommen: Die Rötelschwalbe war bis zur Mitte des 20. Jahrhunderts ein extrem seltener Gastvogel in Mitteleuropa, hat aber ihr südliches Areal in jüngerer Zeit ausgedehnt und tritt einzeln aber alljährlich bei uns und bis nach Nordeuropa auf. Die Vögel werden besonders in den Zugzeiten vergesellschaftet mit Rauchschwalben beobachtet. Bruten sind hierzulande bisher nicht bekannt.

Mauser: Die Vollmauser der Altvögel beginnt teilweise bereits im Spätsommer im Brutgebiet mit der Erneuerung der inneren Handschwingen, sie wird im afrikanischen Überwinterungsgebiet abgeschlossen. Die Jungvögel mausern ebenfalls vollständig im ersten Winter, beginnen mit der Erneuerung des Kleingefieders teilweise aber schon früh vor dem Wegzug.

Ähnliche Arten: Die Rötelschwalbe erinnert durch die Schwarzfärbung ihrer Oberseite mit dunkelblauem Glanz an die Rauchschwalbe. In dieser Richtung weist auch der tief gegabelte Schwanz. Einen hellen Bürzel findet man allerdings wieder bei der Mehlschwalbe, dort allerdings immer strahlend weiß, bei der adulten Rötelschwalbe leicht rostfarben getönt. Ober- und Unterschwanz sind bei der Rötelschwalbe tiefschwarz abgesetzt. Andere heimische Schwalben haben weiße Unterschwanzdecken, bei der Felsenschwalbe sind sie braun mit hellen Endsäumen.

100 %

Der Flügel ist schwalbentypisch spitz geschnitten. Auch im kompletten Flügel ist H8 am längsten, H9 nur um eine Kleinigkeit kürzer, H7 deutlich kürzer. Von H10 ist wegen ihrer geringen Länge nichts zu sehen.

Rötelschwalbe
Cecropis daurica
En: Red-rumped Swallow
Fr: Hirondelle rousseline
Es: Golondrina Dáurica
It: Rondine rossiccia
ad. 100 %

Seidensänger *Cettia cetti*

Federmerkmale: Der Seidensänger ist eine vorwiegend südeuropäische Vogelart aus der Verwandtschaft der Rohrsänger. In Europa gibt es nur eine Art aus der Gattung *Cettia*. Die Flügel sind relativ kurz und rund, der Schwanz aber breit, dunkel und recht lang, ungewöhnlicherweise nur aus 10 Steuerfedern bestehend.

Unter den **Handschwingen** sind H5 oder H6 am längsten. H (4) 5 bis 8 haben schwache Außenfahnenverengungen, H7 bis 9 ebenso schwache Verengungen der Innenfahne. H10 ist mit 20 bis 22 mm bedeutend länger als die Handdecken, im kompletten Flügel 8-13 mm. Die Handschwingen sind braun, mit unauffälligen matt aufgehellten Säumen von ca. 2 mm Breite an den Innenfahnen; sie fehlen an den verengten Spitzenpartien. Die Außenfahnen sind im Basalteil leicht bräunlich aufgehellt. Die **Armschwingen** sind ohne erkennbare Säume. Der runde Flügelbau zeigt, dass die Art ein Jahresvogel ist und nicht wandert. Nur die östlichen Teile der Population räumen die Brutgebiete im Winter.

Die **Steuerfedern** im Schwanz sind stark und von innen nach außen abnehmend kontinuierlich gestuft. Einer Länge von 56 mm bei St1 steht die Länge von nur 48 mm bei St5 gegenüber (Weibchen). Eine St1 von 61 mm bei einem vermutlichen Männchen ist länger als die längste Handschwinge von 54 mm. Im kompletten Schwanz gemessen kann die Stufung 12 mm betragen. Die Steuerfedern sind einheitlich dunkelbraun und nur an der Basis der Außenfahne schwach aufgehellt. Sie sind auffallend breit. Erstaunlicherweise gibt es nur insgesamt zehn Steuerfedern, also auf jeder Seite fünf. Dies ist für Singvögel ungewöhnlich, selbst die meisten Nicht-Singvögel verfügen über 12 Steuerfedern. Es muss offenbleiben, ob es eine Beziehung zwischen der Zahl der Steuerfedern und ihrer ungewöhnlichen Breite gibt und welches Phänomen primär ist. Die Unterschwanzdecken sind auffallend kurz, sie nehmen weniger als die halbe Länge des Schwanzes ein. Sie sind hellbräunlich und oft, aber nicht immer, mit hellen, 2 bis 3 mm breiten Endsäumen versehen.

Vorkommen: Seidensänger sind an Gebüsch gebunden, bevorzugen die Nähe des Wassers, können aber auch weit ab vom nächsten Gewässer gefunden werden. Sie sind ursprünglich im Mittelmeergebiet und östlich davon verbreitet, im Westen als Jahresvögel. Im 19. und 20. Jahrhundert haben sie sich in Westfrankreich von Süden her bis zur Kanalküste ausgebreitet und nach den Beneluxländern auch Südengland besiedelt. Kältewinter haben die vorgeschobenen Teilpopulationen mehrfach wieder ausgelöscht. Vereinzelte Bruten in Deutschland sind nachgewiesen, eine weitere Ausbreitung in der Zukunft lässt sich vorhersehen.

Mauser: Die Jugendmauser umfasst außer dem Körpergefieder auch die Steuer- und die Schirmfedern sowie die meisten Flügeldecken. Die nach der Brutzeit folgende Vollmauser der Altvögel beginnt im Süden im Juni, in England erst im Juli, bei den Männchen vor den Weibchen. In Bulgarien sind auffallend große Mauserlücken in Flügel und Schwanz beobachtet worden. Oft gehen auch zu anderen Jahreszeiten einzelne Steuerfedern verloren, die dann erneuert werden.

Ähnliche Arten: Der Seidensänger ist ohne besondere Gefiederzeichnung, wie Teichrohrsänger und Rohrschwirl. Die Kehle setzt sich aber hell vom dunklen Körpergefieder ab. Meist fällt der Vogel durch seinen plötzlich ausbrechenden lauten Strophengesang auf, der von wechselnden Plätzen im Revier vorgetragen wird. Er hält sich aber sonst in der Deckung der Vegetation verborgen.

100 %

Die Männchen (Mai, 15 g) sind deutlich größer als die Weibchen (12 g). Das spiegelt sich auch in den Flügellängen wider: Männchen 62-66 mm, Weibchen 52-56 mm. Die Geschlechter können also leicht an den Maßen unterschieden werden. Die Handschwingenprojektion ist sehr klein: Die kurzen Handschwingen überragen im geschlossenen Flügel nur knapp die Schirmfedern des Armflügels. Der Flügel ist sehr rund geschnitten, was sich auch an den Verengungen der Handschwingen und der langen H10 zeigt.

Seidensänger
Cettia cetti
En: Cetti's Warbler
Fr: Bouscarle de Cetti
Es: Cetia ruiseñor
It: Usignolo di fiume
100 %

Schwanzmeise *Aegithalos caudatus*

Federmerkmale: Das Flügelprofil ist stark gerundet, sodass die **Handschwingen** (4) 5 bis 7 als längste mit etwa 55 mm untereinander ungefähr gleich lang sind (größte Länge 52 bis 60 mm, Mittel 58 mm, n = 56). H10 erreicht noch etwa 20 mm Länge. H5 bis 8 sind an den Außenfahnen schwach verengt. Die Innenfahnen sind grau und durchscheinend, die Schäfte und Außenfahnen dunkel. Hand- und Armschwingen sind stark nach oben gewölbt.

Der Übergang zu den **Armschwingen** ist in Form und Färbung unmerklich. Zum Ellenbogen hin entwickeln sie ab A3 einen feinen hellen Außensaum, der immer breiter wird und bei den Schirmfedern ungefähr die Hälfte der Außenfahne einnehmen kann. Gleichzeitig entwickeln sich in den Armschwingen eine weißliche Aufhellung am Saum der Innenfahne und in den Großen Oberen Armdecken ein heller End- und Innensaum. Das kann dazu führen, dass die Schirmfedern bis auf den dunklen Schaft ganz weiß sind. All dies trägt zur Bildung eines auffälligen hellen Armflügelfelds bei (Abb. 4, S. 8).

Die **Steuerfedern** sind lang, schmal und gerade gestreckt, am Ende abgerundet. In der Länge rangieren sie zwischen Rauchschwalbe und Bachstelze (Hansen). Wegen ihrer weichen, flexiblen Struktur sind besonders die drei mittleren Steuerfedern der Abnutzung preisgegeben. Der Schwanz ist stark gestuft. St2 ist mit 81 bis 106 mm am längsten (Mittel 91 mm, n = 128). Vögel aus Osteuropa haben die längeren Schwänze. Die mittlere Steuerfeder ist kürzer, ungefähr so lang wie St3, bei Jungvögeln nur wie St5. Von St2 oder 3 aus werden die Steuerfedern stufig kürzer, sodass St6 nur etwa halb so lang ist wie die längste St2. Die Längenunterschiede im Schwanz sind beim Jungvogel im ersten vollständigen Federkleid stärker ausgeprägt als beim Altvogel. Die Grundfärbung der Steuerfedern ist dunkel schwarzbraun. Davon heben sich graue Säume in den strahligen Außenfahnen der inneren drei Steuerfedern ab. Die Außenfahnen der drei äußeren Steuerfedern sind dagegen größtenteils weiß, bei Osteuropäern sind die Schäfte zum großen Teil schwarz. Dazu gibt es einen spitzenständigen weißen Keilfleck auf der Innenfahne, der von St4 bis 6 an Ausdehnung zunimmt. Auf diese Weise erhält der Schwanz des fliegenden Vogels eine ausgeprägte weiße Außenkante. Die Oberschwanzdecken sind schwarzgrau, die Unterschwanzdecken schmutzig graubraun bis rötlich, mit zarten weißlichen Spitzen.

Vorkommen: Die in Mitteleuropa heimischen, streifen- und hellköpfigen Schwanzmeisen brüten in Laub- und Mischwald mit Unterwuchs. Nach der Brutzeit sind sie im Familienverband unterwegs, auch im Winter gesellig, nicht selten an Futterstellen. Es handelt sich um Jahresvögel mit Zuzug von Artgenossen aus dem Norden und Osten. Die Brutpopulation in Deutschland wurde bis 2009 auf 93 000 bis 170 000 Revierpaare geschätzt. Trotz ihrer Tarnung unterliegen die Nester einem erheblichen Feinddruck. Ein Helfersystem, bei dem nahe Verwandte sich bei der Aufzucht der Jungvögel beteiligen, begünstigt die Fitness der Beteiligten. In strengen Wintern treten Verluste auf, die nach milden Wintern rasch ausgeglichen werden können.

Mauser: Jungvögel erneuern bereits im ersten Kalenderjahr ab dem Alter von fünf bis sechs Wochen ihr gesamtes Gefieder. Im Spätsommer und Herbst durchlaufen auch die Altvögel eine Vollmauser, die insgesamt 80 bis 100 Tage dauert.

Ähnliche Arten: Die Schwanzmeise ist keine „echte" Meise, was sich in Gestalt und Verhalten, besonders auch in der Brutbiologie mit sackartigem freistehendem Nest und Helfersystem zeigt. Die Steuerfedern von Schwanzmeisen sind so lang und schlank, wie man sie sonst nur bei der Gebirgsstelze findet. In den äußeren Steuerfedern gibt es bei der Stelze jedoch noch viel mehr Weiß. Man vergleiche auch Rauchschwalbe und Bachstelze.

100 %

Der eng zusammengefaltete Flügel ist kurz, die dunklen Handschwingen überragen die weißen inneren Armschwingen um ein gutes Drittel ihrer Länge. Der geöffnete Flügel ist stark gerundet im Schnitt. Etwa H7 ist jetzt am längsten.

Schwanzmeise
Aegithalos caudatus
En: Long-tailed Tit
Fr: Mésange à longue queue
Es: Mito Común
It: Codibugnolo
100 %

Waldlaubsänger *Phylloscopus sibilatrix*

Federmerkmale: Unter den **Handschwingen** ist H10 meist kürzer als die Handdecken, H8 ist mit 58 bis 69 mm (Mittel 64 mm, n = 59) die längste. H7 und 8 (manchmal auch H6) haben Verengungen an den Spitzen der Außenfahnen, H7–9 solche der Innenfahnen. Im kompletten Flügel ist die Handschwingenprojektion mindestens so lang wie die sichtbaren Schirmfedern. Die Handschwingen sind fein gelbgrün gesäumt.

Unter den **Armschwingen** fallen die Schirmfedern auf. Sie haben dunkle Zentren, sind aber hell gesäumt, was besonders bei dem frisch befiederten Jungvogel auffällt. Auch die Großen Oberen Armdecken tragen schwache gelbgrüne Säume an der Außenfahne und an der Spitze. Das gilt auch für die Mittleren Oberen Armdecken, doch sind alle diese Säume viel schwächer als beim Grünlaubsänger oder bei den kleinen Arten Goldhähnchen- und Gelbbrauenlaubsänger. Bei den einzeln aufgeklebten Federn des Waldlaubsängers sind sie vor allem im abgetragenen Gefieder kaum sichtbar.

Der Schwanz wirkt zwar wegen der langen Handflügel am lebenden Vogel recht kurz, doch ist das an den Federn selbst nicht erkennbar. Die längste **Steuerfeder**, eine der äußeren oder direkt St6, misst 54 mm, variiert zwischen 50 und 58 mm (n = 58); die innerste ist oft einige Millimeter kürzer. Die Steuerfedern haben weißliche Säume an den Innenfahnen und gelbliche an den Außenfahnen, sie sind heller als bei den anderen Laubsängern. St1 hat einen breiten gelblichen Außensaum. Bei St6 ist die schmale Außenfahne weißlich. Im Sommer nach dem Ende der Brutzeit haben Altvögel ein abgetragenes, **Jungvögel** ein frisches Gefieder. Die Unterschiede kann man am besten an den Säumen der Schirmfedern, der Großen Oberen Armdecken und der Handschwingen erkennen. Überdies sind Kehle und Brustseiten im frischen Gefieder leuchtend zitronengelb. Bauch und Unterschwanz sind seidenweiß.

Vorkommen: Waldlaubsänger sind bei uns in vielen Regionen sehr selten geworden. Sie bewohnen als Sommervögel hohen Laub- oder Mischwald mit geringer Krautschicht, worin sie ihre versteckten Nester anlegen. Sie benötigen unterhalb der Baumkronen lichten Raum mit Singwarten. Die Brutvorkommen in den Alpen gehen in der Höhe nicht über die Verbreitung der Buche hinaus und enden meist bei 1000 bis 1400 m. Die Art ist in der jüngeren Vergangenheit aus vielen gut geeigneten Lebensräumen verschwunden. Die Populationsschätzungen bewegen sich für ganz Deutschland zwischen 140 000 und 260 000 Revieren, bei abnehmender Tendenz. Rupfungsfunde oder Funde an Straßen sind äußerst selten.

Mauser: Eine Teilmauser der Jungvögel, unter Einschluss einiger Schirmfedern, manchmal auch einiger Steuerfedern, findet noch vor dem Wegzug im Spätsommer oder Frühherbst statt. Die vollständige Erneuerung des Gefieders wird dann sowohl bei den Alt- als auch bei den Jungvögeln auf das afrikanische Winterquartier verschoben. Laubsänger, die im Sommer bei uns in Vollmauser angetroffen werden, sind sicher keine Waldlaubsänger.

Ähnliche Arten: Waldlaubsänger und Berglaubsänger können in der montanen Zone der Berge nebeneinander vorkommen. Für die schwierige Abgrenzung der Federn des Waldlaubsängers, gegenüber anderen Laubsängerarten ist im Wesentlichen die Flügelformel entscheidend, die anhand von Einzelfedern nicht leicht beurteilt werden kann. Die Handschwingenprojektion ist beim Waldlaubsänger sehr lang.

Der Flügel des Waldlaubsängers ist lang und spitz. Er misst 69 bis 81 mm. Dem entspricht eine lange Handflügelprojektion, was auch als Feldmerkmal gilt. Die spitzenständigen Verengungen der äußeren Handschwingen sind schwach ausgeprägt, H10 ist sehr kurz. Der Waldlaubsänger bewohnt zur Brutzeit lichte Waldbestände und die Männchen führen dort kurze Singflüge durch. Andererseits sind die Vögel ausgesprochene Fernzieher und überwintern im tropischen Afrika. Dies hat wohl ihre spitzen Flügel geformt. H8 ist im kompletten Flügel am längsten.

Waldlaubsänger
Phylloscopus sibilatrix
En: Wood Warbler
Fr: Pouillot siffleur
Es: Mosquitero Silbador
It: Luì verde
100 %

Berglaubsänger *Phylloscopus bonelli*

Federmerkmale: Der Berglaubsänger ist erst in jüngerer Vergangenheit vom Balkanlaubsänger (*Phylloscopus orientalis*) als eigene Art abgetrennt worden. Er ist nicht ganz so lang und schlank wie der Waldlaubsänger, hat aber aus der Distanz gesehen eine ebenso seidig glänzende, weiße Unterseite. Unter den **Handschwingen** überragt die kurze H10 die Handdecken um 3 bis 8 mm. H6 bis 8 sind als Einzelfedern ungefähr gleich lang. Die längste (H6) misst 53 bis 59 mm (Mittel 56 mm, n = 15). Diese drei Handschwingen, manchmal auch H5, weisen Verengungen an den Spitzen der Außenfahnen auf. Die Handschwingen sind graubraun mit hellen Säumen an den Innenfahnen, die Schäfte heben sich dunkelbraun ab.

Während bei den Altvögeln die Außenfahnensäume der **Armschwingen** 1 bis 5 unauffällig grünlich sind, fallen bei den Jungvögeln im Herbst selbst im Feld kontrastreiche helle Säume besonders an den Schirmfedern auf. Da die Mauser im Winterquartier stattfindet, weist das Großgefieder der Altvögel im Herbst Abnutzungserscheinungen auf; bei den Jungvögeln ist es frisch.

Die **Steuerfedern** sind wie bei anderen Laubsängern alle etwa gleich lang, die längste misst im Mittel 55 mm, sie variiert zwischen 51 und 65 mm (n = 19). Allenfalls sind St1 und 6 um etwa 1,5 mm kürzer als die anderen. Sie sind alle graubräunlich, zart und schlank und weisen (mit Ausnahme von St6) lebhaft gelbliche Säume an den Außenfahnen auf. Dieses Gelb ist besonders beim Männchen recht intensiv. Hier besteht ein Unterschied zu anderen Laubsängerarten. Auch die Fahnen sind heller als bei Fitis und Zilpzalp. Im frischen Zustand sind die Spitzen schmal hell gesäumt. Die Oberschwanzdecken sind hellbräunlich mit einem Stich ins Gelbliche, die Unterschwanzdecken in ihrem Fahnenanteil fast reinweiß.

Mauser: Eine Vollmauser des Gefieders findet sowohl bei den Alt- als auch bei den Jungvögeln erst nach dem Wegzug statt, das heißt im afrikanischen Winterquartier. Laubsänger in sommerlicher Vollmauser sind bei uns Fitis oder Zilpzalp. Beim adulten Berglaubsänger ist das Gefieder im Sommer abgenutzt. Mit diesem schon gealterten Gefieder fliegt der Vogel ins Überwinterungsgebiet.

Vorkommen: Der Berglaubsänger ist als Sommervogel an lichten, sonnigen Bergwald mit reichlich Unterwuchs gebunden. Wo sich der Bestand schließt, verschwinden die Vögel. Die Brutvorkommen reichen in den Alpen von den Tieflagen bis maximal 2000 m, konzentrieren sich aber auf die montane Stufe zwischen 600 und 1400 m. Die Art kommt nur in Baden-Württemberg und Bayern mit 1200 bis 2300 Revieren vor. In den 1990er-Jahren wurden für Deutschland noch 20 000 bis 40 000 Reviere angegeben, ähnliche Zahlen für die Schweiz und Österreich. Ihr Verschwinden hat mit dem Zuwachsen dichter Baumvegetation in ihren ursprünglichen Lebensräumen zu tun.

Ähnliche Arten: Beim nahe verwandten Balkanlaubsänger (hier nicht behandelt) sind auch im Frühjahr kontrastreiche, helle Säume besonders an den Schirmfedern sichtbar. Für die Bestimmung und Abgrenzung gegenüber anderen Laubsängerarten ist im Wesentlichen die Flügelformel entscheidend. Der Flügel ist beim Berglaubsänger weniger spitz als beim Waldlaubsänger, was man an den Verengungen der Handschwingen erkennen kann. Die Flügelprojektion entspricht etwa derjenigen des Zilpzalps (siehe Abb. 8, S. 9). Bei Irrgästen, die gelegentlich infolge Zugprolongation im Tiefland bei uns auftreten, kann man Berg- und Balkanlaubsänger anhand der Rufe unterscheiden.

100 %

Zur morphologischen Unterscheidung von anderen Laubsängern sind die Eigenschaften des Flügels wichtig. Die gemessene Flügellänge variiert zwischen 59 und 68 mm. Der geschlossene Flügel ist nicht so spitz wie beim Waldlaubsänger, er weist eine geringere Handschwingenprojektion auf (s. o.). Für einen mehr gerundeten Flügelschnitt spricht auch die lange H10 (s. o.). Vogel aus 2. KJ.

Berglaubsänger
Phylloscopus bonelli

En: Western Bonelli's Warbler
Fr: Pouillot de Bonelli
Es: Mosquitero Papialbo
It: Luì bianco

100 %

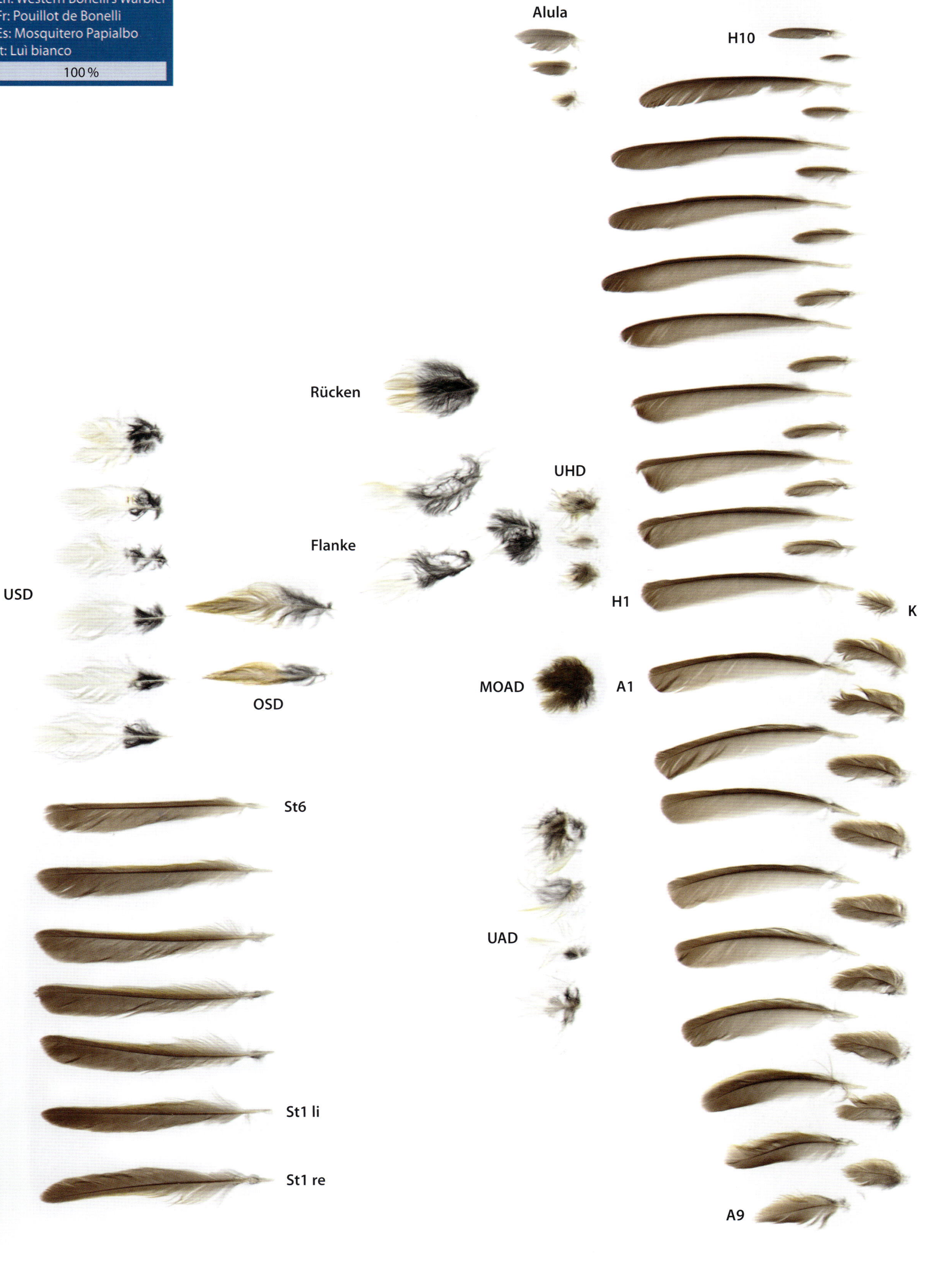

Gelbbrauen-Laubsänger
Phylloscopus inornatus

Diese östliche Art ist als sommerlicher Brutvogel in der sibirischen Taiga verbreitet, erreicht aber im nördlichen Ural und an der Petschora auch europäischen Boden. Alljährlich erscheinen einzelne Vögel im Herbst an den mitteleuropäischen Küsten, was überhaupt nicht mit ihrer normalen Wegzugrichtung nach Südostasien übereinstimmt. Das auf der Tafel dargestellte Federbild geht auf eine Rupfung zurück, die ein Sperber am Baikal in Sibirien hinterlassen hat, und ist deswegen unvollständig.

Federmerkmale: Die Federn sind zart und klein und nur wenig größer als diejenigen des Goldhähnchen-Laubsängers. Sie sind kleiner als die der anderen hier besprochenen Laubsängerarten.

Die längste **Handschwinge** ist im vollständigen Flügel H7, wobei ihr H6 und H8 nicht viel nachstehen. Als Einzelfeder erreicht sie 42 mm (n = 1). H9 ist 5-7 mm kürzer als die längste Handschwinge. Die kurze H10 (nicht abgebildet) überragt im kompletten Flügel die Handdecken um 4 bis 7 mm. H5 bis H8 sind an den Außenfahnen schwach verengt. Der weiße Saum an der Innenfahne von H1 bis 8 ist nur etwa 1 mm breit, deutlich schmaler als beim Goldhähnchen-Laubsänger. Die äußeren Handschwingen sind unabhängig vom Alter des Vogels zugespitzt.

Die **Armschwingen** sind dunkel und verfügen nur über schmale helle Innensäume. Die Schirmfedern sind bis auf die basale Hälfte der Innenfahne schwarzbraun. Sie tragen einen von A7 bis A9 zunehmenden blassgelben Saum an der Außenfahne. Die Großen Oberen Armdecken sind in den Außenfahnen, besonders aber an der Federspitze, hell gelblich gesäumt, was zu einem ausgeprägten Flügelstreif führt. Davor liegt ein zweiter schwächerer Streif, der auf die Mittleren Oberen Armdecken zurückgeht.

Die **Steuerfedern** sind unabhängig vom Alter des Vogels zugespitzt, was bei anderen Laubsängern nicht der Fall ist, beim Goldhähnchen-Laubsänger sind sie schwächer ausgeprägt.

Vorkommen: Der Gelbbrauen-Laubsänger ist Brutvogel der Taigazone der Ost-Paläarktis, das Brutgebiet reicht aber im Westen bis in den Nordural und ins russische Komi-Gebiet, also nach Europa hinein. Als Brutvogel bewohnt er vor allem Laubwälder in Flussauen, aber auch die Lärchentaiga. Als Langstreckenzieher überwintert er in den Subtropen und Tropen Südasiens. Er tritt aber ebenso wie der Goldhähnchen-Laubsänger alljährlich und manchmal invasionsartig im Herbst vor allem im norddeutschen Raum auf.

Mauser: Die Vollmauser der Altvögel findet im Spätsommer noch im Brutgebiet statt. Gleichzeitig mausern die Jungvögel vorwiegend das Kleingefieder, manchmal auch einzelne Steuerfedern. Eine weitere Teilmauser des Körpergefieders tritt im Frühjahr auf.

Ähnliche Arten: Goldhähnchen-Laubsänger und Gelbbrauen-Laubsänger sind beide sehr kleine Arten, die nach ihrem Gefieder eher an Goldhähnchen als an andere Laubsänger erinnern. Der Goldhähnchen-Laubsänger unterscheidet sich von der Nachbarart durch einen beidseitig dunkel kontrastierten breiten Scheitelstreif, den man aber in einer Rupfung kaum vertreten finden wird. Eher kann man schon auf weißliche Bürzelfedern stoßen, die dem Gelbbrauen-Laubsänger fehlen. Die deutlich gelb gesäumten dunklen Schirmfedern sind beiden Arten zu eigen. Die Hand- und Armschwingen sind bei der vorliegenden Art durchweg in den Innenfahnen dunkler als beim Goldhähnchen-Laubsänger. Die Innenfahnen tragen aber beim Gelbbrauen-Laubsänger nur schwache helle Säume, beim Goldhähnchen-Laubsänger sind sie bis zu 2 mm breit und weiß. Bei den vorliegenden Exemplaren übertreffen die längsten einzelnen Handschwingen des Gelbbrauen-Laubsängers die 40 mm, beim Goldhähnchen-Laubsänger sind sie kürzer. Die äußeren Handschwingen sind deutlich zugespitzt, während sie bei der Geschwisterart mehr abgerundet sind.

100 %

Wie die oben angegebenen Daten zeigen, ist der Flügel des Gelbbrauen-Laubsängers wie bei dem Goldhähnchen-Laubsänger rund geschnitten. Die Fahnenverengungen der äußeren Handschwingen sind hier jedoch kaum ausgebildet.

Gelbbrauen-Laubsänger
Phylloscopus inornatus
En: Yellow-browed Warbler
Fr: Pouillot à grands sourcils
Es: Mosquitero Bilistado
It: Luì forestiero
100 %

Gefieder von einer Rupfung, daher unvollständig.

Goldhähnchen-Laubsänger
Phylloscopus proregulus

Diese östlich verbreitete Art würde hier nicht behandelt, kämen nicht alljährlich einzelne Individuen aus dem Osten zu uns und fielen hier besonders an den Küsten durch ihr lebhaftes Verhalten auf. Wie schon der Name andeutet, ist dieser Laubsänger sehr klein. Mit einem Durchschnittsgewicht von 6 Gramm wiegt er kaum mehr als die Goldhähnchen und genauso viel wie der ebenfalls sehr kleine Gelbbrauen-Laubsänger (s. S. 94), der in vieler Hinsicht ähnlich ist. In dem hier vielfach als Quelle für Messdaten von Steuerfedern und längsten Handschwingen verwendeten Werk von Hansen & Synnatschzschke (2015) sind beide Arten nicht behandelt.

Federmerkmale: Die geringe Größe des Vogels zeigt sich in der Flügellänge von durchschnittlich 53 mm bei den Männchen und 48,6 mm bei den Weibchen. Unter den **Handschwingen** weisen (H5) H6 bis H8 deutliche Verengungen der Außenfahnenspitzen auf. Bei den Handschwingen heben sich die dunkelbraunen Kiele von den hell braungrauen Fahnen ab. Die Innenfahne ist begleitet von einem 1 bis 2 mm breiten weißen Saum, der aber bei den spitzenständigen Verengungen endet. Insgesamt hellt sich das Bild der Handschwingen durch diesen Saum auf, auch im Vergleich mit dem Gelbbrauen-Laubsänger.

Die **Armschwingen** A1 bis A6 sind ebenso wie die Handschwingen am Rand der Innenfahne mit einem etwa 2 mm breiten weißen Saum versehen. Bei den Schirmfedern A7 bis A9 dominieren dann an den Außenfahnen die gelben Säume, die auch im geschlossenen Flügel sehr auffallend sind. Die Länge von A6 bis A 9 verringert sich stufig. Die Großen Oberen Armdecken tragen an ihren Spitzen einen etwa 1 mm breiten blassgelben Streifen, der im offenen wie im geschlossenen Flügel ein auffälliges helles Band erzeugt. Ein zweites kürzeres Band wird vor dem ersten durch die Säume der Mittleren Oberen Armdecken gebildet.

Bei den **Steuerfedern** zeigt sich in der geringen Länge (mehrere gemessene aus dem vorliegenden Schwanz erreichen die gleiche Länge von 34 mm) und der schmalen Breite von maximal 4 mm noch einmal die geringe Größe des Vogels. Die hell bräunlich-grauen Steuerfedern sind am Ende deutlich zugespitzt, was sowohl für Jung- als auch für Altvögel gelten soll.

Flügel: Der Flügel ist ausgesprochen rund geformt, obwohl der Vogel ein Fernzieher ist, der aus der russisch-sibirischen Taiga im Herbst südwärts nach Südostasien zieht. Bei den einzeln betrachteten Handschwingen zeigt sich der abgerundete Flügelschnitt daran, dass die längste Handschwinge H6 ziemlich weit innen sitzt und dass H10 deutlich länger als die Handdecken ist. Eine ausgemessene H10 erreicht nahezu 15 mm Länge, HD 9 nur 9 mm. Die Flügellänge liegt zwischen 46 und 57 mm.

Vorkommen: Die Art schreitet in der sibirischen Nadelwald-Taiga zur Fortpflanzung. Die nördlichen Populationen wandern als Fernzieher zur Überwinterung nach Südostasien. Ausgelöst durch besondere Wetterbedingungen kommt es in manchen Jahren zu westwärts gerichteten Wanderungen bis nach Nord- und Westeuropa. Das nordasiatische Brutvorkommen scheint sich überdies nach Westen auszudehnen.

Mauser: Die Vollmauser der Altvögel findet im Spätsommer noch im Brutgebiet statt. Gleichzeitig mausern die Jungvögel ihr Kleingefieder. Im Frühjahr spielt sich noch im Überwinterungsgebiet eine weitere Teilmauser ab, wobei auch Steuerfedern inbegriffen sind.

Ähnliche Arten: Goldhähnchen-Laubsänger und Gelbbrauen-Laubsänger sind beide sehr kleine Arten, die eher an Goldhähnchen als an andere Laubsänger erinnern. Der Goldhähnchen-Laubsänger unterscheidet sich von der Nachbarart durch einen beidseitig dunkel kontrastierten breiten Scheitelstreif, den man aber in einer Rupfung kaum vertreten finden wird. Eher kann man schon auf weißliche Bürzelfedern stoßen, die dem Gelbbrauen-Laubsänger fehlen. Die deutlich gelb gesäumten Schirmfedern sind beiden Arten zu eigen. Die Hand- und Armschwingen sind beim Goldhähnchen-Laubsänger durchweg in den Fahnen heller als bei der Vergleichsart.

Goldhähnchen-Laubsänger
Phylloscopus proregulus
En: Pallas's Leaf Warbler
Fr: Pouillot de Pallas
Es: Mosquitero de Pallas
It: Luì di Pallas
100 %

Fitis *Phylloscopus trochilus*

Federmerkmale: Die Federn wirken insgesamt ähnlich denen des Zilpzalps, sind aber oft größer, etwas heller und der Flügel scheint eleganter zu sein. Solche Unterschiede kann man nur im unmittelbaren Vergleich wahrnehmen. Die **Handschwingen** sind graubraun mit schmaler Aufhellung am Innenfahnensaum und feinen Randsäumen an den Außenfahnen. Im Flügelverband sind H8 zusammen mit H9 am längsten, bei den Einzelfedern sind es H6 und 7 (längste 48 bis 63 mm, Mittel 57 mm, n = 97). Damit wirkt der Flügelschnitt sogar runder als er natürlicherweise ist. Im Verband liegt die Spitze von H9 auf der Höhe der Spitze von H5 oder 6. Beim Zilpzalp ist H9 deutlich kürzer, erreicht nur knapp die Länge von H5. Bei den Einzelfedern ändern sich die Längenrelationen. Hier ist auch beim Fitis H9 gerade so lang wie H4 (Beispiel 52 mm). H10 ist mit 15 bis 19 mm länger als die Handdecken. H5 ist beim Fitis deutlich ohne Außenfahnenverengung, während die Handschwingen 6 bis 8 eine solche entwickelt haben. Der Flügel ist auch in dieser Hinsicht etwas spitzer als der des Zilpzalps. Er besitzt zudem eine größere Handschwingenprojektion, was seine elegante Form bestimmt (Abb. 8, S. 9). Die Handschwingen sind fein grünlich gesäumt, bei H9 ist der Saum weißlich.

Die **Armschwingen** haben dieselbe Grundfärbung wie die Handschwingen. Die gelblich-grünlichen Randsäume nehmen hier jedoch etwa die Hälfte der Außenfahne ein, sie ziehen sich um die Federspitze herum. Die Innenfahne hat von der Spitze zur Basis hin breiter werdend ein weißliches Randfeld, das an der Spule den Schaft erreicht. Die Schirmfedern sind insgesamt hell und mehr grau, wobei sich der dunkle Schaft stärker absetzt. Generell wirken die Schäfte im Auflicht unauffällig, im Durchlicht jedoch schwarz.

Die **Steuerfedern** sind hell graubraun mit gelbgrünlichen Säumen an den Außenfahnen, deren Fortsetzung sich rahmfarben um das Federende herumzieht. St6 ist heller als die anderen und hat einen feinen, aber weißlichen Außensaum. Die Schäfte der Steuerfedern sind oberseits wie die Fahnen gefärbt, von unten aber ebenfalls weißlich. Auch die Fahnen wirken von unten heller. Im Vergleich der Einzelfedern ist St6 als längste (48 bis 62 mm, Mittel 54 mm, n = 224) etwa 3 mm länger als St1. Im natürlichen Federverband ist jedoch St4 die längste, St6 deutlich kürzer und die mittleren noch kürzer. In jedem Fall ergibt sich eine gewisse Schwanzgabelung. Frische Unterschwanzdecken sind intensiv gelb.

Vorkommen: Fitisse sind als Brutvögel von den Nordalpen bis Nordskandinavien verbreitet. Sie kommen später im Brutgebiet an als Zilpzalpe und konkurrieren teilweise mit diesen. Sie bevorzugen lichte Wälder mit Unterwuchs, auch Gebüsche. Trotz der hohen Zahl von 790 000 bis 1,2 Millionen Revieren für Deutschland ist ein gewisser Rückgang festzustellen – vielleicht eine Folge der Klimaerwärmung. Die Population verschiebt sich künftig nordwärts.

Mauser: Die Vollmauser der Altvögel beginnt bereits im Juni, bei den Männchen noch vor den Weibchen. Sie wird vor dem Wegzug abgeschlossen. Eine zweite Vollmauser findet im afrikanischen Winterquartier statt und dauert etwa bis März. Zwei Vollmausern im Jahr zu absolvieren ist für Singvögel völlig ungewöhnlich.

Ähnliche Arten: H5 (von innen gezählt) weist beim Zilpzalp eine manchmal schwache Außenfahnenverengung auf, diese fehlt beim Fitis. Der Fitis hat auch in anderen Eigenschaften einen spitzeren Flügel als der Zilpzalp (siehe auch Abb. 8, S. 9). Falls man den Fuß zur Verfügung hat: Der Lauf ist beim Zilpzalp meist dunkel pigmentiert, beim Fitis hornfarben. Die Zehen sind beim Fitis von unten gelb. Im geschlossenen Flügel ist die Handschwingenprojektion länger als beim Zilpzalp, jedoch kürzer als beim Waldlaubsänger.

Der Flügel ist spitz, H8 ist am längsten. Der fast geschlossene Flügel rechts lässt die Flügelgestalt besser erkennen, als der offene Flügel links.

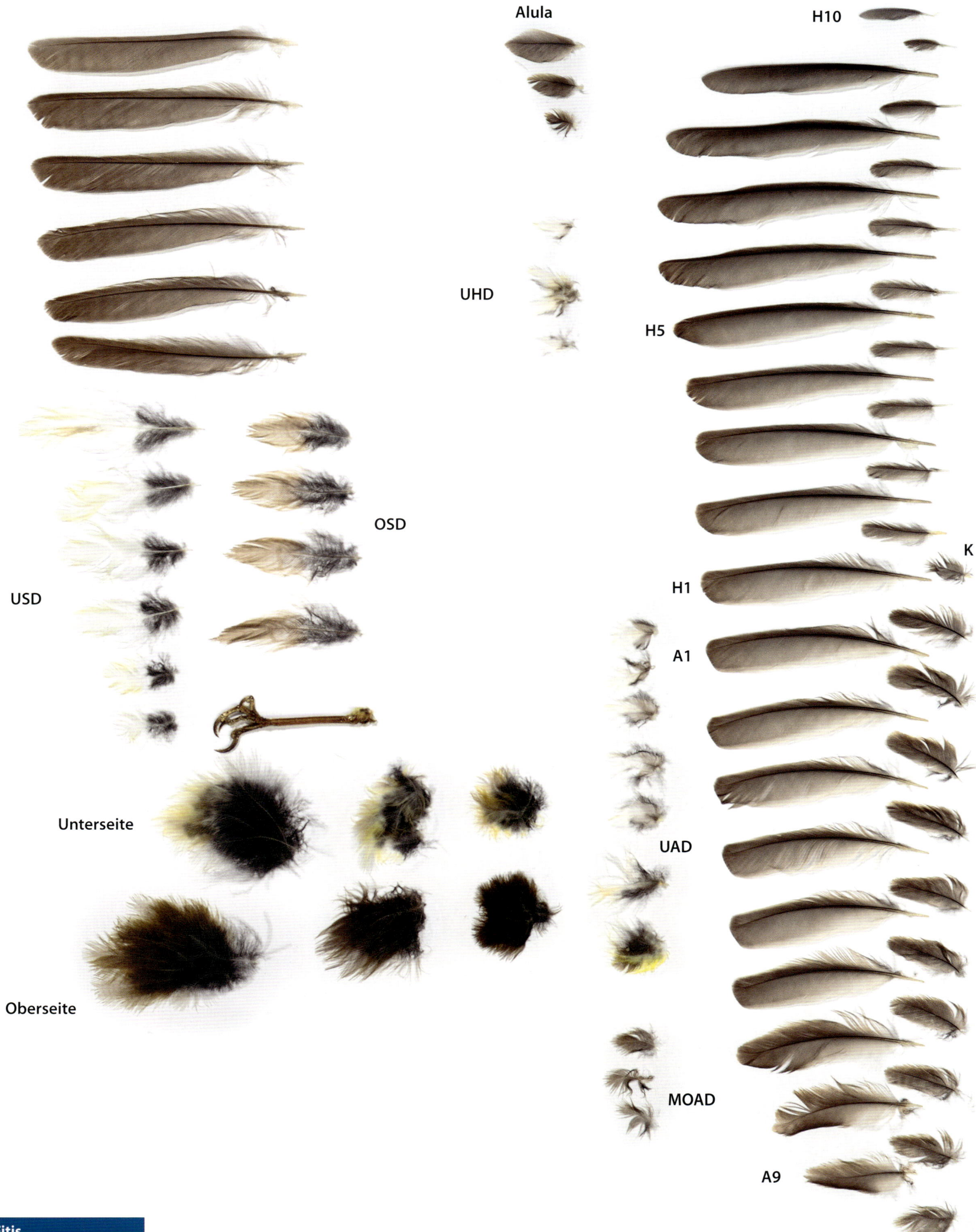

Fitis

Phylloscopus trochilus

En: Willow Warbler

Fr: Pouillot fitis

Es: Mosquitero Musical

It: Luì grosso

100 %

Zilpzalp *Phylloscopus collybita*

Federmerkmale: Unter den **Handschwingen** ist im kompletten Flügelverband H7 die längste, H10 (mit einer Länge von 15 bis 19 mm) überragt wie auch beim Fitis die Großen Oberen Handdecken. Bei den einzelnen Federn sind H5 und 6 am längsten (größte Schwinge 46 bis 59 mm, Mittel 52 mm, n = 82). H5 hat an der Spitze eine Außenfahnenverengung, die beim Fitis fehlt. Hieraus ergibt sich ein von Vogelberingern häufig verwendetes Merkmal. Der Zilpzalp verfügt damit über vier Handschwingen mit Außenfahnenverengung (H5 bis 8), der Fitis nur über drei (H6 bis 8). Die Federn sind durchscheinend graubraun und weisen in den Außenfahnen grünliche Säume auf. Die Innenfahnen haben breitere weißliche Säume.

Das gleiche Färbungsmuster gilt für die **Armschwingen**. Doch sind hier die Innenfahnensäume etwas schwächer kontrastiert als beim Fitis. Die Außenfahnen fallen kaum durch Säume auf, was besonders für die gebrauchten Schirmfedern vor der Mauser gilt. Die schwarzbraunen Schäfte heben sich bei Hand- und Armschwingen klar gegenüber den helleren Außen- und Innenfahnen ab.

Die längsten **Steuerfedern** haben im Mittel eine Länge von 52 mm und variieren zwischen 44 und 58 mm (n = 246). Die Federn sind untereinander annähernd gleich lang, sodass der Schwanz auch im kompletten Zustand kaum eine Gabelung aufweist. Sie sind graubraun und haben gelbliche oder olivfarbene Außensäume.

Vorkommen: Der Zilpzalp ist ein in Mitteleuropa verbreiteter und häufiger Brut- und Sommervogel sowie ein häufiger Durchzügler. Er überwintert ursprünglich im Mittelmeergebiet, in wachsender Zahl aber auch in klimamilden Gebieten Mitteleuropas, besonders im Westen und Südwesten. Die ersten Sommergäste treffen schon im März bei uns ein, die Vögel bleiben teilweise bis in den November hinein. Zu dieser Zeit tun sie ihre Anwesenheit noch durch Rufe kund. Der Zilpzalp bewohnt lichte Laub-, Nadel- und Mischwälder mit Unterwuchs und Krautschicht, oft auch nur Baumgruppen mit etwas Gebüsch, ebenso Parks und Gärten. Die Brutpopulation nimmt etwas ab, dennoch wird ihre Größe noch auf 3,3 bis 4,6 Millionen Reviere geschätzt.

Mauser: Die Altvögel erledigen ihre Vollmauser im Sommer und Herbst noch im Brutgebiet. Die Erneuerung der Steuerfedern als Teil der Vollmauser geht innerhalb von sechs Wochen vor sich. Die Jungvögel mausern gleichzeitig ihr Kleingefieder, wobei die meisten Flügeldecken, teilweise auch einige Steuer- und Schirmfedern und manchmal weitere Schwingen eingeschlossen sind.

Ähnliche Arten: Der Zilpzalp hat in jüngerer erdgeschichtlicher Vergangenheit eine adaptive Radiation erfahren, die zu der Notwendigkeit geführt hat, mehrere neue Arten abzutrennen, die früher alle unter „Zilpzalp" geführt wurden. Hierzu gehören die in den Bestimmungsbüchern dargestellten Arten Iberienzilpzalp, Kanarenzilpzalp, Taigazilpzalp und Kaukasuszilpzalp. H5 (von innen gezählt) weist beim eigentlichen Zilpzalp eine manchmal schwache Außenfahnenverengung auf, diese fehlt beim Fitis sowie beim Wald- und Berglaubsänger. Der Zilpzalp hat eine relativ kleine Handschwingenprojektion und einen runderen Flügel als die anderen Laubsänger (Abb. 8, S. 9). Die äußeren Steuerfedern sind nicht in der Spitze nach außen gebogen. Im kompletten Flügel ist die Handschwingenprojektion kurz im Vergleich zum Fitis und Waldlaubsänger.

Der Flügel ist kurz und im Vergleich zu dem des nahe verwandten Fitis deutlich rund geschnitten. Etwa H7 ist hier am längsten. Im zusammengelegten Flügel rechts zeigt sich deutlich, dass der Handflügel den Armflügel nicht so weit überragt wie beim Fitis.

Zilpzalp
Phylloscopus collybita
En: Common Chiffchaff
Fr: Pouillot véloce
Es: Mosquitero Común
It: Luì piccolo
juv. 100 %

Middendorff-Laubsänger
Phylloscopus plumbeitarsus

Federmerkmale: Dieser Laubsänger wurde früher mit dem Grünlaubsänger zu einer Art gerechnet, die aber später gesplittet wurde. Bei den von Hansen & Synnatzschke (2015) übernommenen Werten können noch Daten von beiden Populationen beteiligt sein. Das hier auf der Tafel abgebildete Exemplar stammt vom Baikal und dürfte zu *plumbeitarsus* gehören. Die Schwingen und Steuerfedern sind im Vergleich zarter, kleiner und schmaler als bei Fitis und Zilpzalp, erreichen aber noch nicht die zierliche Gestalt der Federn des Goldhähnchen-Laubsängers.

Die längste **Handschwinge** beim Grünlaubsänger erreicht im Schnitt eine Länge von 52 mm (49 – 56 mm, n = 15). Bei einem *plumbeitarsus* ist H6 mit 50 mm am längsten, die beiden Nachbarn (als Einzelfedern) jeweils etwa 1 mm kürzer. Bei einem *trochiloides* ist ebenfalls H6 am längsten. Dementsprechend gibt es Außenfahnenverengungen bei (H5) H6 bis H8, solche der Innenfahnen jeweils gegenüber bei H6 bis H9. Die lichten Außensäume weisen vor allem am nicht verengten Teil eine gelb-grünliche Tönung auf. Die weißlichen Säume der Innenfahnen begrenzen sich auch auf den nicht verengten Basisteil. Die **Armschwingen** sind in gleicher Weise an Außen- und Innenfahnen gesäumt. Die Schäfte heben sich schwach verdunkelt gegen die Fahnen ab. Das auch feldornithologisch wichtige Hauptmerkmal des Flügels liegt in dem Flügelstreif, der von den Spitzensäumen der Großen Oberen Armdecken gebildet wird. Diese sind bei *plumbeitarsus* im frischen Zustand blassgelblich, etwa 1 mm breit, klar abgegrenzt und hauptsächlich auf der Außenfahne entwickelt. Sie reichen von der ersten Decke durch den Armflügel und klingen bei den drei Schirmfedern aus.

Die längste **Schwanzfeder** St 1 oder 2 misst beim Grünlaubsänger durchschnittlich 49 mm (45 – 53 mm, n = 11). Sie sind untereinander gleich lang, allenfalls die äußeren etwas kürzer. Die Steuerfedern sind zart und weich. Bei den inneren sind die Außenfahnen an der Basis strahlig aufgelöst. Die Steuerfedern sind bei Altvögeln entsprechend der Mauserverhältnisse im Sommer abgerieben, bei Jungvögeln frisch und zugespitzt. Bei diesen lassen sich auch die mattgrünen Außensäume am besten erkennen, ebenso die weißlichen Säume der Innenfahnen. Die Oberschwanzdecken sind hell graubraun, die Unterschwanzdecken weißlich.

Flügel: Dieser ist rund geschnitten. Das spiegelt sich an dem Ausmaß der Verengungen der Handschwingenfahnen, auch an der Länge von H10, die die Handdecken auch als Einzelfeder überragt.

Vorkommen: Als in Mittel- und Ostsibirien heimisch, wird der Middendorff-Laubsänger (*plumbeitarsus*) aufgeführt, der selten als Gast bis nach Mitteleuropa gelangt und heute als eigene Art angesehen wird. Der Grünlaubsänger (*trochiloides,* fehlt hier) ist eine kleine grünliche Laubsängerart, die als Brutvogel von der Ostseeküste ab ostwärts bis in die ostsibirische Taiga vorkommt und in Indien überwintert. Die Population breitet sich westwärts aus. Für das Erkennen beider Vögel ist neben den Lautäußerungen vor allem ein Flügelstreif wichtig, der von den Spitzen der Großen Oberen Armdecken gebildet wird. Ein zweiter Flügelstreif vor dem ersten, erzeugt von den Mittleren Oberen Armdecken, fehlt entweder oder ist nur schwach angedeutet.

Mauser: Eine Teilmauser der Altvögel wird nach Ende der Brutzeit im Brutgebiet abgelegt, die Vollmauser jedoch erst im Überwinterungsgebiet. Jungvögel tauschen das Körpergefieder im Hochsommer ihres ersten Lebensjahres aus.

Ähnliche Arten: Einen Flügelstreif im Armflügel gibt es sonst nicht bei den in Mitteleuropa heimischen Laubsängern, außer beim Grünlaubsänger. Gelbbrauen-, Goldhähnchen- (siehe dort) und Tienschan-Laubsänger haben generell winzige Federn, deren Größe an die von Goldhähnchen erinnert, mit ausgeprägten doppelten Armflügelsäumen. Sie sind sämtlich Ausnahmegäste im Behandlungsgebiet.

Middendorff-Laubsänger
Phylloscopus plumbeitarsus
En: Two-barred Warbler
Fr: Pouillot à deux barres
Es: Mosquitero patigrís
It: Luì verdastro barrato
juv. 100 %

Drosselrohrsänger
Acrocephalus arundinaceus

Federmerkmale: Der Drosselrohrsänger ist der größte heimische Vertreter aus einer artenreichen Gruppe von spezialisierten Bewohnern von Rohrbeständen und ähnlichen Vegetationsformen. Früher wurden sie mit anderen Gruppen als Zweigsänger zusammengefasst, heute werden sie als eigene Familie Acrocephalidae abgetrennt. Als Insektenfresser wie die anderen Rohrsänger sind sie durchweg Sommervögel und Langstreckenzieher.

Von den einzelnen **Handschwingen** ist beim Drosselrohrsänger H8 mit 75 bis 89 mm (Mittel 81 mm, n = 50) am längsten. Nur diese weist eine schwach erkennbare Verengung der Außenfahne auf, H9 hat eine geringe Verengung der Innenfahne. H10 ist hell und etwa 15 mm lang. Die Handschwingen sind ansonsten hell graubraun. H9 hat einen sehr schmalen aber deutlichen lichten Außensaum. Bei allen Handschwingen trägt die basale Hälfte der Innenfahne eine klar abgesetzte, breite Aufhellung, die am unteren Fahnenende den Schaft erreicht. Die Spitzen der Handschwingen sind fein hell gesäumt. Auch die Alulaschwingen heben sich dunkel mit hellen Säumen heraus. Zur Handschwingenprojektion siehe unten. H10 ist nur knapp länger als HD9, fällt aber durch eine trotz extrem schlanker Form aufgehellte Innenfahne auf. Im Sommer können die Spitzen der Handschwingen in der Mitte abbrechen.

Bei den **Armschwingen** ist nur eine verschwommene Aufhellung der Innenfahnen erkennbar. Die Schirmfeder A7 ist nicht länger als die benachbarte Armschwinge A6. Die Säume der Schirmfedern heben sich etwas gegen das dunkle Federinnere ab. Jungvögel haben im Sommer ein frisches, schilfbraunes, Altvögel ein abgenutztes, gräulich ausgebleichtes Gefieder, was man am besten an den Schirmfedern erkennen kann. Die Spitzen können teilweise abbrechen.

Der Schwanz ist recht deutlich gestuft, aber längst nicht so stark wie bei den Schwirlen. Eine der drei inneren **Steuerfedern** ist am längsten, nach außen hin nimmt die Federlänge stufig ab. St6 ist 8 bis 12 mm kürzer als die längste. Die Länge der längsten Steuerfeder schwankt zwischen 72 und 88 mm, sie beträgt im Mittel 80 mm (n = 62). Besonders die äußeren Steuerfedern haben helle Endsäume, die aber der Abnutzung unterliegen. Die Oberschwanzdecken sind einheitlich hellbraun. Die Unterschwanzdecken sind weißlich rahmfarben, die längste kann mehr als 55 mm erreichen. Besonders die Oberschwanzdecken können im Sommer an ihren Spitzen Zeichen von Abnutzung erkennen lassen, was sich an dem überstehenden, seiner Fahnenanteile beraubten Schaft erkennen lässt.

Vorkommen: Drosselrohrsänger sind Sommervögel, die große Schilfbestände bewohnen, manchmal auch schmale schilfbestandene Säume entlang von Kanälen und Flüssen. Die Brutpopulation in Deutschland ist mit 18 500 bis 29 000 Revieren klein, doch wird ihr ein gewisser Anstieg bescheinigt. Zur Überwinterung ziehen sie ins tropische Afrika.

Mauser: Die Mauser des gesamten Gefieders findet sowohl bei Alt- als auch bei Jungvögeln zwischen Dezember und März im Winterquartier in Afrika statt. Altvögel zeigen im Gegensatz zu den Jungen am Ende des Sommers vor dem Wegzug deutliche Zeichen von Abnutzung an allen exponierten Federn. Das kann man darauf zurückführen, dass sie den ganzen Sommer in dem extrem harten Lebensraum des Altschilfs verbringen.

Ähnliche Arten: Die Federn des Drosselrohrsängers sind deutlich größer als diejenigen aller anderen heimischen Rohrsänger. Bei gleicher Größe sind die Steuerfedern der Nachtigall rötlich braun, die des Sprossers dunkel rotbraun. Bei der Grauammer ist der Schwanz eingebuchtet, die Federn sind dunkel graubraun, in St6 ist ein Rudiment eines hellen Keilflecks zu erkennen.

Wie bei den anderen Rohrsängern ist der Flügel spitz geschnitten. Im zusammengefalteten Flügel fällt die lange Handschwingenprojektion auf: Die Länge des überragenden Handflügels entspricht ungefähr derjenigen der Schirmfedern. Die längste Handschwinge (H8) ist auch bei den Einzelfedern stark nach außen verlegt.

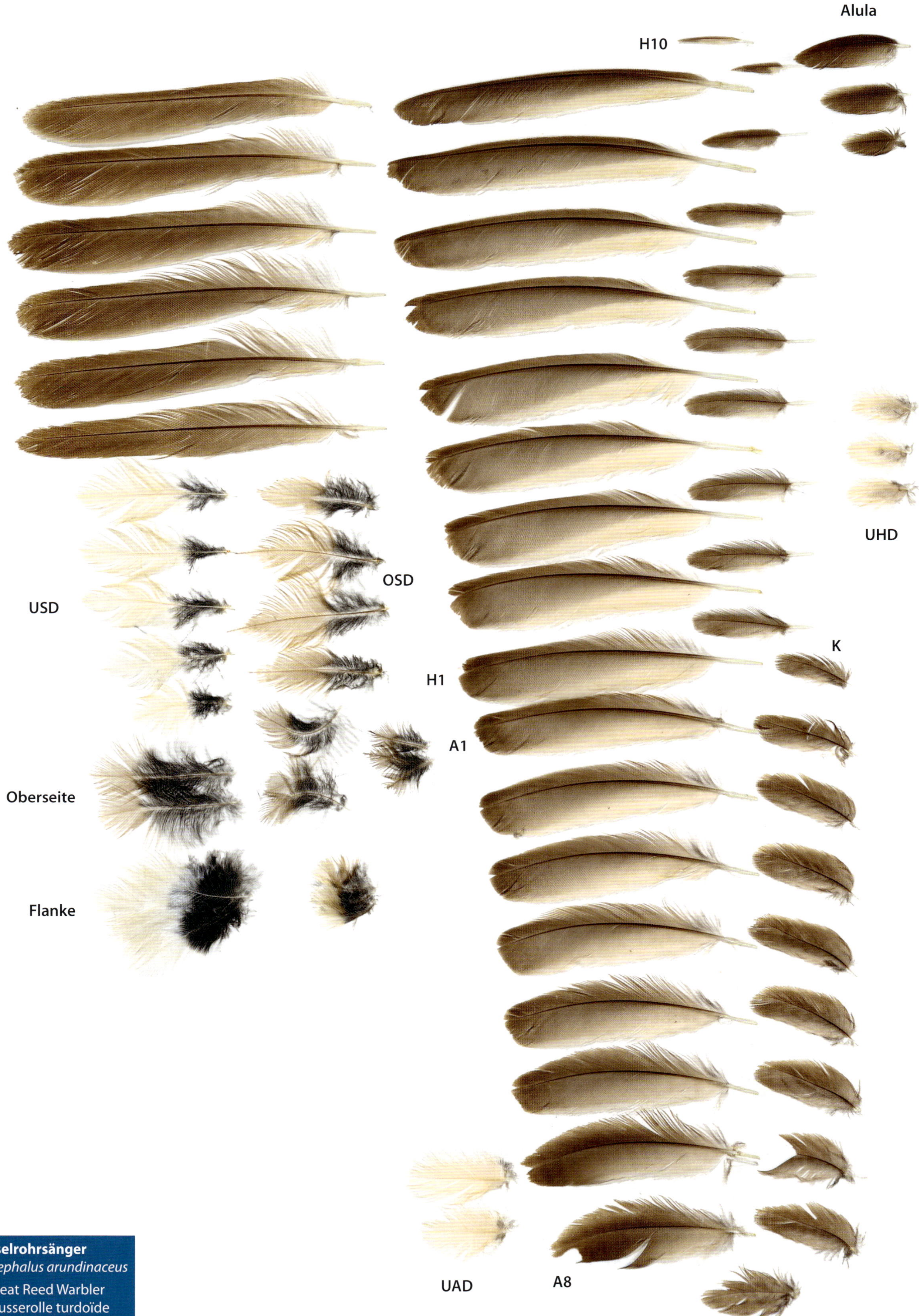

Drosselrohrsänger
Acrocephalus arundinaceus
En: Great Reed Warbler
Fr: Rousserolle turdoïde
Es: Carricero Tordal
It: Cannareccione
100 %

Mariskenrohrsänger
Acrocephalus melanopogon

Federmerkmale: Dem wenig entwickelten Zugverhalten der Art entsprechend sind die Spitzen der **Handschwingen** (5) 6 bis 8 in der Außenfahne verengt (beim Schilf- und beim Seggenrohrsänger nur bei H8), ebenfalls die Innenfahnen von H7 bis 9. Bei den Einzelfedern ist die längste recht weit innen gelegen (H5 oder 6, mit nur 49 mm, n = 1). H10 überragt mit 19 mm Länge alle Großen Oberen Handdecken. Damit stimmt die feldornithologisch geringe Handschwingenprojektion überein: Der Handflügel überragt den geschlossenen Armflügel nur wenig, im Vergleich mit dem sonst ähnlichen Schilfrohrsänger. Die Handschwingen sind graubraun mit feinen Außensäumen sowie hellbeigen breiteren Innenfahnensäumen bis fast zur Federspitze. Die Schäfte entsprechen oberseits der Fahnenfärbung, sind aber unterseits von der Basis her fast bis zur Spitze weiß.

Die **Armschwingen** sind unauffällig, doch verstärken sich die Außensäume im Flügel nach innen hin. Sehr breit und fahl schilffarben sind sie dann an den Schirmfedern, gleichzeitig ist die verbleibende Kernfärbung kontrastreicher dunkel, feldornithologisch fast schwarz. Bei A9 bleibt allerdings nur ein breiter dunkler Schaftstrich. Die längste Schirmfeder A7 ist kürzer als A6 – dies im Gegensatz zum Seggenrohrsänger. Das Großgefieder kann wegen der schlüpfenden Lebensweise im harten Grasunterwuchs bereits im Frühjahr stark abgenutzt sein, was sich zum Sommer hin vor der Mauser noch verstärkt. Der **Jungvogel** dagegen hat im Sommer ein frisches Gefieder, mausert aber trotzdem (s. u.).

Die Abnutzung betrifft auch die **Steuerfedern**. Diese sind beim Jungvogel dunkel graubraun, breit und lang. Sie erinnern an diejenigen der Schwirle. St1 ist mit 55 mm am längsten (zwei weitere Werte mit 52 mm), die folgenden sind nur wenig kürzer. Dagegen fällt St6 mit 49 mm Länge deutlich ab. Die Spitzen sind matt hell gesäumt und rund – im Gegensatz zu den spitzen Federn des Seggenrohrsängers (nicht vorliegend).

Vorkommen: Der Mariskenrohrsänger ist in Mitteleuropa Brut- und Sommervogel im pannonischen Raum bis nach Ostösterreich und sehr lokal in der Schweiz.

Ansonsten tritt er allenfalls als Ausnahmegast auf. Die Vögel treffen am Neusiedler See bereits ab Mitte März ein und ziehen erst ab Mitte September in die mediterranen Winterquartiere: Im Gegensatz zu den anderen Rohrsängern sind sie keine Fernzieher. Für Österreich wurden um das Jahr 2000 noch 9000 bis 16 000 Reviere angegeben, für Ungarn nur 600 bis 1000. Die Vögel bewohnen überflutete Röhrichtbestände mit einer dichten, 40 bis 50 cm hohen, bodennahen Schicht aus geknickten Halmen und Blättern. Wegen des unzugänglichen Lebensraumes wird es wenig Gelegenheit geben, Mauser- oder Rupfungsfedern in die Hand zu bekommen.

Mauser: Die Vollmauser der Altvögel erfolgt bereits zwischen August und Oktober noch im Brutgebiet, wobei nicht sicher ist, ob ein Teil der Vögel vorher schon wegzieht. Auch die Jungvögel unterziehen sich im Sommer und Herbst einer Vollmauser. Die Jungvögel aus späten Bruten mausern schneller als ältere.

Ähnliche Arten: Der Schwanz ist bei dieser Art dunkel, die Steuerfedern sind breit und gerundet – nicht so zugespitzt wie beim Seggenrohrsänger. Der Flügel ist rund geschnitten, mit starker Ausbildung von Fahnenverengungen an den äußeren Handschwingen. Die kontrastreich gefärbten Schirmfedern A7 und A8 findet man in ähnlicher Form auch beim Schilf- und beim Seggenrohrsänger, während sie bei Teich- und Sumpfrohrsänger eher eintönig sind. Allerdings scheint der Mariskenrohrsänger nach dem vorliegenden Gefieder die kleinere Art zu sein. Die Handschwingenprojektion im kompletten Flügel erreicht höchstens ein Drittel der Schirmfederlänge, beim Schilfrohrsänger eher zwei Drittel.

100 %

Der Mariskenrohrsänger ist im Westen seines Verbreitungsgebiets (vor allem auf der Iberischen Halbinsel) Jahresvogel, im Osten Kurzstreckenzieher. Der Flügel ist stärker gerundet als bei den fernziehenden Rohrsängerarten. Man vergleiche dazu die obigen Angaben zum Flügelschnitt.

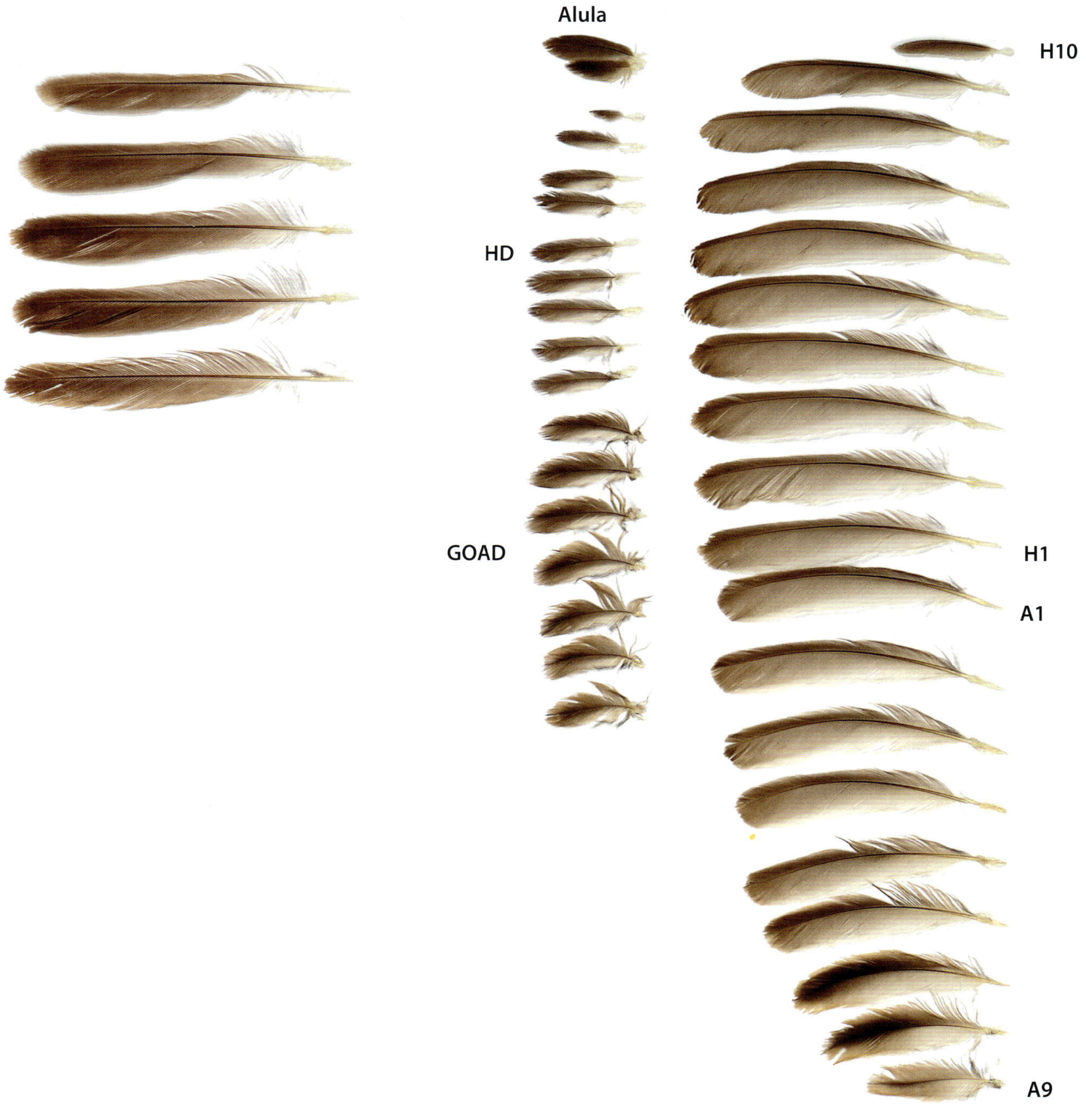

Mariskenrohrsänger
Acrocephalus melanopogon
En: Moustached Warbler
Fr: Lusciniole à moustaches
Es: Carricerín Real
It: Forapaglie castagnolo
100 %

Die Federn gingen als lose Federn in die Sammlung ein, daher sind nicht alle vollständig und sicher zuzuordnen.

Seggenrohrsänger
Acrocephalus paludicola

Federmerkmale: H10 ist schmal und spitz und etwa 13 mm lang, das heißt, die Feder erreicht nicht die Länge der längsten Handdecken. Die längste **Handschwinge** (H8) misst 51-57 mm (Mittel 53,6 mm, n = 19). Die Handschwingen sind braungrau, die Schäfte setzen sich etwas dunkel von den Fahnen ab. Alle Schwingen haben unterseits weißliche Schäfte. Bei H9 ist die Außenfahne aufgehellt, ebenso bei den Alulaschwingen, was bei den anderen Rohrsängern nicht der Fall ist. Das Gefieder kann im Lauf des Sommers stark abgenutzt sein.

Die **Armschwingen** sind ebenfalls braungrau, sie weisen aber breite, zur Basis hin verstärkte, fahlbraune Außensäume auf. Diese werden bei den Schirmfedern nochmals verstärkt und erreichen etwa 3 mm Breite. Hinzu kommt hier eine Verdunkelung des Federzentrums vom Schaft aus, besonders auf den Außenfahnen von A7 und A8, während bei A9 nur ein verbreiterter Schaftstrich bleibt. Ähnliches gilt für die Großen Oberen Armdecken, die sehr kontrastreich gezeichnet sind. Die große Schirmfeder A7 ist im Flügel etwa 2 bis 3 mm länger als A6, was sich (eventuell nur beim Altvogel) auch bei der Einzelfeder andeutet. In den Schulterdecken treten starke Hell-Dunkel-Kontraste auf, durch die Längsbänder im Rückengefieder erzeugt werden, die an Zwergschnepfe und Bekassine erinnern.

Die **Steuerfedern**, besonders die mittleren, sind auffallend zugespitzt (nicht abgebildet), stärker als bei denen anderer Rohrsänger. Der Schwanz ist deutlich gestuft, das heißt, die äußere Steuerfeder St6 ist etwa 6 bis 10 mm kürzer als St1. Sie trägt ferner eine helle Außenfahne; auch die Innenfahne ist in der Spitze sehr hell, was durch Abnutzung noch gefördert wird. Die längste Steuerfeder in der Mitte erreicht eine Länge von 48 bis 57 mm, im Mittel 52 mm (n = 18). Bei den mittleren Steuerfedern sind ebenso wie bei den Oberschwanzdecken kräftige helle Säume ausgebildet. St1 hat an beiden Fahnen gelblich-braune Säume, sodass nur ein schmaler dunkelbrauner Streifen am Schaft bleibt. Auch bei den übrigen Federn sind die Außenfahnen sowie die Innenfahnensäume blassbraun oder beige gefärbt. Im Laufe des Sommers können die Schwanzfedern stark abgenutzt werden, was auch für das übrige Gefieder gilt, stärker als bei den meisten anderen Rohrsängerarten („Spätsommerkleid"). Vögel mit im Sommer abgenutztem Kleid sind Altvögel, die Jungen haben frisches Gefieder.

Vorkommen: Der Seggenrohrsänger ist ein endemischer Brutvogel in Osteuropa sowie im östlichen Mitteleuropa und wegen geringer Populationsgröße als hochgradig bestandsgefährdet eingestuft. Die letzte Teilpopulation auf deutschem Boden an der Unteren Oder ist so gut wie erloschen oder nur noch sporadisch durch wenige singende Männchen vertreten. Die Art bewohnt Braunmoos-Seggenmoore und Seggenwiesen mit einer Vegetationshöhe von 50 bis 70 cm und hohem Wasserstand. Als Langstreckenzieher überwintert sie im tropischen Westafrika.

Mauser: Eine im Sommer nach der Brut stattfindende Teilmauser der Altvögel betrifft vorwiegend das Körpergefieder, seltener Teile des Großgefieders. Eine Vollmauser der Altvögel findet erst im westafrikanischen Winterquartier statt. Dort mausern auch die dann vorjährigen Jungvögel, sie absolvieren hier sogar eine Vollmauser.

Ähnliche Arten: Nach der Zuspitzung der Steuerfedern und dem dunklen schmalen Mittelstreif bei der mittleren Steuerfeder kann man den Seggenrohrsänger vom Schilf-, Sumpf- und Teichrohrsänger unterscheiden. Er ist – wie auch die übrigen Rohrsänger – kleiner als der Drosselrohrsänger. Im Vergleich zum Mariskenrohrsänger hat er schmale, hell gesäumte Steuerfedern und einen spitzeren Flügel.

100 %

Der Flügel ist spitz, von den Handschwingen trägt nur H8 eine Außenfahnenverengung. H8 ist gleichzeitig die längste einzelne Handschwinge, im kompletten Flügel wird sie wohl noch von H9 übertroffen. Dies ist alles verständlich, wenn man sich klarmacht, dass der Seggenrohrsänger ein ausgeprägter Langstreckenzieher ist.

Seggenrohrsänger
Acrocephalus paludicola
Aquatic Warbler
Phragmite aquatique
Carricerín Cejudo
Pagliarolo
100 %

Die Federn gingen als lose Federn in die Sammlung ein, daher sind nicht alle vollständig und sicher zuzuordnen.

Schilfrohrsänger
Acrocephalus schoenobaenus

Federmerkmale: Von den **Handschwingen** ist H8 mit 51 bis 58 mm (Mittel 55 mm, n = 57) die längste. Sie allein hat eine schwache Außenfahnenverengung aufzuweisen. H8 und 9 haben unterschiedlich lange und nicht immer leicht zu erkennende Verengungen der Innenfahnen. H10 ist mit etwa 12 mm genau so lang wie die äußerste Handdecke. Die Handschwingen sind sämtlich dunkel graubraun, gegen die Spitzen verdunkelt und die Federspitzen hell gesäumt. Die Oberen Handdecken zeigen helle Felder in den Innenfahnen, was z.B. beim Teichrohrsänger nicht der Fall ist.

Auch die **Armschwingen** haben schwache Endsäume. Die Außenfahnen sind dunkler als die Innenfahnen. Auch die Fahnenenden sind vor den Säumen etwas verdunkelt. Bei den Großen Oberen Armdecken sind die Säume an der Außenfahne heller und laufen um die Spitze herum. Die schmalen hellen Außenfahnensäume der sechs äußeren Armschwingen weichen bei den drei Schirmfedern schmutzig bräunlichen, breiten Außenfahnen- und Spitzensäumen. Hier ist auch die Innenfärbung der Fahnen kontrastreicher, was auch dem Muster der Großen Oberen Armdecken entspricht. Die längste Schirmfeder A7 überragt ihre Nachbarin A6 um etwa 2 mm.

Der Schwanz ist schwach gerundet. Die mittleren **Steuerfedern** sind mit etwa 52 mm am längsten (Variation 45 bis 58 mm, n = 56), die äußeren sind 3 bis 8 mm kürzer. St1 ist dunkelbraun, am intensivsten in der Spitzenhälfte der Innenfahne. Nach außen hin werden die Steuerfedern heller, bis zu einem Graubraun bei St6. Die Spitzen sind breit hell gesäumt. Im Herbst sind Steuerfedern und Schirmfedern der Altvögel deutlich abgenutzt, bei den Jungen aber frisch. Die Oberschwanzdecken sind warmbraun mit dunklen, etwas verschwommenen Schaftstrichen, die Unterschwanzdecken hellbräunlich bis rahmfarben mit schwach angedeuteten Schaftstrichen. Vögel mit frischem Goßgefieder im Spätsommer sind **Jungvögel**, bei Altvögeln sind dann die Säume abgenutzt.

Vorkommen: Der Schilfrohrsänger ist, anders als der Teichrohrsänger, kein spezialisierter Schilfbewohner, sondern besiedelt mehr die Verlandungszone mit dichter Krautschicht und oft auch mit einzelnen Büschen und niedrigen Bäumen. Hier findet er auch seine Singwarten, von denen aus die kurzen Singflüge gestartet werden. Die Population von insgesamt 19 500 bis 31 000 Revieren konzentriert sich in Deutschland auf die östlichen und nördlichen Bundesländer. Eine leichte Zunahme wird festgestellt.

Mauser: Ein Teil der Altvögel mausert das Kleingefieder teilweise bereits im Brutgebiet, die Vervollständigung der Mauser findet aber als Vollmauser im afrikanischen Winterquartier statt. Die Erneuerung der Handschwingen dauert 50 bis 90 Tage. Bei den Jungvögeln ersetzt wenigstens ein Teil das Kleingefieder teilweise bereits im Brutgebiet oder während des Wegzuges.

Ähnliche Arten: Im Unterschied zum Schilfrohrsänger sind bei Teich- und Sumpfrohrsänger die mittleren Steuerfedern nicht deutlich dunkler als die äußeren. Auch bei den Schirmfedern und den Großen Oberen Armdecken ist der Kontrast viel stärker als bei den anderen genannten Arten. Beim Seggenrohrsänger sind alle Steuerfedern zugespitzt, die mittlere hat breite helle Säume und einen schmalen dunklen Mittelstrich am Schaft.

100 %

Der Flügel ist ausgesprochen spitz. Die zweitäußerste lange Handschwinge H8 ist die längste einzelne im Flügel, das gilt auch für den kompletten Flügel.

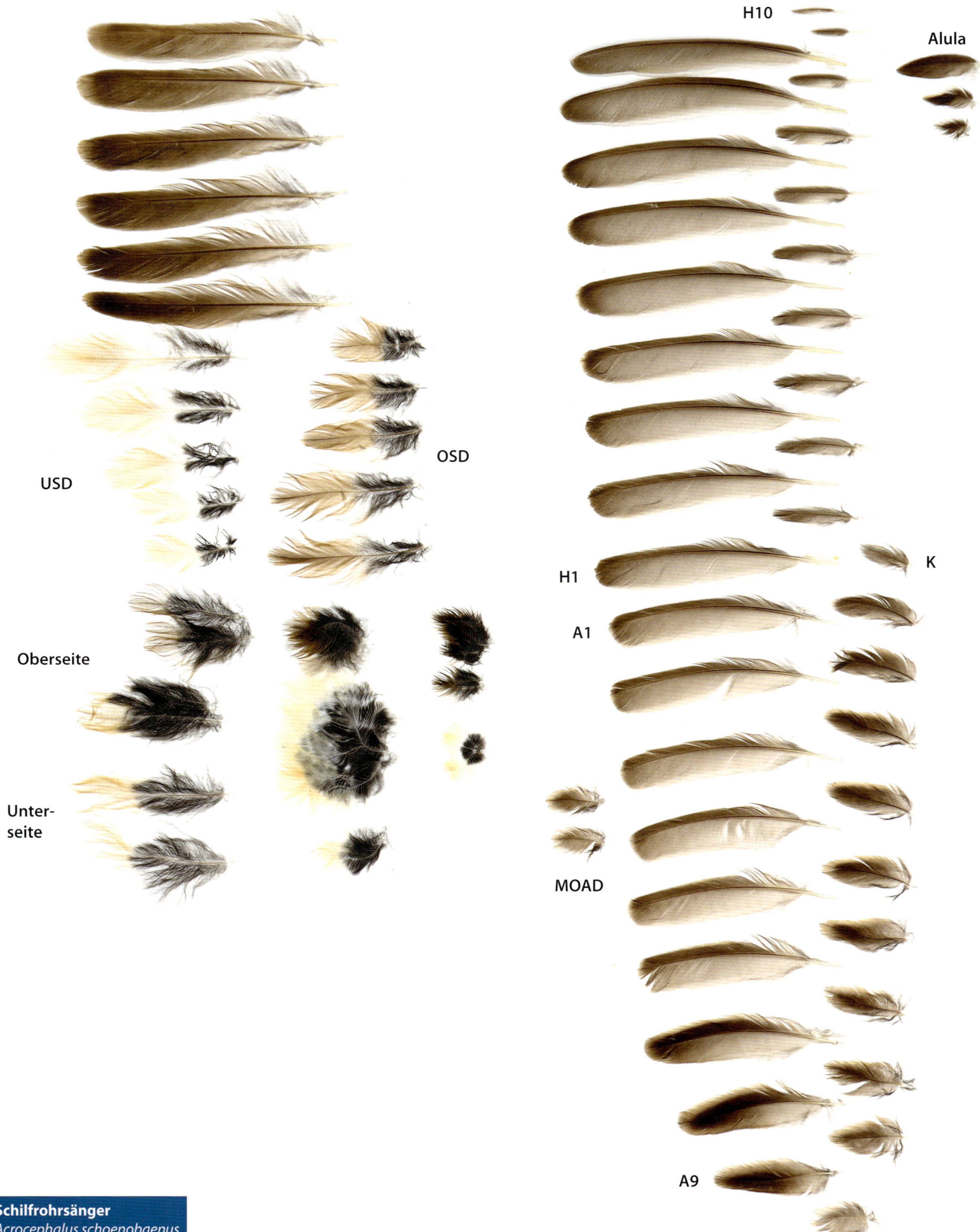

Schilfrohrsänger
Acrocephalus schoenobaenus
En: Sedge Warbler
Fr: Phragmite des joncs
Es: Carricerín Común
It: Forapaglie comune
ad. ♂ 100 %

Teichrohrsänger
Acrocephalus scirpaceus

Federmerkmale: Unter den **Handschwingen** ist H8 mit 50 bis 60 mm (Mittel 56 mm, n = 69) die längste. Wie bei Sumpfrohrsänger ist H8 an der Außenfahnenspitze, H9 an der Innenfahne verengt. Beim Teichrohrsänger ist die Innenfahnenverengung von H9 relativ lang (Durchschnitt für Altvögel 12,7 mm) und reicht im kompletten Flügel etwa bis zur Spitze von H2 (3); beim Sumpfrohrsänger ist sie kürzer und reicht nur bis zur Spitze von H3 bis 4 (Durchschnitt 10,1 mm). Vögel, bei denen die Innenfahnenverengung 10 bis 11 mm lang ist, können nicht bestimmt werden. Die Schwingen sind graubraun durchscheinend mit schwach abgesetzten dunklen Schäften. Alle Schwingen haben besonders im Basalteil aufgehellte Innenfahnensäume. Bei den Handschwingen sind die Außenfahnen fein hell gesäumt.

Bei den **Armschwingen** werden die Säume deutlicher bräunlich und nach innen hin breiter, sie erreichen ihr Maximum in den Schirmfedern. Hier heben sich die Schäfte kaum noch ab und die hellen Felder in den Innenfahnen verschwinden. Die Spitzen sind etwas aufgehellt. Auch die Großen Oberen Armdecken sind breit mattbräunlich gesäumt. Die unteren Armdecken sind warm gelblich-braun.

Die **Steuerfedern** sind wenig über 50 mm lang, die mittlere ist am längsten, die äußerste etwa 2 mm kürzer als ihre Nachbarn, aber 4 bis 8 mm kürzer als St1. Die längste erreicht 56 mm, variiert zwischen 51 und 60 mm (n = 117). Der Schaft hebt sich besonders im Basisteil dunkel von den Fahnen ab, was nicht für die Spitzen und auch nicht für die gesamte St6 gilt. Alle Steuerfedern sind beige gesäumt, der Saum bildet eine helle Spitze. Die Oberschwanzdecken sind mattbraun, die Unterschwanzdecken hell gelblich-braun.

Vorkommen: Der Teichrohrsänger besetzt im Sommer meist kleine Reviere in Schilfbeständen am und im Wasser, tritt aber zur Zugzeit, im Frühjahr sogar mit Gesang, auch in Gebüsch in Gärten und anderen Lebensräumen auf. Die Brutpopulation ist zwar auf alle Bundesländer Deutschlands verteilt, erreicht aber mit insgesamt 115 000 bis 190 000 Revieren nur etwa ein Drittel derjenigen des Sumpfrohrsängers, der ökologisch weniger spezialisiert ist.

Mauser: Eine Teilmauser findet bei Altvögeln bereits im Brutgebiet statt. Die Vollmauser wird auf das Winterquartier in Afrika verlegt. Jungvögel mausern ebenfalls schon im Brutgebiet das Kleingefieder, teilweise auch Flügeldecken und Schirmfedern.

Ähnliche Arten: Im Gegensatz zum Teichrohrsänger sind die Flügelsäume beim Sumpfrohrsänger mehr grünlich als bräunlich. Insgesamt überwiegen bei Altvögeln des Teichrohrsängers Brauntöne, bei der Schwesternart Olivtöne. Auf hellem Untergrund wirkt das Großgefieder des Teichrohrsängers unter Umständen heller als das des Sumpfrohrsängers. Das kann jedoch nur bei heller Beleuchtung beurteilt und im Artenvergleich und mit Erfahrung entschieden werden. Jungvögel sind mit besonderer Zurückhaltung zu betrachten, da sie beim Sumpfrohrsänger mehr Braun als die Altvögel aufweisen. Ansonsten muss man die Strukturmerkmale der Handflügelspitze zurate ziehen, die aber im Einzelfall ebenfalls nicht verlässlich sind. Die Werte sind grundsätzlich bei Jungvögeln etwas geringer als bei Altvögeln. Diese Untersuchung sollte am besten am kompletten Flügel vorgenommen werden. Dazu muss Spezialliteratur für die Singvogelbestimmung konsultiert werden.

Der Flügel ist genauso spitz wie beim Sumpfrohrsänger. Dabei sind die Verengungen der Außenfahne von H8 sowie der Innenfahne von H9 zu beachten (siehe oben). Bei den Einzelfedern überragt im vorliegenden Fall H8 in ihrer Länge H7, was beim Sumpfrohrsänger kaum der Fall ist.

Teichrohrsänger
Acrocephalus scirpaceus
En: Eurasian Reed Warbler
Fr: Rousserolle effarvatte
Es: Carricero Común
It: Cannaiola

100 %

Sumpfrohrsänger
Acrocephalus palustris

Federmerkmale: Der Sumpfrohrsänger gehört zu einer Gruppe einander ähnlicher Insektenfresser, die auf Ober- und Unterseite ohne Strichelung sind. Am ähnlichsten und oft schwierig nach dem Gefieder zu bestimmen ist der Teichrohrsänger. Der Drosselrohrsänger ist von beiden nach den größeren Maßen aller Federn zu unterscheiden. Man achte aber auch auf Schlag- und Rohrschwirl sowie Gelb- und Orpheusspötter. Laubsänger sind durchweg kleiner.

Unter den **Handschwingen** des Sumpfrohrsängers ist H8 mit 55 bis 62 mm (Mittel 58 mm, n = 69) am längsten. H10 ist mit einer Länge von etwa 14 mm länger als die 9. Handdecke, was aber nicht im kompletten Flügel gilt. Ansonsten verfügt der Flügel nur über eine einzige Außenfahnenverengung an der Handschwinge 8 und über eine Verengung der Innenfahne an H9. Beim Teichrohrsänger ist die spitzenständige Innenfahnenverengung von H9 relativ lang (Variation 11 bis 15 mm, Mittel für Altvögel 12,7 mm) und reicht im kompletten Flügel etwa bis zur Spitze von H2 (3). Beim Sumpfrohrsänger ist sie kürzer und reicht nur bis zur Spitze von H3 bis 4 (Variation 8,5 bis 12 mm, Mittel 10,1 mm). Vögel, bei denen die Innenfahnenverengung 10 bis 11 mm lang ist, können aber hiernach nicht sicher bestimmt werden. Die Schwingen sind matt olivbraun, nicht so braun wie beim Teichrohrsänger. Die Handschwingen haben eine recht schmale Aufhellung am Innenfahnensaum.

Bei den **Armschwingen** wird diese Aufhellung schwächer und fehlt ganz bei den Schirmfedern. Die äußerste Schirmfeder H7 ist gegenüber H6 zwar breiter, aber nicht verlängert, sondern 1 mm kürzer. Bei allen Hand- und Armschwingen sind die Schäfte oberseits farblich recht gut an die Fahnen angepasst, nur bei den inneren Hand- und den äußeren Armschwingen stechen sie durch dunkle Färbung etwas hervor. Auf den Federunterseiten sind sie durchgehend weißlich.

Von den **Steuerfedern** ist die innerste oder eine ihrer Nachbarinnen am längsten, diese erreichen im Mittel 57 mm, sie variieren zwischen 52 und 61 mm (n = 119); die Federlänge nimmt bis zu St6 um 2 bis 5 mm ab. Die Federn sind bräunlich mit grauem Ton. Die Basis und die abgerundeten Spitzen sind etwas heller. St1 ist im Spitzendrittel zugespitzt. Bei St1 bis 5 ist die Basis der Außenfahne strahlig aufgelöst. Das Großgefieder, besonders die äußeren Handschwingen und die Schirmfedern, ist bei Altvögeln im Sommer prinzipiell abgenutzt, bei Jungvögeln frisch.

Vorkommen: Der Sumpfrohrsänger bewohnt als spät ankommender Sommervogel dichte Kraut- und Strauchbestände mit Weiden, Brennnesseln und anderen Hochstauden, oft, aber keineswegs immer, nahe am Wasser, manchmal auch Rapsfelder, selten verunkrautete Getreidefelder. Die Art ist in Deutschland mit 290 000 bis 420 000 Revieren etwa zwanzig Mal so häufig wie der Schilfrohrsänger, allerdings mit leicht absteigender Tendenz. Der Sumpfrohrsänger ist auch häufiger als der Teichrohrsänger.

Mauser: Eine unvollständige Teilmauser von Kleingefieder findet bei einem Teil der Altvögel bereits im Brutgebiet statt. Eine Vollmauser schließt sich dann bei Alt- und bei Jungvögeln von November bis März im afrikanischen Winterquartier an.

Ähnliche Arten: Der Teichrohrsänger ist als Zwillingsart dem Sumpfrohrsänger sehr ähnlich, im Feld vor allem am Gesang zu unterscheiden. Ansonsten muss man die allerdings variablen Strukturmerkmale der Handflügelspitze zurate ziehen. Die Messwerte sind grundsätzlich bei Jungvögeln etwas geringer als bei Altvögeln. Diese Untersuchung sollte am besten am kompletten Flügel vorgenommen werden. Dazu muss Spezialliteratur für die Singvogelbestimmung zugezogen werden.

100 %

Der Flügel ist recht spitz geschnitten, wie bei den anderen Fernziehern unter den Rohrsängerverwandten. Das zeigt sich daran, dass H8 als längste einzelne Handschwinge gilt; das zeigt sich auch im kompletten Flügel. Zu beachten sind auch die Innenfahnenverengung bei H9 sowie die Außenfahnenverengung an H8. Weitere Fahnenverengungen treten nicht auf.

Sumpfrohrsänger

Acrocephalus palustris

En: Marsh Warbler

Fr: Rousserolle verderolle

Es: Carricero Políglota

It: Cannaiola verdognola

ad. 100 %

Orpheusspötter *Hippolais polyglotta*

Federmerkmale: Beim Orpheusspötter ist der Flügel kürzer und runder geschnitten als beim Gelbspötter. Das wirkt sich zuerst in der geringen Handschwingenprojektion und der Schwingenformel des kompletten Flügels aus: Unter den **Handschwingen** ist H9 relativ kurz, etwa so lang wie oder kürzer als H5. Ein Wert für die längste Handschwinge ergibt 58 mm. Außenfahnenverengungen findet man an H(5) 6 bis 8 – im Prinzip eine mehr als beim Gelbspötter, was aber bei abgenutzten Schwingen nicht gut zu erkennen ist. Bei den Einzelfedern ist H7 am längsten, H9 ist deutlich kürzer als H7 und H8 und erreicht nur die Länge der innersten Handschwingen. H10 übertrifft mit etwa 19 mm die längsten Handdecken oder ist mit ihnen gleich, ist aber bei den einzelnen Federn viel länger als HD9. Die Handschwingen sind graubraun und recht zart. Die Schäfte heben sich farblich kaum dunkel heraus, auch nicht auf der Unterseite. Es gibt ein helles Randfeld am Saum der Innenfahne. Die größeren Alulaschwingen sind in der Spitze abgerundet, beim Gelbspötter können sie scharf zugespitzt sein.

Bei den **Armschwingen** ist die Aufhellung der Innenfahne etwas ausgedehnter und erreicht auch den dunklen Schaft. A7 als große Schirmfeder ist nicht länger als A6, jedenfalls im abgenutzten Zustand. Die Armschwingen sind im Frühjahr oft noch mit hellen Außensäumen ausgestattet, die sich bald abnutzen. Der Altvogel hat also im Sommer keinen Flügelspiegel mehr, weil die Schwingen wegen früher Mauser schon älter sind. Auch bei den Großen Oberen Armdecken sind die Endsäume dann sehr schwach. Beim Jungvogel gibt es aber besser entwickelte bräunliche Außensäume, die die Intensität der Säume beim Gelbspötter nicht erreichen.

Die recht zarten **Steuerfedern** sind unauffällig graubraun wie die Schwingen. Sie sind mit etwas über 60 mm untereinander etwa gleich lang, die äußerste ein wenig kürzer, was bei Altvögeln noch durch Abnützung gefördert wird. Bei dieser St6 sind beide Fahnen fahl graubeige aufgehellt. Die Unterschwanzdecken sind blassgelb.

Vorkommen: Die Art breitet sich von Südwesten her in Mitteleuropa aus. Die frühesten Brutvorkommen wurden in den 1980er-Jahren im Saarland entdeckt. Ihre Bestände nehmen in den südwestlichen deutschen Bundesländern zu, sodass man in jüngerer Vergangenheit dort schon mit bis zu 1800 Revieren rechnete. Inzwischen ist die Ausbreitung nordostwärts weitergegangen. In Belgien ist die Art schon längere Zeit Brutvogel. Das weitere Vordringen nach Nordost wird vermutlich auch durch die allgemeine Klimaerwärmung gefördert. Die Vögel bewohnen oft dornige und lichte Gebüschkomplexe an trocken-warmen Standorten mit dichter Krautschicht, sie meiden höhere Bäume, bevorzugen aber beim Wartengesang die oberen und lichten Zweige der Büsche. Damit wird die Lebensraum-Konkurrenz mit dem Gelbspötter eingeschränkt.

Mauser: Die Großgefiedermauser findet gleich nach der Ankunft im Winterquartier statt. Zusätzlich gibt es dort im Frühjahr eine Teilmauser, wovon außer dem Kleingefieder die Schirmfedern und einige Armschwingen und Steuerfedern betroffen sein können. Ansonsten ist das Gefieder bei den Heimkehrern schon wieder deutlich abgenutzt. Im Sommer haben nur die Jungvögel ein frisches Gefieder – auch mit stärkerem Armflügelfenster.

Ähnliche Arten: Gegenüber dem Gelbspötter sind die Außensäume der Armschwingen beim heimkehrenden Altvogel schon stark abgenutzt, aber im Frühjahr teils noch vorhanden, auch sogar feldornithologisch als angedeutetes Fenster im Armflügel zu sehen. Im Übrigen ist die Schwingenformel, das heißt die relative Länge der äußeren Handschwingen und der Fahnenverengungen, entscheidend: Beim Orpheusspötter ist der Flügel weniger spitz als beim Gelbspötter. Demnach ist auch die Handschwingenprojektion geringer als beim Gelbspötter.

100 %

Wie oben schon betont, ist der Flügel im Vergleich zum Gelbspötter rund geschnitten. Das zeigt sich an der kurzen H9 und daran, dass die längste Handschwinge (H7) weiter nach innen verlagert ist.

Orpheusspötter
Hippolais polyglotta
En: Melodious Warbler
Fr: Hypolaïs polyglotte
Es: Zarcero Políglota
It: Canapino comune
100 %

Gelbspötter *Hippolais icterina*

Federmerkmale: Unter den **Handschwingen** ist H8 mit 54 bis 71 mm (Mittel 66 mm, n = 60) am längsten, H7 nur 1 mm kürzer, H9 etwa 5 mm kürzer als H8. H10 (fehlt in der Tafel) ist mit 14 mm länger als die äußerste Handdecke. Bei den Handschwingen 6 bis 8 finden sich Außenfahnenverengungen. Verengungen der Innenfahnen sind kaum zu erkennen. Die Schwingen sind braungrau gefärbt, die Schäfte heben sich bei den inneren Handschwingen dunkel ab. Das gilt auch für die Armschwingen.

Artkennzeichnend ist ein heller Flügelspiegel in den **Armschwingen**. Dieser resultiert aus den lichten Säumen der Außenfahnen, die bei A1 beginnen, sich bis zu A6 verstärken und bei den Schirmfedern am breitesten ausgebildet sind. Auch die Großen Oberen Armdecken sind hell gesäumt. Diese Säume lassen sich bei den einzelnen Federn am besten vor einem dunklen Hintergrund erkennen. Der Armflügelspiegel schwächt sich bei Altvögeln im Laufe des Sommers ab, ist dann aber bei den Jungvögeln frisch. A7 als größte Schirmfeder ist nicht länger als A6. Schon im späten Frühjahr können die Schirmfedern der Altvögel stark abgenutzt sein. Dadurch sind hier die Säume verschmälert und die Enden zugespitzt. Im kompletten Flügel fällt eine lange Handschwingenprojektion auf: Die überstehenden Handschwingen sind so lang wie die sichtbaren Teile der Armschwingen. Dies gilt auch als Feldmerkmal gegenüber dem Orpheusspötter mit kurzer Handschwingenprojektion.

Die **Steuerfedern** sind untereinander annähernd gleich lang, die längste erreicht 49 bis 69 mm, im Mittel 58 mm (n = 62); nur St1 ist bis zu 3 mm kürzer als ihre Nachbarn. Die Federn sind weich und am Ende gerundet. Sie sind graubraun mit weißlichen Säumen, die Außenfahne von St6 ist etwas aufgehellt. Die Schäfte heben sich bei den inneren Steuerfedern besonders im Basalteil dunkelbraun von den Fahnen ab, bei St6 ist jedoch der Schaft genauso hell wie die Fahnen. Die hellen Endsäume laufen zu schwachen Spitzen aus, sie nutzen sich im Laufe der Zeit ab. Die Oberschwanzdecken sind wie die Steuerfedern gefärbt, die Unterschwanzdecken sind blass gelblich. Im Spätsommer erkennt man die Jungvögel am frischen Großgefieder, bei Altvögeln ist es abgenutzt.

Vorkommen: Der Gelbspötter ist als Langstreckenzieher ein später Sommervogel, der überwiegend erst Mitte Mai bei uns eintrifft und Ende Juli schon wieder abzuwandern beginnt. Die Brutbestände sind in starker Abnahme begriffen. Sie sind mit 100 000 bis 150 000 Revieren nur so groß wie die des Teichrohrsängers. Die Art besiedelt gebüschreiche, lichte Laubholzbestände wie Auwald und Birkenalleen.

Mauser: Nach einer Teilmauser unbekannten Umfangs im Brutgebiet erfolgt die Vollmauser der Altvögel erst von Dezember bis März im afrikanischen Winterquartier. Auch die Jungvögel erledigen eine Teilmauser des Kleingefieders noch im Brutgebiet und während des Wegzugs.

Ähnliche Arten: Rohrsänger haben deutlich verkürzte äußere Steuerfedern, bei Schwirlen ist das noch stärker ausgeprägt. Bei Spöttern ist die äußere Steuerfeder nicht kürzer, aber heller als die übrigen, was auch beim Seggenrohrsänger der Fall ist. Im Übrigen sind für die Unterschiede zwischen Gelb- und Orpheusspötter die Schwingenformel beziehungsweise die relative Länge der äußeren Handschwinge entscheidend. Gelbspötter haben über die ganze Brutzeit hin ein aus den Außensäumen der Armschwingen gebildetes helles Fenster im Armflügel, das bei der verwandten Art schwach ist oder fehlt. Bei Jungvögeln im frischen Gefieder kann es aber stärker erhalten sein, bei den Altvögeln gegen Ende der Saison schwächt es sich ab.

100 %

Der Flügel ist nicht ganz so spitz wie beispielsweise bei den meisten Rohrsängern. Entsprechend der langen Handflügelprojektion ist der Flügel des Gelbspötters dennoch recht spitz geschnitten. Das macht auch einen Unterschied zum Orpheusspötter aus, der weniger spitze Flügel hat.

Gelbspötter
Hippolais icterina
En: Icterine Warbler
Fr: Hypolaïs ictérine
Es: Zarcero Icterino
It: Canapino maggiore
100 %

Feldschwirl *Locustella naevia*

Federmerkmale: Die einzelne **Handschwinge** 8 ist mit 50 bis 56 mm (Mittel 53 mm, n = 48) am längsten, die nach innen hin folgenden nehmen jeweils nur um Millimeterbeträge ab. H9 hat eine deutlich eingeschnittene Verengung der Innenfahne, nur H8 weist eine Verengung der Außenfahne auf. Die Handschwingen sind in ihrer Grundfärbung schmutzig graubraun. Die Innenfahnen sind nur schwach aufgehellt. H8 und 9 haben unauffällige helle Säume an den Außenfahnen, die aber dennoch im Feld einen schmalen hellen Flügelrand erzeugen. Die Schäfte sind wie die Fahnen pigmentiert.

Bei den **Armschwingen** gibt es fahl gefärbte Säume, deren Breite zu den Schirmfedern hin auf Werte bis zu 3 mm zunimmt. Sie sind an den Außenfahnen stärker entwickelt als an den Innenfahnen. Gleichartige, aber schmalere Säume laufen rings um die Großen und Mittleren Oberen Armdecken. Die schwarzbraunen Zentren dieser Federn verstärken den Kontrast. Die größte Schirmfeder A7 ist als Einzelfeder deutlich (aber um nicht mehr als 1 mm) länger als A6 und 8, vermag jedoch trotzdem die mittelstarke Handschwingenprojektion des kompletten geschlossenen Flügels nicht wesentlich zu beeinflussen.

Die **Steuerfedern** haben eine tendenziell längsovale Form. Die mittleren drei sind noch breit, ab St4 werden sie jedoch schmaler und nehmen stufig an Länge ab. Der Längenunterschied zwischen St2 und 6 kann 10 bis 20 mm betragen. Als längste erreichen St1 oder 2 einen Mittelwert von 58,5 mm, variieren aber zwischen 50 und 68 mm (n = 45). Sie sind von der Oberseite her schwarzbraun, unterseits jedoch heller und die Schäfte fast weißlich. Die langen Unterschwanzdecken haben auf beigefarbenem Grund breit verlaufende oder auch schmale, dunkel graubraune Schaftstriche, aber keine hellen Endsäume (siehe Schlagschwirl).

Vorkommen: Der Feldschwirl ist ein ausgeprägter Langstreckenzieher mit später Ankunft in Mitteleuropa Ende April/Mai. Er bewohnt nicht zu dichte, oft trockene Staudenfluren, wo er einzelne, als Singwarten geeignete, höhere Halme, Stauden oder Sträucher findet. Von hier aus trägt er seinen kontinuierlich schwirrenden Gesang vor. Ansonsten hält er sich in der bodennahen Vegetation verborgen. Er ist von den heimischen Schwirlarten mit bundesweit 25 000 bis 43 000 Revieren noch am weitesten verbreitet, nimmt aber im Bestand etwas ab.

Mauser: Alt- und Jungvögel mausern im afrikanischen Winterquartier ihr gesamtes Gefieder. Von den Altvögeln beginnen die meisten schon vor dem Wegzug mit der Mauser des Kleingefieders, einiger Schirm- und Steuerfedern, wodurch vorübergehend Mausergrenzen entstehen. Die alten Federn zeigen teils erhebliche Spuren von Abnutzung.

Ähnliche Arten: Der Feldschwirl ist im Gegensatz zu Rohr- und Schlagschwirl im Oberseitengefieder deutlich gemustert durch helle Säume und dunkle Federzentren. Manche tragen sogar an der Brust eine schwache Strichelung. Alle Schwirle haben stark gestufte Schwänze und lange Unterschwanzdecken. Diese sind beim Feldschwirl auffallend gestrichelt, beim Rohrschwirl mit schwachen, beim Schlagschwirl mit kontrastreichen hellen und breiten Endbinden versehen. Die Schäfte der mittleren Steuerfedern sind beim Feldschwirl meist heller als die Fahnen, bei Rohr- und Schlagschwirl dunkler.

100 %

H8 ist auch im Flügelverband am längsten. Der Handflügel ist aber anscheinend etwas runder geschnitten als bei den anderen Schwirlen.

A7 von Rohr- (links) und Feldschwirl

Feldschwirl
Locustella naevia
En: Common Grasshopper Warbler
Fr: Locustelle tachetée
Es: Buscarla Pintoja
It: Forapaglie macchiettato
100 %

Schlagschwirl *Locustella fluviatilis*

Federmerkmale: Unter den **Handschwingen** ist H9 am längsten, sie überragt H8 knapp. Bei den Einzelfedern vergrößert sich der Unterschied auf 3 mm. H9 erreicht hier 54 bis 65 mm, im Mittel 62 mm (n = 31). H10 ist mit etwa 16 mm klein, übertrifft aber die Handdecke 9. Von Fahnenverengungen ist an den Handschwingen nichts zu erkennen. Die inneren Handschwingen sind alle in der Größe annähernd gleich, was wieder mehr für einen runden Flügel spricht. Die Schwingen sind hell graubraun und zart durchscheinend. Die Innenfahnen sind kaum aufgehellt. H9 hat als einzige Handschwinge eine helle Außenfahne, die selbst im Freiland als Artkennzeichen gilt. Die beiden größeren Alulaschwingen sind ebenso mit schwachen hellen Außensäumen versehen. Die äußeren Handschwingen sind leicht körperwärts gebogen.

Die **Armschwingen** unterscheiden sich von den Handschwingen nicht in ihrer Farbgebung. Im geschlossenen Flügel überragt A7 die Nachbarin A6 um 2 mm. Bei den einzelnen nebeneinander gelegten Federn lässt sich das nicht nachvollziehen. Hier sind beide etwa gleich lang.

Die rötlich-dunkelbraunen **Steuerfedern** sind wie bei den anderen Schwirlarten stark gestuft. Die längste Steuerfeder in der Schwanzmitte ist im Mittel 62 mm lang, es kommen aber auch streuende Werte zwischen 53 und 67 mm (n = 41) vor. Bei den Jungvögeln überwiegen die kleineren Maße. Der Längenunterschied zwischen St1 und 6 kann 10 mm ausmachen. Die Steuerfedern sind breit, die mittleren gestreckt eiförmig, die äußeren stärker asymmetrisch und schlanker. Die Schäfte sind oberseits an die Fahnenfärbung angepasst, unterseits ist die basale Hälfte weißlich. Die Spitzensäume sind bräunlich weiß. Bei Altvögeln sind von Sommer bis Herbst die Enden der Steuerfedern stark abgerieben, bei den Jungvögeln sind sie frisch. Als beinahe einziges Unterscheidungsmerkmal zum Rohrschwirl gelten die Unterschwanzdecken, die beim Schlagschwirl breit weißlich und nicht cremefarben gesäumt sind. Diese Federn erreichen in der Mitte fast die Schwanzspitze.

Vorkommen: Der Schlagschwirl ist wie die verwandten Arten ein Langstreckenzieher und von Mai bis Juli/August Sommergast bei uns. Er überwintert im tropischen Afrika. Zur Brutzeit bewohnt er bei uns nicht etwa Schilfbestände, sondern Flächen mit reicher Krautschicht und Gesträuch wie Brennnessel- und Himbeerbestände, häufig auf feuchtem Untergrund, beispielsweise im Unterholz von Auwäldern. Er bevorzugt Stellen, wo er sich bodennah laufend bewegen kann, aber auch über frei stehende, schräg aufragende Sprosse als Singwarten verfügt. Der Vogel ist vor allem östlich verbreitet. In Deutschland trifft man ihn am ehesten in Mecklenburg-Vorpommern an. Insgesamt addieren sich die brutzeitlichen Vorkommen für Deutschland auf nicht mehr als 3600 bis 6500 Reviere. Im Westen treten alljährlich einzelne Sänger auf, die das Interesse der Vogelkundler auf sich ziehen und kartiert zu werden verdienen.

Mauser: Eine Teilmauser kann bei den Altvögeln schon im Brutgebiet beginnen und außer dem Kleingefieder einige Handschwingen, Schirmfedern und Flügeldecken einschließen. Im Brutgebiet werden im Spätsommer auch schon mittlere Steuerfedern erneuert. Im Winterquartier erfolgt in Südostafrika vor dem Heimzug eine komplette Mauser. Wegen der unzugänglichen Lebensräume und versteckten Lebensweise der Vögel wird man kaum Gelegenheit haben, Mauserfedern zu finden.

Ähnliche Arten: Alle Schwirle haben stark gestufte Schwänze und lange Unterschwanzdecken. Diese sind beim Feldschwirl gestrichelt, beim Rohrschwirl mit schwachen, beim Schlagschwirl mit kontrastreichen und breiten hellen Endbinden versehen.

100 %

Der relativ rund wirkende geschlossene Flügel des Schlagschwirls zeigt, dass der Schein trügen kann: Der geöffnete Handflügel ist spitz geschnitten. Die Handschwingenprojektion ist mittelstark.

Schlagschwirl
Locustella fluviatilis
En: River Warbler
Fr: Locustelle fluviatile
Es: Buscarla Fluvial
It: Locustella fluviatile
100 %

Rohrschwirl *Locustella luscinioides*

Federmerkmale: Die Fahnen der **Handschwingen** sind zart und durchscheinend. Ihre Färbung ist ein nicht leicht definierbares helles Graubraun. Die Innenfahnen sind kaum heller als die Außenfahnen, haben aber einen aufgehellten schmalen Innensaum. Die Außenfahne von H9 ist allerdings auffallend hell. Auch die Alulaschwingen sind blass gesäumt. H10 ist kürzer als die äußerste Handdecke. Die längste Handschwinge erreicht 53 bis 62 mm, im Mittel 57 mm (n = 35).

Die **Armschwingen** sind ebenso gefärbt wie die Handschwingen. Nur bei den Schirmfedern sind die Innenfahnen dunkler gefärbt als bei den übrigen Armschwingen. A7 als die längste Schirmfeder überragt im kompletten Flügel ihre Nachbarin A6 um etwa 2 mm. Bei den Einzelfedern erwies sich die Differenz in einem Fall als noch größer. Die Schäfte heben sich bei Hand- wie Armschwingen im Auflicht dunkelbraun von den Fahnen ab. Helle Endsäume sind bei den Großen Oberen Armdecken nur sehr schwach entwickelt.

Die **Steuerfedern** sind auffallend groß, breit und dunkel, außerdem in ihrer Länge stark gestuft. Teilweise scheinen die Vögel insgesamt nur zehn oder elf Steuerfedern zu haben. Am längsten sind die mittleren Steuerfedern. Sie erreichen bei Altvögeln im Mittel eine Länge von 62 mm (Variation zwischen 54 und 67 mm, n = 88). Bei Jungvögeln sind dieselben Federn etwa 7 mm kürzer. Die Stufung des Schwanzes variiert zwischen 9 und 23 mm, sie beträgt im Mittel 14,6 mm. Die Federn sind dunkel erdbraun, die äußeren, zu späterem Zeitpunkt erneuerten oft dunkler als die mittleren. An den Außenfahnen und Federspitzen gibt es einen hellen Saum, der bei St6 am hellsten ist. Die Unterschwanzdecken sind lang und zimtfarben, ihre Spitzen aber im Gegensatz zum Schlagschwirl nur mit schwachen cremefarbenen Endbinden versehen. Beim Altvogel sind sie deutlicher abgesetzt als beim Jungvogel, jedoch nicht so hell wie bei der verglichenen Art.

Vorkommen: Der Rohrschwirl kommt schon wegen seiner Lebensraumbindung nur lokal vor. Er tritt als Sommervogel nur im Tiefland auf. Er bewohnt bei uns ausgedehnte Schilfbestände, singt von hohen Schilfhalmen aus, legt aber die Nester in breitblättrigen Stauden an. Die 5500 bis 9000 registrierten Reviere konzentrieren sich in Deutschland auf die östlichen Bundesländer. Überall sonst ist er selten.

Mauser: Die Großgefiedermauser der Altvögel beginnt teilweise schon während der Brut, bei den Männchen etwas vor den Weibchen. Manche ziehen dann mit vollständig, andere mit teilweise erneuerten Flügeln, andere mit dem alten Großgefieder ab, um im afrikanischen Winterquartier weiterzumausern. Bei etwa einem Drittel der heimkehrenden Vögel werden noch zur Brutzeit äußere Steuerfedern erneuert.

Ähnliche Arten: Der Rohrschwirl ist etwas größer und langschwänziger als der Feldschwirl. Er wirkt in seinem Lebensraum einheitlich dunkelbraun, während der Feldschwirl durch eine Musterung der Oberseite mit helleren Säumen und dunklen Federzentren auffällt. Alle Schwirle haben stark gestufte Schwänze und lange Unterschwanzdecken. Diese sind beim Feldschwirl gestrichelt, beim Rohrschwirl mit schwachen, beim Schlagschwirl mit kontrastreichen hellen Endbinden versehen.

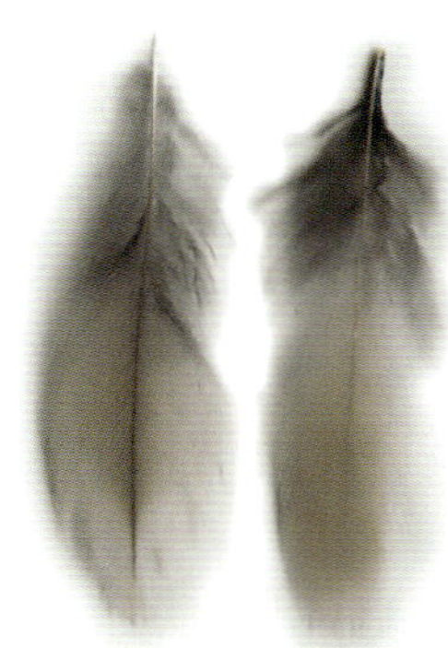

USD von Feld- (links) und Rohrschwirl

100 %

Die längste Handschwinge H9 zeigt den spitzen Flügel an. Beim geschlossenen Flügel ist die Handschwingenprojektion mittelgroß wie bei den anderen Schwirlarten, doch überragt die längste Schirmfeder A7 den Armflügel ein wenig.

Rohrschwirl
Locustella lucinioides
En: Savi's Warbler
Fr: Locustelle luscinioïde
Es: Buscarla Unicolor
It: Salciaiola
100 %

Zistensänger *Cisticola juncidis*

Federmerkmale: Die Art ist von Hansen & Synnatzschke (2015) in der großen Ausgabe ihres Federbuchs nicht behandelt worden, deswegen fehlen hier die Datensätze. Der Zistensänger ist deutlich kleiner als die Rohrsänger der Gattung *Acrocephalus*. Das Durchschnittsgewicht beträgt etwa 9 g, soviel wie bei einem Zaunkönig. Ein Sumpfrohrsänger wiegt etwa 13 g. Entsprechend klein sind die Federn des Zistensängers.

Die **Handschwingen** sind von außen nach innen abnehmend etwas körperwärts gebogen, demgegenüber sind die Armschwingen eher geradegestreckt. Die inneren Handschwingen bis etwa H4 sind graubraun mit schwach abgesetztem, schwarzbraunem Schaft, die äußeren werden in den Fahnen schrittweise schwarzbraun, sodass sich der Schaft nicht mehr absetzt. Im vorliegenden Fall erreichen die inneren Handschwingen H1 bis H6 durchweg die gleiche Länge von 34 mm, danach nehmen die Längen ab: H7 33 mm, H8 32 mm, H9 30 mm, H10 14 mm.

Auch die Länge der **Armschwingen** verringert sich bis zu den Schirmfedern nur sehr wenig. Sie werden allmählich zu den Schirmfedern hin dunkler, mit hellen Außensäumen. Die drei Schirmfedern A7 bis A9 sind in ihrer Kernfärbung dunkelbraun, das heißt dunkler als die anderen Armschwingen. Dabei heben sich die hellen Säume deutlich ab. Die Großen Oberen Armdecken zeigen entsprechende Färbungsmuster. A7 ist nicht länger als A6.

Die **Steuerfedern** sind besonders gegen Ende schwarzbraun mit hellbräunlichen Außenfahnensäumen, die besonders bei den inneren Steuerfedern an der Basis entwickelt sind, aber nach außen hin schwächer werden und bei St6 fehlen. St 2 bis 6 enden mit einem weißen oder schwach ocker getönten Endsaum, der von innen nach außen breiter wird und bei der kurzen St6 etwa 2 mm Breite erreicht. Diese Säume unterliegen einer Abnutzung, die besonders St2 betrifft und am wenigsten bei St6 wirkt, die von den längeren Nachbarfedern geschützt wird. Die Länge der Steuerfedern ist durch eine beidseitige Rundung des Schwanzes bestimmt. St2 ist in einem Fall mit 38 mm am längsten, die Länge nimmt nach außen hin stufig ab, St6 ist mit 21 mm am kürzesten. Auch St1 ist mit 22 mm sehr kurz und unterbricht zusammen mit St2 den Kranz der hellen Endsäume, wenn der Schwanz gespreizt wird. Das mag bei dem hüpfenden Singflug und beim Landen des Vogels eine Rolle spielen. Die Oberschwanzdecken sind düster graubraun und tragen einen mittigen Schaftstreifen. Demgegenüber sind die Decken des Hinterrückens rostfarben abgesetzt, was besonders im Flug auffällt.

Vorkommen: Der Zistensänger gilt weitgehend als Standvogel, weicht aber besonders im Norden des gegenwärtigen Verbreitungsgebiets ungünstiger Witterung aus. In dem strengen Winter 1962/1963 sind selbst die Vögel der Camargue zugrundegegangen, sodass erst Jahre danach eine Neubesiedlung stattgefunden hat. Im Atlas Deutscher Brutvogelarten ADEBAR (2014) wird die Art nicht als Brutvogel genannt. In der Schweiz sind Bruten nachgewiesen. Milde Winter in Mitteleuropa werden der Art nützlich sein.

Mauser: Die Vollmauser der Altvögel findet im Sommer bis in den Herbst hinein statt. Dabei gehen die Männchen den Weibchen etwa einen Monat voraus, diese mausern dann aber beschleunigt.

Ähnliche Arten: Dem Gefieder nach fällt der Zistensänger durch geringe Größe gegenüber allen Verwandten auf. Er hat zudem ausgesprochen kurze runde Flügel und einen abgerundeten, durch endständige helle Flecke gekennzeichneten Schwanz. Verwandte gibt es zwar in weltweiter Verbreitung, vor allem in Afrika, aber nicht in Europa. Eine Verwechslung mit anderen europäischen Arten ist damit weitgehend ausgeschlossen.

100 %

Der Zistensänger erweist sich bei geringer Körpergröße als ausgesprochen rundflügelig. Die Handschwingen H7 bis H10 verkürzen sich stufig (siehe oben). H10 ist länger als alle Großen Oberen Handdecken. Die Flügelform spricht für einen Standvogel, obwohl das Männchen zu hoch führenden, ausgedehnten, hüpfenden Singflügen über dem Revier tendiert und damit fliegerisch während der ganzen Brutzeit gefordert ist.

Der Schwanz ist stark gestuft, die Federenden sind gemustert. Ansicht von unten.

Zistensänger
Cisticola juncidis
En: Zitting Cisticola
Fr: Cisticole des joncs
Es: Cistícola Buitrón
It: Beccamoschino
100 %

Mönchsgrasmücke *Sylvia atricapilla*

Federmerkmale: Von den **Handschwingen** ist H7 mit 59 bis 67 mm (Mittel 63 mm, n = 121) am längsten. Im kompletten Flügel bildet dagegen H8 die Spitze. Die kurze H10 hat eine Länge von 19 bis 23 mm. Eine Außenfahnenverengung kann man an den Handschwingen 6 bis 8 erkennen, eine solche der Innenfahnen bei H7 bis 9 (10). Alle Schwingen, mit Ausnahme von H10 und der 7. bis 9. Armschwinge, haben weißliche Ränder an den Innenfahnen, die von unten gesehen den Flügel aufhellen. Die Schwingen sind ansonsten durchscheinend und braungrau gefärbt, die Außenfahnen mit einem stärkeren Stich ins Bräunliche. Im geschlossenen Flügel überragt A7 als längste Schirmfeder ihre Nachbarn, alle **Armschwingen** und die beiden innersten Handschwingen. Bei den Einzelfedern ist A7 jedoch genauso lang wie A6 oder wenig länger, im abgenutzten Zustand auch kürzer, während alle sonstigen Armschwingen länger sind. Die Unterflügeldecken sind sowohl im Hand- als auch im Armflügel mattbeige und nicht so gelblich wie bei der Gartengrasmücke.

Die Länge der längsten **Steuerfeder** liegt zwischen 59 und 71 mm, im Mittel beträgt sie 65 mm (n = 405). Die Steuerfedern der Jungvögel, auch der vorjährigen, sind oft, aber nicht immer, am Ende zugespitzt, die der Altvögel mehr abgerundet. Die Zuspitzung kann sich bei den Jungen noch bis in das folgende Jahr halten. Wie bei der Gartengrasmücke sind die Schäfte der Steuerfedern oberseits schwarzbraun, von der Unterseite her glänzend weiß. Die Unterschwanzdecken sind beim Altvogel im Zentrum hellgrau und haben breite weißliche Säume.

Vorkommen: Die Mönchsgrasmücke ist weit verbreitet und als sommerlicher Bewohner von Laubbäumen und höherem Gebüsch häufig. Sie hält sich mehr in Bäumen auf als die Gartengrasmücke, benötigt aber für die Brut eine Kraut- und Strauchschicht, die häufig mit Brennnesseln und Brombeerranken durchsetzt ist. Die Art erreicht allgemein in den Alpen Höhen bis zu 2000 m, in Bayern hat man sie bis 1600 m nachgewiesen. Sie ist mit deutschlandweit 4,65 bis 6,15 Mio. Revieren die häufigste Grasmückenart und dehnt ihre Bestände noch weiter aus. Zum Überwintern ziehen viele Vögel der Westpopulation nicht mehr ins Mittelmeergebiet, sondern wählen den kürzeren Weg zu den Britischen Inseln; einige überwintern sogar im zentralen Mitteleuropa. Die Mönchsgrasmücke gehört zu den an den Straßen am häufigsten von Kraftfahrzeugen erfassten und getöteten Vögeln.

Mauser: Die Vollmauser der Altvögel findet in der Zeit zwischen Mitte Juli und September im Brutgebiet statt. Die Vögel halten sich dann verborgen. Gleichzeitig unterziehen sich die Jungvögel ihrer jugendlichen Teilmauser.

Ähnliche Arten: Die Federn sind nach Größe und Struktur denjenigen der Gartengrasmücke sehr ähnlich, weichen aber in der Farbgebung etwas ab: bei der Mönchsgrasmücke mehr grau, bei der Gartengrasmücke mit bräunlicher Tönung. Am ehesten sind die Unterschiede im direkten Vergleich erkennbar. Außerdem gibt es Färbungsunterschiede in den Unterflügeldecken: bei der Mönchsgrasmücke blassbeige, bei der Gartengrasmücke gelblich.

100 %

Der Flügel der Gartengrasmücke als eines ausgesprochenen Langstreckenziehers ist spitzer geschnitten als bei der Mönchsgrasmücke, mit einer Außenfahnenverengung nur an H8, bei der Mönchsgrasmücke an H6 bis 8. Bei der Gartengrasmücke ist H9 5 – 10 mm länger als H1, bei der Mönchsgrasmücke sind sie gleich lang.

Mönchsgrasmücke
Sylvia atricapilla
En: Eurasian Blackcap
Fr: Fauvette à tête noire
Es: Curruca Capirotada
It: Capinera
♂ 100 %

St1 des Jungvogels (links) trägt einen Blutkiel BK und ist scharf zugespitzt. St1 des Altvogels (rechts).

Gartengrasmücke *Sylvia borin*

Federmerkmale: Die Schwingen sind dunkel bräunlichgrau. Die längste **Handschwinge** ist H8 mit 60 bis 71 mm (Mittel 66 mm, n = 70). Nur diese weist eine spitzenständige Verengung der Außenfahne auf. Verengungen der Innenfahne können an den Handschwingen 7 bis 9 auftreten, sind jedoch nicht immer zu erkennen. H9 ist 5 – 10 mm länger als H1. Die zugespitzte H10 ist mit 10 bis 15 mm kurz, jedoch nicht extrem kurz.

Die Schäfte sowohl der Handschwingen als auch der **Armschwingen** sind von der Oberseite her gesehen schwarzbraun, werden aber von schmalen dunklen Streifen auf beiden Fahnen begleitet. Auf der Federunterseite sind sie bis fast in die Spitze reinweiß. Hand- und Armschwingen tragen breite helle Säume an den Innenfahnen. Aufgehellte Endsäume lassen sich am ehesten an den Armschwingen und vor allem an den Schirmfedern erkennen. A7 als äußerste Schirmfeder überragt im geschlossenen Flügel mit ihrer Spitze alle Armschwingen und die beiden inneren Handschwingen. Bei den Einzelfedern lassen sich diese Unterschiede nicht mehr feststellen. Hier sind A7 und A6 annähernd gleich lang, A5 sowie die nach außen folgenden werden im Schnitt um jeweils 1 bis 2 mm länger und bei den Handschwingen setzt sich dies noch fort. Das bedeutet, dass die inneren Armschwingen durch ihre Position an der Elle im geschlossenen Flügel länger wirken, als sie wirklich sind. Bei den Schirmfedern wird dadurch die Abdeckfunktion gefördert und ausgedehnt. Auffallend sind die im Gegensatz zur Mönchsgrasmücke gelblichen Unterflügeldecken.

Die **Steuerfedern** sind einheitlich bräunlich-grau und alle gleich lang, die längsten meist 53 bis 68 mm, im Mittel 60 mm (n = 240). Sie tragen helle schmale Säume an den Innenfahnen, im frischen Zustand auch helle Endsäume. Die Außenfahnen der inneren Steuerfedern sind in der Basishälfte zunehmend langstrahlig, das heißt, die Fahnen sind nicht richtig geschlossen. Die Schäfte sind auch hier auf der Unterseite weiß.

Vorkommen: Die Gartengrasmücke bevorzugt als Brutlebensraum dichtes, hohes Gebüsch mit gut entwickelter Krautschicht, beispielsweise im Waldmantel. Sie steigt als Brutvogel beachtlich hoch ins Gebirge bis zur Baumgrenze hinauf, in der Schweiz bis 2200 m, in Bayern bis 1300 m. Mit 690 000 bis 1,0 Millionen Revieren erreicht sie in Deutschland nicht einmal ein Drittel der Populationsgröße der Mönchsgrasmücke und scheint auch etwas abzunehmen.

Mauser: Nach der Brutzeit wechseln die Altvögel im Hochsommer einen Teil ihres Kleingefieders, manchmal auch einzelne Schirmfedern, Armschwingen und innere Handschwingen. Eine Vollmauser findet bei den Jungvögeln ebenso wie bei den Altvögeln erst von Dezember bis März im afrikanischen Winterquartier statt.

Ähnliche Arten: Die Gartengrasmücke wird im Feldführer als „anonyme Erscheinung“ beschrieben: Der Gesamteindruck gilt als nichtssagend und merkmalsarm. Die Federn sind nach Größe und Struktur denjenigen der Mönchsgrasmücke ähnlich, lassen sich aber anhand der Farbgebung unterscheiden: bei der Mönchsgrasmücke mehr grau, bei der Gartengrasmücke mit bräunlicher Tönung. Die Unterschiede sind am ehesten bei direktem Vergleich erkennbar. Außerdem sind die Unterflügeldecken bei der Gartengrasmücke gelblich, bei der Mönchsgrasmücke beige. Bei beiden sind die Schäfte der Steuerfedern und Armschwingen von der Unterseite her weiß.

100 %

Der Flügel der weitziehenden Gartengrasmücke ist spitzer geschnitten als bei der Mönchsgrasmücke, mit einer Außenfahnenverengung nur an H8, bei der Mönchsgrasmücke an H6 bis 8. H8 ist im Flügel am längsten. Bei der Gartengrasmücke ist H9 5 – 10 mm länger als H1, bei der Mönchsgrasmücke sind sie gleich lang. Das entspricht einer ausgeprägteren Handschwingenprojektion bei der Gartengrasmücke.

Gartengrasmücke
Sylvia borin
En: Garden Warbler
Fr: Fauvette des jardins
Es: Curruca Mosquitera
It: Beccafico

100 %

Sperbergrasmücke *Sylvia nisoria*

Federmerkmale: Die Sperbergrasmücke ist unter den heimischen Grasmücken die größte. Die Federn des Großgefieders wirken groß, breit und weisen eine mehr graue Tönung auf als die der anderen Grasmücken. Unter den **Handschwingen** sind H6 bis 9 als Einzelfedern etwa gleich lang, H9 ist nur 1 mm kürzer als H8. Die längste Handschwinge misst in 36 Fällen 69 bis 79 mm (Mittel 74 mm). H10 ist spitz und nur etwa ebenso lang wie die äußerste obere Handdecke. Schwache Verengungen von Innen- und Außenfahnen sind bei H7 bis 9 zu erkennen. Die Handschwingen sind bräunlich-grau und an der Spitze hell gesäumt, während die Innenfahnensäume nur schwache Aufhellungen aufweisen. Die Schäfte heben sich schwarzbraun aus dem Grau der Fahnen heraus.

Bei den **Armschwingen** sind ebenfalls helle Endsäume vorhanden, die hellen Innensäume sind deutlicher ausgeprägt als bei den Handschwingen, fehlen aber bei den Schirmfedern. Hier sind die Endsäume bei den Altvögeln weißlich und auffallend. Bei vielen Individuen ist die größte Schirmfeder A7 etwa einen Millimeter länger als die benachbarte A6.

Die **Steuerfedern** sind gerade und an der Spitze gerundet. Die längsten Federn erreichen eine Länge von 77 mm (Variation zwischen 71 und 83 mm, n = 48). Meist sind St3 bis 5 am längsten, die inneren und äußeren um einige Millimeter kürzer. Sie sind bräunlich-grau gefärbt, St6 ist jedoch insgesamt etwas heller. Sie sind an den Außenfahnen und in den Spitzen hell gesäumt, sofern die Säume nicht abgenutzt sind. St5 und 6 haben helle Außenfahnen und an den Spitzen der Innenfahnen weißliche Keilflecke unterschiedlicher Größe und Form, bei St6 größer als bei St5. Die Schäfte heben sich oberseits dunkelbraun von den Fahnen ab, sind aber unterseits unauffällig. Die langen mittleren Unterschwanzdecken sind um ein graubraunes Zentrum herum breit hell gesäumt. Die hellen äußeren Schwanzkanten sind insgesamt schwächer entwickelt als bei Dorn- und Klappergrasmücke.

Der **Jungvogel** unterscheidet sich in vieler Hinsicht erheblich vom Altvogel. Die Endsäume der Großen Oberen Armdecken und der Schirmfedern sind beige bis bräunlich und nicht weißlich wie beim Altvogel. Die

ad. ♂

Endfelder an den beiden äußeren Steuerfedern sind ebenfalls rahmfarben getönt und oft nur als breiter Saum um die Federspitze herum ausgeprägt. Eine Sperberung der Unterseite fehlt meist vollkommen oder beschränkt sich auf die hinteren Flanken. Die Oberschwanzdecken sind hell geschuppt.

Vorkommen: Die Sperbergrasmücke ist ein häufiger Sommer- und Brutvogel im Osten Mitteleuropas. Im Grenzgebiet der Verbreitung, etwa an der Mittelelbe, kommt sie nur noch lokal vor. Insgesamt resultiert daraus für Deutschland eine kleine Population von nur 5500 bis 9500 besetzten Revieren, die auch noch abnimmt. In Polen und Ungarn erreichen die Populationen das Mehrfache.

Mauser: Die fast vollständige Vollmauser der Altvögel findet nach der Brutzeit im Hochsommer statt, bevor der Wegzug ins ostafrikanische Winterquartier beginnt. Dort werden dann im Mittwinter nochmals Kleingefieder, die Schirmfedern sowie manchmal einige Steuerfedern ausgetauscht. Die **Jungvögel** absolvieren zuerst eine sommerliche Teilmauser, dann tauschen sie in einem Rastgebiet oder bereits im Winterquartier Schirmfedern, oftmals alle Steuerfedern und einige Armschwingen aus. Zusätzlich können im Spätwinter nochmals einzelne Schirm- und Steuerfedern ersetzt werden. Auf diese Weise erreichen die Jungvögel schließlich ein Alterskleid, in dem sie ins Brutgebiet heimkehren, das aber bei den Jungmännchen noch nicht dem Prachtkleid älterer Männchen entspricht.

Ähnliche Arten: Bei Gartengrasmücken und Grauschnäppern fehlt das helle Endfeld in den äußeren Steuerfedern. Die Steuerfedern der Grauammer sind etwas anders geformt, haben allerdings wie junge Sperbergrasmücken Aufhellungen in der Spitze der St6. In den Schirmfedern der Sperbergrasmücke sind die bei Altvögeln weißen, bei Jungen beigen Endsäume bezeichnend.

100 %

Der Flügel ist spitz geschnitten. H8 ist im Verband am längsten (Flügelmontage).

Sperbergrasmücke
Sylvia nisoria
En: Barred Warbler
Fr: Fauvette épervière
Es: Curruca Gavilana
It: Bigia padovana

juv. 100 %

Klappergrasmücke *Sylvia curruca*

Federmerkmale: Die Klappergrasmücke ist die kleinste unter den bei uns heimischen Grasmückenarten. Das wirkt sich in allen Federn aus. Das gesamte Großgefieder weist im frischen Zustand feine helle Säume auf, die sich aber im Laufe der Saison stark abnützen können. Die längste einzelne **Handschwinge** ist H6 (51 bis 61 mm, Mittel 56 mm, n = 73). H10 ist zwar nur 17 bis 20 mm lang, überragt aber im kompletten Flügel deutlich die Handdecken. Bei den Handschwingen findet man eine schwache spitzenständige Innenfahnenverengung bei H7 bis 9, eine Verengung der Außenfahne bei H6 bis 8. Alle Schwingen haben randlich helle, nicht scharf abgegrenzte Innenfahnenfelder, die sich zur Federbasis hin verbreitern, jedoch die Federspitze nicht erreichen. Die Schäfte sind durchweg bis fast in die Federspitze schwarzbraun abgehoben. Da die Schwingen von innen nach außen allmählich immer dunkler werden, wird der Kontrast zu den Schäften nach außen hin geringer und verlischt fast ganz. Die inneren Handschwingen und die Armschwingen einschließlich der Schirmfedern haben im frischen Zustand mattbräunliche Säume an den Außenfahnen und an den Spitzen.

Bei den **Armschwingen** sind die Säume an den Außenfahnen mehr als 1 mm breit und bilden im zusammengelegten Flügel einen schwachen Spiegel. Die Außenfahnen sind in der basalen Hälfte strahlig aufgelöst. Die längste Schirmfeder A7 kann im frischen Zustand bis zu 2 mm länger sein als ihre Nachbarin A6. Sie hebt sich auch durch dunklere Pigmentierung von ihren Nachbarn ab.

Die inneren **Steuerfedern** erreichen mit 54 bis 65 mm (Mittel 59 mm, n = 239) die größte Länge im Schwanz. Sie sind dunkel graubraun, nur die innerste St1 hat eine mehr bräunliche Tönung mit schwach aufgehellten Spitzensäumen an beiden Fahnen. Sie ist basal ziemlich breit, verschmälert sich aber zur Spitze hin. Diese Eigenschaft wird durch Abnutzung verstärkt. Die übrigen Steuerfedern haben spitze oder abgerundete Enden. Die Außensteuerfeder St6 ist einige Millimeter kürzer und farblich zweigeteilt. Ihre Außenfahne ist nur im basalen Drittel oder Viertel dunkel, sonst bis zur Spitze weiß. Ein weißer Saum zieht sich auch um die Spitze herum. Die Innenfahne ist ansonsten manchmal ganz hellgrau gewölkt, meist jedoch in der Basis mittelgrau und in einem Keilfleck im Spitzendrittel hellgrau. Der Übergang hell-dunkel ist weich. Der Schaft ist fast bis zur Spitze schwarzbraun pigmentiert. Auf der Unterseite ist er oft nur schwach aufgehellt und recht variabel. St (4) 5 hat nur manchmal einen hellen Endfleck oder -saum. Bei der fliegenden Grasmücke zeigen sich helle Schwanzkanten. Das Großgefieder, insbesondere der weiße Keilfleck der äußeren Steuerfeder, kann bei Altvögeln vor der Mauser starke Abnutzungserscheinungen aufweisen.

Vorkommen: Die Klappergrasmücke besiedelt als Sommergast lichten Wald, Gebüsch und Gärten, erreicht aber im Gebirge auch die subalpine Zone mit Latschenkiefern. Die Brutpopulation Deutschlands ist mit 180 000 bis 295 000 Revieren kleiner als bei den anderen häufigen Grasmücken, scheint aber etwas zuzunehmen.

Mauser: Die rasch verlaufende Vollmauser der Altvögel findet in der Zeit zwischen Juli und Mitte September noch im Brutgebiet statt. Im Winterquartier schließt sich nur eine Teilmauser des Kleingefieders an. Zusätzlich erneuern Alt- und vorjährige Jungvögel im Frühjahr in vielen Fällen die Schirmfedern und die mittleren Steuerfedern.

Ähnliche Arten: Die Federn der größeren Dorngrasmücke sind meist lebhaft bräunlich gesäumt und nicht grau. Garten- und Mönchsgrasmücke sind deutlich größer als die Klappergrasmücke, die Außenfahnen ihrer äußeren Steuerfedern sind ohne jedes Weiß. Die Sperbergrasmücke hat ebenfalls überwiegend graues Großgefieder, jedoch mit hellen Flügelsäumen; sie ist vor allem viel größer als die Klappergrasmücke.

100 %

Der Flügel hat ein maßvoll gerundetes Profil. H8 ist im Flügel am längsten. Die Klappergrasmücke gilt als Fernzieher und zieht nach Südost ab.

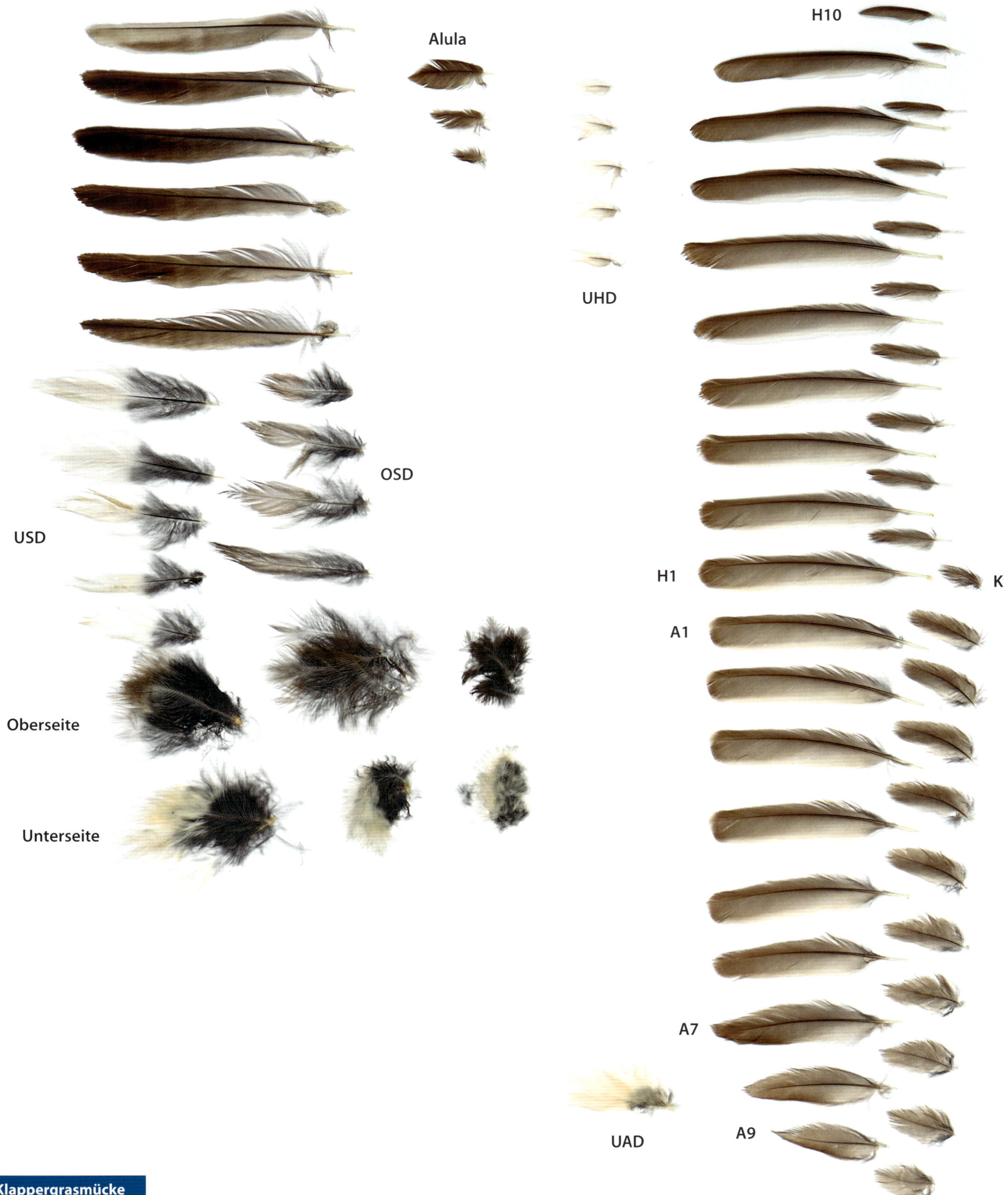

Klappergrasmücke
Sylvia curruca
En: Lesser Whitethroat
Fr: Fauvette babillarde
Es: Curruca Zarcerilla
It: Bigiarella
100 %

Dorngrasmücke *Sylvia communis*

Federmerkmale: Unter den **Handschwingen** haben H6 bis 8 eine verengte Außenfahne, H7 bis 8 eine schwach verengte Innenfahne. H10 ist etwa 14 mm lang, länger als die äußerste Handdecke. Die längste Handschwinge erreicht 59 bis 66 mm, im Mittel 62 mm (n = 74). Die Schwingen sind graubraun mit weißlichem Innenfahnensaum. H9 wartet mit einem schmalen hellen Außensaum auf, der sich gegen die Federspitze hin verliert. Die Schäfte sind bei den inneren Handschwingen schwarzbraun kontrastiert, was besonders für die basale Hälfte gilt.

Die **Armschwingen** haben bräunliche Außensäume und helle Innensäume. Ihre Basis ist aufgehellt, sodass sich die dunklen Schäfte hier ebenfalls besser absetzen. Sie sind, wenigstens im einigermaßen frischen Zustand, an der Spitze hell gesäumt und an der Innenfahne leicht abgeschrägt. A6 sowie die Schirmfedern sind an der Außenfahne mit etwa 2 mm breiten hellbraunen Säumen versehen. Das bewirkt einen braunen Spiegel innen im geschlossenen Flügel. Bei A8 und 9 tragen auch die Innenfahnen solche Säume. Die Großen Oberen Armdecken sind ebenfalls mit braunen Außensäumen versehen. Alle diese Säume unterliegen nach längerer Tragzeit einer intensiven Abnutzung, was wohl auch durch die Habitatnutzung des Vogels im Gesträuch gefördert wird. Erst die erneuerten Federn nach der Mauser der Altvögel oder die der diesjährigen Jungvögel strahlen wieder mit breiten hellbraunen Säumen, die durch den Kontrast mit den dunklen Federzentren noch belebt werden.

Die **Steuerfedern** sind schlank, die mittlere sogar etwas zugespitzt, was durch Abnutzung noch verstärkt wird. Die längsten Steuerfedern erreichen eine Länge von im Mittel 67 mm (n = 181), sie variieren zwischen 61 und 73 mm. Mit Ausnahme der wenige Millimeter kürzeren St1 und 6 sind sie untereinander etwa gleich lang. Die Federn sind dunkel graubraun und an der Basis etwas heller, sodass dort die schwarzbraunen Schäfte stärker hervortreten. Nur St6 hat eine bis fast zur Basis helle Außenfahne und auf der Spitzenhälfte der Innenfahne einen lang gezogenen hellen Keilfleck, der verschwommen gegen den hell graubraunen Basisteil abgesetzt ist. Der Schaft läuft allerdings bis zur Spitze dunkelbraun durch die helle Zone. Auch bei St5 kann an der Spitze ein heller Fleck vorhanden sein, der aber bald abgerieben wird. Nach der Außensteuerfeder kann man außerdem das Alter des Vogels erschließen. Diesjährige Vögel haben eine hellbraune oder schmutzig weiße Außenfahne an der St6, ihnen fehlt die weiße Spitze an St5. Bei Altvögeln ist beides vorhanden und mehr oder weniger weiß. Die Altvögel zeigen allerdings vor der Mauser häufig starke Abnutzungserscheinungen an Steuerfedern und Schirmfedern, was wie beschrieben im Extremfall zum Verlust aller Säume führen kann.

Vorkommen: Die Dorngrasmücke ist ein Bewohner von buschbestandenem Offenland und Hecken. Sie erreicht in Deutschland eine Brutpopulation von nur 600 000 bis 950 000 Revieren, scheint sich aber von einer vorübergehenden Abnahme erholt zu haben.

Mauser: Sie ist ein reiner Sommervogel, absolviert jedoch ihre Vollmauser in der Zeit von Juli bis Anfang September noch im Brutgebiet. Auch die Jungvögel legen hier ihre Teilmauser ab, bevor sie ins afrikanische Winterquartier aufbrechen. Besonders an heckenbestandenen Straßensäumen sind früher hierzulande viele Alt- und Jungvögel zu Verkehrsopfern geworden.

Ähnliche Arten: Besonders auffallend und charakteristisch gegenüber anderen Grasmücken und Kleinvögeln sind die breiten braunen Säume der Schirmfedern und die weißen Schwanzkanten. Die hell abgesetzten Schwanzkanten gibt es allerdings europaweit gesehen auch bei den anderen Grasmücken mit Ausnahme von Mönchs- und Gartengrasmücke sowie bei der Sperbergrasmücke in abgeschwächter Form.

100 %

Die Dorngrasmücke hat einen mäßig spitzen Flügel. Sie muss damit nach der Mauser oder der Jugendentwicklung den Fernzug nach Afrika südlich der Sahara und zurück bestreiten. Die längste Handschwinge im Flügel ist H7.

Dorngrasmücke
Sylvia communis
En: Common Whitethroat
Fr: Fauvette grisette
Es: Curruca Zarcera
It: Sterpazzola
ad. ♂ 100 %

Sommergoldhähnchen
Regulus ignicapilla

Federmerkmale: Bei den **Handschwingen** ist die längste 45 bis 50 mm lang (Mittel 48 mm, n = 48). Unter ihnen haben H(5) 6 bis 8 Verengungen der Außenfahnen. Alle Schwingen sind dunkel graubraun. Die Handschwingen haben schmale weiße Innenfahnenfelder. H1 bis 4 weisen an der Basis der Außenfahne ein matt hellgelbes Feld auf, in dessen Nachbarschaft sich der dunkle Schaft deutlich abhebt. Die Schäfte sind auch sonst oberseits schwarz, ja sogar teilweise bis in die Spulen hinein pigmentiert, unterseits unauffällig.

Bei den **Armschwingen** setzt sich das gelbliche Feld an der Basis der Außenfahne fort. Es ist weniger kontrastreich als beim Wintergoldhähnchen. Zur Federspitze hin folgt ein dunkles Feld bis etwa zur Mitte der Außenfahnenlänge. Dann schließt sich ein gelblicher Außensaum an, der beinahe die halbe Breite der Außenfahne einnimmt. Die hellen Innensäume der Armschwingen verbreitern sich im basalen Drittel der Schwingen bis an den dunklen Schaft heran. Sie sind beim Wintergoldhähnchen leicht gelblich getönt, beim Sommergoldhähnchen sind sie bis zum unteren Fahnenende reinweiß und klar abgesetzt, bei den Schirmfedern aber wieder nur hellgrau. Die Spitzen der Schirmfedern sind verlaufend schwach aufgehellt und nicht mit klar abgesetzten weißen Außenfahnenflecken gekennzeichnet. Die Großen und die Mittleren Oberen Armdecken haben 1 bis 2 mm breite hellgelbliche Endsäume.

Die **Steuerfedern** sind außerordentlich schmal und zart. Der Schwanz ist schwach gegabelt, sodass die längste (meist St5) die innerste Steuerfeder um 3 bis 4 mm übertrifft. Die Länge von St5 liegt zwischen 40 und 47 mm, im Mittel bei 43 mm (n = 65). Bei dunkel graubrauner Grundfärbung weisen St1 bis 5 goldgrüne breite Außensäume auf. Die Steuerfedern sind beim Jungvogel zugespitzt, was aber im Frühjahr des zweiten Kalenderjahres kaum mehr erkennbar ist. Der zentrale Scheitelstreif ist bei Männchen goldorange, bei Weibchen gelb, bei Jungvögeln bis zum Alter weniger Wochen fehlt er noch ganz.

Vorkommen: Das Sommergoldhähnchen gilt als sehr häufiger Sommer- und Brutvogel, der aber regional fehlt. Überwinterungen sind in Deutschland überall beobachtet worden, am meisten im Westen und Südwesten. Sonst ist diese Art ein Kurzstreckenzieher mit Winterquartieren im Mittelmeerraum. Die Vögel sind nicht so streng an Fichtenbestände gebunden wie das Wintergoldhähnchen, kommen daher häufiger zur Nahrungssuche in Laubbäume und brüten auch in kleinen Nadelbaumgruppen in Gärten und Parks. Die Populationsgröße entspricht mit 1,25 bis 1,85 Millionen Revieren etwa derjenigen des Wintergoldhähnchens, scheint aber deutlich zuzunehmen. Das könnte mit den verbesserten Überwinterungsbedingungen im Mittelmeergebiet zu tun haben, das heißt mit zunehmender Waldvegetation.

ad.

Mauser: Die Mauser verläuft wie beim Wintergoldhähnchen: In der Zeit zwischen Juli und September absolvieren die Altvögel eine Vollmauser, die Jungen eine Teilmauser, wovon aber nicht die Steuerfedern, die Schwingen und die Großen Oberen Armdecken betroffen sind.

Ähnliche Arten: Verwechselbar ist vor allem das Gefieder des Wintergoldhähnchens. Beim Sommergoldhähnchen sind die Spitzen der Schirmfedern grau verlaufend aufgehellt (Bestimmungsbuch: diffus helle Spitzen), beim Wintergoldhähnchen mit abgesetzten hellen Flecken an den Außenfahnen versehen (Bestimmungsbuch: deutliche weiße Spitzen). Beim Sommergoldhähnchen sind die hellen Felder an der Basis der Innenfahnen der Armschwingen klar weiß und deutlich abgegrenzt, beim Wintergoldhähnchen schwach gelblich getönt und verschwommen. Außerhalb der Brutzeit muss man auf Helgoland und auch anderswo mit kleinen sibirischen Laubsängern rechnen, die aber ganz andere Färbungsmuster aufweisen und sehr selten sind (Goldhähnchen- und Gelbbrauen-Laubsänger, siehe dort).

100 %

Die Flügel sind bei beiden Goldhähnchenarten rund geschnitten, was zu dem häufigen rüttelnden Schwirrflug der Vögel in der Vegetation passt.

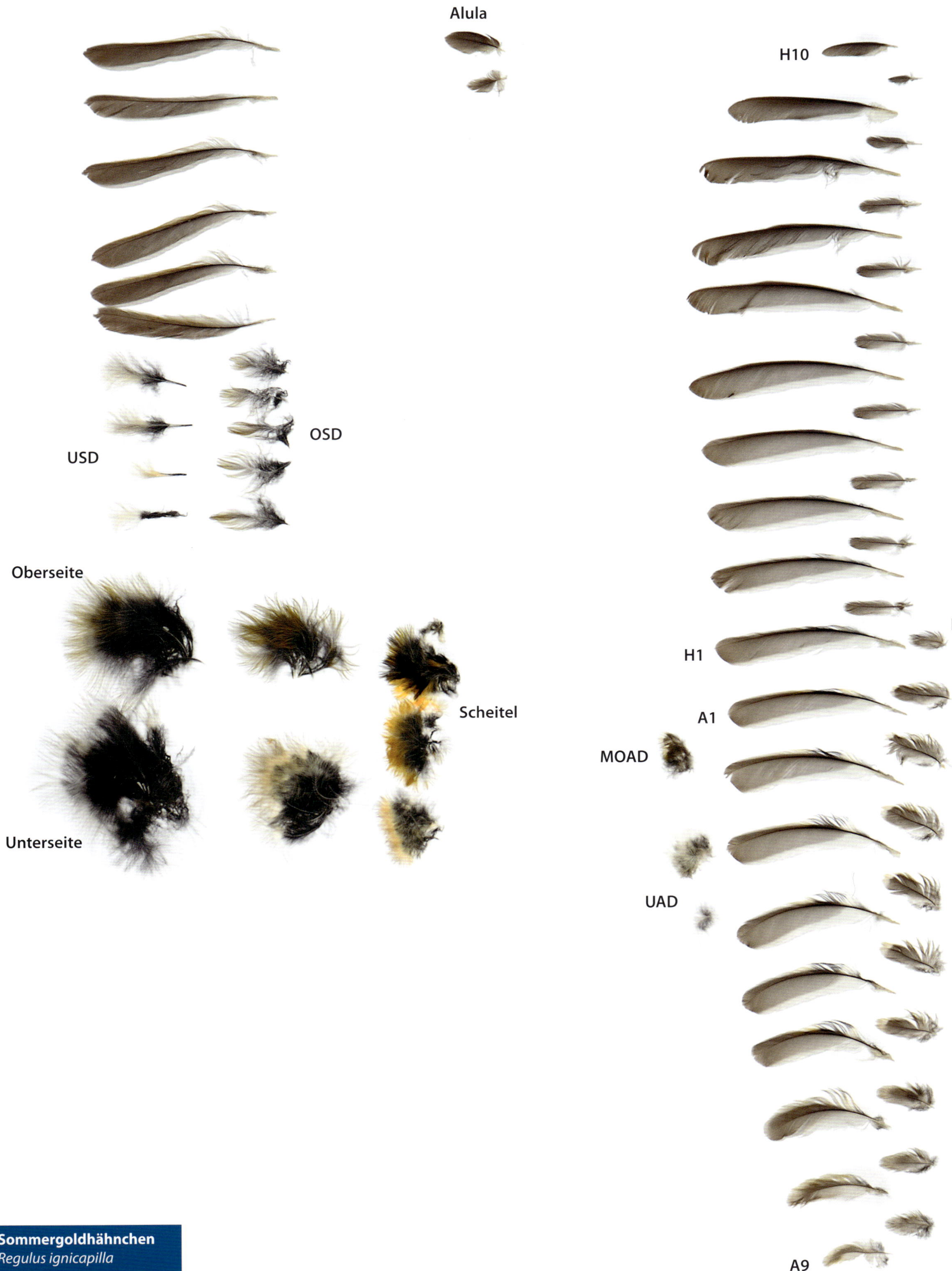

Sommergoldhähnchen
Regulus ignicapilla
En: Common Firecrest
Fr: Roitelet à triple bandeau
Es: Reyezuelo Listado
It: Fiorrancino
100 %

Wintergoldhähnchen *Regulus regulus*

Federmerkmale: Die beiden Goldhähnchenarten stellen mit einem Körpergewicht von je etwa 5 Gramm die kleinsten Vögel der europäischen Fauna dar und sind deutlich kleiner als der Zaunkönig mit etwa 9 Gramm. Goldhähnchen fliegen manchmal zu den Zugzeiten an Fenster und andere Glasscheiben und kommen dabei zu Tode. Rupfungen wird man eher selten finden. Dabei stößt man häufiger auf die unauffällig gefärbten Teile des Großgefieders, aber kaum auf die goldfarbenen oder gelben Scheitelfedern.

Die längste **Handschwinge** ist beim Wintergoldhähnchen H6 (44 bis 52 mm, Mittel 48 mm, n = 109), H5 und 7 sind jedoch fast gleich lang. H5 bis 8 weisen eine Außenfahnenverengung auf. Die Handschwingen sind dunkelgrau, sie haben feine gelbliche Außensäume. Die Innenfahnen haben einen weißlichen Saum bis zur Fahnenbasis. Bei H1 bis 4 (5) ist ferner ein kontrastierender blassgelber Streif von etwa 5 mm Länge an der Basis der Außenfahne entwickelt.

Dieser Streif setzt sich bei den **Armschwingen** fort und wird zu den Schirmfedern hin noch breiter. Dabei entsteht eine lichte Flügelbinde, die mit den hellen Spitzen der Großen Oberen Armdecken zusammenwirkt. Zur Federspitze hin folgt in den Armschwingen ein schwärzliches Feld etwa gleicher Ausdehnung, das im geschlossenen Flügel als schwarzer Fleck auftritt. Die Innenfahnen der Armschwingen weisen an ihrer Basis ziemlich viel leicht getöntes und nicht klar abgegrenztes Weiß auf, das sich bei den Schirmfedern zu Grau abschwächt. A6 und die Schirmfedern haben ausgeprägte helle Endflecke an den Außenfahnen. Bei A6 bis 8 fallen auch die dunklen Schäfte besonders auf. Die Großen Oberen Armdecken 1 bis 6 haben 1 bis 2 mm breite helle Endsäume, die einen kräftigen hinteren Flügelstreif erzeugen. Solche Säume sind auch an den Mittleren Oberen Armdecken vorhanden, doch ist der entstehende Saum schwach und kurz.

Die **Steuerfedern** sind sehr schmal und zart und sie weisen bei dunkel graubrauner Grundfärbung helle Außensäume auf, besonders breit und gelbgrün sind sie bei St1 bis 5. Der Schwanz ist leicht gegabelt, das heißt, St5 ist am längsten, St1 am kürzesten. St5 übertrifft die innerste um 3 bis 4 mm. Die längste Steuerfeder erreicht zwischen 39 und 48 mm Länge, im Mittel 43 mm (n = 271). Jungvögel haben zugespitzte Enden an den Steuerfedern, bei Altvögeln sind sie mehr gerundet, doch gibt es Zwischenformen. Besonders im Frühjahr kann man die Unterschiede kaum mehr erkennen. Die Krümmung der inneren Steuerfedern resultiert aus der Wölbung der aufgeklebten Federn. Der zentrale Scheitelstreif ist bei Männchen goldorange, bei Weibchen gelb, bei Jungvögeln bis zum Alter weniger Wochen fehlt er noch ganz.

Vorkommen: Das Wintergoldhähnchen gilt als sehr häufiger Brut- und Jahresvogel in Mitteleuropa, dessen lokale Populationen aber durch Kurzstreckenzug variieren. Diese Art ist wie nur wenige andere Singvögel streng an Koniferen, vor allem an Fichten, gebunden, wo die Vögel Nahrung suchen und brüten. Die Population erscheint mit 910 000 bis 1,35 Millionen besetzter Reviere in Deutschland zwar noch groß, nimmt aber erheblich ab.

Mauser: Die Vollmauser der Altvögel findet im Hochsommer und Frühherbst von Juli bis September zur Zeit der Zweitbruten statt. Die Schwingenmauser geht so rasch vor sich, dass die Vögel dabei nahezu flugunfähig werden können.

Ähnliche Arten: Sehr ähnlich ist nur das Sommergoldhähnchen. Das helle basale Innenfeld der Armschwingen ist beim Wintergoldhähnchen gelblich getönt, beim Sommergoldhähnchen reinweiß. A6 und die Schirmfedern weisen beim Wintergoldhähnchen recht klar abgesetzte helle Spitzenflecke auf, beim Sommergoldhähnchen sind sie verschwommen und grau. Außerhalb der Brutzeit, besonders im Herbst, muss man auf Helgoland und auch anderswo an den Küsten mit kleinen sibirischen Laubsängern rechnen, die aber ganz andere Färbungsmuster aufweisen und sehr selten sind (Goldhähnchen- und Gelbbrauen-Laubsänger, siehe dort).

Wintergoldhähnchen sind wie die Zwillingsart Sommergoldhähnchen sowohl winzig als auch sehr rundflügelig. Am längsten im Flügel sind H6 - 8.

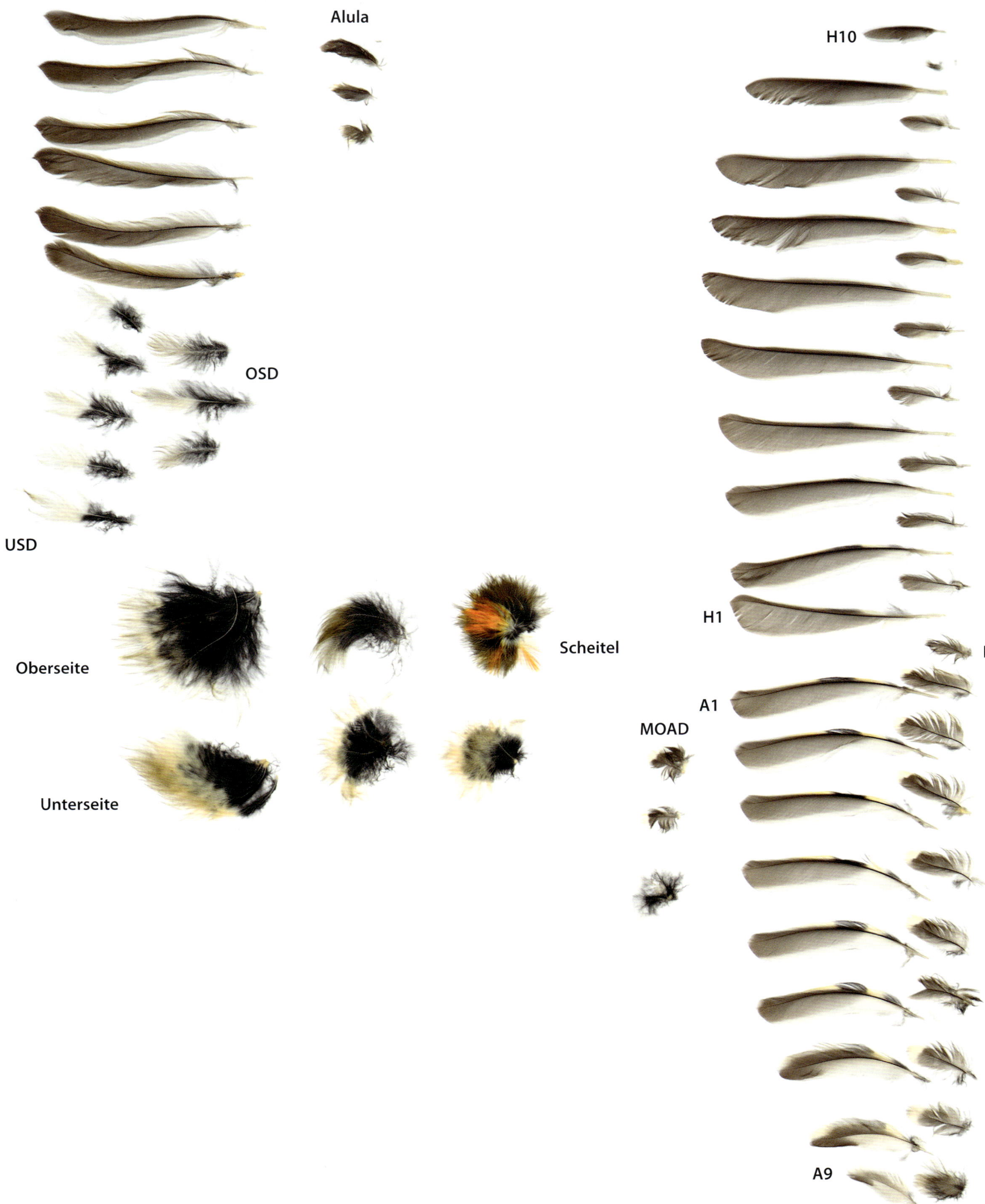

Wintergoldhähnchen
Regulus regulus
En: Goldcrest
Fr: Roitelet huppé
Es: Reyezuelo Sencillo
It: Regolo
ad. ♂ 100 %

Zaunkönig *Troglodytes troglodytes*

Federmerkmale: Schwingen wie Steuerfedern sind durch geringe Größe, durch Färbung und Querbänderung gekennzeichnet. Die längsten **Handschwingen** (etwa H5 bis H7) haben eine Länge von 38 bis 48 mm, im Mittel 42 mm (n = 61). Nur die äußersten Handschwingen 9 und 10 sowie die Schirmfedern im Armflügel (A 7 - 9) sind deutlich kürzer. H5 bis 8 tragen eine Verengung der Außenfahne. Von einer Verengung der Innenfahne ist kaum etwas zu erkennen. Die Schwingen sind mehr oder weniger nach innen gebogen und außerdem gewölbt. Bei den Handschwingen ist die Außenfahne mit etwa neun hellen Querbändern versehen, die Bänderung verliert im Handflügel nach innen hin an Kontrast.

Auch bei den **Armschwingen** begrenzt sich die Querbänderung auf die Außenfahne, ist aber insgesamt kontrastärmer als bei den äußeren Handschwingen H5 bis H8. Die Innenfahnen sind graubraun und unauffällig. Bei A6 und den Schirmfedern A7 bis 9 greift die hell-dunkle Bänderung auch auf die Innenfahne über. Der geschlossene Handflügel erscheint hell quer gebändert, der Armflügel dunkel quer gebändert. Die Mittleren Oberen Armdecken fallen bei manchen Individuen durch weiße Augenflecke an ihrer Spitze auf.

Der Zaunkönig ist der mitteleuropäische Singvogel mit den kürzesten Schwanzfedern. Der Schwanz ist schwach gestuft: Die äußerste **Steuerfeder** ist mit etwa 30 mm Länge einige Millimeter kürzer als die innerste. Die längsten Steuerfedern messen 30 bis 41 mm, im Mittel 35 mm (n = 188). Die mittleren sind in der Spitze gerundet, die äußeren leicht zugespitzt. Alle Steuerfedern sind in der Außen- und Innenfahne durchgehend quergebändert. Es sind etwa zehn (acht bis zwölf) dunkelbraune Bänder, die sich vom hellbraunen Untergrund abheben und zur Federbasis hin schwächer werden. Die hellbraunen Zwischenbänder sind etwa genauso breit wie die dunklen Querbänder. Die Oberschwanzdecken sind auf warmbraunem Grund, die Unterschwanzdecken auf beigefarbenem Grund dunkel quer gebändert. Die Unterschwanzdecken können weiße Spitzenflecke tragen.

Vorkommen: Der Zaunkönig ist ein Vogel des Waldes, kommt aber ebenso in Parks und größeren Gartenanlagen vor. Im Winter sucht er gerne die Nähe von Gewässern auf. Da er klein und getarnt gefärbt ist sowie die Deckung der Vegetation bewohnt, fällt er selten einem Sperber oder einem anderen Beutegreifer zum Opfer. Singende Vögel sind allerdings laut und exponieren sich oft auf hoher oder mittelhoher Warte im Baumbestand. Als Brutvogel steigt der Zaunkönig in den Zentralalpen bis in die Krummholzstufe bei 2500 m ü. NN auf, überwintert jedoch in tieferen Lagen oder zieht ab. Unsere Zaunkönige sind auch sonst Teilzieher, das heißt, ein Teil der Population zieht zum Überwintern weg, dafür kommen Vögel aus nördlicheren Breiten zu uns. Überwinternde Vögel überleben als Insekten- und Spinnenfresser längere Kaltlufteinbrüche oft nicht. Dennoch ist die Population insgesamt stabil und groß: Man rechnet mit 2,55 bis 3,0 Millionen Revieren für Deutschland.

Mauser: Die Vollmauser der Altvögel findet zwischen Ende Juni und Mitte Oktober im Brutgebiet statt. Die Erneuerung der Handschwingen nimmt allein etwa 60 Tage in Anspruch. Die Jungvögel mausern zugleich mit den Alten, sie erneuern außer dem Kleingefieder auch variabel einige Schirm- und Steuerfedern sowie Armdecken.

Ähnliche Arten: Keine. Bei den Federn gilt das sowohl für die Größe als auch für das Färbungsmuster. Die Schwingen und Steuerfedern der ebenfalls sehr kleinen Goldhähnchenarten und Laubsänger sind anders gestaltet und entbehren einer Querbänderung.

100 %

Der Vogel ist ausgesprochen rundflügelig. Das bedeutet, dass die Hand- wie auch die Armschwingen alle ungefähr die gleiche Länge haben, etwa 40 mm. H5 bis 7 als die längsten sind etwa gleich lang. Nur zur Handflügelspitze hin nehmen die Schwingen ab H8 stufig an Länge ab. H10 ist immerhin noch mehr als 15 mm lang. Zum Eindruck der Rundflügeligkeit tragen die Wölbung und die seitliche Krümmung der Schwingen bei.

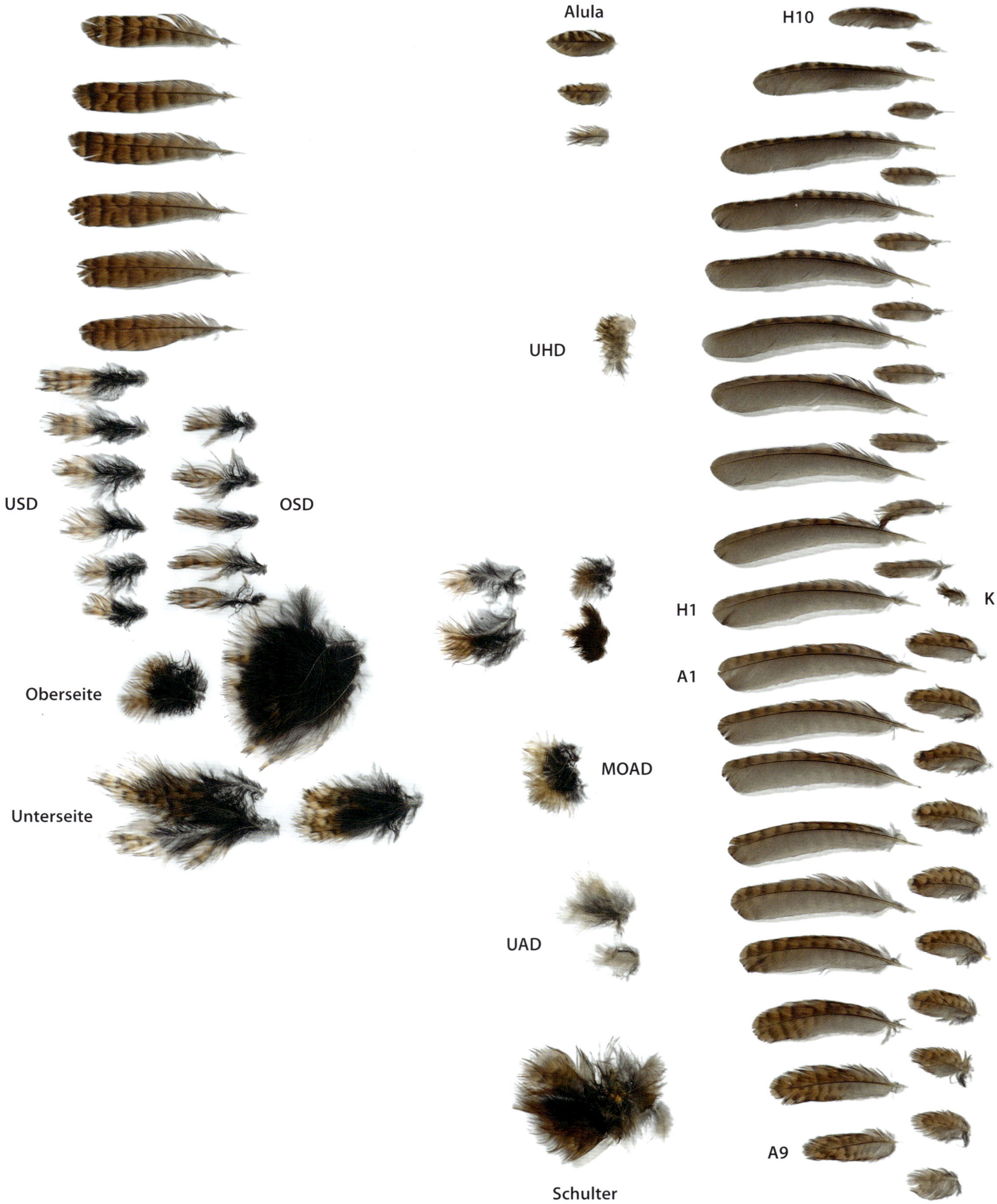

Zaunkönig
Troglodytes troglodytes
En: Eurasian Wren
Fr: Troglodyte mignon
Es: Chochín Común
It: Scricciolo
100 %

Kleiber *Sitta europaea*

Federmerkmale: Obwohl der Vogel in seiner Gesamterscheinung farbig wirkt, sind seine Schwingen und oberen Flügeldecken unscheinbar dunkel blaugrau. Die Schwingen und die mittleren Steuerfedern sind im frischen Zustand recht stark nach oben gewölbt. Von den einzelnen **Handschwingen** ist H6 mit 70 bis 80 mm (Mittel 75 mm, n = 91) die längste, ihre Nachbarn sind aber nur um Millimeterbeträge kürzer: H5 bis 8 sind in den Außenfahnen verengt. H10 ist mehr als 20 mm lang. Die Außenfahnen der Handschwingen sind fein hell gesäumt. Zudem bilden sie bei H(5) 6 bis 8 von oben kurz vor Beginn ihrer Verengung ein schwach graues, helles Feld. Bei den inneren Handschwingen 1 bis 4 kann man an der Spitze bisweilen eine schwache, verlaufende Aufhellung entdecken. Bei den äußeren Handschwingen 5 bis 10 setzt sich ein kleines Basisfeld auf Außen- und Innenfahne scharf begrenzt, leuchtend weiß und in schräger Linie vom übrigen pigmentierten Fahnenfeld ab. Von dem weißen Feld sieht man im geschlossenen Flügel nichts, es leuchtet aber an der Basis der Flügelunterseite auf, zusammen mit den unteren Handdecken. Die Schäfte sind dunkel und hellen sich erst in der Spule auf.

Bei den **Armschwingen** hebt sich der Schaft schwarzbraun von den Fahnen ab. Die Schirmfedern sind durchgehend matt graublau. Sie bieten gleichwohl mehr Farbwirkung als die übrigen Schwingen. Sie sind aber nicht verlängert, sondern verkürzen sich ab A7.

Im Gegensatz zu Spechten und Baumläufern verfügt der Kleiber nicht über einen speziellen Kletterschwanz mit Stützfunktion. Seine **Steuerfedern** sind normal geformt, weich und recht kurz. Sie bieten aber ein überraschend vielgestaltiges Färbungsmuster. Die mittlere Steuerfeder ist zwar nur einheitlich graublau mit dunklem Schaft – wie die Schirmfedern des Armflügels. Die übrigen St2 bis 6 sind anthrazitfarben mit abweichendem Spitzenmuster. St2 und 3 haben nur eine dunkelgraue Spitze von 2 bis 3 mm Breite. Bei den restlichen drei Federn St4 bis 6 verbreitert sich die graue Spitze und wird auf der Innenfahne durch ein annähernd quadratisches weißes Feld begrenzt, das bis an den Schaft heranreicht. Bei St6 setzt sich dieses Feld basalwärts verschoben und ausgeweitet auch auf der Außenfahne fort. Der Schaft läuft dunkel durch das weiße Feld. Die Federn sind einheitlich etwa 50 mm lang, mit abgerundeter, in frischem Zustand etwas ausgezogener Spitze. Die mittlere St1 ist ein wenig verkürzt. Die längste misst 45 bis 54 mm, im Mittel 49,9 mm (n = 356). Das bunteste Muster bieten die Unterschwanzdecken. Die Spitze bildet ein weißlicher Keilfleck, der seitlich beim Männchen kräftig braun, beim Weibchen blass bräunlich eingefasst ist. In der Mitte der Innenfahne schmiegt sich ein graues Feld an den Schaft, erreicht aber nicht den Fahnensaum. Die dunige Federbasis ist schwarzgrau. Die Flankenfedern sind beim Männchen kräftig kastanienbraun, beim Weibchen blass rotbraun, auch schon im Jugendkleid.

Vorkommen: Der Kleiber ist Jahresvogel in einem vertikalen Lebensraum. Er klettert auf Bäumen, sucht dort seine Nahrung und brütet in Baumhöhlen und Nistkästen. Die Population ist stark vom Nahrungsangebot abhängig. Sie scheint bei einer Größe zwischen 1,25 und 1,75 Millionen Revieren derzeit noch anzusteigen. Im Winter finden sich die Vögel häufig an Fütterungen ein, wo sie Körnerfutter bevorzugen, vor allem Sonnenblumenkerne. Sie setzen sich dort gegenüber anderen Besuchern der Futterstellen häufig durch.

Mauser: Die Vollmauser der Altvögel beginnt bereits während der Jungenaufzucht im Mai/Juni und dauert knapp drei Monate.

Ähnliche Arten: Die Steuerfedern sind teilweise denen des Mauerläufers sehr ähnlich. Die Schwingen sind dagegen fast ausnahmslos schlicht und weitgehend einfarbig. Sehr typisch sind die mit kastanienbraunem oder mattbraunem Muster versehenen Unterschwanzdecken.

Der Flügel ist ausgesprochen rund geschnitten. Die Vögel sind als Teilzieher nicht auf größere Wanderungen angewiesen.

Kleiber
Sitta europaea
En: Eurasian Nuthatch
Fr: Sittelle torchepot
Es: Trepador Azul
It: Picchio muratore
♂ 100 %

Mauerläufer *Tichodroma muraria*

Federmerkmale: Von den einzeln vermessenen **Handschwingen** ist H5 die längste (n = 27 von 80 bis 92 mm, Mittel 88 mm), von hier aus nimmt die Schwingenlänge nach innen schwach, nach außen stufig etwas stärker ab. H10 hat immerhin noch eine Länge von mehr als 30 mm. H5 bis 8 sind an den Außenfahnen verengt. Während bei den meisten Sing- und auch den Nicht-Singvögeln die Schwingen unauffällig gefärbt sind, warten sie beim Mauerläufer mit prachtvollem Färbungsmuster auf, was sie auch unverwechselbar macht. Von außen her mit H9 beginnend zeichnen sich die Handschwingen durch je zwei große weiße Flecke auf der Innenfahne aus, die erst bei H5 (äußerer Fleck) und bei H3 (innerer Fleck) allmählich ausklingen. Diese hellen Fleckenreihen werden bei dem charakteristischen ruckartigen Flügelöffnen und im Flug auffallend demonstriert, gegenüber Feinden und Rivalen aber verborgen gehalten. Bei H8 beginnend kommt auf der Außenfahne ein altrosafarbenes Feld hinzu, das sich auf den folgenden inneren Handschwingen farblich noch intensiviert und ausdehnt. Es setzt sich auf den Armschwingen fort, wird aber bei den inneren blasser. Die inneren Handschwingen enden ebenso wie die äußeren Armschwingen mit einem hellbraunen oder graubraunen Saum an der Spitze. Die Alulaschwingen weisen schwache rötliche Außensäume auf.

Die äußeren fünf **Armschwingen** zeichnen sich außer durch das rosafarbene Außenfahnenband durch einen orangefarbenen Fleck in der Innenfahne aus, der tropfenförmig auf der Mitte des Schaftes fußt, aber den Saum der Innenfahne nicht erreicht. Die Großen Oberen Armdecken sind in ihren Spitzen und auf den Innenfahnen schwarz, die Außenfahnen weisen aber verlaufende weißliche Aufhellungen in der Basalhälfte auf.

Die weichen und recht kurzen **Steuerfedern** sind nicht spechtartig wie bei Baumläufern, sondern erinnern eher an diejenigen des Kleibers. St1 bis 3 sind zweifarbig: schwarzbraun mit breitem grauem Endsaum. Die Steuerfedern 4 bis 6 tragen einen weißen, nach außen hin größer werdenden Spitzenfleck, der durch den schwarzen Schaft aufgeteilt und am Fahnenende grau getönt ist. Die längste Steuerfeder misst im Mittel 60 mm und variiert zwischen 53 und 64 mm (n = 23). Insgesamt sind vom ganzen Großgefieder nur die kleine H10 und die ebenso kleine A9 einfarbig dunkel. Im Oberflügel gibt es karminrote Decken.

Vorkommen: Der Mauerläufer ist ein Bewohner steiler Felswände des Gebirges und nirgends häufig. Brutplätze sind in Bayern zwischen 600 und 2500 m ü. NN gefunden worden. Die Vögel kommen im Winter vereinzelt ins Tiefland herab und finden sich dann an großen Bauwerken, an Felswänden und in Steinbrüchen ein. Für das deutsche Alpengebiet kann man nur mit 80 bis 120 Revieren rechnen, für die Schweiz sind vor Jahren 500 bis 1000 angegeben worden, für Österreich 700 bis 1400. Die Brutplätze sind oft in Schluchten mit rauschendem Wasser angelegt.

Mauser: Die Vollmauser beginnt teilweise im Juni schon in den späten Phasen der Jungenaufzucht und endet im September. Die Teilmauser der Jungvögel setzt im Spätsommer einige Wochen nach dem Ausfliegen ein und betrifft nur das Körperkleingefieder. Man wird nur selten Gelegenheit finden, Federn dieses Vogels in die Hand zu bekommen. Das gilt sowohl für Rupfungen als auch für Mauserfedern. Am ehesten kann man noch Federn aus der Käfighaltung erhalten, dabei sollte die Datierung beachtet und notiert werden.

Ähnliche Arten: Die Vögel, noch mehr die einzelnen Schwingen und Steuerfedern, sind wegen ihres kontrastreichen, bunten Färbungsmusters unverwechselbar. Die Steuerfedern können allenfalls mit denjenigen des Kleibers verwechselt werden.

100 %

Der Flügel des Mauerläufers ist extrem rund geschnitten. Die längsten Handschwingen im Flügel sind H7 und 8. Der Mauerläufer ist an den schmetterlingsartigen Steigflug an Steilwänden angepasst. Beim Klettern bedient er sich auch seiner extrem langen Krallen.

Mauerläufer
Tichodroma muraria
En: Wallcreeper
Fr: Tichodrome échelette
Es: Treparriscos
It: Picchio muraiolo
100 %

Waldbaumläufer *Certhia familiaris*

Federmerkmale: Als Standvögel sind Baumläufer rundflügelig. Die längste einzelne **Handschwinge** liegt weit innen: Es ist H6 mit 52 bis 62 mm (Mittel 57 mm, n = 69), H5 ist aber nicht einmal einen Millimeter kürzer. Nach außen verkürzen sich die Handschwingen schrittweise, H10 ist immerhin noch zwischen 20 und 25 mm lang. Die Grundfärbung des Gefieders beim Waldbaumläufer kann entweder mehr grau oder mehr bräunlich sein: Es gibt zwei Farbvarianten. Auffälligstes Merkmal der inneren sechs Handschwingen ist ein einige Millimeter breites gelbliches Band, das sich in der Federmitte quer von der Außenfahne her über die Innenfahne zieht. Es wird nur durch den dunklen Schaft unterbrochen. Bei H7 beschränkt es sich auf die schmale Außenfahne, die restlichen sind ohne dieses Band.

Es setzt sich dann in den **Armschwingen** 1 bis 6 etwas breiter werdend fort. Hinzu kommt bei den inneren Handschwingen und bei den Armschwingen ein beigefarbener Streif im Spitzenviertel der Außenfahne sowie abgetrennt davon ein weißlicher oder gelblicher halbmondförmiger Spitzensaum. Die größte Alulafeder hat eine helle Spitze, jedoch beim Waldbaumläufer im Gegensatz zum Gartenbaumläufer meist keinen hellen Außensaum. Die Schirmfedern sind in der Außenfahne bunt gemustert, allerdings ohne die Querbinde. Ihre Innenfahne ist meist heller als beim Gartenbaumläufer.

Der Waldbaumläufer hat wie der Gartenbaumläufer einen spechtartigen Stützschwanz mit scharf zugespitzten **Steuerfedern**, die von innen nach außen kürzer werden. Die längste St1 erreicht im frischen Zustand 65 mm Länge (Schwankung zwischen 57 und 72 mm, n = 60), kann aber durch Gebrauch stark verkürzt werden. Die Schäfte sind steif und elastisch, bei den inneren Steuerfedern oft etwas nach außen gebogen. Die Außenfahnen sind meist heller als die Innenfahnen. Weiteres s. u.

Vorkommen: Der Waldbaumläufer ist ein Jahresvogel geschlossener Waldbestände, vorzugsweise von Nadelbäumen, bis in höhere Lagen. Brutnachweise in den Bergen reichen bis auf 1400 m ü. NN. Da der Gartenbaumläufer mehr Laubwald in den niederen Lagen bis etwa 850 m ü. NN bewohnt, wird man beide Arten in den Bergen nur selten und sehr lokal in den tieferen Lagen nebeneinander

feststellen. Man kann die Federn von Baumläufern auch im Auswurf von Bruthöhlen des Sperlingskauzes finden. In ganz Deutschland wurden 365 000 bis 620 000 Reviere taxiert.

Mauser: Die Vollmauser der Altvögel findet Mitte Juni bis Anfang September statt. Wie bei den typischen Spechten bleiben die beiden mittleren St1 so lange stehen, bis die übrigen Steuerfedern St2 bis 6 erneuert sind. Auf diese Weise ist stets ein funktionsfähiger Stützschwanz vorhanden.

Ähnliche Arten: Die Federn des Gartenbaumläufers sind sowohl in der Struktur als auch in der Farbgebung äußerst ähnlich. Für die Bestimmung muss man eine Reihe von Feinmerkmalen berücksichtigen. Die große Alulaschwinge ist beim Gartenbaumläufer an der Außenfahne meist hell gesäumt, beim Waldbaumläufer hat sie im typischen Fall nur eine helle Spitze. Umgekehrt haben die inneren Handschwingen beim Waldbaumläufer helle Spitzensäume, beim Gartenbaumläufer nur helle Spitzenfelder. Das Flügelband ist beim Waldbaumläufer in der Außenfahne von H7 noch als Fleck ausgebildet, beim Gartenbaumläufer fehlt es meist. Weitere Feinmerkmale im Verlauf des hellen Flügelbandes kann man nur am geschlossenen Flügel sehen. Schließlich hebt sich der Schaft bei den mittleren Steuerfedern des Waldbaumläufers oft hell von den Fahnen ab, beim Gartenbaumläufer sind Fahnen und Schaft eher gleichmäßig graubraun. Wenn nicht alle Merkmale in die gleiche Richtung weisen, ist die Bestimmung nicht möglich. Wenn man den ganzen Vogel zu Gesicht bekommt, so ist die Hinterkralle beim Gartenbaumläufer relativ kurz („brachydactyla"), der Schnabel lang, beim Waldbaumläufer umgekehrt. Bei diesem ist die Hinterkralle so lang wie oder länger als die Hinterzehe. Im Freiland kann man die beiden Arten am besten an Gesang und Rufen unterscheiden.

100 %

Der Waldbaumläufer ist rundflügelig. Am längsten im Flügel ist H6 oder H7.

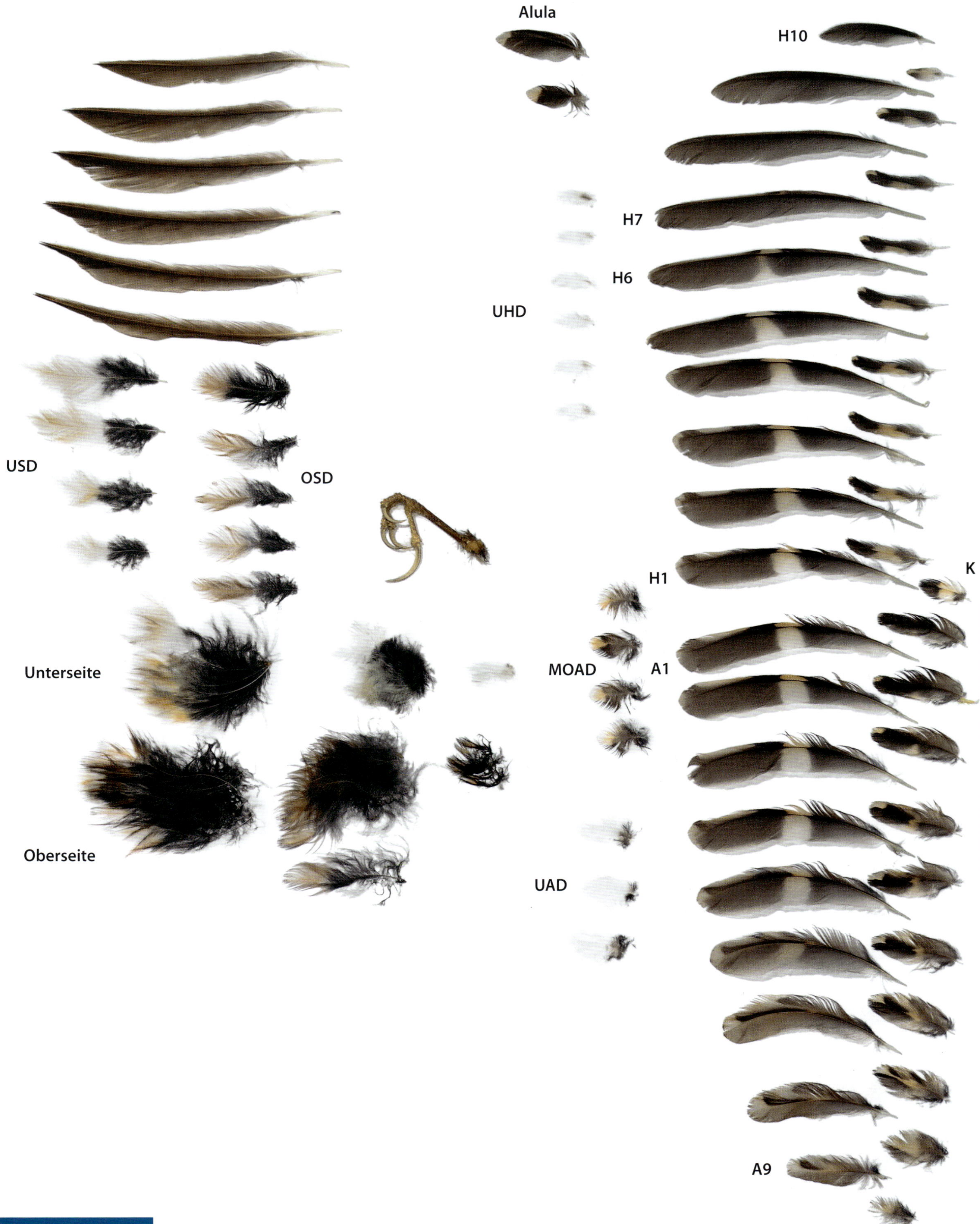

Waldbaumläufer
Certhia familiaris

En: Eurasian Treecreeper
Fr: Grimpereau des bois
Es: Agateador Euroasiático
It: Rampichino alpestre

100 %

Gartenbaumläufer
Certhia brachydactyla

Federmerkmale: Der Gartenbaumläufer hat eine ähnliche Biologie wie der Waldbaumläufer. Unter den einzeln betrachteten **Handschwingen** sind H5 und 6 am längsten und untereinander so gut wie gleich lang (jeweils längste 52 bis 59 mm, Mittel 56 mm, n = 62). H7 ist eine Winzigkeit kürzer. H10 ist mit mehr als 20 mm immer noch recht lang. Die große Alulaschwinge hat in der Regel einen hellen Außensaum, der beim Waldbaumläufer fehlt oder nur angedeutet ist. Das auffallende beigefarbige Querband in der Mitte der inneren Handschwingen verlischt meist in H6 und erreicht H7 im typischen Fall gar nicht mehr. Während die Spitzen der Handschwingen 1 bis 4 beim Waldbaumläufer einen hellen Saum tragen, findet sich dort beim Gartenbaumläufer meist nur ein kleiner, dreieckiger Spitzenfleck.

In den **Armschwingen** setzt sich das beigefarbene Querband fort, schwächt sich aber in A6 schon etwas ab. Die Schirmfedern sind in der Außenfahne bunt gemustert, ebenso die Großen Oberen Armdecken, die Innenfahne ist schlicht grau.

Die **Steuerfedern** sind wie bei der Schwesternart stark gestuft und in der Mitte zugespitzt. St1 erreicht im frischen Zustand eine Länge von durchschnittlich 65 mm und variiert zwischen 59 und 71 mm (n = 86). Die äußerste Steuerfeder kann 8 bis 15 mm kürzer sein als St1. Im abgenutzten Zustand verringern sich die Werte von St1, unter Umständen um bis zu 18 mm. Der Schaft der mittleren Steuerfeder ist beim Gartenbaumläufer gemeinhin unauffällig bräunlich, beim Waldbaumläufer in der Tendenz heller als die Fahnen. Wenn man die Kralle der Hinterzehe messen kann, so findet man beim Gartenbaumläufer die kürzeren Maße, doch gibt es Überlappung in der Variationsbreite mit dem Waldbaumläufer. Beim Gartenbaumläufer ist die Hinterkralle kürzer als die Hinterzehe.

Vorkommen: Der Gartenbaumläufer bewohnt als Jahresvogel lichte parkartige Laubbaumbestände wie Parks und Obstgärten. Er bevorzugt Eichen und andere Bäume mit rauer Borke. Er besucht auch Holzgebäude und kann dort in geeigneten Nischen sogar brüten. In seinem Lebensraum kommt er selten mit dem Waldbaumläufer zusammen vor. Die Population ist mit 460 000 bis 630 000 Revieren etwas größer als die des Waldbaumläufers.

Mauser: Die Vollmauser der Altvögel beginnt frühestens Ende Juni und kann sich bis in den September hinein erstrecken. Der Ersatz der Steuerfedern folgt dem gleichen spechtartigen Muster wie beim Waldbaumläufer: Erst wenn St2 bis 6 erneuert sind, folgt St1. Bei den Jungvögeln findet nur eine Teilmauser statt, bei der ausnahmsweise auch einige Handschwingen erneuert werden.

Ähnliche Arten: Baumläuferfedern, sowohl die Schwingen als auch die Steuerfedern, sind als solche leicht zu erkennen, die beiden Arten aber schwer auseinanderzuhalten. Hier kommt es auf eine Reihe von Feinmerkmalen an: Die große Alulaschwinge ist beim Gartenbaumläufer an der Außenfahne meist hell gesäumt, beim Waldbaumläufer hat sie im typischen Fall nur eine helle Spitze. Umgekehrt haben die inneren Handschwingen beim Waldbaumläufer helle Spitzensäume, beim Gartenbaumläufer nur helle Spitzenfelder. Das Flügelband ist beim Waldbaumläufer in der Außenfahne von H7 noch als Fleck ausgebildet, beim Gartenbaumläufer fehlt es meist. Weitere Feinmerkmale im Verlauf des hellen Flügelbandes kann man nur am geschlossenen Flügel sehen. Schließlich hebt sich der Schaft bei den mittleren Steuerfedern des Waldbaumläufers häufig hell von den Fahnen ab, beim Gartenbaumläufer sind Fahnen und Schaft eher gleichmäßig graubraun. Wenn nicht alle Merkmale in die gleiche Richtung weisen, ist die Bestimmung nicht möglich. Wenn man den ganzen Vogel zu Gesicht bekommt, so ist die Hinterkralle beim Gartenbaumläufer relativ kurz, der Schnabel lang, beim Waldbaumläufer ist die Kralle so lang wie die Zehe oder länger als diese. Unterschiedlich sind die Lautäußerungen.

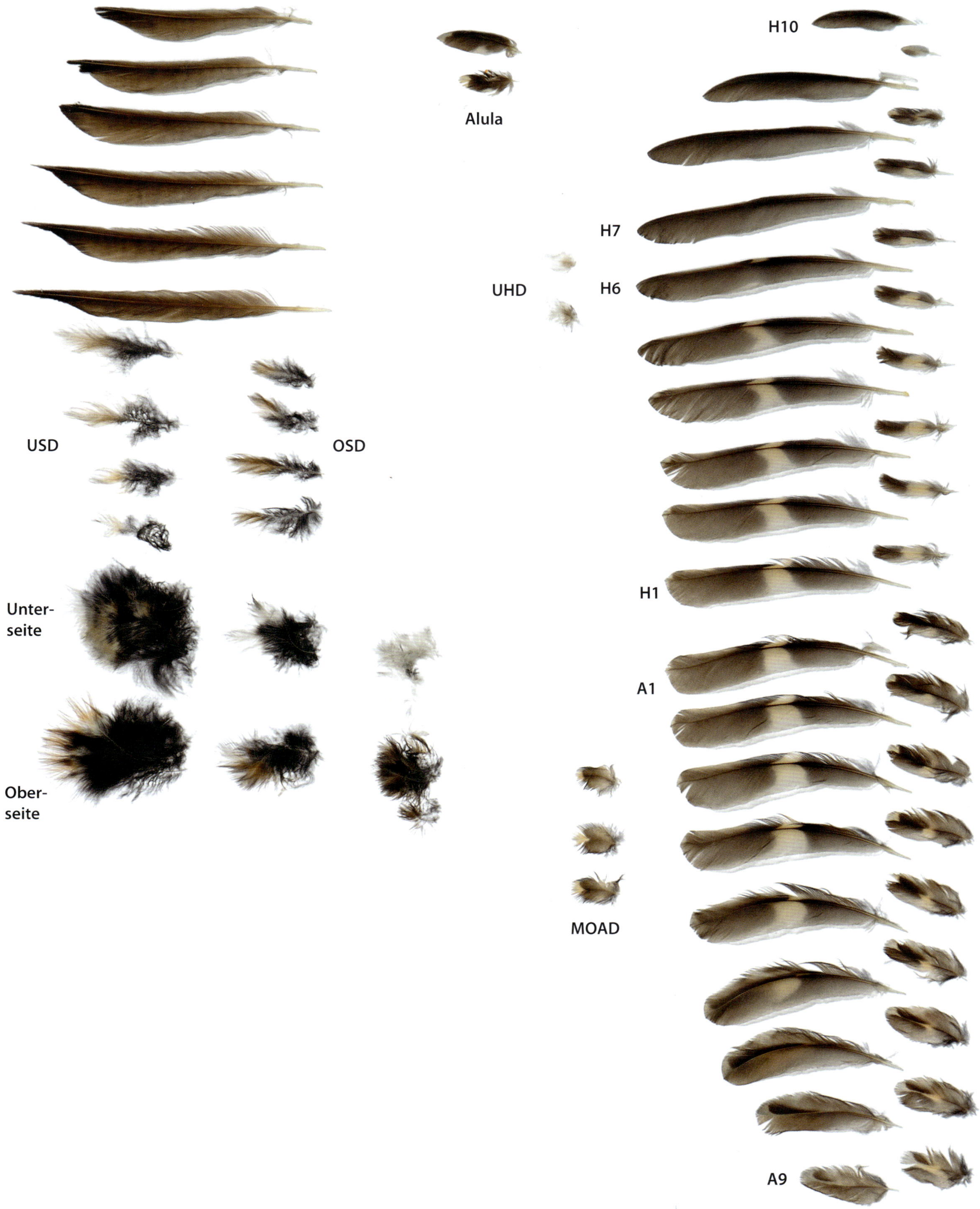

Gartenbaumläufer
Certhia brachydactyla
En: Short-toed Treecreeper
Fr: Grimpereau des jardins
Es: Agateador Europeo
It: Rampichino comune
100 %

Star *Sturnus vulgaris*

Federmerkmale: H8 ist mit 89 bis 116 mm (Mittel 109 mm, n = 86) die längste einzelne **Handschwinge** H9 ist wenig kürzer, dann kommt H7. H10 ist schmal und spitz und mit etwa 20 mm kürzer als die äußerste Handdecke. Außenfahnenverengungen sind nur schwach an H7 und 8, Innenfahnenverengungen an (H7) H8 und 9 ausgebildet. Die Schwingen sind durchweg dunkelgraubraun, die Innenfahnen etwas aufgehellt. Die Spitzen heben sich dunkler ab und tragen auf ihrer Oberseite einen mattgrau schimmernden Fleck, der nur bei H8 und 9 fehlt. Die Außenfahnen aller Handschwingen sind mit einem schmalen, hell ockerfarbenen und scharf dunkel abgegrenzten Saum geziert.

Die **Armschwingen** des Altvogels sind im Verhältnis zu den Handschwingen breit und kurz. Sie sind gerundet zweispitzig, wobei die Spitze der Innenfahne etwas überragt. Sie sind dunkelgraubraun bis schwarzbraun und an ihrer Außenfahne ockerfarben gesäumt. Dieser Saum wird durch einen mehrere Millimeter breiten schwarzen Kontraststreif begleitet, der ungefähr die Hälfte der Außenfahne einnimmt. Dieser Streif trägt grünlichen oder bläulichen Glanz. Er zieht sich bei den drei Schirmfedern tiefschwarz um die Federspitze herum. Die Schäfte der Schwingen heben sich dunkel von den Fahnen ab. Die Großen Oberen Armdecken sind an der Außenfahne ebenfalls hellocker schmal gerandet und diese Säume erreichen auch die Federspitze. Die Mittleren und Kleinen Oberen Armdecken haben sämtlich blaugrünen Glanz und ockerfarbene Endsäume. Alle Flügelsäume können sich im Prachtkleid verschmälern oder ganz verschwinden, sodass nur die Glanzzonen nach außen sichtbar bleiben (Glanzstar).

Der Schwanz ist fast gerade abgeschnitten, nur St1 ist einige Millimeter kürzer als die folgenden **Steuerfedern**. Diese sind relativ kurz und breit, mit Ausnahme der etwas schlankeren St6. Die längsten erreichen bei Altvögeln einen Mittelwert von 71,5 mm Länge, variieren aber zwischen 62 und 78 mm (n = 993). Bei Jungvögeln im ersten vollständigen Federkleid sind sie durchschnittlich etwa 3 mm kürzer. Die Steuerfedern des Altvogels sind wie das übrige Gefieder schwarz, aber schmal ockerfarbig gesäumt, besonders an den Außenfahnen der äußeren Steuerfedern, bei St1 auch innen. Diese Säume sind an den Außenfahnen noch zusätzlich durch einen schmalen schwarzen Streifen kontrastiert. Die Oberschwanzdecken sind schwarz mit blaugrünem Glanz, an beiden Fahnen breit ockerfarbig gesäumt. Die langen Unterschwanzdecken sind mattschwarz, ohne Glanz und weisen die gleichen, aber etwas helleren und breiteren Randsäume auf wie die Oberschwanzdecken. Beim Jungvogel sind die Steuerfedern aschgrau.

Perlstar

Vorkommen: Der Star ist ein häufiger Teilzieher mit Brutvorkommen in Siedlungen, Gärten, Parks und Wäldern, sofern Bruthöhlen vorhanden sind. Außerhalb der Brutzeit tritt er in Scharen auf und besucht Wiesen, Obst- und Weingärten sowie gemeinschaftliche Übernachtungsplätze in Schilf, Bäumen oder Stadtzentren. In den Niederungen entwickeln die Vögel eine Tendenz zum Überwintern. Sie sind weltweit eingeführt. Die Population umfasst bei uns derzeit 2,6 bis 3,6 Millionen Reviere, nimmt aber mit jährlich mehr als 3 % des Bestandes bedenklich ab.

Mauser: Die Vollmauser der Altvögel findet im Anschluss an die Brutzeit statt. Das **Jugendkleid** ist durchgehend hell graubraun und ohne Glanz. Wie Grauammer, Sperlinge und Lerchen tauschen auch Stare ihr Jugendkleid noch im ersten Sommer gegen das erste Alterskleid (Abb. Seite 18). Sie mausern etwas später als die Altvögel.

Ähnliche Arten: Der „Perlstar" nach der Mauser hat wohlentwickelte helle Säume und Endflecken an vielen Federn, die im Lauf der Zeit abbrechen, sodass der Vogel im Frühjahr und im Sommer zum „Glanzstar" wird. Das Jugendkleid des Stars sieht ganz anders aus als das Alterskleid. Die Steuerfedern sind kürzer als die der Amsel.

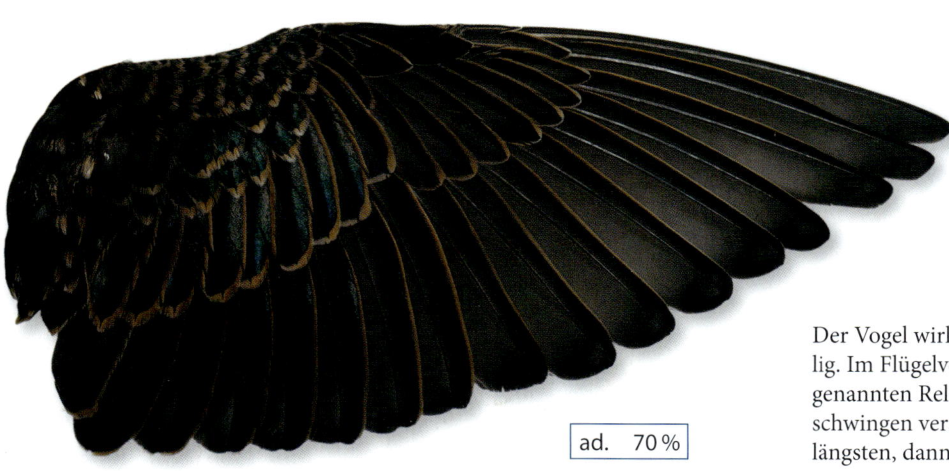

ad. 70 %

Der Vogel wirkt im Flug spitzflügelig. Im Flügelverband sind die oben genannten Relationen der Handschwingen verschoben und H9 ist am längsten, dann folgen H8 und 7.

Star
Sturnus vulgaris
En: Common Starling
Fr: Étourneau sansonnet
Es: Estornino Pinto
It: Storno
ad. 100 %

Ringdrossel *Turdus torquatus*

Ringdrosseln treten in unserem Gebiet in zwei Formen auf. Die alpine Ringdrossel der Unterart *T. t. alpestris* bewohnt als Sommervogel die Alpen und die Gipfellagen der höheren Mittelgebirge, die Unterart *T. t. torquatus* ist ein Brutvogel des Nordens und bei uns alljährlich im späten Frühjahr und im Herbst als Durchzügler zu beobachten. Die alpinen Männchen haben unterseits kontrastreich hell gesäumte Deckfedern in Form eines Schuppenmusters, die nordischen Vögel sind eher einfarbig, die Männchen fast schwarz.

Federmerkmale: Unter den **Handschwingen** ist H8 mit 111 bis 128 mm (Mittel 119 mm, n = 42) die längste. Nur H7 und 8 sind an den Spitzen der Außenfahnen verengt. Hand- und Armschwingen sind bei der alpinen Ringdrossel dunkel braungrau, aber nicht schwarz. Die Handschwingen sind an der Basis der Innenfahne sogar weißlich aufgehellt – ohne klare Abgrenzung. Sie sind besonders an den Außenfahnen durch schmale helle Säume gekennzeichnet.

Die **Armschwingen** weisen nur eine schwache Aufhellung der Innenfahnen auf. Die Schirmfedern sind fast ganz dunkel. Die hellen Säume an den Außenfahnen sind hier allerdings breiter, bräunlich und weniger scharf begrenzt als bei den Handschwingen. Das gilt bei Jungvögeln noch stärker für die Großen Oberen Armdecken. Bei den nordischen Vögeln, die bei uns durchziehen, sind jedoch die Außen- und Endsäume der Armschwingen schärfer abgesetzt als bei den alpinen Vögeln.

Die **Steuerfedern** sind ganz schwarz bis auf eine schwache Aufhellung an der Basis und sie haben im frischen Zustand feine, lichtbräunliche Endsäume, die bei abgenutzten Federn fehlen. Die Steuerfedern sind alle etwa gleich lang. Die längsten von ihnen erreichen 107 bis 126 mm, im Mittel 115 mm (n = 54). Bei Jungvögeln sind die Federn etwas matter schwarz und scharf zugespitzt, bei alten sind allenfalls – im frischen Zustand – feine Spitzchen am Schaftende vorhanden. Das Kleingefieder der Unterseite ist stark schuppig gemustert, das heißt, jede Deckfeder ist mit einem breiten hellen Endsaum und einem zweiteiligen, hellen, zentralen Schaftfleck versehen. Im Unterschied dazu sind bei den Angehörigen der nördlichen Unterart mit ihrer fast rein dunkel wirkenden Unterseite an den Deckfedern und besonders den Unterschwanzdecken nur schmale helle Endsäume zu erkennen und allenfalls zusätzlich schmale helle Schaftstriche.

Vorkommen: Ringdrosseln sind scheue Bewohner der oberen Waldzone, sowohl im Gebirge als auch in den Gipfellagen der höheren Mittelgebirge. Während man in den deutschen Alpengebieten mit 2300 bis 4200 Revieren rechnen kann, sind es in den höheren Mittelgebirgen höchstens zwei Dutzend. Im Gebirge steigen sie nach der Brutzeit in noch höhere Lagen oberhalb der Waldgrenze auf, um dort Beeren zu ernten. Die Vögel wandern im September als Kurz- oder Mittelstreckenzieher nach Nordafrika ab, manche überwintern schon im Mittelmeergebiet.

Mauser: Die Vollmauser der Altvögel beginnt um die Monatswende Juni/Juli und wird nach relativ kurzer Dauer meist noch im Brutgebiet im September abgeschlossen. Die Teilmauser der Jungvögel im Spätsommer schließt die inneren Großen Oberen Armdecken ein.

Ähnliche Arten: Das Groß- und Kleingefieder der alpinen Ringdrossel unterscheidet sich durch das Vorhandensein kräftiger Säume und durch das Fehlen olivbrauner Töne von den Federn der Amsel. Der Handflügel ist viel spitzer als bei anderen Drosseln, die Fahnenverengungen sind wenig ausgeprägt. Vor allem fehlt den Steuerfedern der Ringdrossel eine olivbraune Tönung der Außenfahne, wie sie bei Amselfedern auftreten kann. Der Lebensraum allein entscheidet nicht. Immerhin kommt die Amsel zum Beispiel in Kärnten bis über 2000 m ü. NN als Brutvogel vor. Nordische Ringdrosseln sind alljährlich zu den Zugzeiten besonders in den höheren Mittelgebirgen und an der Küste zu beobachten.

70 %

Der Flügel ist viel spitzer geschnitten als bei der Amsel. H7 und H8 sind am längsten und sehr schmal zugespitzt.

Die Federn stammen aus einer Rupfung. Deswegen sind die Federsätze nicht vollständig, die Anordnung ist nicht immer sicher.

Ringdrossel
Turdus torquatus alpestris
En: Ring Ouzel
Fr: Merle à plastron
Es: Mirlo Capiblanco
It: Merlo dal collare
juv. 70 %

Amsel *Turdus merula*

Federmerkmale: Die längste einzelne **Handschwinge** ist H5. Bei einer mittleren Länge von 110 mm variiert sie zwischen 99 und 122 mm (n = 248). H10 kann fast 30 mm Länge erreichen und ihre Spitze liegt im kompletten Flügel auf der Höhe derjenigen der längsten oberen Handdecken. H5 bis 8 weisen Verengungen der Außenfahne auf. Amseln als Schwarzdrosseln sind selten richtig schwarz. Tiefschwarze Töne hat das frische Gefieder alter Männchen; bei jungen Männchen, bei den Weibchen und im ausgeblichenen Kleid alter Männchen herrschen dunkel- bis schwarzbraune Farbgebungen vor. In nicht ganz seltenen Fällen treten besonders bei Stadtamseln einzelne weiße Federn oder Gefiederpartien auf, die möglicherweise auf Mangelernährung beruhen, aber bei einer Mauser wieder verschwinden können.

Die **Armschwingen** sind unauffällig geformt, die äußeren an der Spitze nur wenig eingebuchtet. Sie weisen wie die Handschwingen kaum eine Aufhellung der Innenfahne auf. Die Schäfte heben sich immerhin noch schwarz von den dunkelbraunen Fahnen ab.

Die **Steuerfedern** haben das dichtere Schwarz im Vergleich zu den Schwingen. Hier heben sich die Schäfte farblich auch nicht von den Fahnen ab. Das Pigment (Melanin) kann sogar bis in die Spulen hineinreichen. Die längsten Steuerfedern sind 87 bis 130 mm lang, im Mittel etwa 113 mm (n = 2481); die äußeren sind etwas kürzer als die längste (meist St3 oder 4). Während bei den anderen Drosselarten die Steuerfedern der **Jungvögel** auffallend spitz ausgezogen sind, ist das bei der Amsel nicht immer ausgeprägt. Allerdings sind sie meist schmaler als bei Altvögeln. Auch Altvögel haben feine Spitzchen an den Steuerfedern, die aber durch Abnutzung im Frühjahr fehlen können. Doch gibt es bei den Jungamseln nach der sommerlichen Teilmauser oft eine Mausergrenze in den Großen Oberen Armdecken, meist bei der 3. bis 5. Decke. Die inneren erneuerten sind beim Männchen ganz schwarz, die äußeren mehr bräunlich mit schwachen hellen Spitzenflecken; beim Weibchen sind die neuen olivschwarzbraun statt braun. Im zweiten Kalenderjahr fallen die vorjährigen Amseln durch stark abgenutztes Großgefieder auf. Die Oberschwanzdecken sind ein wenig dunkler als

die Unterschwanzdecken. Wie bei dem gesamten Kleingefieder ist der basale Dunenteil dunkelgrau und damit heller als die Fahnen.

Vorkommen: Die Amsel ist einer der häufigsten Vögel. In Deutschland allein kann man mit etwa 7,9 bis 9,55 Millionen Brutpaare rechnen, doch ist eine gewisse Abnahme der Bestände merklich. Regional haben sie durch Infektion mit dem Usutuvirus vorübergehend sogar drastisch abgenommen. Die Art ist noch stärker in den Siedlungen vertreten als in ihrem ursprünglichen Lebensraum im Wald. Amseln sind Teilzieher. Nördliche Teile des Verbreitungsgebiets und höhere Lagen werden für den Winter geräumt. Vor allem männliche Stadtamseln gelten jedoch als Standvögel. Die Amsel ist in Deutschland die häufigste Brutvogelart.

Mauser: Die Mauser der Jungvögel ist eine Teilmauser, die bis in den Winter hinein das gesamte Kleingefieder erfasst, bei der aber ebenso Große Obere Armdecken, Schirmfedern und Steuerfedern teilweise ausgetauscht werden können, sodass Mausergrenzen entstehen. Diese Grenzen sind auch im Folgejahr noch sichtbar, bis die neuerliche Mauser einsetzt. Die Vollmauser der Vorjährigen und der Altvögel beginnt im Früh- bis Spätsommer und dauert etwa drei Monate.

Ähnliche Arten: Schwarze Steuerfedern in passender Größe finden sich auch bei der Ringdrossel, diese sind aber an der Basis etwas heller, St6 hat einen schmalen weißlichen Endsaum. Außerdem sind hier die Schwingen und Flügeldecken hell gesäumt. Der Flügel ist zudem viel spitzer als bei der Amsel. Bei der Wacholderdrossel sind die Abweichungen bei den Steuerfedern noch stärker ausgeprägt. Die Steuerfedern des Stars sind kürzer, hell gesäumt und anders geformt. Bei der Dohle sind sie schwarz glänzend, meist länger als bei der Amsel und verfügen über einen auffallenden Geruch.

Der Amselflügel ist rund geschnitten. Im kompletten Flügel sind H6/H7 am längsten.

Amsel
Turdus merula
En: Common Blackbird
Fr: Merle noir
Es: Mirlo Común
It: Merlo
ad. ♂ 70 %

Wacholderdrossel *Turdus pilaris*

Federmerkmale: Bei den einzelnen **Handschwingen** ist H7 etwa 1 bis 2 mm länger als H 8 und erreicht 113 bis 134 mm (Mittel 123 mm, n = 190). Nur H6 bis 8 verfügen über eine Außenfahnenverengung, H(6) 7 bis 9 über eine Verengung der Innenfahne. H10 ist kürzer als die meisten oberen Handdecken und mit 23 bis 26 mm nur wenig länger als HD9. Alle Hand- und Armschwingen sind im frischen Jugendgefieder außen und innen mit feinen hellen Säumen versehen. Alle inneren Handschwingen bis H7 (8) fallen mit einem etwa 1 cm langen, weißen, dunigen Feld an der Basis der Außenfahne (vor allem bei Jungvögeln) sowie mit einem etwas längeren Feld am basalen Saum der Innenfahne auf. Auch die Oberen Handdecken haben ein weißes Innenfahnenfeld. Ferner weisen die Außenfahnen breite, schmutzig braune Säume auf, ein wenig heller als die übrige Fahne. Die Schäfte der Handschwingen laufen von der Spule her hell in die Basis der Fahnen hinein, ehe sie sich an die dunkle Fahnenfärbung anpassen.

Die äußeren **Armschwingen** können bis A4 das helle Feld in der Innenfahne fortsetzen, danach sind die Armschwingen einheitlich düster graubraun-oliv, wobei die Innenfahnen sich etwas heller abheben und die Schäfte mit ihrem Umfeld dunkel kontrastieren. Die schmutzig braunen Säume der Außenfahnen dehnen sich beinahe bis zum Schaft aus. Die Großen Oberen Armdecken enden beim **Jungvogel** mit einem weißen Spitzensaum oder Spitzenfleck, den man auch am Ende der Schirmfedern findet. Während der Jugendmauser wird ein innerer Teil der Decken erneuert, denen dann der helle Saum fehlt. Dabei entsteht eine Mausergrenze, die im Frühjahr des zweiten Kalenderjahres noch sichtbar sein kann. Sowohl die Großen als auch die ihnen ebenbürtigen Mittleren Unteren Armflügeldecken sind blendend weiß mit dunkler Basis.

Die längsten **Steuerfedern** St3 und 4 sind mit 99 bis 128 mm, im Mittel 113 mm (n = 708), genauso lang wie die der Amsel. Die innersten und die äußeren sind wenige Millimeter kürzer. Sie sind fast schwarz und nur an der Basis mäßig grau aufgehellt. Die mittleren Steuerfedern haben eine schwache bräunliche Tönung auf beiden Fahnen. St6 ist ringsum fein hell gesäumt, der Saum verbreitert sich an der Spitze, er kann hier sogar die Andeutung eines grauen Keilflecks bilden. Beim Jungvogel sind die Enden zu feinen Spitzen ausgezogen. Die Oberschwanzdecken sind grau. Die Unterschwanzdecken sind in der Spitze reinweiß. Dieses Weiß zieht sich schmaler werdend als Schaftstrich entlang des weißen Schaftes bis an den dunkelgrauen Basisteil der Feder heran, auf beiden Seiten begleitet von dunkelgrauen bohnenförmigen Feldern.

Vorkommen: Wacholderdrosseln besiedeln als Brutvögel, oft in kleinen Kolonien, lichte Waldbestände, aber auch Parks, Gärten, Feldgehölze und Alleen. Sie sind Kurzstreckenzieher, die als Wintergäste in großen Scharen auftreten können und sich dann von Beeren und anderen Früchten ernähren. Sie brüten nur mäßig häufig, auf 30 bis 40 Amseln kommt in Deutschland nur eine Wacholderdrossel. Man rechnet mit 111 000 bis 215 000 Revieren.

Mauser: Die Vollmauser der Altvögel setzt in der Regel schon in der späten Brutzeit im Juni ein. Etwas später erneuern die Jungvögel ihr Kleingefieder einschließlich der inneren Großen Oberen Armdecken, manchmal auch einiger Schirm- und Steuerfedern.

Ähnliche Arten: Auch bei der Amsel und der Ringdrossel gibt es schwarze Steuerfedern von etwa gleicher Größe, doch haben sie nicht den ausgeprägten hellen Saum an der Spitze von St6. Die Unterflügeldecken der Wacholderdrossel sind blendend weiß wie bei der Misteldrossel und nicht rostrot wie bei der Rotdrossel, orange wie bei der Singdrossel oder dunkel graubraun wie bei der Amsel.

70 %

Der Schnitt des Handflügels ist relativ spitz mit nur drei außen verengten Handschwingenspitzen (Amsel vier, Ringdrossel zwei). Im kompletten Flügel ist H8 am längsten, dann folgen H7, H9 und H6. H8 und 7 können auch gleich lang sein.

Wacholderdrossel
Turdus pilaris
En: Fieldfare
Fr: Grive litorne
Es: Zorzal Real
It: Cesena
ad. ♀ 70 %

Rotdrossel *Turdus iliacus*

Federmerkmale: Die Rotdrossel ist unter den heimischen Drosseln die kleinste Art, ist aber im Gefieder kaum kleiner als die Singdrossel. Unter den **Handschwingen** sind H7 und 8 am längsten, 6 und 9 nur wenig kürzer. Die längste variiert bei einem Mittelwert von 100 mm zwischen 91 und 107 mm (n = 86). H6 bis 8 weisen kräftige Außenfahnenverengungen auf, H7 bis 9 schwächere Verengungen der Innenfahnen. H10 ist mit einer Länge von etwa 20 mm klein, überragt aber die äußerste obere Handdecke HD9. Die Färbung der Handschwingen ist recht einheitlich graubraun, die Innenfahnen sind im basalen Teil nur schwach und ohne deutliche Abgrenzung aufgehellt. Ihre Säume erreichen den Schaft erst in der Basis der Feder. Sie weisen eine geringe gelbliche Tönung auf. Die unteren Handdecken sind ebenso wie die Unteren Armdecken roströtlich gefärbt mit dunkler, zur Basis hin breiterer Kernzone.

Das Gleiche gilt für die **Armschwingen und Armdecken**. Bei diesjährigen und vorjährigen Jungvögeln bis zur Vollmauser finden sich in den Großen Oberen Armdecken meist Mausergrenzen: Die (äußeren) jugendlichen Federn haben helle Spitzenflecke, die erneuerten inneren Federn nur einen schwachen hellen Endsaum. Entsprechendes gilt für die Schirmfedern 8 und 9, während A7 ohne den hellen Endfleck ist. Am auffälligsten am Armflügel sind die unteren Flügeldecken mit ihrer durchgehend roströtlichen Färbung, die mit der farbkräftigeren Flankenfärbung korrespondiert. Dies wirkt sich deutlich im Flugbild aus (siehe unten).

Die größten **Steuerfedern** haben eine Länge von 78 bis 99 mm, im Mittel 87,5 mm (n = 745). Der Schwanz ist schwach gegabelt, sodass die äußeren Steuerfedern länger sind als die inneren und St1 am kürzesten. Die Färbung ist dunkel bräunlich grau, die Schäfte heben sich oberseits nicht ab, sind aber auf der Unterseite hell. Die Fahnen sind nur an der Basis schwach aufgehellt. Die Federspitzen sind schwach hell gesäumt, bei den beiden äußersten sind jedoch die Spitzensäume besonders an der Innenfahne etwa 1 mm breit. Die Oberschwanzdecken sind unauffällig graubraun, die Unterschwanzdecken aber auffallend mit einer hellen Spitze, die sich schmäler werdend weit den Schaft entlang bis zur Fahnenbasis zieht, begleitet von zwei basalen bohnenförmigen mattgrauen Pigmentfeldern. Bei den diesjährigen Jungvögeln sind die Steuerfedern schlanker, ihre Spitzen schärfer zugespitzt als bei den Alten. Das gilt auch noch im nachfolgenden Frühjahr.

Vorkommen: Die Rotdrossel ist bei uns ein regelmäßiger und häufiger Durchzügler und Wintergast, tritt jedoch als Brutvogel nur selten und lokal im Norden auf. Die Vögel nutzen hierzulande vorwiegend Bäume und Sträucher, die Beeren und andere Früchte tragen. Als nächtliche Durchzügler verlieren manche ihr Leben durch Anflug an Leitungsdrähte und andere Hindernisse.

Mauser: Die offenbar unter Zeitdruck absolvierte Vollmauser der Altvögel beginnt schon in den Spätphasen der Jungenaufzucht im Norden und geht sehr schnell vonstatten, bevor der Wegzug einsetzt. Die Jungvögel mausern ebenfalls vor dem Wegzug mit dem Kleingefieder teilweise die Großen Oberen Armdecken sowie die Schirmfedern und die inneren Steuerfedern, wobei jeweils Mausergrenzen entstehen. Mauserfedern fallen bei den bei uns rastenden Durchzüglern nicht mehr an.

Ähnliche Arten: Die Rotdrossel ist unter den bei uns vorkommenden Drosseln nahezu gleich groß wie die Singdrossel. Die Innenfahnen der Hand- und Armschwingen sind aber ohne die hell-rostfarbenen Felder. Ihre äußeren Handschwingenspitzen sind durch die ausgeprägten Fahnenverengungen schmaler als bei der Singdrossel. Bei den großen Arten Mistel- und Wacholderdrossel sind die Unterflügeldecken weiß, bei der kleinen Singdrossel rostbeige, bei der Rotdrossel rostrot, bei der Amsel dunkel graubraun. Die Rotdrossel zieht nächtlich zugleich mit der Singdrossel, beide Arten fallen dann durch ihre arttypischen Zugrufe auf.

70 %

Die Flügel der Rotdrossel sind spitzer geschnitten als die von Amsel und Singdrossel.

Rotdrossel
Turdus iliacus
En: Redwing
Fr: Grive mauvis
Es: Zorzal Alirrojo
It: Tordo sassello
juv. 100 %

Singdrossel *Turdus philomelos*

Federmerkmale: Die Singdrossel ist die kleinste der bei uns brütenden Drosseln der Gattung *Turdus*. Etwas kleiner ist nur die nordische Rotdrossel, die bei uns als Wintergast auftritt. Die Singdrossel ist an der Unterseite gelblich, an den Unterflügeln rostbeige gefärbt. Unter den einzelnen Handschwingen ist H7 mit 89 bis 110 mm (Mittel 99 mm, n = 207) am längsten, H6 und 8 sind nur um Millimeter kürzer. H6 bis 8 haben eine deutliche Verengung der Außenfahne, bei H7 bis 9 ist eine Verengung auch an den Innenfahnen erkennbar. H10 ist mit etwa 20 mm recht klein, etwa genauso lang wie HD9. Die Außenfahnen der Handschwingen und die Spitzenhälfte der Innenfahnen sind graubraun mit Ausnahme feiner Randsäume an der Außenfahne von H9 und der verengten Spitzen der nachfolgenden H8 bis H6. Die basale Hälfte der Innenfahnen ist ohne klare Abgrenzung matt orangefarben aufgehellt. Diese Aufhellung wird in den Handschwingen nach außen hin mehr grau-orange und bei H9 ganz grau. Der schwarzbraune Schaft hebt sich daher bei den inneren Handschwingen in der Basis deutlicher von den Fahnen ab als außen. Die unteren Handdecken haben rostfarbene Spitzen.

Ähnlich sind die Farbverhältnisse bei den **Armschwingen**. Hier schwächt sich das Orange der Innenfahne etwa mit A5 ab und weicht einem Grau bei den drei Schirmfedern. Die Großen Oberen Armdecken tragen beim Jungvogel orangefarbene Spitzenflecke, ebenso die Mittleren Oberen Armdecken. Wenn bei der Jugendmauser der innere Teil dieser Decken gegen längere mit schwachen Endsäumen ausgetauscht wird, entsteht eine Mausergrenze, die bis ins 2. Kalenderjahr für die Altersbestimmung des Vogels benutzt wird. Altvögel haben keine solche Mausergrenze. Die unteren Armdecken sind rostbeige, was sich zur Schulter hin verstärkt, gegen die Flügelspitze hin jedoch abschwächt.

Die **Steuerfedern** sind alle ungefähr gleich lang, die längsten (St2 bis St5) messen 77 bis 100 mm, im Mittel etwa 89 mm (n = 1584). St1 und St6 sind um wenige Millimeter kürzer als die übrigen. Sie sind von der Oberseite her oliv- bis dunkelgraubraun. Ihre Unterseite wirkt viel heller, der Schaft hebt sich hier weißlich von den Fahnen ab. Beim Jungvogel bis ins zweite Kalenderjahr ist die Federspitze fein ausgezogen und schwach weißlich gesäumt, beim Altvogel immer noch etwas zugespitzt. Die Oberschwanzdecken sind unscheinbar olivgraubraun wie die gesamte Oberseite des Vogels, die Fahnen der Unterschwanzdecken dagegen weißlich bis mattgelb mit einem basalen grauen Pigmentfeld am Rand einer oder beider Fahnen.

Vorkommen: Singdrosseln sind verbreitet und häufig Sommer- und Brutvögel, ebenfalls sehr häufige Durchzügler und in wintermilden Gebieten überwintern sie auch in Mitteleuropa. Sie brüten im Bergland vorwiegend in Nadelwäldern mit mehr oder weniger dichtem Unterwuchs, im Tiefland aber ebenfalls in offenen Baumbeständen bis in Parks und Gärten hinein. Man hat in Deutschland 1,6 bis 1,95 Millionen Reviere erfasst. Den laut schallenden Motivgesang bringen die Männchen schon ab März häufig vom Wipfel einer Fichte aus vor. Die Bestände scheinen stabil zu sein, was aber von feuchten Frühjahren abhängt.

Mauser: Die Vollmauser der Altvögel findet im Hoch- und Spätsommer statt. Die Jungen mausern zu derselben Zeit neben dem Körpergefieder auch einen Teil der Großen Oberen Armdecken, selten Schirm- und Steuerfedern.

Ähnliche Arten: Bei den großen Arten Mistel- und Wacholderdrossel sind die Unterflügeldecken weiß, bei der Rotdrossel rostrot, bei der Amsel dunkel graubraun, bei der Singdrossel rostbeige. Bei der Ringdrossel sind sie hell. Klare Unterschiede gibt es auch in der Größe der Federn und besonders in der Innenfahnenfärbung von Hand- und Armschwingen. Singdrossel und Misteldrossel sind unterseits dunkel getupft auf gelblichem Grund.

juv. 70 %

Der Flügel der Singdrossel ist spitzer als bei der Amsel. Im Vergleich sind die Handschwingen in ihren Spitzen nicht so schlank geschnitten wie bei der Rotdrossel.

Singdrossel
Turdus philomelos
En: Song Thrush
Fr: Grive musicienne
Es: Zorzal Común
It: Tordo bottaccio

ad. 100 %

Misteldrossel *Turdus viscivorus*

Federmerkmale: Unter den **Handschwingen** ist H7 mit 111 bis 144 mm (Mittel 131 mm, n = 94) die längste. H10 ist etwa 30 mm lang. Außenfahnenverengungen bestehen bei H6 bis 8, schwächere an den Innenfahnen von H6 bis 9. Hand- und Armschwingen sind an ihren Außenfahnen fein aber deutlich hell gesäumt. Das bewirkt eine Aufhellung des geschlossenen Flügels. Helle Endflecke oder Endsäume der Großen und der Mittleren Oberen Armdecken erzeugen im geöffneten Flügel zwei lichte Binden. Bei den Jungvögeln ist das noch stärker ausgeprägt, weil die Endsäume sich unter Zuspitzung noch weit den Schaft entlangziehen.

Bei den Handschwingen 1 bis 5 (6) und ebenfalls bei den **Armschwingen** 1 bis 5 tritt ein besonderes Färbungsmuster auf. Auf dunkel graubraunem Grund hebt sich ein weißes Halboval nahe der Basis der Innenfahne ab, das in seiner Querausdehnung den dunklen Schaft zwar nicht erreicht, in seiner Längserstreckung aber gut ein Drittel der Innenfahne ausmacht. Im Armflügel sind die Armschwinge 6 und die drei darauffolgenden Schirmfedern fast einfarbig graubraun, bis auf die hellen Außensäume.

Die langen, dunkel graubraunen **Steuerfedern** sind bei Jungvögeln am Ende etwas zugespitzt, bei Alten mehr gerundet. Die längsten Steuerfedern erreichen einen Mittelwert von 120 mm, sie variieren zwischen 107 und 134 mm (n = 371). Bei der Außensteuerfeder hellt sich der Kiel von der Basis her schon nach einem Drittel der Federlänge auf. Er wird von einem breiter werdenden, hell graubraunen Schaftstrich begleitet, der bald die ganze Außenfahne einnimmt und an der Federspitze auch die Innenfahne in voller Breite erreicht. Am Ende bildet sich ein breiter weißer Saum. Bei der benachbarten St5, manchmal auch bei St4, gibt es meist nur einen weißen Spitzenfleck, vor allem auf der Innenfahne. Die inneren Steuerfedern sind, wenigstens im frischen Zustand, lediglich mit einem umlaufenden hellen Saum an der Außen- und Innenfahne versehen. Im gespreizten Schwanz, zum Beispiel beim landenden Vogel, leuchten beidseitig weiße Ecken auf. Die Unterschwanzdecken sind dunkel, aber am Ende breit weiß gesäumt. Dieser weiße Saum sendet einen schmaler werdenden Schaftstrich entlang des Schaftes bis zur Basis der Fahne. Die Deckfedern der Körperunterseite tragen auf mattgelbem Grund dunkle dreieckige, rundliche oder querovale Spitzenflecke – sie sind nicht pfeilspitzenförmig wie bei der Singdrossel.

Vorkommen: Die Misteldrossel lebt als Sommergast oder als Jahresvogel in Nadel- und Mischwäldern, oft in halb offenen, parkartigen Landschaften. Sie tritt in den Bergen überwiegend im Wald auf. Dort brüten Misteldrosseln oft im Bereich der oberen Waldgrenze bis etwa 2000 m. Später im Jahr steigen sie ebenso wie die Ringdrosseln in die Hochlagen auf, um auf den alpinen Matten Beeren zu fressen. Die Art ist ansonsten als Brutvogel in ganz Deutschland mit insgesamt 165 000 bis 320 000 Revieren verbreitet und nimmt im Bestand etwas ab. Die Überwinterer sind in Westdeutschland häufiger als im Osten.

Mauser: Die Vollmauser der Altvögel kann schon vor Ende der Brutzeit im Juni einsetzen und zieht sich bis in den Herbst hinein. Jungvögel mausern das Kleingefieder, von den Großen Oberen Armdecken aber meist nur die innere Hälfte, sodass man sie bis in den Winter hinein an einer Mausergrenze als jugendlich erkennen kann.

Ähnliche Arten: Das Großgefieder ist etwa so olivgraubraun wie das der Singdrossel, nur sind die entsprechenden Federn durchweg größer. Der Singdrossel fehlen die abgesetzten weißlichen Felder in den Schwingen und am Ende der äußeren Steuerfedern. Bei Mistel- und Wacholderdrossel sind die Unterflügeldecken weiß, bei der Singdrossel orange, bei der Rotdrossel rostrot, bei der Amsel dunkel graubraun. Bei den Steuerfedern der Misteldrossel sind die Schäfte unterseits weiß, bei Ringdrossel und Amsel dunkel.

70 %

Da sie keine langen Zugwege zu bewältigen hat, sind die Flügel der Misteldrossel relativ rund geschnitten. Am längsten sind H7 und 8.

Misteldrossel
Turdus viscivorus
En: Mistle Thrush
Fr: Grive draine
Es: Zorzal Charlo
It: Tordela
ad. 70 %

Grauschnäpper *Muscicapa striata*

Federmerkmale: Das Großgefieder des Grauschnäppers ist unansehnlich graubraun, die Art ist auch nicht näher verwandt mit den kontrastreich gezeichneten Schnäppern der Gattung Ficedula. Bei den einzelnen **Handschwingen** sind H7 und 8 am längsten (66 bis 80 mm, im Mittel 75 mm, n = 63), doch stehen ihnen H6 und 9 nur um wenige Millimeter nach. H(6) 7 und 8 haben eine Außenfahnenverengung, H7 bis 9 eine Verengung der Innenfahne. H10 ist länger als die kurze HD9. Die Federn sind graubraun, sie tragen aber einen weißlichen bis beigefarbenen Innenfahnensaum von etwa 2 mm Breite, der bei den äußeren Handschwingen nur schwach entwickelt ist und an der Verengung endet. Bei allen Schwingen heben sich die Schäfte schwarzbraun von den graubraunen Fahnen ab, sowohl auf der Ober- als auch auf der Unterseite und mehr an der Basis als an der Spitze sowie mehr bei den inneren als bei den äußeren Handschwingen.

Die **Armschwingen** sind ebenso ausgestattet wie die Handschwingen, die Außenfahnen und die Federspitzen sind schwach weißlich gesäumt, bei den Schirmfedern sind die Säume breiter. Die unteren Flügeldecken sind hellbeige.

Bei den **Steuerfedern** ist meist die äußerste St6 mit etwa 66 mm am längsten (Variation zwischen 59 und 70 mm, n = 168). Der Schwanz ist leicht eingebuchtet, sodass die innerste Steuerfeder am kürzesten ist. Die Steuerfedern sind sämtlich am Ende abgerundet und einfarbig graubraun, zur Basis hin nur schwach aufgehellt. Die Außenfahnen sind in der Basishälfte strahlig aufgelöst, am wenigsten bei St6. Die Unterschwanzdecken können ungleichmäßig braun-weiß gemustert oder ganz hell sein.

Beim diesjährigen **Jungvogel**, der im ersten vollständigen Federkleid viel lebhafter gezeichnet ist als die Altvögel, sind die inneren Armschwingen und besonders die Schirmfedern an den Außenfahnen und Spitzen kräftig hellbeige oder hellbräunlich gesäumt. Die Großen Oberen Armdecken haben in der gleichen Farbgebung dreieckige Spitzenflecke an den Außenfahnen, die bis zum Wegzug und darüber hinaus erhalten bleiben können. In den Mittleren Oberen Armdecken, in den Oberschwanzdecken und im Kleingefieder der Oberseite sind diese Flecke noch auffälliger. Die Jungvögel können schon fliegen, wenn die Flügel noch bei weitem nicht ausgewachsen sind und die Steuerfedern noch bis zu 2 cm lange Blutkiele haben; die Jungen werden aber nach dem Ausfliegen wie üblich noch eine Weile von den Eltern versorgt.

Vorkommen: Als spezialisierter Insektenfresser verbringt der Grauschnäpper die kalte Jahreszeit in der südlichen Hälfte Afrikas. Er zieht bei uns meist bereits im August ab und kommt Anfang Mai zurück. Bei uns hält er sich in lichten Wäldern sowie in offenen Landschaften mit Gehölzen auf, scheut auch nicht licht bebaute Ortschaftsteile. Die Bestände sind mit 155 000 bis 230 000 besetzten Revieren nicht sehr groß und von Abnahme betroffen.

Mauser: Die Vollmauser der Altvögel und ebenso eine der Jungen finden im Winterquartier statt. Während die Erneuerung der Steuerfedern bei fast allen anderen Vögeln zentrifugal, das heißt von innen nach außen, vor sich geht, verläuft sie beim Grauschnäpper aus unbekannten Gründen umgekehrt. Ebenso werden die Handschwingen anders als bei anderen Vogelarten aszendent erneuert, das heißt von außen nach innen. Das ist meist schon alles abgeschlossen, wenn die Vögel aus Afrika zurückkehren.

Ähnliche Arten: Die anderen Schnäpperarten haben weiße Felder in den Schwanzfedern, teilweise auch im Flügel, und können daher nicht verwechselt werden. Verwechselbar sind allenfalls gleich große Schwanzfedern von Rotkehlchen (rötliche Tönung), Heckenbraunelle (Außenfahnen bräunlich), jungen Staren (Steuerfedern breit) und Sperlingen (St1 deutlich gesäumt).

juv. 100 %

Der Flügel ist mäßig spitz geschnitten, obwohl die Art ein insektenfressender, ausgeprägter Langstreckenzieher ist, der nur selten in Südeuropa überwinternd angetroffen wird. Möglicherweise hängt der Flügelschnitt auch mit der Ernährungsweise zusammen, die wendige Fangflüge beinhaltet.

Grauschnäpper juv.
Muscicapa striata
En: Spotted Flycatcher
Fr: Gobemouche gris
Es: Papamoscas Gris
It: Pigliamosche
juv. 100 %

Rotkehlchen *Erithacus rubecula*

Federmerkmale: Das Großgefieder des Altvogels ist einheitlich olivbraun, die Federn sind aber von der Unterseite her schwach glänzend rostbraun. H6 als längste **Handschwinge** ist 60 bis 71 mm lang, im Mittel 64 mm (n = 117). Die Handschwingen 5 bis 8 haben eine ausgeprägte Außenfahnenverengung, bei H6 bis 8 (9) ist auch die Innenfahne verengt. Während die Schäfte oberseits dunkelbraun sind, heben sie sich auf der Federunterseite hell ab. Ein feiner heller Saum begrenzt die Außenfahnen, bei den Innenfahnen fällt ein breiterer, schwach getönter Saum nur bei den inneren Handschwingen auf.

Dieser Innensaum setzt sich bei den **Armschwingen** fort. Nur die Schirmfedern verfügen nicht darüber. Die Großen Oberen Armdecken sind beim Altvogel ohne helle Spitzenflecke oder haben nur sehr kleine auf der Außenfahne.

Die **Steuerfedern** sind dunkelbraun, doch fallen lehmbraune Töne auf den Außenfahnen und der Unterseite der Federn auf. Die Steuerfedern im mittleren Bereich (St2 bis 5) variieren in der Länge bei einem Durchschnitt der längsten von 63 mm (Streuung 52 bis 70 mm, n = 422) nur wenig, St1 und 6 sind jedoch meist 1 bis 3 mm kürzer als die längste.

Blass rostfarbene dreieckige Spitzenflecke zieren beim **Jungvogel** alle zehn Großen Oberen Armdecken, sodass im Flug eine helle Flügelbinde entsteht. Auch in den Mittleren und Kleinen Oberen Armdecken sind solche Flecke verteilt. Die inneren Armschwingen, besonders die Schirmfedern, sind mit ähnlichen aber kleineren rostfarbenen Spitzenflecken oder Endsäumen verziert. Die Steuerfedern sind fein zugespitzt. Das Kleingefieder der Unterseite ist anfangs rostfarben mit dunklen Endsäumen. Bei der jugendlichen Teilmauser wird das Kleingefieder ausgetauscht: Erst dann werden Gesicht, Kehle und Brust orange. In den Großen Oberen Armdecken bleibt meist bei der 4. bis 7. eine Mausergrenze: Außen die alten Decken mit hellen Spitzenflecken, innen neue mit kleinen oder ohne Spitzenflecken. Dieses Muster hält sich bis zur Vollmauser im Folgejahr und wird dann abgeschwächt.

Vorkommen: Rotkehlchen sind die den meisten Menschen bekannten Singvögel. Da sie ihre Nahrung vorwiegend am Boden suchen, auch an Wegen und Straßen, fallen viele von ihnen dem Straßenverkehr zum Opfer. Im Winter zieht ein Teil der heimischen Vögel weg, doch kommen nordische Gäste an ihrer Stelle zu uns, oft in großen Zahlen. Die Brutpopulation nimmt derzeit schwach ab, aber die Art gehört in Deutschland mit 3,4 bis 4,35 Millionen Revieren immer noch zu den häufigen Vögeln.

Mauser: Die Teilmauser der Jungvögel dauert im Sommer acht Wochen und richtet sich terminlich nach dem Schlüpfdatum. Die Altvögel unterziehen sich frühestens Anfang Juni beginnend einer Vollmauser, die insgesamt drei Monate in Anspruch nimmt.

Ähnliche Arten: Ausgefärbte Rotkehlchen sind durch orangefarbenes Gesicht, Kehle und Brust ganz unverwechselbar. Schwieriger ist schon, das unscheinbare Großgefieder zu identifizieren. Grauschnäpper und Heckenbraunelle haben eine andere Farbgebung im Klein- und Großgefieder, vor allem nicht die lehmbraune Tönung auf der Unterseite der Steuerfedern. Grasmücken besitzen ausgeprägt weißliche Schäfte an den Unterseiten der Steuerfedern. Das ist beim Rotkehlchen nur abgeschwächt der Fall. Der hierzulande seltene Zwergschnäpper weist nur beim alten Männchen einen hellroten Brustlatz auf, außerdem trägt er weiße Felder seitlich im Schwanz.

St1 von oben | St2 von unten

juv. 100 %

Rotkehlchen sind Teilzieher und Standvögel und warten daher mit einem ausgesprochen gerundeten Flügelprofil auf.

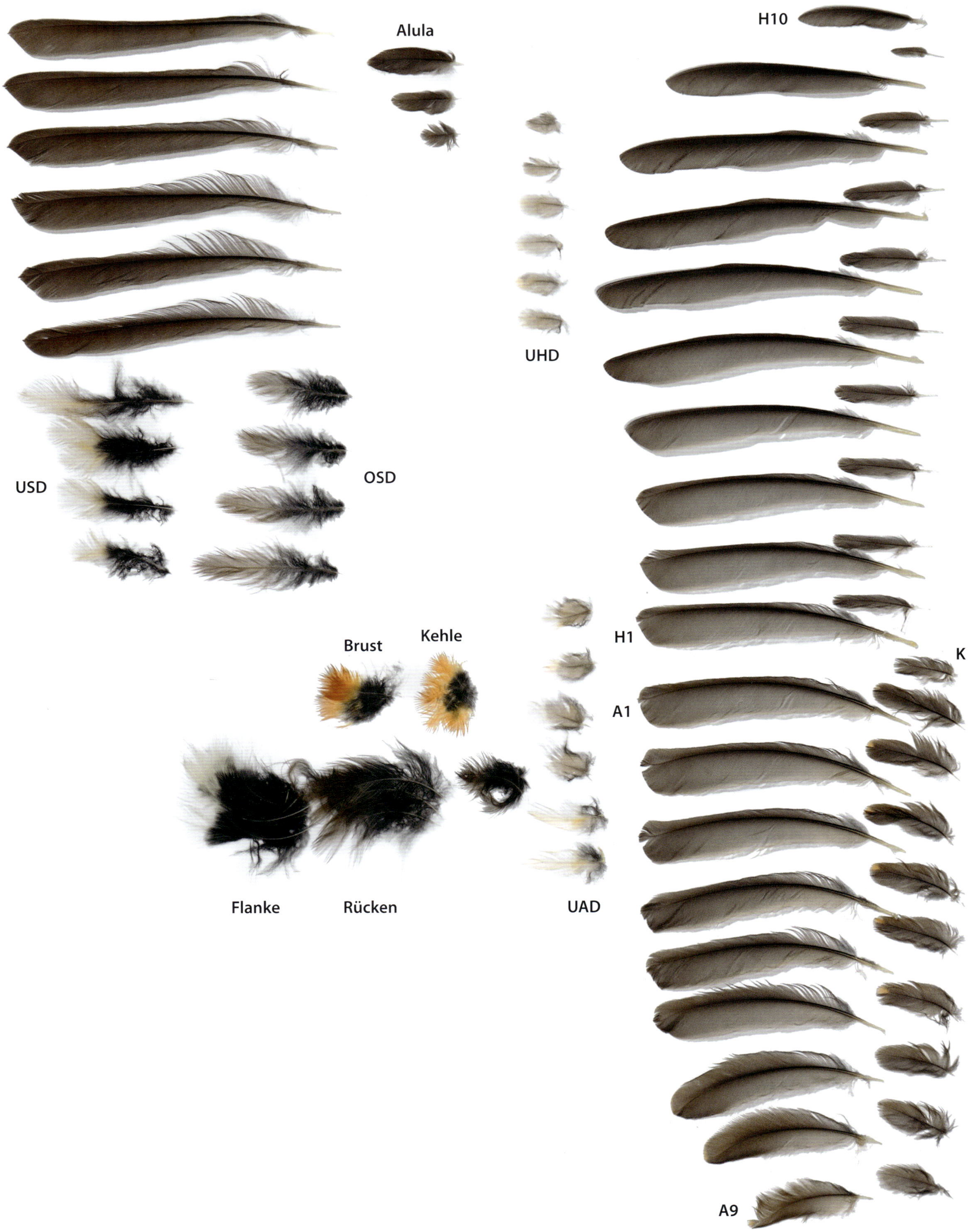

Rotkehlchen
Erithacus rubecula
En: European Robin
Fr: Rougegorge familier
Es: Petirrojo Europeo
It: Pettirosso
juv. 100 %

Blaukehlchen *Luscinia svecica*

Federmerkmale: Der leuchtend blaue Kehl- und Brustschild mit seiner Umrahmung beschränkt sich auf das Prachtkleid des Männchens. Darin hebt sich bei den mitteleuropäischen Vögeln *L. s. cyanecula* ein weißer (kann auch ganz fehlen oder besteht nur aus einer oder wenigen Federn), bei den nordisch-alpinen *svecica* ein roter „Stern" heraus. Im Schlichtkleid gibt es weniger Blau, das beim Weibchen meist ganz fehlt. Von dem Blau des männlichen Prachtkleides lässt der Flügel gar nichts erkennen. Die **Handschwingen** sind schwarzbraun, der schwarze Schaft hebt sich nur wenig von den Fahnen ab. Außerdem verfügen sie über einen schmalen hellen Saum am Rand der Innenfahne, der vor der Federspitze ausläuft. Im frischen Zustand enden sie auch mit einem feinen hellen Endsaum. Die Außenfahnen sind bei H(5) 6 bis 8 verengt, die Innenfahnen von H6 bis H9. Die längste Handschwinge misst 57 bis 68 mm, im Mittel bei 60 Werten 63 mm.

Die **Armschwingen** sind ebenfalls schwarzbraun, im frischen Zustand gleichfalls am Ende beige gesäumt. Die Großen Oberen Armdecken tragen an ihren Spitzen beim Jungvogel bräunlich-gelbe Flecke.

Sehr charakteristisch sind die **Steuerfedern**, deren Basis rostrot ist, der Spitzenteil ist schwarzbraun. Der rostrote Anteil nimmt bei St2 etwa die Hälfte der Fahnenlänge ein, kann aber auch viel geringer sein. Er nimmt bei St6 fast zwei Drittel ein. Das Rostrot sieht man als unverkennbares Merkmal, sowohl bei der Einzelfeder als auch im gespreizten Schwanz beim Landen und Imponieren des Vogels. Nur die mittlere Steuerfeder und die Oberschwanzdecken sind unauffällig dunkel gefärbt, sodass im geschlossenen Schwanz von dem Rot der Schwanzbasis nichts oder wenig zu sehen ist. Bei der mittleren Steuerfeder kann sich der schwarzbraune Spitzenteil ein wenig von der dunkelgrauen Basishälfte abheben. Bei St2 kann das Rot auf die Basis der Außenfahne beschränkt sein. Alle Steuerfedern haben – wenigstens im frischen Zustand – verlaufende beigefarbene Endsäume. Die längsten Steuerfedern (St2 oder St3) erreichen 53 bis 65 mm, im Mittel 59 mm (n = 88). St4 und St5 sind um kleine Beträge kürzer, St6 ist etwa 5 Millimeter kürzer als ihre Nachbarn. St1 kann auch ein wenig kürzer sein als die benachbarten Steuerfedern. Jungvögeln fehlt die blaue Brust, doch verfügen sie schon über den arttypischen Schwanz mit rostroter Basis. Im Flug ist St1 teilweise von Oberschwanzdecken und Federn des Hinterrückens verdeckt. Das jugendliche Kleingefieder ist fleckig.

Vorkommen: Blaukehlchen bewohnen bei uns als Sommervögel ursprünglich meist dichtes Gebüsch und Ränder von Schilfbeständen auf feuchtem Untergrund. Neuerdings haben sie sich aber an sekundäre Lebensräume in der Kulturlandschaft wie bewachsene Kies- und Sandgruben oder an Gräben und Rapsfelder angepasst und dabei ihre Population und ihr Verbreitungsgebiet in Mitteleuropa bedeutend vergrößert. Man kann jetzt deutschlandweit mit 12 000 bis 21 000 Revieren rechnen, die meisten davon in Niedersachsen. Rotsternige Blaukehlchen siedeln in kleinen lokalen Populationen in den Karpaten und den Alpen.

Mauser: Die Vollmauser der Altvögel erfolgt nach der Brut, meist zwischen Mitte Juli und Mitte September, und nimmt nur etwa eineinhalb Monate in Anspruch. Damit sie sich in vollständigem, frischem Gefieder auf ihren Wegzug begeben können, muss die Mauser unter Umständen sehr rasch vor sich gehen, sodass große Mauserlücken entstehen. Dabei sind die Vögel vorübergehend nahezu flugunfähig. Die Mauser ins Prachtkleid im Frühjahr ist eine Teilmauser und erfasst das Körpergefieder.

Ähnliche Arten: Die rotschwarzen äußeren Steuerfedern sind arttypisch und treten in ähnlicher Form und Zeichnung nur bei einigen asiatischen und afrikanischen Steinschmätzerarten auf. Bei Rotschwänzen und beim Steinrötel sind die entsprechenden Steuerfedern ganz rot, allenfalls mit ein wenig dunklem Pigment in der Spitze.

Der Flügel ist klar gerundet, trotz des Status der Art als Mittel- und Langstreckenzieherin.

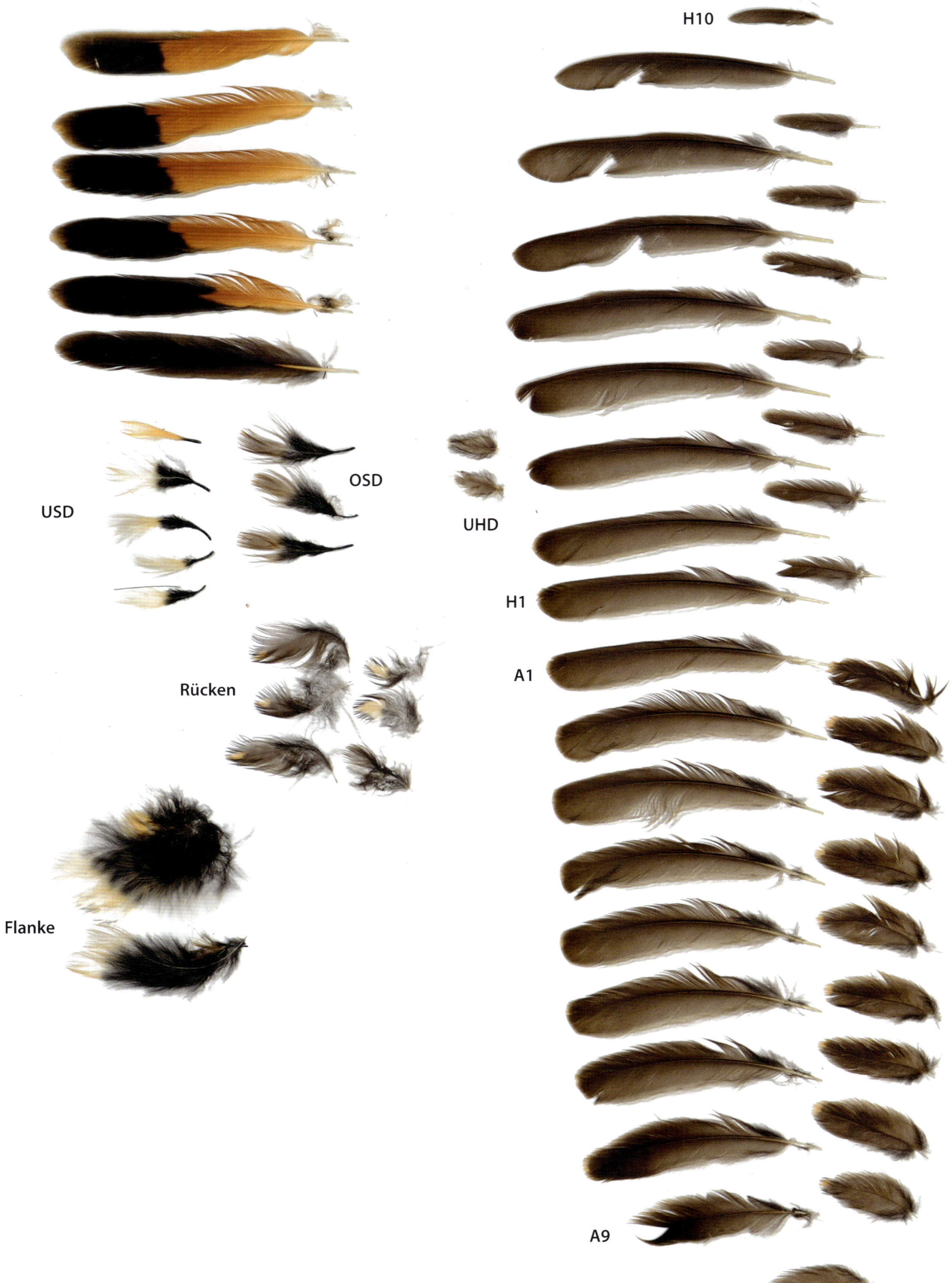

Blaukehlchen
Luscinia svecica
En: Bluethroat
Fr: Gorgebleue à miroir
Es: Ruiseñor Pechiazul
It: Pettazzurro
juv. 100 %

Sprosser *Luscinia [luscinia] luscinia*

Federmerkmale: Der Flügel des Sprossers ist spitzer geschnitten als der der Nachtigall. Von den einzelnen **Handschwingen** ist H8 mit 70 bis 81 mm (Mittel 75 mm bei n = 51) am längsten, H9 ist ungefähr so lang wie H7. Eine Außenfahnenverengung ist nur bei H8 vorhanden. H10 ist kürzer als die Großen Oberen Handdecken. Sie erreicht durchschnittlich eine Länge von 14,8 mm (12,5 - 17,5 mm, n = 14). Dies ist ein brauchbares Unterscheidungsmerkmal, wenn man den ganzen Flügel zur Verfügung hat. In Rupfungen kann die kleine äußerste Handschwinge leicht verloren gehen oder übersehen werden. Feldornithologisch hat der Sprosser eine längere Handschwingenprojektion.

Die **Armschwingen** sind unauffällig und entsprechen im Färbungsmuster denjenigen der Nachtigall. Die längste Schirmfeder A7 ist knapp so lang wie ihre Nachbarin A6.

Die **Steuerfedern** sind durchgehend schmutzig rotbraun und damit dunkler als bei der Nachtigall. Sie haben eine durchschnittliche maximale Länge von 72 mm, dieser Wert variiert zwischen 65 und 78 mm (n = 105). Ihre Länge nimmt im Schwanz von innen nach außen um etwa 5 mm ab. Die Unterschwanzdecken sind meist wolkig gefleckt.

Vorkommen: Der Sprosser ist bei uns ein Sommervogel, der als Langstreckenzieher im südlichen Afrika überwintert. Er vertritt die Nachtigall im Osten Mitteleuropas, beginnend in Ostdeutschland, an der Elbe und im östlichen Schleswig-Holstein nordwärts. Im Übergangsgebiet gibt es Mischverpaarungen und Bastardierungen, die sich bei den Nachkommen sowohl in den Gesängen als auch in den Gefiedermerkmalen äußern. Als Brutlebensraum bevorzugt der Sprosser feuchten Laubwald mit dichtem Unterholz, häufig nahe an Gewässern. Die Bestände sind in jüngerer Vergangenheit deutlich zurückgegangen. Man rechnet jetzt nur mit 4000 bis 6000 Revieren, fast ausschließlich in Berlin, Brandenburg, Mecklenburg-Vorpommern und Schleswig-Holstein. Berlin gilt jedoch ebenfalls als eine Hochburg für das Vorkommen der Nachtigall. Großräumig kommen beide Arten im Nordosten Deutschlands einschließlich des südöstlichen Schleswig-Holsteins vor. Wer den Sprosser allein finden will, kann dies auf Rügen tun oder nördlich bis Finnland.

Mauser: Die Altvögel erneuern noch im Brutgebiet ihr ganzes Gefieder in großer Eile und schließen die Mauser vor Beginn des Wegzuges ab. Sie sind während der intensivsten Mauserphase zeitweise kaum flugfähig. Die Erneuerung der Handschwingen geht innerhalb von etwa 35 Tagen vor sich. Die Jungvögel legen im ersten Kalenderjahr nur eine Teilmauser ab, von der auch meist fünf innere Große Obere Armdecken erfasst werden. Dabei entsteht eine Mausergrenze: Die äußeren noch jugendlichen Decken haben einen hellen Spitzensaum oder -fleck, die inneren sind ohne einen solchen. Diese Mausergrenze ist auch im Folgejahr bei den dann vorjährigen Vögeln bis zur sommerlichen Vollmauser noch zu erkennen.

Ähnliche Arten: Sprosser und Nachtigall sind sehr ähnlich. Der Sprosser hat in der Regel durchgehend dunkelrotbraune und nicht rötliche Steuerfedern. Die Unterschwanzdecken sind beim Sprosser bei der Mehrzahl der Individuen in den Außenfahnen grau gewölkt, aber keineswegs bei allen, bei der Nachtigall sind sie durchweg einfarbig hellorange. Für die verlässliche Unterscheidung zwischen den beiden Arten ist die Schwingenformel maßgeblich (siehe oben und Nachtigall). Sehr selten sind Mischlinge, die Merkmale beider Arten miteinander vereinen.

St6 von Sprosser (links) und Nachtigall

Der Sprosserflügel ist deutlich spitz geschnitten. Das erkennt man nicht nur an der dolchförmigen Gestalt von H10 im Vergleich zur Nachtigall, sondern auch daran, dass unter den einzeln verglichenen Handschwingen H8 am längsten ist, bei der Nachtigall H7. An den äußeren Handschwingen H(6) 7 bis 9 sind Innenfahnenverengungen beim Sprosser kaum zu erkennen, bei der Nachtigall aber deutlich.

Sprosser
Luscinia luscinia
En: Thrush Nightingale
Fr: Rossignol progné
Es: Ruiseñor Ruso
It: Usignolo maggiore
100 %

Nachtigall *Luscinia megarhynchos*

Federmerkmale: Von den einzelnen **Handschwingen** ist H7 mit 65 bis 77 mm (Mittel 71 mm, n = 67) am längsten. H7 und 8 haben eine Verengung der Außenfahne aufzuweisen, H(7) 8 und 9 eine Verengung der Innenfahne. H9 ist relativ kurz, im geschlossenen Flügel kürzer als H7. Bei den Einzelfedern kann sie kürzer als H6 sein. Im kompletten Flügel überragt die kleine H10 die Großen Oberen Handdecken (anders beim Sprosser). Sie erreicht eine Länge von durchschnittlich 21,4 mm (18,5 - 23,5 mm, n = 14), deutlich mehr als beim Sprosser mit durchschnittlich 14,8 mm. Die Handschwingen sind schwarzbraun, die Außenfahnen bräunlich aufgehellt. Die schwarzen Schäfte heben sich besonders an der Federbasis von den Fahnen ab.

Die **Armschwingen** entsprechen in ihrer Färbung den Handschwingen. Ihre Außenfahnen sind mattbraun. Die dunklen Schäfte kontrastieren über ihre ganze Länge mit den Fahnen. Die Schirmfedern sind keilförmig, die Spitzen abgerundet. Sie sind genauso gefärbt wie die sonstigen Schwingen. A7 ist nicht länger als A6. Die Unteren Armdecken und Achselfedern sind leicht gemustert, was aber keinen Unterschied zum Sprosser ausmacht.

Die **Steuerfedern** sind rotbraun bis braunrot, die mittlere jedoch meist matt braunrot und farblich etwas dunkler von den anderen abgesetzt. Die Schäfte sind an die Fahnen farblich angepasst, sie heben sich nur an der Basis der Steuerfedern ein wenig dunkel ab. Auf der Unterseite sind Fahnen und Schäfte heller. Die Steuerfedern sind in ihrer Form zwar etwas zugespitzt, die Spitze selbst ist aber schwach gerundet, im frischen Zustand durch einen hellen Saum abgesetzt. St1 oder 2 ist mit durchschnittlich 71 mm (Variation 65 bis 78 mm, n = 141) am längsten, die Länge der Federn nimmt nach außen hin insgesamt um knapp 4 mm ab. Die Oberschwanzdecken sind etwa wie St1 braunrot, die Unterschwanzdecken dagegen gelblich, ohne die Wölkung des Sprossers. Jungvögel haben anfangs leicht zugespitzte Steuerfedern und einen fuchsroten Spitzenfleck, der später verschwindet.

Vorkommen: Nachtigallen brüten als Langstreckenzieher und Sommervögel in gebüschreicher, dichter Vegetation, gern, aber nicht ausschließlich an feuchten Stellen, vorzugsweise in sommerwarmen und niederschlagsarmen Gebieten. Die Nachtigall ist mit insgesamt 84000 bis 155000 Revieren in Deutschland vertreten, meidet aber abgesehen von gewissen Überlappungen die vom Sprosser besiedelten Gebiete. Großräumig kommen beide Arten im Nordosten Deutschlands einschließlich des südöstlichen Schleswig-Holsteins vor. Auf Rügen und nördlich bis Finnland trifft man nur Sprosser.

Mauser: Die Vollmauser der Altvögel verläuft im Sommer zwischen Brutzeit und Zugbeginn innerhalb relativ kurzer Zeit, etwa von Juli bis Ende August, bei den Männchen etwa zwei Wochen vor den Weibchen. Jungvögel erneuern gleichzeitig meist nur das Kleingefieder, darunter die inneren Großen Oberen Armdecken, und lassen die äußeren 4 bis 7 stehen. Diese jugendlichen Decken haben helle Spitzen, die den vermauserten Federn fehlen. Die entstehende Mausergrenze ist auch noch im folgenden Frühjahr zu erkennen.

Ähnliche Arten: So prächtig der Gesang der Männchen ist, so schlicht ist ihr Gefieder. Die Steuerfedern der beiden Rotschwanzarten und des Steinrötels sind entschieden heller rot, mit Ausnahme von St1. Die Unterschwanzdecken sind beim Sprosser grau gewölkt, bei der Nachtigall einfarbig hellorange. Der Sprosser hat die spitzeren Flügel. H10 hat eine mittlere Länge von 14,8 mm (12,5 - 17,5 mm, n = 14), bei der Nachtigall 21,4 mm (18,5 - 23,5 mm, n = 14, W.-D. Busching). H10 hat bei der Nachtigall eine deutlicher entwickelte Innenfahne, beim Sprosser ist H10 nahezu dolchartig verengt und zugespitzt.

100 %

Der Nachtigallenflügel ist nicht übermäßig spitz geschnitten. Das erkennt man nicht nur an der Form von H10 im Vergleich zum Sprosser, sondern auch daran, dass unter den einzeln verglichenen Handschwingen H7 am längsten ist, beim Sprosser H8.

Nachtigall
Luscinia megarhynchos
En: Common Nightingale
Fr: Rossignol philomèle
Es: Ruiseñor Común
It: Usignolo
ad. 100 %

Trauerschnäpper *Ficedula hypoleuca*

Federmerkmale: Die **Handschwingen** H6, 7 und 8 haben eine Außenfahnenverengung. H7 ist mit 64 bis 72 mm (Mittel 69 mm, n = 64) unter den Einzelfedern am längsten, doch sind H6 und 8 beinahe gleich lang. H10 übertrifft mit etwa 20 mm Länge weit die äußerste Handdecke. Die Handschwingen sind schwarzbraun, H1 bis 4 oder 5 haben ein etwa 8 mm langes helles Feld im Basisviertel der Außenfahne. Das helle Feld gegenüber an der Basis der Innenfahne ist zwar länger, aber nicht sehr deutlich abgegrenzt und erreicht nicht den Schaft (vgl. Halsbandschnäpper). Es ist auch bei H6 bis 8 vorhanden und dort noch länger.

Das helle, schwach ocker oder gelblich getönte Feld an der Basis der Außenfahne findet sich ebenso bei den **Armschwingen**, es vergrößert sich manchmal bei A6 und erreicht bei den drei Schirmfedern in einem breiten hellen Saum sogar die Federspitze. A6 hat bei **Jungvögeln** eine ganz graue Innenfahne. Bei ihnen sind die Felder in den Armschwingen beigefarben getönt, bei Altvögeln weißlich. Bei diesjährigen Jungvögeln endet der Saum der Außenfahne an der Spitze eckig, bei Altvögeln fehlt diese Ecke. Außerdem haben bei Jungvögeln die inneren Großen Oberen Armdecken nur einen hellen Spitzenfleck, bei alten Männchen ausgedehnte weiße Felder, die nur einen breiten dunklen Innensaum übriglassen.

Von den **Steuerfedern** sind St4 und 5 meist am längsten, St1 und 6 etwas kürzer. Im Mittel liegen die längsten bei 57 mm Länge, variieren aber zwischen 52 und 62 mm (n = 277). Sie sind schwarz bis schwarzbraun, die äußeren können deutlich heller sein als die inneren. St5 und 6, manchmal auch St4, haben Weißanteile in der Außenfahne oder eine ganz weiße Außenfahne. Das Weiß kann ebenfalls auf die Innenfahne übergreifen. Das helle Feld auf der Innenfahne von St6 ist beim Männchen scharf abgegrenzt, beim Weibchen verlaufend. Die Federn sind mindestens im frischen Zustand am Ende zugespitzt.

Vorkommen: Trauerschnäpper sind bei uns vorzugsweise Bewohner lichter, alter und unterholzarmer Laubwälder, finden sich aber auch in Gärten, Parks und Friedhöfen ein, besonders wenn Bruthöhlen zur Verfügung stehen. Die Population ist mit 68 000 bis 130 000 Revieren nicht sehr groß und nimmt etwas ab.

Mauser: Alte Trauerschnäpper erneuern ihr Gefieder im Sommer noch im Brutgebiet. Die Handschwingenmauser der Männchen beginnt in Skandinavien schon im Juni. Bei späterem Beginn kann sie für den Zug unterbrochen und im Winterquartier vollendet werden. In einer Teilmauser können dort Schirmfedern und innere Armschwingen nochmals erneuert werden, sodass die Vögel gegebenenfalls mit einer Mausergrenze im inneren Armflügel ins Brutgebiet kommen. Die Jungvögel absolvieren eine Teilmauser im Sommer, wobei meist das gesamte Kleingefieder erneuert wird. Im anschließenden Frühjahr werden einige Armschwingen und Decken ausgetauscht.

Ähnliche Arten: Wegen der Einheitlichkeit der inneren drei Steuerfedern und der Variabilität in den Weißanteilen der äußeren Federn kann man anhand der Steuerfedern Trauer- und Halsbandschnäpper nicht unterscheiden. Beim Halsbandschnäpper haben aber Hand- und Armschwingen viel mehr Weiß. In den Handschwingen erstreckt sich das leuchtend weiße Feld an der Basis der Innenfahne bis an den Schaft heran, beim Trauerschnäpper ist es verschwommen und schmaler. Ein basales helles Feld in den Außenfahnen der inneren Handschwingen ist auch beim Buchfinken vorhanden, doch sind die Schwingen der Schnäpper kleiner und zarter als beim Buchfinken. Man vergleiche auch die Handschwingen des Braunkehlchens (s. S. 190).

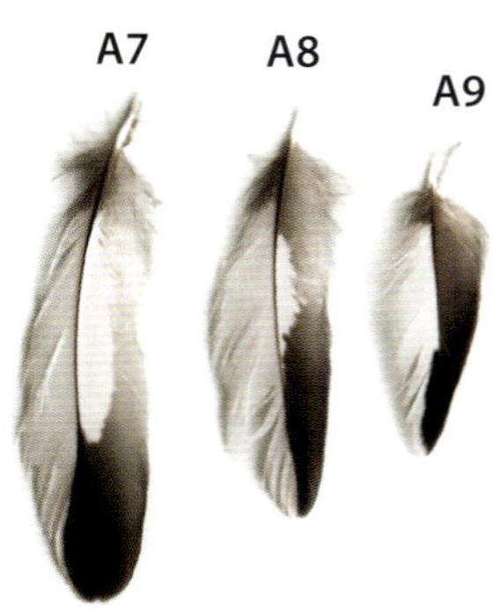

A7-9 eines alten Männchens

Der Flügel ist mäßig spitz geschnitten, nicht so spitz, wie man es von einem Langstreckenzieher erwarten würde. H10 ist im kompletten Flügel ungefähr so lang wie HD8, aber länger als HD9. H6 bis H8 sind mit Außenfahnen-Verengungen versehen.

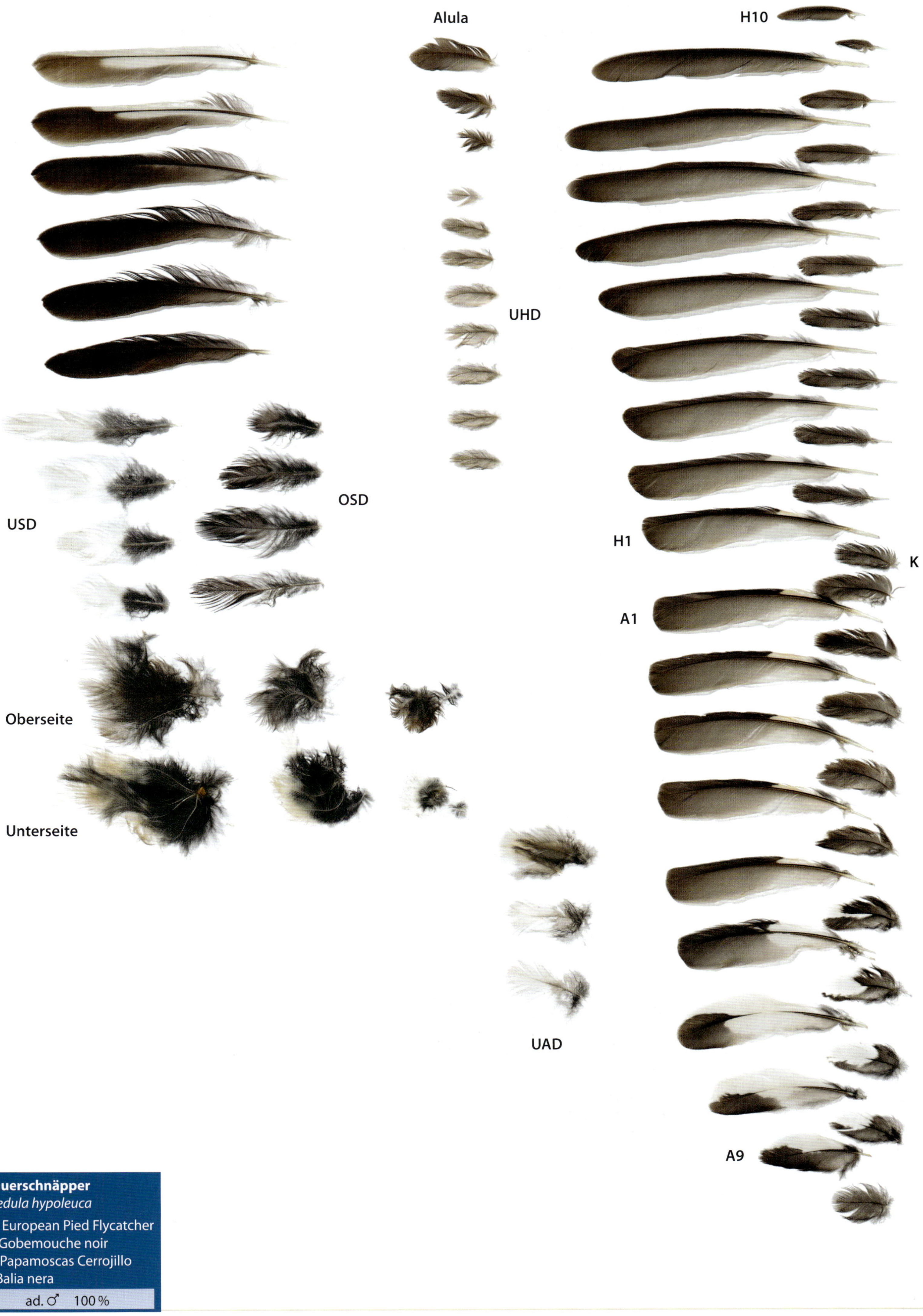

Trauerschnäpper
Ficedula hypoleuca
En: European Pied Flycatcher
Fr: Gobemouche noir
Es: Papamoscas Cerrojillo
It: Balia nera

ad. ♂ 100 %

Halsbandschnäpper *Ficedula albicollis*

Federmerkmale: Unter den **Handschwingen** ist H7 mit 67 bis 75 mm (Mittel 71 mm, n = 52) die längste. H6 bis 8 (9) sind in den Spitzen der Außenfahnen verengt. Die Handschwingen sind schwarzbraun, zu den Spitzen hin schwarz. Die inneren Handschwingen 1 bis 7 weisen im Basisdrittel der Außen- wie der Innenfahne ein schräg abgegrenztes weißes Feld auf. H8 und 9 haben nur das Innenfahnenfeld. Diese Felder reichen fast oder vollständig bis an den Schaft heran. Die Schäfte der inneren Handschwingen und aller Armschwingen setzen sich fast schwarz von den weißen basalen Fahnenfeldern ab, in den schwarzbraun pigmentierten äußeren Fahnenteilen ist der Kontrast gering. Das erste vollständige Federkleid des **Jungvogels** ist stark gefleckt.

Bei den **Armschwingen** setzt sich das beschriebene Muster fort, das weiße Feld auf der Innenfahne schwächt sich erst bei A6 beim Jungvogel oder A8 beim Altvogel ab. Bei den Schirmfedern 7 bis 9 läuft dafür ein breiter weißer Saum bis zur Spitze der Außenfahne. A7 ist nicht länger als A6. Die Großen Oberen Armdecken haben beim Jungvogel im ersten Sommer breite helle Endsäume, beim Altvogel im Frühjahr sind große Teile der Federspitze weiß.

Die **Steuerfedern** entsprechen in der Größe denjenigen des Trauerschnäppers. Die längsten Steuerfedern messen 54 bis 63 mm, im Mittel 56 mm (n = 50). Sie sind schwarz und etwas zugespitzt, die äußeren zwei bis drei meist mit variablem Weißanteil in den Außenfahnen, oft mindestens bei St6 auch auf der Innenfahne. Der Schaft bleibt auch im weißen Feld dunkel. Selten treten Individuen mit gänzlich schwarzen Steuerfedern auf. Möglicherweise rührt die Variabilität des Weißanteils in den Steuerfedern von der Entwicklung des weißen Bürzels, sodass der stabilisierende Selektionsdruck für die Schwanzkante entfällt. Für den Trauerschnäpper kann das nicht gelten. Die Unterschwanzdecken sind in ihren Fahnenanteilen reinweiß.

Vorkommen: Der Halsbandschnäpper ist bei uns ein südliches bis östliches Faunenelement. Er bewohnt lichte Laubwälder, hat diese aber teilweise unter Feind- und Konkurrenzdruck geräumt und sich in Streuobstwiesen zurückgezogen. Er bevorzugt klimamilde Lagen. Die Population konzentriert sich in Deutschland auf Bayern und Baden-Württemberg und besetzt nicht mehr als 3700 bis 5500 Reviere.

Mauser: Die Vollmauser findet im Brutgebiet statt und beginnt früh, teilweise schon während der späten Brutphase. In einer Teilmauser im Winterquartier werden Schirmfedern und manchmal alle Steuerfedern sowie einige Armschwingen nochmal erneuert. Dabei können Mausergrenzen in den Großen Oberen Armdecken wie im Armflügel entstehen. Die Jungvögel erneuern im Sommer ihres ersten Lebensjahres ihr Kleingefieder mit einem großen Teil der Flügeldecken.

Ähnliche Arten: Wegen der Einheitlichkeit der inneren drei Steuerfedern und der Variabilität in den Weißanteilen der äußeren Federn kann man anhand der Steuerfedern Trauer- und Halsbandschnäpper nicht unterscheiden. Hand- und Armschwingen haben aber beim Halsbandschnäpper viel mehr Weiß. Das basale helle Feld in den Außenfahnen der Handschwingen ist auch beim Buchfinken vorhanden, doch sind die Schwingen der Schnäpper kleiner und zarter als beim Buchfinken. In den Handschwingen erstreckt sich das leuchtend weiße Feld beim Halsbandschnäpper an der Basis der Innenfahne bis an den Schaft heran, beim Trauerschnäpper ist es verschwommen und schmaler. Ein basales helles Feld in den Außenfahnen der inneren Handschwingen ist auch beim Buchfinken vorhanden.

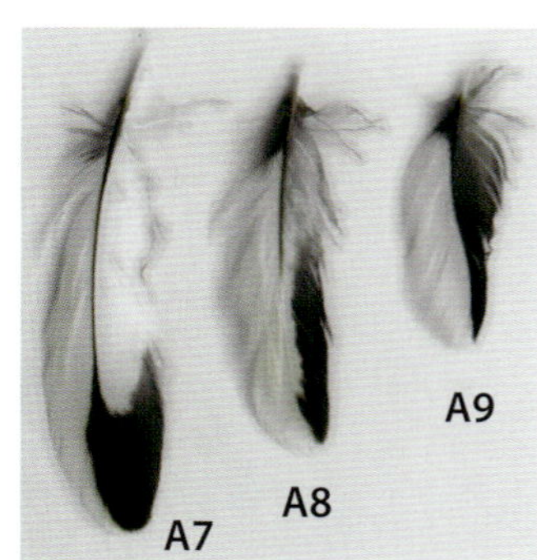

A7-9 eines alten Männchens

Der Flügel ist mäßig spitz geschnitten, kaum anders als beim Trauerschnäpper. H10 ist ungefähr so lang wie HD8, aber deutlich länger als HD9. Die Verengungen an den Spitzen der äußeren Handschwingen sind nicht sehr ausgeprägt (Flügelmontage).

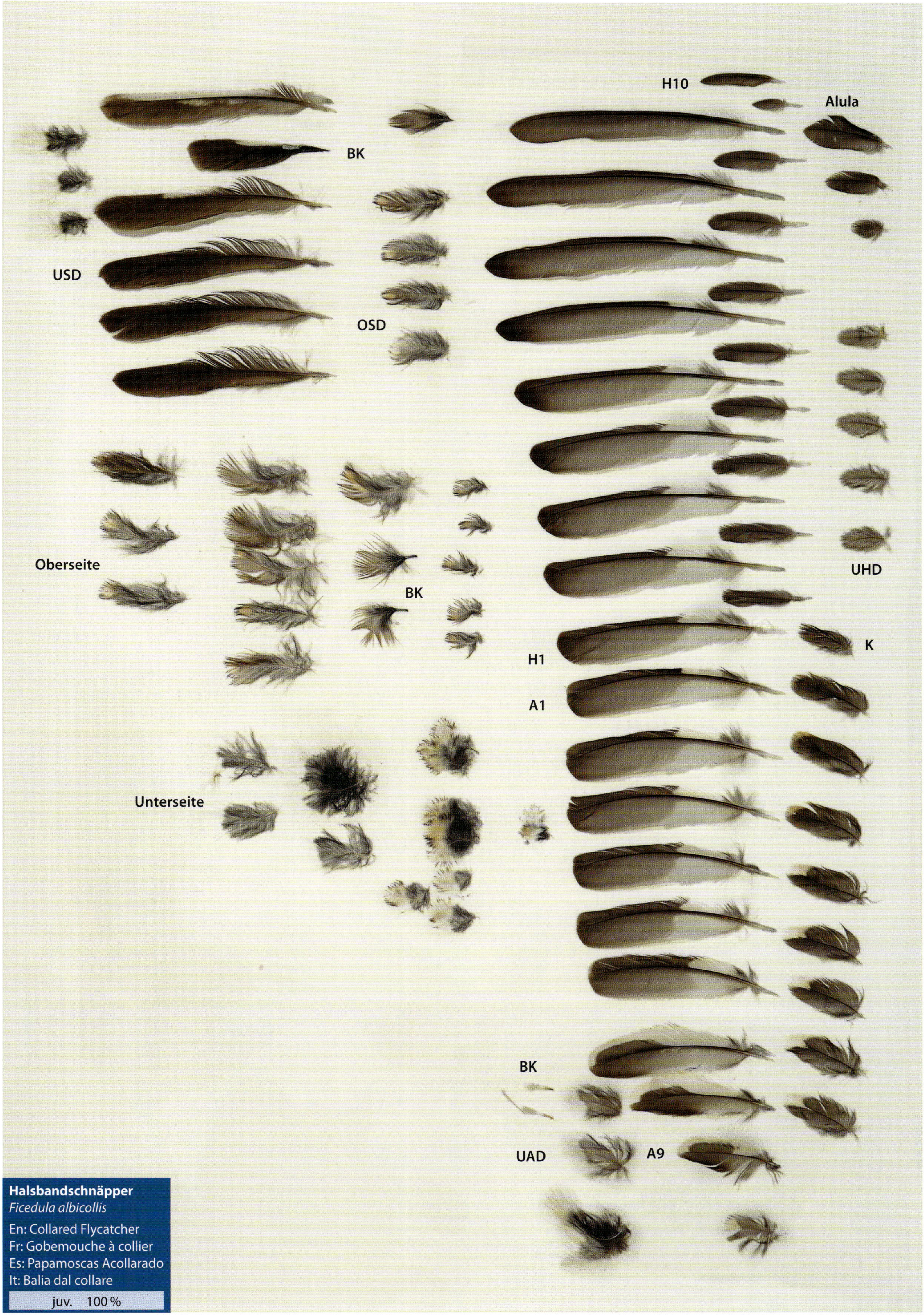

Halsbandschnäpper
Ficedula albicollis
En: Collared Flycatcher
Fr: Gobemouche à collier
Es: Papamoscas Acollarado
It: Balia dal collare
juv. 100 %

Zwergschnäpper *Ficedula parva*

Federmerkmale: Die **Handschwingen** (5) 6 bis 8 sind in den Spitzen der Außenfahnen verengt, H5 bis 9 auch an den Innenfahnen. Die kurze H10 erreicht eine Länge von etwa 18 bis 20 mm, die längste (H7 oder H8 im kompletten Flügel) 55 bis 63 mm (Mittel 59 mm, n = 21). Die Handschwingen sind unscheinbar bräunlich gefärbt, mit einem hellen Feld in der Innenfahne, das fast die Spitze erreicht und an der Basis die ganze Breite der Fahne einnimmt. Die Außenfahne ist sehr fein hell gesäumt. Der Schaft hebt sich nur nahe der Fahnenbasis dunkelbraun ab.

Die **Armschwingen** zeigen die gleichen Färbungsverhältnisse wie die Handschwingen. Sie weisen schmale, hell graubraune Außen- und Endsäume auf, die sich bei den Schirmfedern verbreitern. Auch die Großen Oberen Armdecken sind so gesäumt – alles sehr unscheinbar graubraun. Im **Jugendgefieder** tragen die Schirmfedern und die größeren Armdecken helle Spitzenflecke.

Das Auffälligste im Federkleid außer der rötlichen Kehle und Brust der alten Männchen sind die **Steuerfedern**. Ein ausgedehnter mittlerer Teil der Fahnen der Steuerfedern 4 bis 6 ist weiß, das Spitzendrittel schwarzbraun, die Basis dunkelgrau. Bei der Steuerfeder 3 beschränkt sich das Weiß meist auf ein mittleres Feld der Außenfahne, kann aber auch noch ein wenig auf die Innenfahne übergreifen. Bei der Steuerfeder 2 fehlt das Weiß ganz oder ist nur als ein Stück heller Außensaum vertreten. Die mittleren Schwanzfedern St1 sind vollständig schwarzbraun. Die Schäfte sind in den weißen Feldern weiß, an der Federbasis weiß oder grau. Beim **Jungvogel** sind die Steuerfedern fein zugespitzt, bei den äußeren Steuerfedern sind die Spitzchen aufgehellt. Die längsten Steuerfedern sind 51 bis 62 mm lang (Mittel 55 mm, n = 23), St1 und 6 sind einige Millimeter kürzer. Das Weiß der Schwanzseite sieht man am besten im Flug, jedoch ebenso beim typischen Schwanzstelzen des Vogels, beim Flügel-Schwanzstrecken und bei der Gefiederpflege. Jungvögel erkennt man an hellen Tropfenflecken im Gefieder sowie an feinen dunklen Säumen der Oberseite.

Vorkommen: Der Zwergschnäpper ist ein nur regional verbreiteter Sommervogel, der von Mai bis September in geschlossenem Mischwald mit reichem Angebot an toten Bäumen mit Bruthöhlen anzutreffen ist, häufig auf feuchtem Untergrund. In den Bayerischen Alpen ist er in Höhen zwischen 500 m und etwa 1500 m festgestellt worden. Die Art erreicht hier ihre westliche Verbreitungsgrenze. Insgesamt kann man in Deutschland mit nur 1400 bis 2200 besetzten Revieren rechnen, die vor allem in den östlichen Bundesländern zu finden und zudem in Abnahme begriffen sind.

Mauser: Die Vollmauser beginnt im Sommer, teilweise schon während der Jungenaufzucht. Der größte Teil findet aber wohl erst im südasiatischen Winterquartier statt.

Ähnliche Arten: Weiße Schwanzseiten und dunkle Endbinden findet man ebenfalls bei Braunkehlchen und Steinschmätzern, das Weiß erreicht bei ihnen aber auch die Basis der mittleren Schwanzfeder, was beim Zwergschnäpper nicht der Fall ist. Alte Zwergschnäppermännchen haben eine rote Kehle und Brust, die aber an Farbintensität und Ausdehnung das ausgefärbte Rotkehlchen nicht erreichen. Der Taigaschnäpper (*F. albicilla*) ist nächstverwandt mit dem Zwergschnäpper und diesem sehr ähnlich.

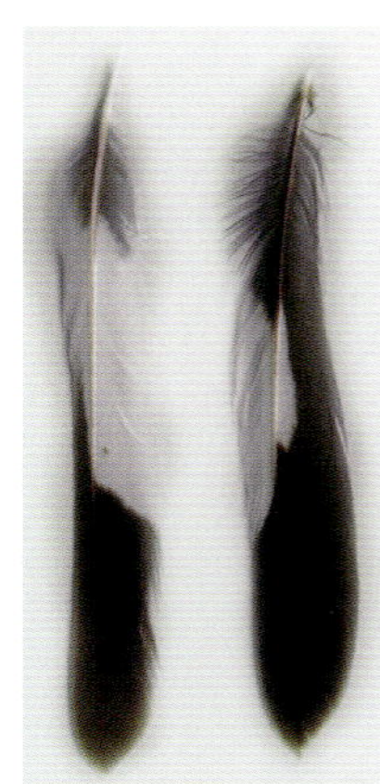

St 6 (links) und 4 eines Taigaschnäppers

Der Flügel des Zwergschnäppers ist wie bei den anderen Schnäppern nicht sonderlich spitz, obwohl er ausgeprägter Langstreckenzieher ist.

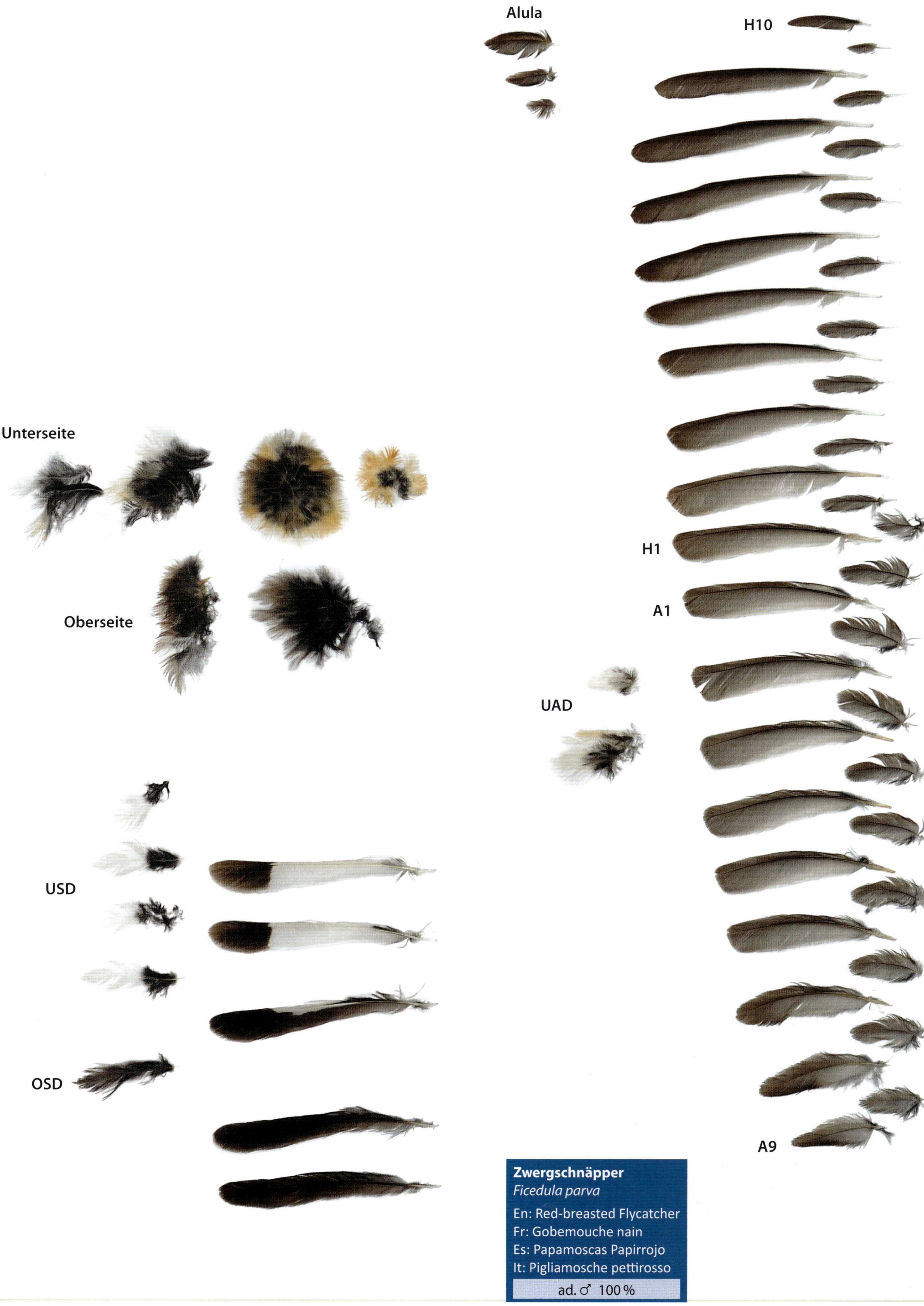

Zwergschnäpper
Ficedula parva
En: Red-breasted Flycatcher
Fr: Gobemouche nain
Es: Papamoscas Papirrojo
It: Pigliamosche pettirosso
ad. ♂ 100 %

Hausrotschwanz *Phoenicurus ochruros*

Federmerkmale: Von den **Handschwingen** haben H5 bis 8 eine Außenfahnenverengung, eine Verengung an den Innenfahnen ist ebenfalls bei H5 bis 8 zu erkennen. H10 hat immerhin eine Länge von etwa 25 mm. Die längste Handschwinge H6 misst 66 bis 80 mm (Mittel 75 mm, n = 52). Die Federn sind beim Männchen rauchschwarz und nur an dem von der Spitzenverengung freien Teil an der Innenfahne schwach hell gesäumt. Beim Weibchen ist die Grundfärbung heller. Im 2. Kalenderjahr ist ein Teil der Männchen fast ebenso schlicht und graubraun gefärbt wie die Weibchen, andere sind schon kontrastreich, mit rußschwarzem Gesicht und Kehlbereich.

Erst im Folgejahr bekommen sie einen weißen Armflügelspiegel. Dieser kommt dadurch zustande, dass die **Armschwingen** 1 bis 8 an den Außenfahnen einen weißen Saum tragen. Dieser ist bei A1 nur schwach entwickelt und wird von Schwinge zu Schwinge breiter, bis er bei A6 bis 8, also auch bei den beiden äußeren Schirmfedern, einen größeren Teil der Außenfahne ausfüllt. Die innerste, kleine Schirmfeder hat lediglich einen grauen Saum. In den anderen Kleidern, also bei Jungvögeln, Weibchen und schlichten Männchen, sind die Säume ebenfalls vorhanden, aber mattgrau. Sie können einen schwachen Spiegel bilden.

Die längsten **Steuerfedern** (meist St3) sind 59 bis 74 mm lang, im Mittel 66 mm (n = 231). Sie sind mit Ausnahme der mittleren intensiv ziegelrot gefärbt, an den Spitzen und den spitzennahen Teilen der Außenfahnen verschwimmend schmutzig rot. Die mittlere Steuerfeder ist an der Spitze und in weiten Teilen der Innenfahne dunkelbraun, nur an der Basis der Innenfahne und an der Außenfahne braunrot. Selbst wenn das Rot des Schwanzes nicht sehr hell leuchtet, wird es beim Schwanzspreizen während des Landens und bei Flugmanövern deutlich sichtbar. Auch beim stehenden Vogel fällt es auf, weil er ständig mit dem Schwanz zitternde Bewegungen nach unten ausführt. Die Oberschwanzdecken haben das gleiche Ziegelrot wie die äußeren Steuerfedern, die Unterschwanzdecken sind hellorange.

Vorkommen: Der Hausrotschwanz ist ursprünglich ein Felsbewohner und war damit an die Hochlagen der Gebirge gebunden. Er tritt tatsächlich als Sommer- und Brutvogel im Hochgebirge bis in Höhen von 3200 m ü. NN auf. Sekundär hat er seit etwa 250 Jahren in großem Umfang die menschlichen Wohngebiete auch im Flachland bis in die Stadtzentren hinein besiedelt. Der ursprüngliche Gebirgsbewohner ist heute mit etwa 90 Prozent seiner Population zum Kulturfolger geworden, der Gebäude in nahezu allen Formen besiedelt. Demnach ist er in ganz Deutschland verbreitet und tritt mit 800 000 bis 1,1 Millionen Brutpaaren bei schwacher Abnahme in Erscheinung.

Mauser: Die Vollmauser der Altvögel findet im Sommer nach der Brutperiode noch im Brutgebiet statt, sie endet nach Mitte September. Nach dem Flüggewerden legen auch die Jungvögel ihre Teilmauser ab. Dabei werden außer dem sonstigen Kleingefieder auch 2 bis 6 innere Große Obere Armdecken erneuert.

Ähnliche Arten: Die Federn des Gartenrotschwanzes sind ähnlich, besonders die Schwanzfedern. Das gilt besonders für die bräunliche St1, die den geschlossenen Schwanz nach oben abdeckt und tarnt. Im Handflügel weist der Hausrotschwanz schon ab H5 eine Außenfahnenverengung auf, der Gartenrotschwanz erst ab H6. Handschwingen und Armschwingen ohne weißen Spiegelsaum sind zwar ebenfalls gesäumt, aber nicht ohne Weiteres von Sperlings- und Braunellenfedern oder anderen schlichten Schwingen zu unterscheiden. Die roten Schwanzfedern des Steinrötels sind kurz und breit, mit schwachen hellen Endsäumen. Rötliche Schwanzfedern gibt es auch bei der Nachtigall und dem jungen Neuntöter, jedoch nicht so farbintensiv.

Der Flügel des Hausrotschwanzes ist recht rund geschnitten, was ihn auch gegenüber dem Gartenrotschwanz charakterisiert. Man sieht das daran, dass die längste einzelne Handschwinge H6 stark nach innen verlagert ist und die Fahnenverengungen schon weit innen beginnen.

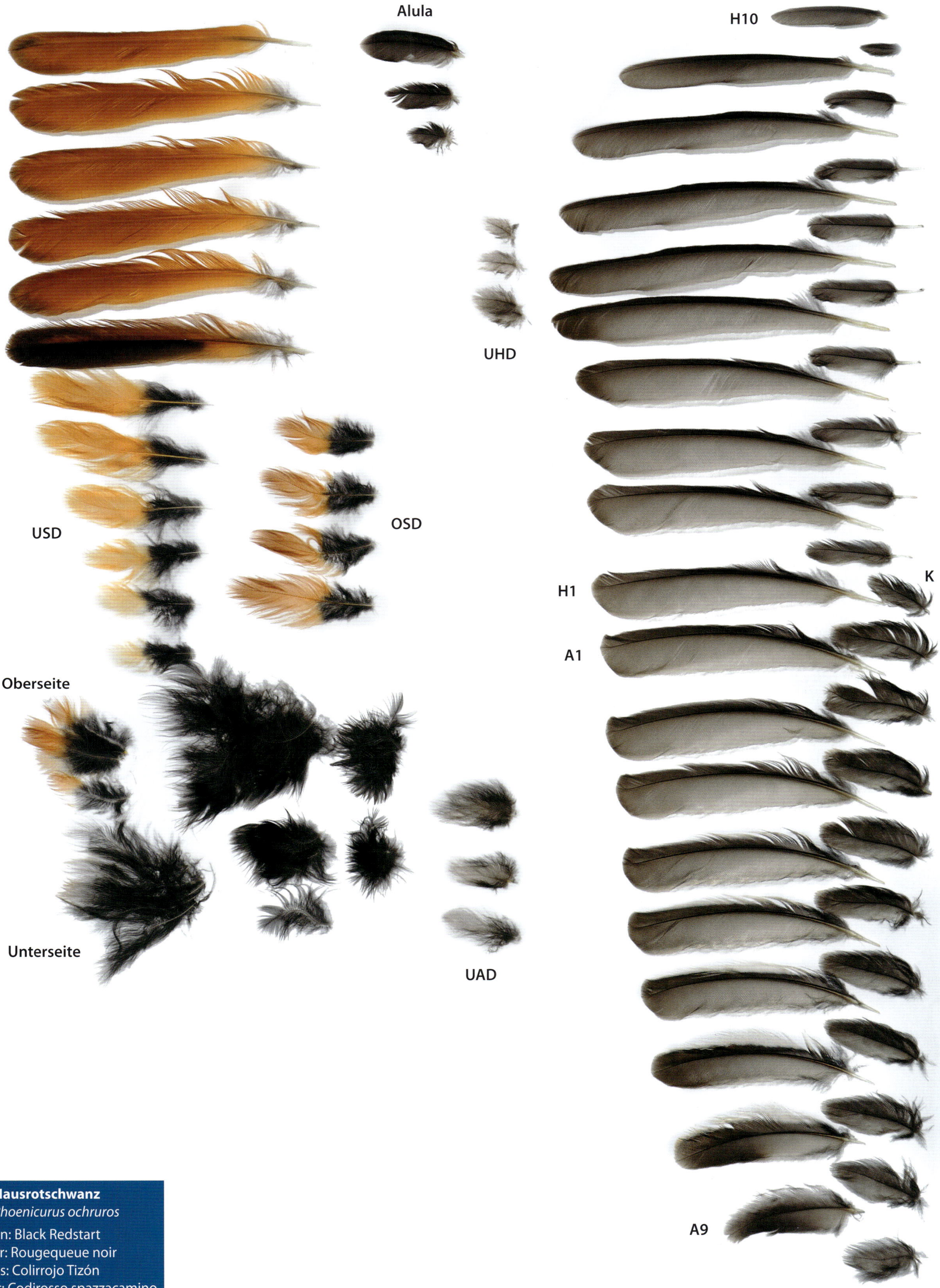

Hausrotschwanz
Phoenicurus ochruros
En: Black Redstart
Fr: Rougequeue noir
Es: Colirrojo Tizón
It: Codirosso spazzacamino

ad. ♂ 100 %

Gartenrotschwanz
Phoenicurus phoenicurus

Federmerkmale: Bei den **Handschwingen** haben H6 bis 8 eine Außenfahnenverengung, H(6) 7 bis 9 eine Verengung der Innenfahne. H10 misst immerhin etwa 23 mm, mehr als die oberen Handdecken. Die längste einzelne Handschwinge (H6) ist 64 bis 78 mm lang (Mittel 69 mm, n = 71). Die Fahnen sind graubraun, die Innenfahnen aber blassocker gesäumt. Die Spitzen der inneren Handschwingen tragen helle, schwach ocker getönte Säume. Die Schäfte heben sich schwarzbraun von den Fahnen ab, was aber nicht für die Federunterseite gilt.

Bei den **Armschwingen** setzt sich das Färbungsmuster der inneren Handschwingen fort. Die Schäfte sind jedoch nur oberseits schwarzbraun, auf der Unterseite der Armschwingen aber hell. Die Schirmfedern sind im frischen Zustand an den Außenfahnen und an den Spitzen ockerfarbig gesäumt. Diese Säume können sich im Laufe der Saison abnutzen. Die Großen Oberen Armdecken werden bei der Jugendteilmauser teilweise erneuert, sodass eine Mausergrenze entsteht. Beim Männchen sind die jugendlichen Decken braun und tragen gelbbraune Außensäume. Die erneuerten inneren Decken, manchmal nur eine oder zwei, sind hellgrau überhaucht und tragen hellgraue Außensäume mit gelbbraunem Spitzensaum. Beim Weibchen sind die Unterschiede geringer.

Der Schwanz ist gerade geschnitten, nur St1 und 6 sind etwas kürzer als die übrigen. Die längsten **Steuerfedern** erreichen durchschnittlich etwa 62 mm (Variation zwischen 57 und 68 mm, n = 260). St2 bis 6 sind mitsamt ihren Schäften leuchtend ziegelrot mit einer schwachen Aufhellung an der Fahnenbasis. St1 weicht davon ab. Bei ihr ist die Außenfahne matt rotbraun, die Innenfahne, die Spitze der Außenfahne und der Schaft sind schwarzbraun. Auch bei St6 kann die Spitze der Außenfahne dunkel eingefärbt sein. Die Oberschwanzdecken sind ziegelrot, die Unterschwanzdecken blassorange. Nach dem Großgefieder kann man die Geschlechter nicht unterscheiden.

Vorkommen: Der Gartenrotschwanz ist Sommervogel und Höhlenbrüter. Er nimmt sowohl mit Naturhöhlen, beispielsweise in alten Obstbäumen, als auch mit Nistkästen vorlieb. Er bewohnt lichten Wald und offene park- und gartenartige Landschaft. Nach langfristiger Abnahme haben sich die Bestände bis in die jüngere Vergangenheit wieder positiv entwickelt, zurzeit ist aber neuerlich von mäßiger Abnahme die Rede. Man rechnet jetzt mit 91 000 bis 155 000 Revieren, etwa einem Zehntel derjenigen des Hausrotschwanzes.

Mauser: Die Vollmauser der Altvögel findet zugleich mit der Teilmauser der Jungen im Juli und August im Brutgebiet statt und ist vor dem Wegzug im September abgeschlossen. Dabei können gleichzeitig vier Hand- und vier Armschwingen in Erneuerung sein und zwei große Mauserlücken im Flügel bilden. Das dürfte die Flugtüchtigkeit des Vogels erheblich einschränken. Im afrikanischen Winterquartier findet keine Mauser statt. Im Schlichtkleid nach der Mauser sind die Farben durch beigefarbene Säume verdeckt, die im Laufe des Winters verloren gehen. Zur Entwicklung des Prachtkleides bedarf es also keiner Mauser.

Ähnliche Arten: Beim Hausrotschwanz ist H5 mit einer Außenfahnenverengung versehen, die beim Gartenrotschwanz fehlt. Einen hellen Flügelspiegel, wie ihn ältere Hausrotschwanzmännchen aufweisen, gibt es hierzulande beim Gartenrotschwanz nicht, wohl aber bei den südöstlichen Populationen der Unterart *samamisicus*, dort in Andeutungen auch beim Weibchen. Das Großgefieder des Gartenrotschwanzes ist insgesamt mehr bräunlich und nicht so grau wie beim Hausrotschwanz. An einzelnen Schwanzfedern wird man die beiden Rotschwanzarten nicht unterscheiden können. Das Kleingefieder des Gartenrotschwanzes ist aber in allen Kleidern farbiger als beim Hausrotschwanz.

100 %

Der Flügel wirkt nicht übermäßig spitz, obwohl der Vogel ein Fernzieher ist. Immerhin reichen die Handschwingenverengungen nicht wie beim Hausrotschwanz nach innen bis H5, was ein Zeichen für einen spitzeren Flügel des Gartenrotschwanzes ist. H10 ist kürzer als beim Hausrotschwanz.

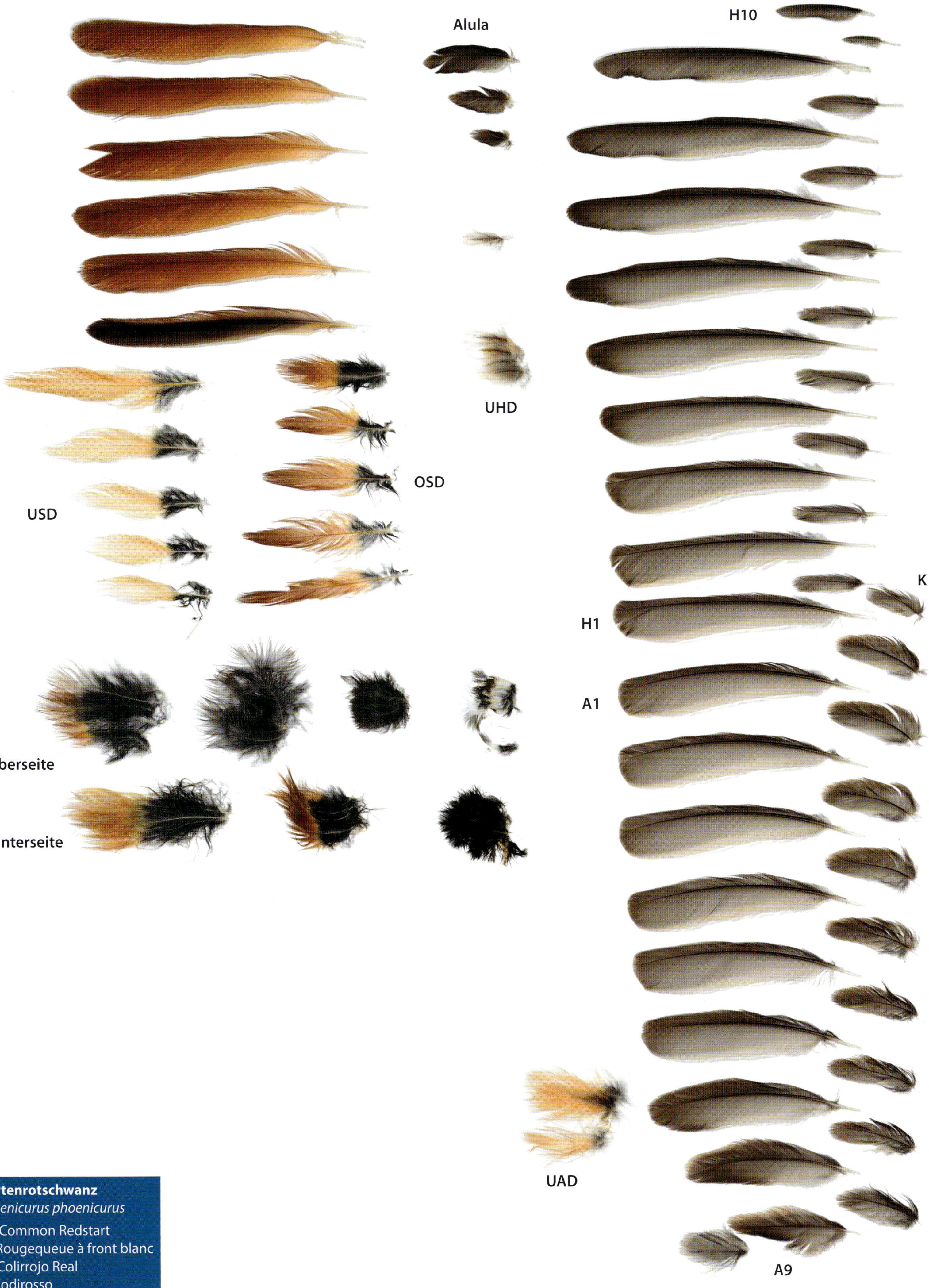

Gartenrotschwanz
Phoenicurus phoenicurus
En: Common Redstart
Fr: Rougequeue à front blanc
Es: Colirrojo Real
It: Codirosso
ad. ♂ 100 %

Steinrötel *Monticola saxatilis*

Federmerkmale: Der Steinrötel ist ein im männlichen Prachtkleid sehr bunter, im Schlichtkleid jedoch unauffälliger, drosselartiger Vogel mit kurzem Schwanz. So sehr sich Pracht- und Schlichtkleid sowie Männchen und Weibchen unterscheiden, so wenig schlagen sich natürlicherweise solche Unterschiede im Großgefieder nieder. Die einzeln betrachteten **Handschwingen** weisen auf einen recht spitzen Flügelschnitt hin: H8 ist die längste (99 mm, nur n = 1), aber H7 ist nur 1 mm und H9 gerade 2 mm kürzer. Der komplette Flügel wirkt noch spitzer. Dazu passt auch, dass H10 mit etwa 16 mm kürzer ist als HD9. Nur H7 und 8 haben eine Außenfahnenverengung, H8 und 9 eine schwache Innenfahnenverengung. Die Handschwingen sind unscheinbar dunkel graubraun, zu den Spitzen hin etwas dunkler. Sie weisen im frischen Zustand sämtlich einen abgesetzten beigefarbenen Endsaum bis zu 2 mm Breite auf, der besonders bei den äußeren Handschwingen durch Abnutzung verschwinden kann. Die Außenfahnen der inneren Handschwingen sind graubeige gesäumt. Die Innenfahnen sind nur an der Basis schwach aufgehellt. Die Schäfte heben sich mit Ausnahme der dunklen Federspitzen schwarzbraun von den Fahnen ab. Die Großen Oberen Handdecken sind an den Innenfahnen und den Spitzen auffallend hell gesäumt, die Großen Oberen Armdecken haben ebenfalls helle Endsäume. Die unteren Hand- und Armdecken leuchten hellorange.

Die **Armschwingen** sind relativ breit geformt, sie haben – zur Federspitze hin zunehmend – auffallende helle Außenfahnensäume, denen schmale Säume an den Innenfahnen gegenüberstehen. Ihre Spitzen sind ebenso wie die der Handschwingen beige gesäumt Zu den Schirmfedern hin verstärken sich die Säume noch. Am Schaft sind die Federspitzen etwas eingezogen, sodass sie schwach zweispitzig wirken.

Die roten **Steuerfedern** wirken im Vergleich zu Rotschwanzfedern kurz und breit: Länge etwa 65 bis 75 mm, Breite etwa 12 mm. Sie sind leuchtend rostorange gefärbt, können zur Spitze hin besonders an den Außenfahnen bis zu Schwarzbraun abgedunkelt sein. Das mittlere Steuerfederpaar hebt sich insgesamt dunkelbraun ab, doch ist auch hier die basale Hälfte oder ein Drittel orange. Im frischen Zustand sind die Spitzen etwa 2 mm breit beige gesäumt. Die Schäfte der Steuerfedern sind im Allgemeinen an die Fahnenfärbung angepasst, nur zur Basis hin hellen sie sich zunehmend auf. Die Oberschwanzdecken leuchten rostorange, die Unterschwanzdecken sind wie der Bauch etwas heller orange gefärbt. Nur beim Männchen im Prachtkleid sind die Deckfedern des Hinterrückens weiß, beim Weibchen dagegen meist unauffällig. Das Weibchen ist oberseits hell, unterseits bräunlich quergebändert.

Vorkommen: Der Steinrötel ist ein seltener, scheuer, Wärme liebender Vogel der südlichen Berge und lebt in steilen, felsigen Regionen meist oberhalb von 1500 m ü. NN, also meist in größerer Höhe als die Blaumerle. Im 19. Jahrhundert war die Art zeitweise noch viel weiter nördlich verbreitet und erreichte sogar den Harz. In Deutschland gibt es derzeit nur zwei bis fünf nachweislich besetzte Brutplätze, in Österreich und den Südalpen ist die Art häufiger. Für Mitteleuropa werden 860 bis 1420 Brutpaare angenommen.

Mauser: Die Vollmauser der Altvögel ins Schlichtkleid findet nach Ende der Brutzeit im zeitigen Sommer statt, bevor die Vögel bereits im August wegziehen. Die Mauser verläuft sehr schnell, sodass die Vögel zeitweise flugbehindert sind. Die Jungvögel absolvieren im Sommer eine Teilmauser, wobei aber auch ein Teil der Armdecken und Schirmfedern betroffen sein kann.

Ähnliche Arten: Die roten Schwanzfedern des Haus- und des Gartenrotschwanzes sind schmaler und zarter, bei der Nachtigall und beim Sprosser sind sie entschieden dunkler.

Die Flügel sind deutlich spitzer geschnitten als bei der verwandten Blaumerle, die als Jahresvogel im Brutgebiet bleibt. Der Steinrötel ist ein Langstreckenzieher, dessen Winterquartiere in Afrika südlich der Sahara liegen.

Steinrötel
Monticola saxatilis
En: Common Rock Thrush
Fr: Monticole merle-de-roche
Es: Roquero Rojo
It: Codirossone
100 %

Die Federn gehen auf unterschiedliche Quellen zurück, daher sind die Federsätze unvollständig.

Blaumerle *Monticola solitarius*

Federmerkmale: Blaumerle und Seinrötel sind Vögel von Felsformationen des Südens, die heute wieder zu den Drosseln gehören. Sie sind ökologisch voneinander getrennt, wobei die Blaumerle häufiger die tieferen Lagen bis herab zur Küste bewohnt. Während die adulten Männchen sehr unähnlich sind, ähneln die Weibchen einander im Kleingefieder, doch haben sie völlig unterschiedlich gefärbte Schwanzfedern.

Die **Handschwingen** sind beim Männchen durchgehend schwarz mit einem blauen Hauch, nur die Spitzen warten mit einem feinen hellen Saum auf, wenn sie frisch sind. Das gilt auch für die Handflügeldecken und die Alulafedern. Bei H7 bis 9 sind die Außenfahne sowie die Innenfahne in der Spitze verengt. Zwei gemessene H10 weisen eine Länge von je 33 mm auf. Auch bei Jungvögeln fallen die oberen Handdecken durch helle Spitzen auf.

Helle Endsäume lassen sich ebenso bei den schwarzen **Armschwingen** erkennen, besonders bei den Schirmfedern, entsprechend bei den Großen Oberen Armdecken. Die Schirmfedern sind schwarz, allerdings etwas heller als die Steuerfedern, sodass sich der Schaft schwarzbraun von den Fahnen abhebt. An der Außenfahne ist beim Männchen bei günstiger Beleuchtung ein pastellblauer Schimmer zu erkennen. Ansonsten bezieht sich die matte Blaufärbung des männlichen Altvogels auf das Kleingefieder.

Die **Steuerfedern** sind schwarz und etwa 90 mm lang. Der Schwanz des Altvogels wirkt recht lang. Es gibt keine konstanten Längenunterschiede zwischen den mittleren und den äußeren Steuerfedern. In frischem Zustand verfügen sie über einen beigefarbenen Endsaum von etwa 1 mm Breite. Der dunkle Schaft hebt sich nur an der schwach aufgehellten Federbasis von den Fahnen ab. Von einer blauen Tönung ist nur bei gutem Licht im Spitzenbereich der Federn eine Andeutung zu erkennen. Beim **Weibchen** ist die Farbgebung im Großgefieder matt und dunkel graubraun. Die Armschwingen tragen an den Außenfahnen und am Ende aufgehellte Säume, ebenso die Großen Oberen Flügeldecken. Das Kleingefieder, besonders an der Unterseite, weist eine dunkle Querbänderung auf hellbräunlichem Grund auf, selten eine schwache blaue Tönung des Kleingefieders.

Vorkommen: Die Blaumerle lebt meist als Jahresvogel in Felsgebieten und Schluchten vor allem des Südens. Gelegentlich kommt sie auch in Ruinen und Stadtrandgebieten vor. Sie erreicht von Süden her in den Südalpen Südtirol und die südliche Schweiz. In Österreich ist sie im 19. Jahrhundert ausgestorben. In ihren spanischen Vorkommensgebieten steigt sie in den Bergen bis 2000 m ü. NN auf, in Griechenland beobachtet man sie umgekehrt auch auf Meereshöhe. Wegen ihres seltenen Vorkommens in vielfach unerreichbaren Lebensräumen wird man kaum Gelegenheit haben, Mauserfedern oder Rupfungen dieser Art zu finden. Die auf der Tafel abgebildeten Federn stammen von einem mausernden Käfigvogel und sind daher unvollständig.

Mauser: Eine Vollmauser der Altvögel findet nach der Brutzeit von Mitte Juli bis in den September hinein statt. Die Jungvögel mausern im ersten Sommer nach ihrem Flüggewerden, wobei auch Armdecken und mittlere Steuerfedern erneuert werden können. Das Prachtkleid der Altvögel entsteht vorwiegend durch Abbrechen von deckenden hellen Säumen.

Ähnliche Arten: Da Amseln, Wacholderdrosseln und Ringdrosseln bei etwa doppeltem Körpergewicht wesentlich größer sind als die Blaumerle, kann man auch ihre schwarzen Schwanzfedern von etwa 12 cm Länge von denen der Blaumerle mit etwa 8 bis 9 cm anhand der Größe unterscheiden. Helle, gut entwickelte Endsäume an allen Steuerfedern fehlen bei den hier genannten Drosseln.

70 %

Da die Blaumerle im Wesentlichen als Jahresvogel auftritt, ist der Flügel eher rund geschnitten. Dem entspricht auch die recht lange H10 (s. o.). Dies alles steht im Gegensatz zum Steinrötel, der als Sommervogel in Europa auftritt und in Afrika südlich der Sahara überwintert.

Blaumerle
Monticola solitarius
En: Blue Rock Thrush
Fr: Monticole merle-bleu
Es: Roquero Solitario
It: Passero solitario
♂ 100 %

Die Federn stammen von einem mausernden Käfigvogel, daher sind sie unvollständig.

Braunkehlchen *Saxicola rubetra*

Federmerkmale: Die längste einzelne **Handschwinge** misst 60 bis 69 mm (Mittel 64 mm, n = 63). Die Schwingen sind dunkel graubraun. H6 bis 8 haben eine Außenfahnenverengung, H7 bis 9 eine angedeutete Verengung an der Innenfahne. Die inneren Handschwingen weisen an ihrer Außenfahnenbasis ein weißes oder ockerfarbiges Feld von etwa 1 cm Länge auf. Daraus entsteht unter Beteiligung der ebenfalls teils hellen Handdecken im geschlossenen Flügel ein kleiner heller Spiegel: weiß beim Männchen, ocker beim Weibchen.

Die **Armschwingen** wie auch die Großen Oberen Armdecken lassen nur eine schwache Aufhellung in der Außenfahne oder gar nichts dergleichen erkennen, sie haben eine Aufhellung am Innenfahnensaum und beigefarbene Endsäume. Nur bei den insgesamt dunkleren Schirmfedern kann sich das helle Außenfahnenfeld wieder klarer darstellen und beim Männchen sogar kontrastreich weiß. Das Geschlecht kann man außer am Kleingefiedermuster meist auch anhand der Großen Oberen Armdecken 7 bis 10 bestimmen, die über den Schirmfedern sitzen. Vögel mit sehr viel Weiß sind alte Männchen, etwas weniger Weiß findet man bei diesjährigen Männchen und alten Weibchen, die jungen Weibchen haben kein Weiß. Die anderen Armdecken verfügen nur über ockerfarbene Außen- und Endsäume.

Die **Steuerfedern** sind kurz, die längsten erreichen 50,7 mm (Variation zwischen 47 und 56 mm, n = 158). St3 bis 6 sind etwa gleich lang, die mittlere ist zugespitzt und um etwa 2 mm kürzer als die folgenden, was aber kaum für eine Gabelung reicht. Die Steuerfedern sind im Gegensatz zu denen des Schwarzkehlchens zweifarbig. Bei den äußeren ist etwa das Enddrittel dunkelbraun, die Basis von Innen- und Außenfahne ist jedoch weiß. Nur St1 ist ganz dunkel bis auf einen kleinen weißen Rest an der Basis oder an der Innenfahne; sie deckt den geschlossenen Schwanz wie eine Schirmfeder ab. Nur in seltenen Fällen fehlt das Weiß der Steuerfedern ganz oder das weiße Feld ist ocker getönt. Beim Weibchen ist die Abgrenzung zwischen Dunkel und Weiß verschwommen. Die Schäfte sind durchgehend dunkel, auch in den weißen Federpartien. Bei St5 bis 2 dehnt sich das Spitzendunkel in der Außenfahne basalwärts mehr und mehr aus. Im frischen Zustand können die Steuerfedern zugespitzt sein und besonders am Ende der Innenfahne einen hellen Saum tragen. St1 ist häufig durch Abnutzung zusätzlich zugespitzt. Die Oberschwanzdecken sind lebhaft braun mit dunklem Endband und einem fleckigen abgesetzten Schaftstrich. Die Unterschwanzdecken sind weißlich bis ocker, die mittleren manchmal mit einem feinen Schaftstrich.

Vorkommen: Das Braunkehlchen, früher auch Wiesenschmätzer genannt, ist ein ausgesprochener Fernzieher, der in Afrika überwintert. Als sommerlicher Wiesenvogel ist es bei uns bestandsgefährdet und in Abnahme begriffen, es fehlt heute bereits an vielen geeignet erscheinenden Orten. Deswegen sind im Projekt „Vögel in Deutschland“ des Dachverbands Deutscher Avifaunisten e. V. für 2019 auch nur noch 19 500 bis 35 000 Reviere ermittelt worden. Die Vögel bewohnen offenes Gelände wie Grünland, wenn Säume mit Stauden, Zaunpfähle und andere Strukturen als Warten zum Singen und für die Nahrungssuche vorhanden sind. Da sie häufig bodennah Insekten verfolgen, werden nicht wenige an Straßen zu Verkehrsopfern.

Mauser: Die Jungvögel mausern im Hochsommer nur das Kleingefieder. Die Vollmauser der Altvögel findet ebenfalls von Juli bis September noch vor dem Wegzug statt. Im Frühjahr unterziehen sie sich noch im Winterquartier einer Teilmauser, bei der das Kleingefieder mit Teilen der Flügeldecken sowie ausnahmsweise auch einige Steuerfedern erneuert werden.

Ähnliche Arten: Dem Schwarzkehlchen fehlt das Weiß oder Ocker an der Basis der äußeren Steuerfedern St2 bis 6. Bei dem asiatischen Pallasschwarzkehlchen (*Saxicola maurus*) sind hier nur kleine Flächen weiß. Es verfügt dafür aber über einen ausgedehnten weißen Bürzel.

100 %

Der Flügel des Langstreckenziehers ist recht spitz geformt, H8 bildet im Flügel die Spitze.

Braunkehlchen
Saxicola rubetra
En: Whinchat
Fr: Tarier des prés
Es: Tarabilla Norteña
It: Stiaccino
♂ 100 %

Schwarzkehlchen
Saxicola torquatus rubicola

Federmerkmale: **Handschwinge** 6 und 7 sind am längsten (53 bis 62 mm, Mittel 57 mm, n = 66). H(5) 6 bis 8 weisen Außenfahnenverengungen auf, 6 bis 9 Verengungen der Innenfahnen. Die Handschwingen sind schwarzbraun bis schwarz mit schmaler Aufhellung am Saum der Innenfahne. Die dunklen Schäfte heben sich nur wenig von den Fahnen ab. Handdecken und Alula sind hell gesäumt.

Die äußeren **Armschwingen** 1 bis 6 sind unauffällig, haben aber beim Männchen graue Außen- und Endsäume. Die Schirmfedern haben dagegen eine schwärzliche Grundfärbung und ein klar abgesetztes helles Feld, das bei A7 ein Drittel und bei A8 sowie 9 mehr als die Hälfte der Außenfahne einnimmt. Begleitend dazu sind auch die inneren Großen Oberen Armdecken (6) 7 bis 10 weiß. Das Weiß kann sich außerdem auf die Innenfahnen der benachbarten Decken erstrecken. Diese weißen Muster sind für das weiße Schulterfeld des männlichen Schwarzkehlchens verantwortlich, das beim alten Weibchen weniger, beim Jungvogel schwach ausgeprägt ist. Beim **Jungvogel** sind besonders an den Spitzen und Außenfahnen der Armschwingen sowie bei den Großen Oberen Armdecken ausgeprägte ockerfarbene Säume vorhanden. Der Jungvogel gilt auch sonst im Kleingefieder als rundum gefleckt und gestrichelt. Der Oberschwanz ist hier noch rostbraun mit dunkler Fleckung.

Die **Steuerfedern** sind im Gegensatz zu denen des Braunkehlchens ganz dunkel, nur St6 hat in der Spitzenhälfte der Außenfahne einen hellen Außensaum und über ihre ganze Länge auch einen schmalen verschwommenen lichten Innensaum. Helle End- und Außensäume treten bei den Jungvögeln verstärkt auf. Die Steuerfedern sind auffallend kurz, mit Maßen zwischen etwa 46 und 56 mm (Mittel 51 mm, n = 53) alle etwa gleich lang, nur die innerste und die äußerste sind um etwa 1 mm kürzer. Die Fahnen sind braunschwarz, die Innenfahnen vor allem basal ein wenig aufgehellt. Die Oberschwanzdecken sind beim Männchen weiß mit großen dunklen Federzentren, teils aber auch nur mit feinen Schaftstrichen, oder sie sind ganz weiß. Beim Weibchen sind sie bräunlich und mit dunklen Federzentren versehen, was die Tarnung des fliegenden Vogels verbessert. Die Unterschwanzdecken sind in ihrem Fahnenanteil weiß, der basale Rest ist grau.

ad. ♂

Vorkommen: Die Vögel bewohnen offenes, meist trockenes Gelände mit nicht zu dichter Vegetation und höheren Stauden oder anderen Strukturen, die sie als Warten benutzen, vorzugsweise extensiv bewirtschaftete Weiden oder Ruderalflächen. Sie sind Teil- und Kurzstreckenzieher mit einer geringen Tendenz zum Überwintern in wintermilden Gebieten Mitteleuropas. Die Brutpopulation stieg vielleicht wegen der Klimaänderung im vergangenen Jahrzehnt in Deutschland kräftig an, wird aber auf nicht mehr als 37 000 bis 66 000 Reviere taxiert.

Mauser: Die jugendliche Teilmauser im Spätsommer und Herbst erfasst vor allem das Kleingefieder mit den inneren Großen Oberen Armdecken, aber auch zusätzlich Schirm-, Steuer- und gelegentlich einige Schwungfedern. Das kann sogar zu einer beachtlich großen Mauserlücke in den Handflügeln führen. Die Vollmauser der Altvögel findet im Spätsommer und Frühherbst im Brutgebiet statt. Das Prachtkleid im Frühjahr bildet sich hauptsächlich durch die Abnutzung von Federsäumen heraus. Das Weibchen ist im ersten Winter hellkehlig, im folgenden Prachtkleid weist es immer noch ein Säumemuster an Kehle und Kopf auf.

Ähnliche Arten: Das Braunkehlchen hat in den äußeren Steuerfedern ausgedehnte Weißanteile, bei Jungvögeln in Ocker, die dem Schwarzkehlchen fehlen. Nur das östlich verbreitete Pallasschwarzkehlchen (*Saxicola maurus*), das früher als Unterart des Schwarzkehlchens galt, hat eine kleine weiße Basis an Innen- und Außenfahnen der Steuerfedern sowie ausgedehnt weiße Oberschwanzdecken. Beim Steinschmätzer sind die Steuerfedern nicht zugespitzt wie beim Braunkehlchen, die Schäfte in den weißen Feldern weiß.

100 %

Das Flügelprofil des Teil- und Kurzstreckenziehers ist ausgeprägt gerundet.

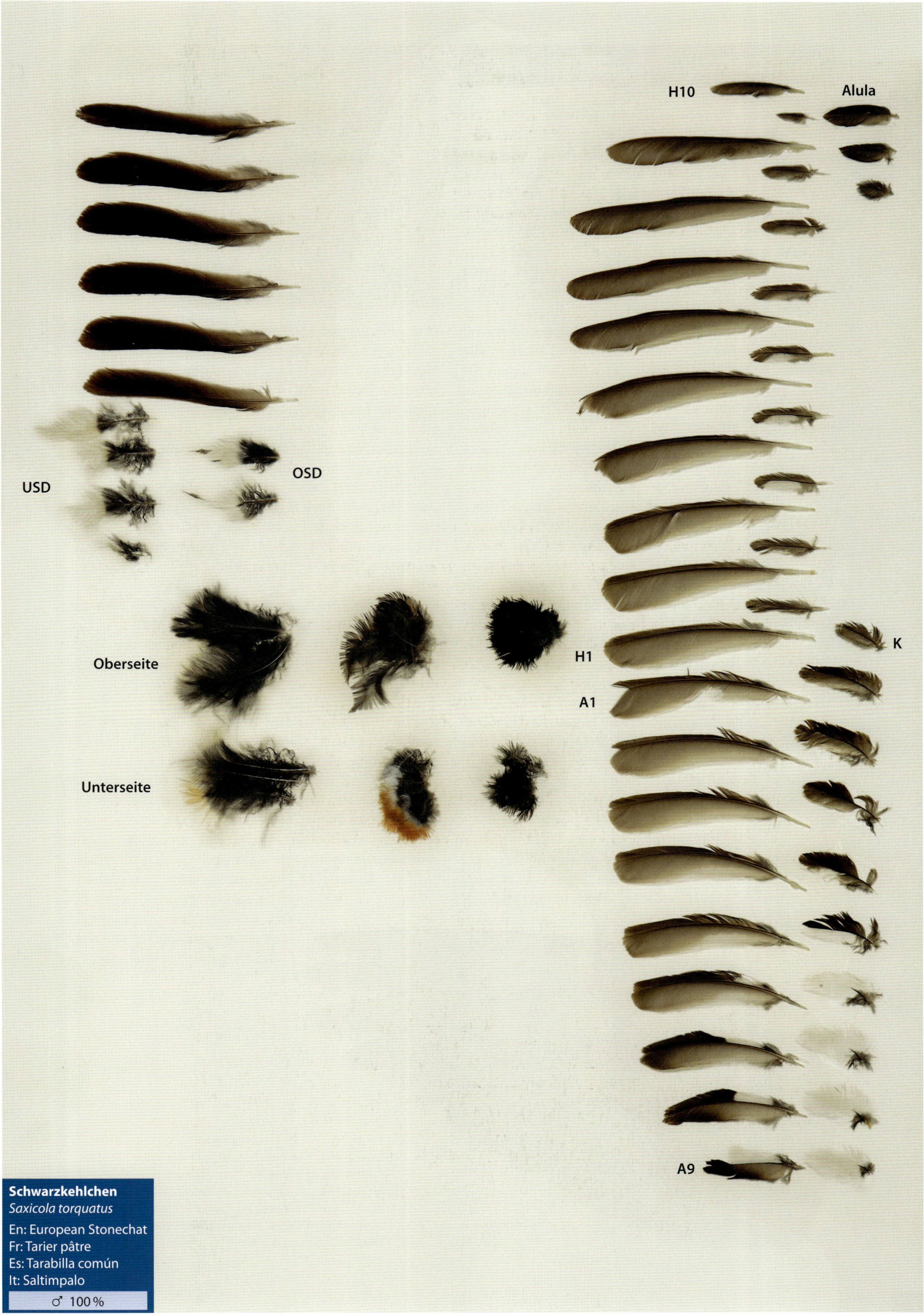

Schwarzkehlchen
Saxicola torquatus
En: European Stonechat
Fr: Tarier pâtre
Es: Tarabilla común
It: Saltimpalo
♂ 100 %

Steinschmätzer *Oenanthe oenanthe*

Federmerkmale: Von den **Handschwingen** ist H10 im Flügelverband, auch als Einzelfeder, kürzer als die längsten Handdecken. H7 und 8 sind als einzelne Federn am längsten, die längste misst 75 bis 90 mm, im Mittel 82 mm (n = 68). H6 und 9 sind nur wenig kürzer. H7 und 8 verfügen über eine spitzenständige Verengung der Außenfahne, H8 und 9 über eine solche an der Innenfahne. Die Schwingen sind durchweg schwarz oder dunkelbraun, die Schäfte heben sich tiefschwarz ab. An ihrer Spitze weisen sowohl die Handschwingen als auch die Armschwingen beigefarbene Säume auf, die sich im Lauf der Zeit abnutzen.

Bei den frischen **Armschwingen** wird der Saum im Flügel nach innen hin immer breiter und begleitet die Außenfahne fast bis zur Basis. Beim Weibchen sind die Schwingen dunkel graubraun. Die Handschwingen und die Alulaschwingen haben schmale, die Armschwingen und Großen Oberen Armdecken breite beigefarbene Endsäume. Beim **Jungvogel** im frischen Gefieder tragen die Armschwingen solche Säume auch an den Außenfahnen, ebenso die Großen Oberen Armdecken.

Die **Steuerfedern** sind an den Spitzen gerundet, vor allem aber zweifarbig: Die Spitzenhälfte (St2) oder nur ein Spitzendrittel der Fahnenlänge (St6) ist braunschwarz, die Basis einschließlich der Schäfte strahlend weiß. Im frischen Zustand ist das Schwarz an der Federspitze mit einem beigen Endsaum von etwa 2 mm Breite versehen, der sich alsbald abnutzt. Die Grenze zwischen Schwarz und Weiß ist meist geschwungen: Das Schwarz zieht sich entlang des Schaftes noch etwas in das Weiß hinein. Die mittlere Steuerfeder ist größtenteils braunschwarz, nur an der Basis ist meist ein Viertel der Federlänge weiß. Daraus entsteht zusammen mit dem schwarzen Endband des Schwanzes ein umgekehrtes „T" – ein typisches Merkmal der meisten Steinschmätzerarten. Die längste Steuerfeder misst 54 bis 67 mm, im Mittel 60 mm (n = 179). Die Oberschwanzdecken sind weiß, die Unterschwanzdecken hellocker getönt.

Vorkommen: Der Steinschmätzer ist als Sommervogel und extremer Langstreckenzieher in ganz Eurasien weit, jedoch ungleichmäßig verbreitet, sogar bis ins arktische Amerika hin. Er bewohnt als ausgeprägter Bodenvogel steiniges Ödland, Dünen und Moore, ist aber auch im Hochgebirge bis in Höhen von 3000 m ein häufiger und geradezu charakteristischer Bewohner zur Brutzeit, vor allem im Grenzbereich zwischen Krummholzzone und offenen alpinen Grasheiden. Die Tieflandbestände sind in Deutschland in den letzten Jahrzehnten stark zurückgegangen und in manchen Bundesländern wird ihr Erlöschen befürchtet. Man hat für ganz Deutschland nur noch 2000 bis 3100 Reviere erfasst; in Nordrhein-Westfalen sind es nur noch 10 bis 20. In den Niederlanden ging die Population seit 1980 um 90 % ihres früheren Bestandes auf 220 bis 275 Reviere zurück.

Mauser: Die Vollmauser der Altvögel setzt mit Ende der Fortpflanzungsperiode noch im Brutgebiet ein, bei den Männchen etwa zwei Wochen früher als bei den Weibchen. Sie endet weitgehend Ende August/Anfang September vor dem Beginn des Wegzugs.

Ähnliche Arten: Die zahlreichen anderen Steinschmätzerarten kommen in Mitteleuropa allenfalls als Ausnahmeerscheinungen vor. Ähnlich gefärbte, aber kürzere, schmalere und zugespitzte Steuerfedern findet man bei dem Wiesen bewohnenden Braunkehlchen, bei dem die Schäfte meist durchgehend dunkel sind und die beiden mittleren Steuerfedern fast ohne Weiß an der Basis. Beim Zwergschnäpper, der ein Waldvogel ist, sind die beiden mittleren Steuerfederpaare ebenfalls ganz dunkel, das 3. weist nur ein kleines weißes Feld auf. Bei den äußeren Steuerfedern findet sich dann mehr Weiß an der Basis und ein schwarzes Endband.

Der Flügel des Langstreckenziehers wirkt spitz. H8 ist im Flügelverband am längsten. Jedes Teil des Flugapparates und seiner Steuerung verdienen höchste Bewunderung, weil die Vögel Tausende von Kilometern unter Umständen ununterbrochenen Fluges während ihrer Wanderungen zurücklegen können.

Steinschmätzer
Oenanthe oenanthe
En: Northern Wheatear
Fr: Traquet motteux
Es: Collalba Gris
It: Culbianco
100 %

Wasseramsel *Cinclus cinclus*

Federmerkmale: Flügel und Schwanz sind von relativ fester Struktur, dunkel schiefergrau bis schwarzbraun mit schiefergrauem Belag. Unter den **Handschwingen** ist meist eine der äußeren die längste (67 bis 79 mm, Mittel 73 mm, n = 47), H7 und 8 sind aber nur je 1 mm kürzer als die vorangehende. H10 ist deutlich reduziert, aber mit etwa 25 mm noch länger als die äußerste Große Obere Handdecke, sie hat nur keine so lange Spule wie diese. Bei H6 bis 8 ist die Außenfahne im Spitzenbereich verengt. Auffallend ist die Form der Handschwingen: Besonders die äußeren sind nach innen gebogen, was sonst eine Eigenschaft der Armschwingen ist. Die Schwingen sind auffallend gewölbt. Die Spitzen können Gebrauchsspuren aufweisen.

Bei allen **Armschwingen** wie auch den Steuerfedern hebt sich der Schaft glänzend schwarzbraun von den Fahnen ab. Unterseits ist er bei den Armschwingen auffällig hell. Alle Schwingen und Steuerfedern haben im frischen Zustand helle Endsäume.

Die **Steuerfedern** sind kurz, relativ steif und am Ende gerundet. Sie haben auf fahlschwarzem oder schwarzbraunem Untergrund einen schiefergrauen „Belag", als seien sie überfroren. Dieser Belag lässt sich durch Glattstreichen zum Verschwinden und durch Wedeln wieder zum Vorschein bringen. St1 ist die kürzeste und erscheint geradezu längsoval. Ähnliches gilt für die Schirmfedern. Die längste Steuerfeder, meist St3, 4 oder 5, misst im Mittel 58,4 mm, variiert zwischen 51 und 67 mm (n = 64), wobei den Männchen die größeren Maße zufallen.

Das **Jugendkleid** weicht stark vom Alterskleid ab, was sich aber nur auf das Kleingefieder bezieht. Die Kehle ist zwar weiß, aber der weiße Brustschild ist nur in Andeutungen zu erkennen. Brust und Bauch sind ansonsten durch eine dunkle wellige Querbänderung auf hellem Grund gezeichnet, die Oberseite ist auf dunklem Untergrund schwach hell gebändert.

Vorkommen: Die Wasseramsel ist ein mittelgroßer Singvogel, der als Brut- und Jahresvogel stark an das Vorkommen an klaren, schnell fließenden Gewässern im Mittelgebirge und Hochgebirge angepasst ist – sie ist bei uns der einzige Singvogel, der regelmäßig schwimmt und taucht.

Die höchsten Brutvorkommen sind in der Schweiz bei 2100 m ü. NN festgestellt worden, doch gibt es Beobachtungen zur Brutzeit bis 2500 m. In Deutschland rechnet man mit 11 000 bis 19 500 besetzten Revieren bei leicht steigender Tendenz. Wenn die Bäche im Winter vereisen, weichen sie an größere offene Gewässer aus.

Mauser: Die Vollmauser der Altvögel findet je nach Verlauf der Brut in der Zeit von Anfang Juni bis Anfang Oktober im Brutrevier statt. Obwohl die Schwingenmauser in mehreren Schüben vor sich geht, kann sie sich insgesamt auf zwei bis mehr als drei Monate ausdehnen. Die Mauser der Schwanzfedern verläuft demgegenüber rasch: Manchmal werden sie alle auf einmal abgeworfen und erneuert.

Ähnliche Arten: Die Wasseramsel ist trotz ihre Namens keine Amsel und auch nicht näher mit den Drosseln verwandt. Sie gehört einer eigenen Familie Cinclidae an. Die mitteleuropäischen Vögel weisen ein braunes Brustband auf. Im Winter fliegen Vögel aus dem Norden ein, die auf der Unterseite einheitlich braun-schwarz gefärbt sind (Nominatform im Bild). Die entfernt ähnlichen Hand- und Armschwingen der kleinen Rallenarten sind strukturell wesentlich schwächer sowie anders geformt und gezeichnet. Sie sind nicht so stark gewölbt.

St6 (links), St5 (von unten), Jungvogel

Der Flügel ist rund geschnitten, was zu einem schnurrenden Flug über der Wasseroberfläche mit schnellen Flügelschlägen führt. Es bestehen keine starken Größenunterschiede unter den Handschwingen sowie unter den Armschwingen. Das Flügeltauchen des Vogels unter der Wasseroberfläche muss sich ebenfalls in den Eigenschaften des Flügels auswirken.

Wasseramsel
Cinclus cinclus
En: White-throated Dipper
Fr: Cincle plongeur
Es: Mirlo-acuático Europeo
It: Merlo acquaiolo
ad. 100 %

Haussperling *Passer domesticus*

ad. ♂

Federmerkmale: Die längste **Handschwinge** ist bei den Einzelfedern H6 mit 58 bis 72 mm (Mittel 66 mm, n = 93), H7 bis 9 nehmen aber nur schwach an Länge ab. H10 ist jedoch nur wenig mehr als 10 mm lang, bei Jungvögeln länger als bei Altvögeln. H6 bis 8 haben eine Außenfahnenverengung, eine schwache Verengung der Innenfahne ist bei H6 bis 9 zu erkennen. Die Handschwingen sind beim Altvogel unscheinbar dunkel graubraun mit schwarz abgesetzten Schäften. Wie beim Feld- und Steinsperling findet sich im basalen Viertel der Außenfahne bei H1 bis 8 eine fahl ockerfarbene Aufhellung. Ihr schließt sich nach außen hin ein schmaler heller Außensaum an, der aber im verengten Teil der äußeren Handschwingen endet und auch bei den inneren Handschwingen schwächer wird. Die Innenfahnen sind vor allem basal und zum Innenrand hin schwach aufgehellt.

Die **Armschwingen** sind den inneren Handschwingen ähnlich, haben aber breitere, matt bräunliche Außensäume. Die Schirmfedern tragen breite braune oder hellbraune Außen- und Endsäume. A7 kann wenige Millimeter länger, beim Jungvogel aber kürzer sein als A6. Die Großen Oberen Armdecken haben beim ausgefärbten Männchen einen warmbraunen Außensaum, der sich zur Federspitze hin zu Ocker aufhellt. Der Federkern ist dunkelgrau, zur Federbasis hin heller. Die Mittleren Oberen Armdecken enden in einem breiten weißlichen Saum, der einen weißen Flügelstreif in Schulternähe bildet. Die Kleinen Oberen Armdecken sind kräftig braun. Beim **Weibchen** sind die Farbkontraste und die Farbsättigung geringer.

Der Schwanz ist fast gerade abgeschnitten, nur St1 ist wenige Millimeter kürzer. Die **Steuerfedern** sind bei Altvögeln schwärzlich graubraun mit nur schwacher Aufhellung zur Basis hin. Die längsten messen im Mittel 63 mm (49 bis 70 mm, n = 372), wobei sie bei den Männchen etwas größer sind als bei den Weibchen. Sie sind im frischen Zustand außen beim Weibchen lehmfarben, beim Männchen rotbraun gesäumt, St1 an beiden Fahnen. St6 ist in der Spitzenhälfte häufig etwas nach außen gebogen. Die Unterschwanzdecken haben ein hell graubraunes Zentrum mit einem fein abgesetzten dunklen Schaft und breiten hellbeigen Innen- und Außensäumen.

Das Gefieder des **Jungvogels** ist in beiden Geschlechtern fast farb- und kontrastlos beigegrau bis matt sandfarben. Das helle Feld an der Außenfahnenbasis der Handschwingen ebenso wie die Säume der Großen Oberen Armdecken sind nur angedeutet. Allein die Endsäume der Mittleren Oberen Armdecken heben sich hell ab. In allen Schwingen außer H8 und 9 fallen die schwarzbraunen Schäfte gegenüber den sandfarbenen Fahnen auf. Die längste Handschwinge ist 58 bis 65 mm lang (Mittel 63 mm, n = 14). Die Schirmfedern sind außen und innen breit blassbräunlich gesäumt. Besonders die Steuerfedern wirken durchscheinend (Länge 49 bis 62 mm, Mittel 54 mm, n = 54; durchschnittlich 6 mm kürzer als beim Altvogel).

Vorkommen: Der Haussperling ist seit alters her in allen bewohnten Siedlungen verbreitet, selbst in den Innenstädten. Er hat aber regional sogar auf dem Land abgenommen. Er ist Jahresvogel mit kaum vorhandener Tendenz zu Wanderungen. Für ganz Deutschland rechnet man heute noch mit einem Bestand von 4,4 bis 6,0 Millionen Revieren.

Mauser: Die Vollmauser der Altvögel findet im Sommer nach Ende der Brutzeit statt. Auch die Jungvögel unterziehen sich im ersten Sommer einer Vollmauser. Nach der Mauser sind der schwarze Kehllatz der Männchen und andere farbige Gefiederpartien mit breiten hellen Säumen bedeckt, die im Lauf des Winters abbrechen, wobei das Prachtkleid entsteht.

Ähnliche Arten: Verwechselbar sind vor allem Federn des Feldsperlings. Dessen Steuerfedern sind im Allgemeinen heller, mit weniger Grauanteilen, schmaler und kürzer, aber nicht sicher abgrenzbar. Die Federn von Weidensperlingen (*Passer hispaniolensis*, s. dort) und Italiensperlingen (*Passer italiae*) sind nicht von denen des Haussperlings unterscheidbar, es sei denn, man hat die braunen Scheitelfedern vorliegen, die beim Haussperling grau sind.

ad. ♂ 100 %

Der Flügel ist rund geschnitten.

Haussperling
Passer domesticus
En: House Sparrow
Fr: Moineau domestique
Es: Gorrión Común
It: Passera Europea
ad. ♂ 100 %

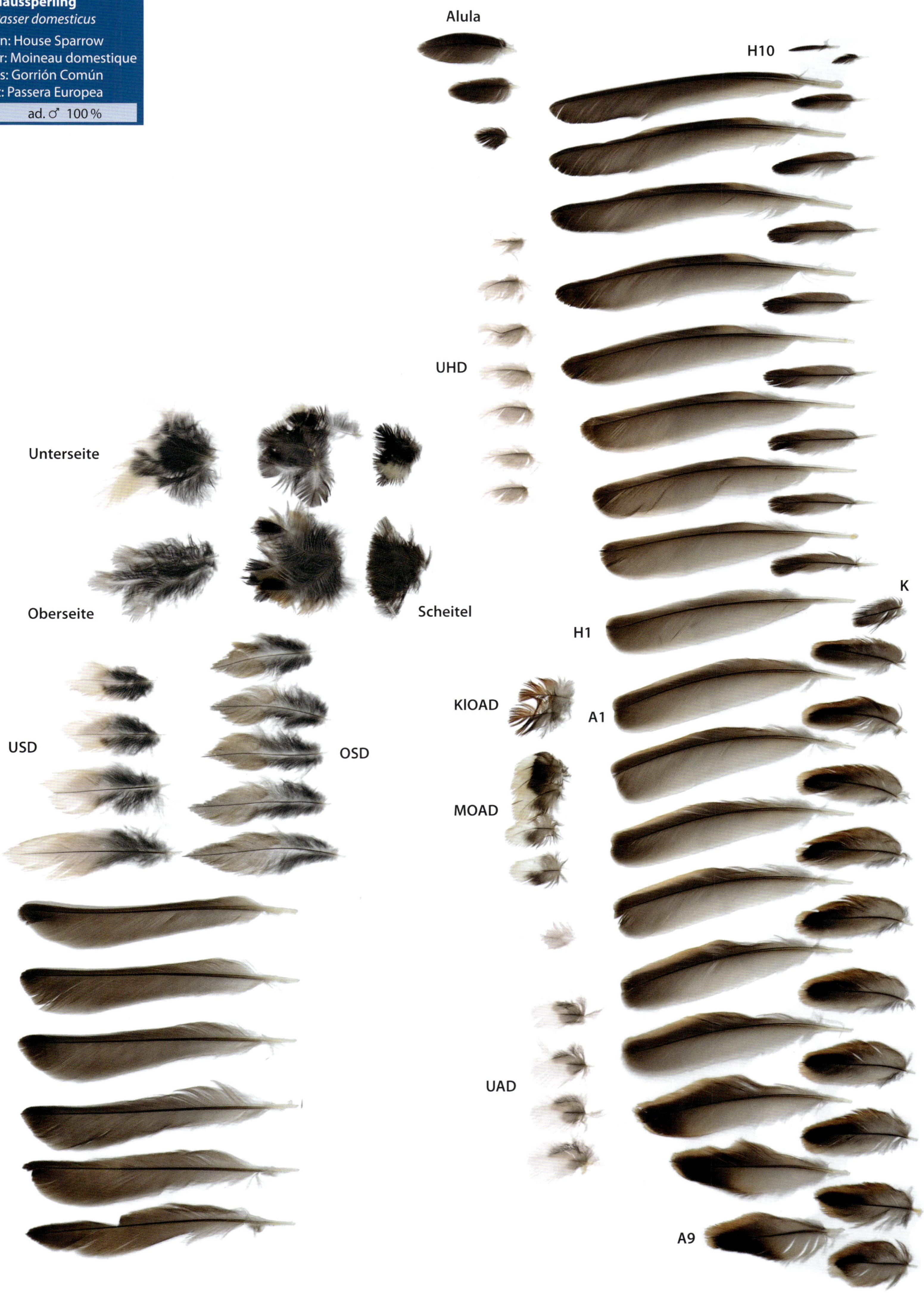

Weidensperling *Passer hispaniolensis*

Federmerkmale: Der Weidensperling ist nächstverwandt mit dem Haussperling. Der Italiensperling *Passer italiae* – ebenfalls mit brauner Kopfkappe und weißem Wangenfeld ausgestattet – soll nach einer Hypothese auf eine Hybridisierung zwischen Weidensperling und Haussperling zurückgehen. Italiensperlinge bilden wiederum eine Mischpopulation mit dem Hausperling im Wallis und anderswo im Süden der Schweiz. Weidensperlinge sind nicht so streng an die Siedlungen des Menschen gebunden wie Haussperlinge, obwohl sie auch die Nähe der Menschen nicht meiden.

Die **Handschwingen** H5 bis 9 weisen relativ kurze Innenfahnenverengungen auf, bei den Handschwingen H6 bis 8 gibt es entsprechende Verengungen der Außenfahnen. Als längste Handschwinge ist H7 zu erkennen, H8 ist kaum kürzer. Dies spricht dafür, dass der Flügel etwas spitzer geschnitten ist als beim Haussperling (siehe dort den Flügel). Das könnte damit zusammenhängen, dass es im östlichen Teil der Population Wanderbewegungen gibt.

Die **Armschwingen** des männlichen Weidensperlings lassen keine Unterschiede zu denjenigen des Haussperlings erkennen. Die Innenfahnen setzen sich durch eine schwache Aufhellung gegenüber der dunklen Außenfahne und dem schwarzen Schaft ab. Die Enden von A1 bis A6 sind am Schaft minimal eingebuchtet, sodass sie wie gerade abgeschnitten wirken. Die Großen Oberen Armdecken sind großzügig hellbraun gesäumt. Die Männchen lassen sich nach dem **Kleingefieder** der Körperunterseite und nach dem braunen Scheitelgefieder sofort bestimmen. Demgegenüber sind die Unterschiede der Weibchen zwischen Haus- und Weidensperling kaum festzustellen. Das gilt für das Groß- genauso wie für das Kleingefieder. Weibliche Weidensperlinge sollen zuweilen eine schwache Strichelung des Flankengefieders aufweisen.

Die **Steuerfedern** des Weidensperlings unterscheiden sich nicht von denen des Haussperlings. Die mittleren Steuerfedern St1 sind am kürzesten und sorgen für die mäßige Gabelung des Sperlingsschwanzes. Sie können beim Altvogel gegen ihr Ende hin schwach zugespitzt sein. Die St6 weist eine schwache Biegung nach außen auf.

Flügel: Die Flügel unterscheiden sich in ihrem Schnitt kaum wahrnehmbar von denjenigen des Haussperlings: Die längste einzelne Handschwinge ist H7, bei den Haussperlingen H6. Die angedeutete Zuspitzung des Flügels könnte damit zu tun haben, dass der Weidensperling in Teilen seines Verbreitungsgebiets als Kurzstreckenzieher auftritt, wie oben schon dargestellt.

ad. ♂

Vorkommen: Die Art lebt als Jahresvogel im westlichen Mittelmeergebiet bis zu den Kanaren, im Osten als wenig ausgepräger Zugvogel. Im Brutgebiet bauen die Vögel kolonieweise kugelige Strohnester in Bäumen, was beim Haussperling nur regional als Seltenheit zu beobachten ist. Sie lassen sich aber auch in Storchenhorsten nieder. In Mitteleuropa sind Weidensperlinge ausgesprochene Ausnahmegäste.

Mauser: Die Mauser der Jungvögel ist ebenso eine Vollmauser wie beim Haussperling und den anderen Sperlingen. Sie beginnt etwa vier Wochen nach dem Ausfliegen und erstreckt sich auf die Zeit zwischen Juli/August und September/Oktober. Danach kann man die Jungvögel nicht mehr als solche erkennen. Die Vollmauser der Altvögel beginnt mit dem Ende der Brutzeit.

Ähnliche Arten: Männliche ausgefärbte Weidensperlinge sind unverwechselbar. Bei ihnen kombinieren sich eine braune Kopfkappe, ein weißes Wangenfeld, ein ausgedehnter schwarzer Brustlatz und eine starke schwarze Strichelung der Unterseite vor allem auf den Flanken. Der lange weiße Überaugenstreif ist manchmal über dem Auge unterbrochen. Alle diese Merkmale helfen aber nicht, wenn man nur Flügel- und Schwanzfedern zur Verfügung hat. Das Gefieder von Weibchen ist gegenüber Italien- und Haussperling nicht bestimmbar. Feldsperlinge haben helle breite Säume an den Innenfahnen der Schwingen.

ad. ♂ 100 %

Der Flügel des Weidensperlings weist keine wahrnehmbaren Unterschiede zu dem des Haussperlings auf.

Weidensperling
Passer hispaniolensis
En: Spanish Sparrow
Fr: Moineau espagnol
Es: Gorrión Moruno
It: Passera sarda
100 %

Feldsperling *Passer montanus*

Federmerkmale: Unter den **Handschwingen** haben H6 bis 8 eine Außenfahnenverengung, H6 bis 9 eine schwache der Innenfahne. H6 ist als Einzelfeder mit 50 bis 65 mm (Mittel 60 mm, n = 66) am längsten, die folgenden nehmen um je 1 mm ab. H10 ist sehr klein, bei Jungvögeln aber länger als bei Altvögeln. Das Großgefieder ist dunkel graubraun, die Schäfte sind wenigstens in der basalen Hälfte der Fahnen schwärzlich abgesetzt. Bei den inneren Handschwingen bis H7 fällt im basalen Drittel der Außenfahne ein hellbräunliches Feld auf, das erst bei H8 ausklingt. Im geschlossenen Flügel entsteht daraus vor den dunklen Handdecken ein heller Fleck, im offenen Handflügel ein Flügelstreif. Hand- und **Armschwingen** sind mit fahlen Säumen an den Außenfahnen versehen, zunehmend bei A4 bis 8, ebenso mit hellen Spitzensäumen. Die Innenfahnen der Handschwingen und der Armschwingen A1 bis 5 (6) haben helle Säume, die vor der Federspitze enden, bei den Handschwingen dort, wo die Verengung der Spitze beginnt. Diese Säume sind breiter und klarer abgegrenzt als bei Haus- und Weidensperling sowie beim Steinsperling. Die Armschwingen des Feldsperlings sind an ihrer Spitze minimal eingebuchtet, sodass sie gerade abgeschnitten wirken. Dies gilt auch für die anderen Sperlingsarten. Die weißlichen Spitzenflecke der Großen Oberen Armdecken und die weißen, 1-2 mm breiten Endsäume der Mittleren Oberen Armdecken erzeugen zwei schmale Armflügelbinden. Die Großen Oberen Armdecken sind in ihren Innenfahnen bräunlich aufgehellt.

Die **Steuerfedern** sind untereinander fast gleich lang, bei genauer Betrachtung erweist sich meist St4 als die längste (47 bis 65 mm, im Mittel 59 mm bei Altvögeln, n = 226), während St1 und 6 um einige Millimeter kürzer sind. Sie sind unauffällig dunkel, der Schwanz ist in der Mitte ein wenig eingebuchtet. Die Spitzen sind gerundet. Die Oberschwanzdecken sind in ihrem Fahnenteil einheitlich graubraun, die Unterschwanzdecken heller mit dunklem Schaft, die meisten mit breitem beigem Saum.

Jugendkleid: Das erste vollständige Federkleid ist weniger stark pigmentiert, die Federn sind durchweg kleiner, hell und fahl gefärbt. Die Außensäume der Armschwingen sind breit und fahlbräunlich. Die Innenfelder sind dagegen lebhaft hellbeige, sie erreichen an der Federbasis den dunklen Schaft. Die Großen Oberen Armdecken sind beidseitig breit fahlbräunlich gesäumt, der Saum geht am Ende in einen heller getönten Spitzenfleck über, woraus sich eine Flügelbinde ergibt. Die Mittleren Oberen Armdecken erzeugen mit ihren weißlichen Endsäumen ebenfalls eine schmale Flügelbinde. Beide Binden sind weniger kontrastreich als beim Altvogel. H10 ist länger als beim Altvogel, die längsten Steuerfedern sind im Mittel 6 mm kürzer als beim Altvogel.

Vorkommen: Der Feldsperling ist ein kontinentweit verbreiteter Jahresvogel und Teilzieher, dessen Bestände schon vor längerer Zeit besorgniserregend abnahmen. Auch bis in die Gegenwart ist eine gewisse Abnahme festzustellen. Für Deutschland rechnet man mit 840 000 bis 1,25 Millionen Revieren – etwa ein Drittel der Haussperlingspopulation (die auch abnimmt).

Mauser: Wie alle Sperlinge tauschen auch junge Feldsperlinge im ersten Lebensjahr ihr komplettes Gefieder aus. Die Vollmauser der Jungvögel beginnt kurz nach ihrem Ausfliegen Ende Juni, die der Altvögel im Juli. Man kann Mauserfedern bis Ende Oktober finden.

Ähnliche Arten: Das Großgefieder ist dem des Haussperlings ähnlich, aber insgesamt ein wenig heller. Die Handschwingen sind etwas zarter und schmaler. Dasselbe gilt auch für die Steuerfedern. Einzelne Federn der Sperlingsarten wird man nicht leicht bestimmen können. Bezeichnend sind die breiten hellen Innensäume der Hand- und Armschwingen beim Feldsperling. Die entsprechenden Säume beim Haussperling sind nur etwa 2 mm breit.

Der Flügel ist ähnlich gebaut wie beim Haussperling. Er hat eine runde Form, wobei die längste einzelne Handschwinge H6 ziemlich weit innen sitzt.

Feldsperling
Passer montanus
En: Eurasian Tree Sparrow
Fr: Moineau friquet
Es: Gorrión Molinero
It: Passera mattugia
100 %

Steinsperling *Petronia petronia*

Federmerkmale: Das Großgefieder des Steinsperlings ist mit Ausnahme der Steuerfedern sperlingsartig unauffällig. Von den **Handschwingen** tragen H5 bis 8 eine Außenfahnenverengung. H10 ist mit etwa 12 bis 18 mm Länge der 9. Handdecke ebenbürtig oder etwas länger. Die Außenfahnen der Handschwingen sind fein hell gesäumt. Die Innenfahnen sind kaum aufgehellt, an den Federspitzen sogar etwas verdunkelt. Besonders bei den inneren Handschwingen gibt es nach Sperlingsmanier ein matt beigefarbenes Feld von etwa 15 mm Länge an der Basis der Außenfahne. Dieses Feld erreicht aber nicht die Armschwingen.

Die **Armschwingen** sind unauffällig graubraun gefärbt, die Innenfahnen kaum aufgehellt. Ihre hell gesäumten Spitzen sind in der Mitte am Schaft etwas eingezogen, sodass eine Zweispitzigkeit entsteht. Die Großen Oberen Armdecken haben helle Endflecke an den Außenfahnen, die aber leicht abgenutzt werden können, sodass sich an den Federspitzen Löcher bilden. Im frischen Jugendkleid bilden sie einen weißen Flügelstreif. Er wird von einem schwächeren Streif begleitet, der auf Spitzenflecke der Mittleren Oberen Armdecken zurückgeht. Die größte Schirmfeder A7 ist nicht länger als A6, aber auch nicht kürzer. Die Schirmfedern neigen zu einer Verdunkelung im Spitzenteil, die aber von einer hellen Spitze abgelöst wird. Ihre Außensäume sind breit und fahl sandfarben, nicht braun wie beim Haussperling. Diese sind wieder der Abnutzung ausgesetzt. Da die Innenfahnen hier etwas aufgehellt sind, heben sich die schwarzbraunen Schäfte deutlicher ab als bei den Hand- und sonstigen Armschwingen.

Die **Steuerfedern** tragen an ihrer Spitze weiße Flecke, die vor allem beim Landen des Vogels und bei der Gefiederpflege sichtbar werden. Die Flecke beschränken sich auf die Innenfahne. Sie bilden ein Dreieck zwischen Schaft, Innenfahnenrand und einer Grenze bei etwa einem Fünftel der Innenfahnenlänge. Das anschließende Fünftel und auch die Außenfahne im Bereich der hellen Flecke sind schwarzbraun, der Rest der Feder ist dunkelbraun bis sandfarben. Die Federn haben eine Länge von etwa 60 mm. Sie sind untereinander annähernd gleich lang mit Ausnahme der kürzeren St1 und 6. Die Steuerfederenden

sind nach längerem Gebrauch verschmutzt und abgerieben, sodass die hellen Endflecke mitunter nicht mehr gut sichtbar sind. Beim Jungvogel sind sie nur schwach entwickelt. Die Oberschwanzdecken sind hell bräunlich, die längeren sind mit einem hellen Endfleck versehen. Die Unterschwanzdecken sind hell ohne Muster.

Vorkommen: Der Steinsperling war früher in Mitteleuropa ein zwar lokaler, aber verbreiteter Brut- und Jahresvogel. Seit der Mitte des 20. Jahrhunderts gibt es in Mitteleuropa keine Nachweise mehr. Er bewohnt in Kolonieform trocken-warme Gebiete, sowohl Steppen wie Kulturland und felsige Gebirgszonen, dazu auch Steinbrüche und Ruinen. Man trifft ihn heute hierzulande vor allem noch in Ausstellungen und Museumssammlungen in Form historischer Präparate an. Er taucht auch in den Berichten des DDA und der Deutschen Avifaunistischen Kommission über Seltene Vögel in Deutschland (2012, 2014) nicht auf. Ansonsten liegen die nächsten Vorkommen im Mittelmeergebiet. Die auf der Tafel gezeigten Federn stammen von einem Vogel, der in Aranjuez/Spanien auf der Straße gefunden wurde.

Mauser: Sowohl die Vollmauser der Jungvögel als auch die der Altvögel finden in der Zeit von August bis in den Herbst hinein statt.

Ähnliche Arten: Während Hand- und Armschwingen wohl kaum von denen anderer Sperlinge unterschieden werden können, bedarf es bei den Steuerfedern von Alpenbraunelle, Heidelerche, Sperbergrasmücke, Mauerläufer und Kleiber, die ebenfalls helle Endflecken aufweisen, einer näheren vergleichenden Betrachtung, bei der die Artunterschiede klar werden. Die Steuerfedern sind beim Steinsperling mit ca. 11 mm breiter als beim Haussperling mit ca. 8,5 mm.

100 %

Der Flügel des Steinsperlings ist etwas spitzer geschnitten, als es bei den anderen Sperlingen der Fall ist.

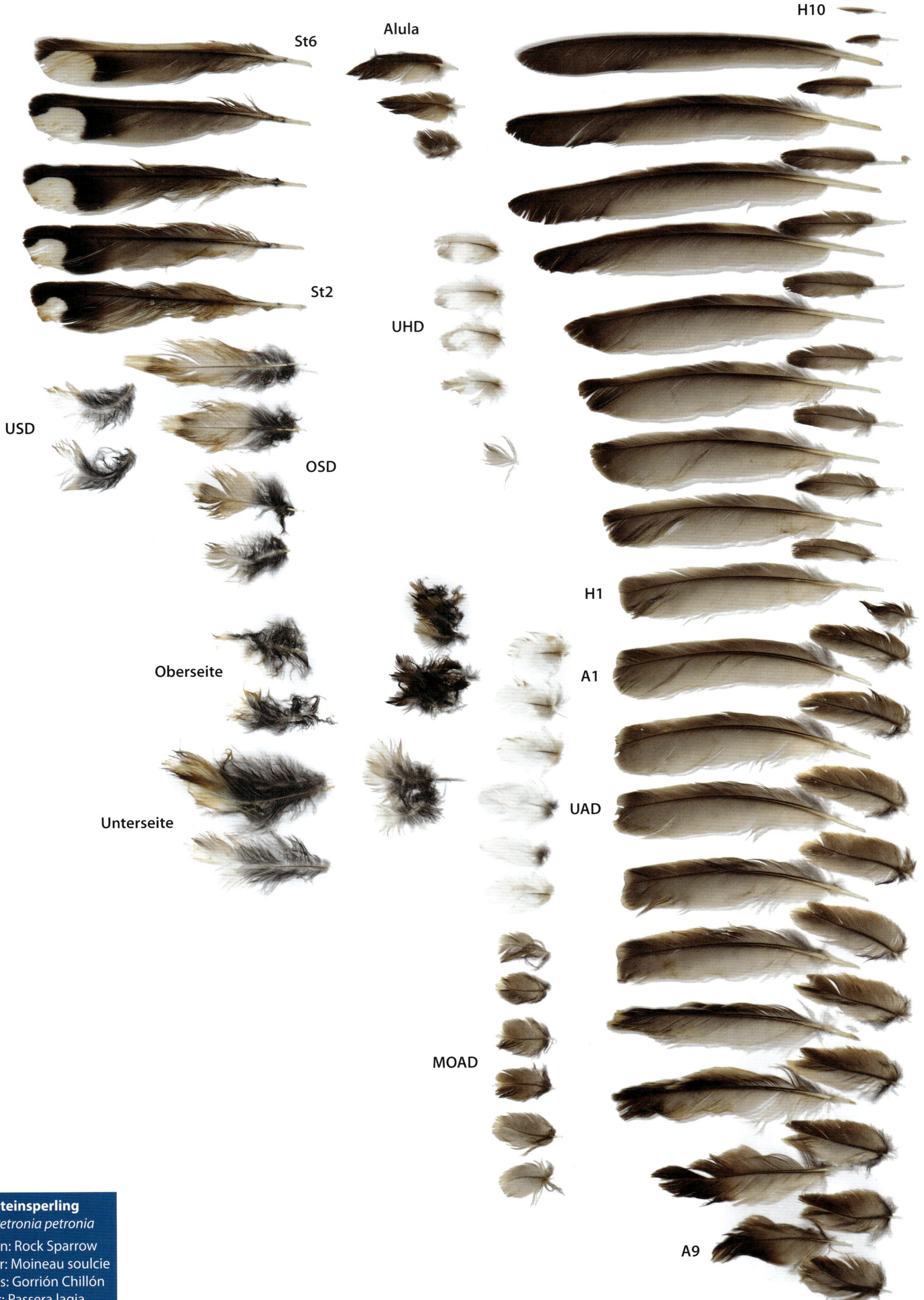

Steinsperling
Petronia petronia
En: Rock Sparrow
Fr: Moineau soulcie
Es: Gorrión Chillón
It: Passera lagia

100 %

Schneesperling
Montifringilla nivalis

Federmerkmale: Unter den **Handschwingen** ist H8 die längste (89 bis 112 mm, Mittel 106 mm, n = 21), H7 und 9 sind wenig kürzer. H10 misst nur 13 mm, weniger als die äußerste Handdecke. Nur H7 und 8 sind an den Außenfahnen schwach verengt, H8 und 9 entsprechend an den Innenfahnen. Ungeachtet seiner Verwandtschaft mit den schlicht gefärbten Sperlingen weist der Schneesperling auch im Großgefieder auffallende Schwarz-Weiß-Kontraste auf. Fast alle Handschwingen des Altvogels sind tiefschwarz mit hellen Spulen. Nur die inneren H1 bis 3 haben etwas Weiß vom Armflügel abbekommen: H1 ist nur in der basalen Hälfte schwarz, der Rest ist weiß. Bei H2 konzentriert sich das Weiß auf die Spitze der Innenfahne, bei H3 bleibt dort nur ein weißer Fleck. Die äußeren Großen Oberen Handdecken sind weiß mit schwarzer Spitze und Basis. Beim **Jungvogel** vor der Jugendmauser tritt statt des Schwarz ein dunkles Graubraun auf; besonders die inneren Handschwingen H1 und 2 (3) weisen weich abgesetzte hellbraune Spitzensäume und ein ovales weißes Feld in der Innenfahne auf. Die Handdecken zeichnen sich nur durch ein weißes Fenster in der Innenfahne aus.

Die **Armschwingen** 1 bis 6 sind beim Altvogel strahlend weiß, nur an der Basis sind Außen- und Innenfahne ein Stück weit schwarz. Die drei Schirmfedern sind jedoch wieder fast durchgehend pigmentiert, beim Altvogel graubraun mit hell verlaufenden Spitzen, beim Jungvogel kommen breite weißliche oder gelbliche Außen- und Innensäume dazu. Die Armschwingen 1 bis 6 tragen hier außer der graubraunen Basis einen dunklen, hell gesäumten Spitzenfleck, der sich bis zur Basis verlängern kann.

Die **Steuerfedern** sind wieder überwiegend weiß mit folgenden Einschränkungen: Die obenauf liegende St1 ist gänzlich schwarz mit schwachem hellem Spitzen- und Außensaum. Bei St2 bis 5 ist die Basis der beiden Fahnen schwarz pigmentiert, das Schwarz zieht sich noch ein Stück weit den Schaft entlang. An der Federspitze sitzt eine schwarze Kappe von einigen Millimetern Breite, die bei den nach außen hin folgenden Steuerfedern immer schmaler wird und bei der äußersten ganz fehlt. Auch die

Juv.

mittleren Unterschwanzdecken haben braune Spitzen. Die Oberschwanzdecken sind halb schwarz, halb weiß. Bei den jugendlichen Steuerfedern der ersten Generation ist die Pigmentierung graubraun statt schwarz und das Weiß etwas weniger ausgedehnt als beim Altvogel. Hier sind Ober- und Unterschwanzdecken mehr oder weniger grau. Über alle Altersklassen sind die längsten Steuerfedern 66 bis 84 mm lang, im Mittel 79 mm (n = 23), bei den Jungvögeln ca. 10 mm kürzer als bei den Alten.

Vorkommen: Der Schneesperling brütet – oft in lockeren Kolonien – in der alpinen Zone der Alpen in Höhen zwischen etwa 1800 m und über 3000 m, ursprünglich in tiefen Felsspalten, sekundär als Kulturfolger in Gebäuden und künstlichen Nisthöhlen. Auch im Winter hält er sich gern an Berghütten und -stationen auf, selten im Tal. Die Bestände gelten als stabil. Im deutschen Alpenraum kommt man nur auf 140 bis 270 Reviere, in Österreich waren es in den 1990er-Jahren 2000 bis 5000 Brutpaare, in der Schweiz 4000 bis 8000. Durch frühe Schneeschmelze nehmen die Bruterfolge ab.

Mauser: Die Vollmauser der Altvögel findet zwischen Ende Juli und Oktober statt, auch darüber hinaus. Bei den Jungvögeln beginnt im Alter von sechs bis sieben Wochen ebenfalls eine Vollmauser, wie bei Sperlingen üblich. Sie wird erst im Spätherbst und frühen Winter abgeschlossen, wobei die Erneuerung der Handschwingen drei Monate in Anspruch nehmen kann.

Ähnliche Arten: Andere Singvögel haben nicht so viel Weiß im Großgefieder. Die Schneeammer – ebenfalls besonders beim Altvogel mit sehr viel Weiß im Armflügel und im äußeren Schwanz – ist ein Vogel des Nordens, der an den Küsten überwintert und nur extrem selten als Ausnahmegast unsere höheren Mittelgebirge oder die Täler der Alpen erreicht.

80 %

Der Flügel des Schneesperlings ist spitz geschnitten, obwohl er eher ein Stand- als ein Zugvogel ist. Er unternimmt aber tageszeitliche Vertikalflüge.

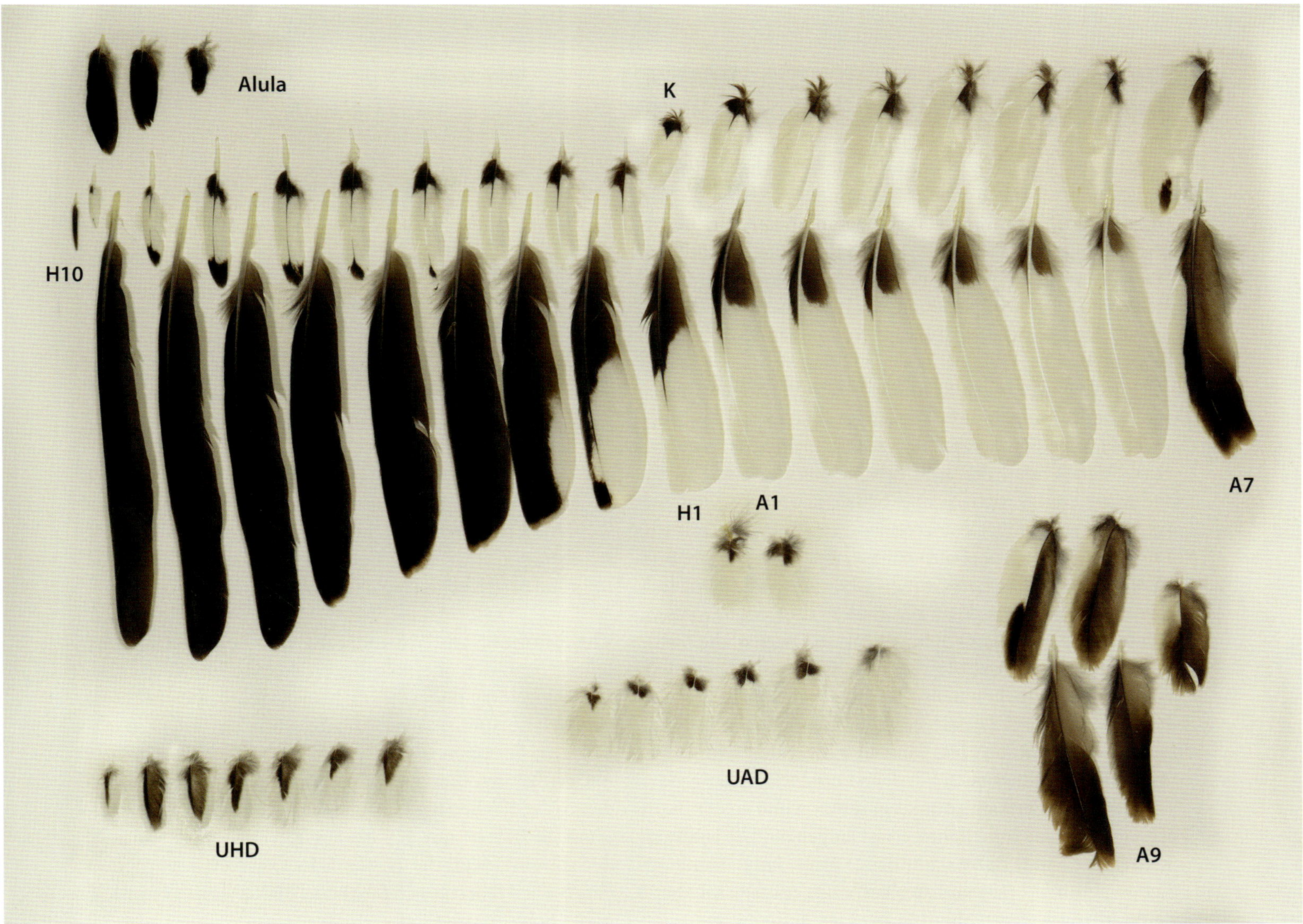

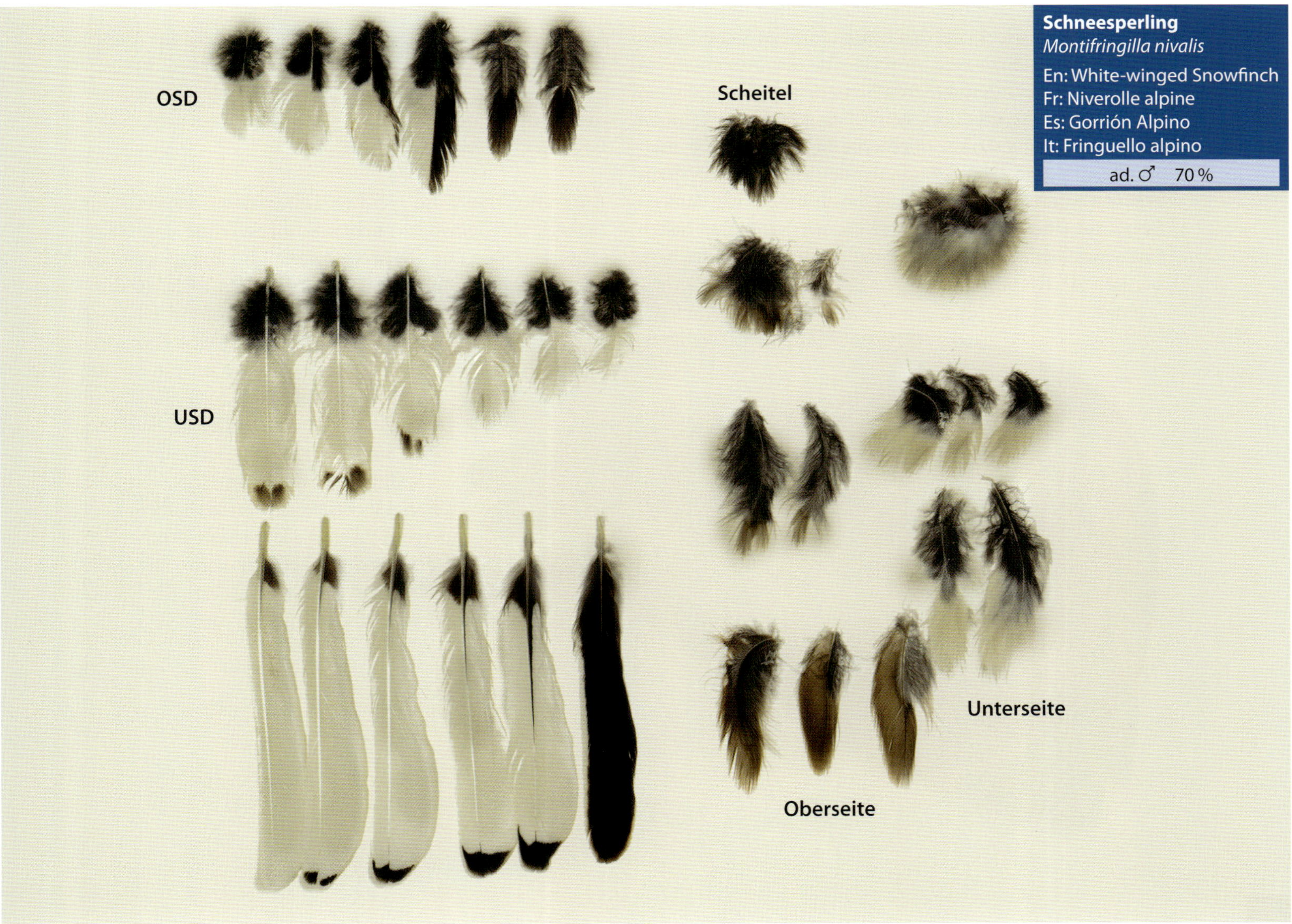

Schneesperling
Montifringilla nivalis
En: White-winged Snowfinch
Fr: Niverolle alpine
Es: Gorrión Alpino
It: Fringuello alpino
ad. ♂ 70 %

Alpenbraunelle *Prunella collaris*

Federmerkmale: H6 bis 9 sind als einzelne **Handschwingen** annähernd gleich lang. H10 ist mit etwa 15 mm Länge kurz. H(5) 6 bis 8 weisen Verengungen der Außenfahne auf. Die längste Handschwinge erreicht eine Länge von 77 bis 100 mm (Mittel 90 mm, n = 21). Die Federn sind graubraun, nur am Randsaum der Innenfahne etwas aufgehellt. Sie können im Sommer im Spitzenbereich stark abgenutzt sein.

Die **Armschwingen** sind am Ende schmal und hellgrau oder beige gesäumt. Die Außenfahnen weisen breitere hellgraue Säume auf. Bei den Schirmfedern werden diese Säume bräunlich und breiter, der Endsaum ist in der Mitte unterbrochen. Die hellen Säume können im geschlossenen Flügel ein „Weidenmeisenfenster" bilden. Die Schäfte sind bei Hand- und Armschwingen farblich unauffällig. Die frischen Großen Oberen Armdecken sind schwärzlich und weisen an der Außenfahne einen weißen (bei Jungvögeln beigen) Spitzenfleck auf, ebenso die Mittleren Oberen Armdecken. Sie erzeugen beim fliegenden Vogel einen doppelten hellen Flügelsaum, dazwischen ein dunkles Flügelfeld. Diese Säume können jedoch im Sommer durch Abnutzung fast ganz verschwunden sein. Helle Spitzenflecke gibt es auch bei den Handdecken.

Die **Steuerfedern** sind dunkel graubraun und an der Basis besonders an der Innenfahne etwas aufgehellt. Die längsten Steuerfedern sind durchschnittlich 73 mm lang (Streuung 62 bis 79 mm, n = 23) und zur Spitze hin etwas verbreitert. Beim Altvogel tragen die drei bis vier äußeren Steuerfedern an den Spitzen der Innenfahnen einen linsenförmigen weißlichen Fleck. Bei den beiden inneren Steuerfedern ist der Fleck kleiner und rostgelb. An den Außenfahnen ist besonders bei den äußeren Steuerfedern ebenfalls ein kleiner weißer Spitzenfleck entwickelt. Die Flecke können durch Abnutzung stark verkleinert sein. Während die inneren Steuerfedern an den Außenfahnen einen breiten graubraunen Saum aufweisen, wartet St6 an Innen- wie Außenfahne mit einem scharf abgesetzten, sehr schmalen hellen Saum auf. Beim Jungvogel sind die Spitzenflecke durchweg rostgelb bis rostbraun. Bei der am Boden sitzenden oder laufenden Alpenbraunelle ist von den hellen Endflecken im Schwanz kaum etwas zu erkennen. Sie werden erst im Flug sichtbar, vor allem beim Landen. Im Körpergefieder sind rotbraun gestrichelte Flankenfedern auffallend.

Vorkommen: Die Alpenbraunelle ist ein hochalpiner Jahresvogel, der oberhalb der Waldzone in Höhenlagen zwischen 1800 und 3000 m brütet. Seine Lebensräume sind felsige und grasige Abhänge, wo die Vögel, ganzjährig in Gruppen organisiert, recht große Wohngebiete nutzen. Wegen dieser ökologischen Spezialisierung wurden in der Kartierung für den „Atlas deutscher Brutvogelarten" in Bayern nur 430 bis 800 Reviere erfasst – das ist der gesamte deutsche Bestand. In Österreich wurden in den 1990er-Jahren noch 8000 bis 16 000 Reviere ermittelt, in der Schweiz 15 000 bis 20 000.

Mauser: Die Vollmauser der Altvögel beginnt im August und kann sich bis in den Spätherbst erstrecken. Jungvögel legen vom Hochsommer bis Herbst eine Teilmauser des Kleingefieders ab. Eine Mausergrenze entsteht in den Großen Oberen Armdecken.

Ähnliche Arten: Im gleichen Lebensraum kommen zur Brutzeit an Kleinvögeln neben Schneesperling und Steinschmätzer fast nur Hausrotschwanz und Bergpieper vor. Die Pieper sind aber auf Distanz gesehen nicht so dunkel und eintönig gefärbt, sie lassen im Flug wie im Rupfungsbild immer weiße Schwanzkanten erkennen. Bezeichnend für die Alpenbraunelle sind auch die hellen Spitzenflecke an den Flügeldecken und den Steuerfedern. Die Heckenbraunelle kommt bis in die Krummholzzone der Berge als Brutvogel vor; bei halbem Körpergewicht sind alle ihre entsprechenden Federn viel kleiner. Ihr fehlen auch die hellen Flecke an den Steuerfedern, die für die Alpenbraunelle kennzeichnend sind.

100 %

Der Handflügel ist recht spitz. H8 ist im Verband am längsten.

Alpenbraunelle
Prunella collaris
En: Alpine Accentor
Fr: Accenteur alpin
Es: Acentor Alpino
It: Sordone
ad. 100 %

Der Federbeleg geht auf eine Rupfung zurück, deswegen ist er unvollständig.

Heckenbraunelle *Prunella modularis*

Federmerkmale: Insgesamt wirkt das Großgefieder der Heckenbraunelle dunkel graubräunlich im Vergleich etwa zu den Sperlingen. Ihm fehlen kennzeichnende Muster, die Schwingen und Steuerfedern sind weitgehend „anonym". Von den **Handschwingen** sind H6 und 7 die längsten und beide fast gleich lang (Maße der jeweils längsten 56 bis 70 mm, Mittel 61 mm, n = 80). H10 erreicht immerhin etwa 16 mm Länge und überragt die äußerste Handdecke HD9 deutlich. H5 bis 8 sind an den Innenfahnenspitzen verengt, H6 bis 8 an den Außenfahnen. Bei allen Schwingen hat die Innenfahne einen schwach aufgehellten, etwa 2 mm breiten Saum. Ebenso hebt sich sowohl bei den Hand- als auch bei den Armschwingen der Schaft dunkel gegenüber den matt graubraunen Fahnen ab.

Bei den **Armschwingen**, von A1 bis A6 zunehmend, und bei den Schirmfedern bildet sich ein mehr oder weniger deutlicher brauner Saum an der Außenfahne heraus, während der helle Saum der Innenfahne abnimmt. Bei den Schirmfedern A7 bis 9 kommt ein Saum an der Innenfahne dazu, sodass nur ein dunkles Feld beidseitig des Schaftes bestehen bleibt. Ähnlich sind die Großen Oberen Armdecken gefärbt, die auch aus einem anderen Grund Aufmerksamkeit verdienen. Sie weisen an der Außenfahne und bei mehreren inneren Decken ebenso an der Innenfahne einen hellen Spitzenfleck auf – ein hilfreiches Artkennzeichen. Bei Altvögeln sind diese Spitzenflecke verlaufend, bei Jungvögeln klar abgesetzt. Wenn man in der Serie dieser Decken eine Mausergrenze erkennt, kann das ein Anzeichen für einen Jungvogel sein. Die hellen Flecke an den Spitzen der Großen Oberen Armdecken ebenso wie an den Schirmfedern können im Laufe des Sommers abgenutzt werden. Die Armschwingen einschließlich der A7 zeichnen sich dadurch aus, dass ihre Spitze schwach zweispitzig ist, das heißt, der Rand ist am Schaft etwas eingezogen.

Die **Steuerfedern** sind denkbar unscheinbar, dunkel graubraun und ohne besondere Aufhellungen, allenfalls an den Außenfahnen mit basalen rotbraunen Säumen versehen. Der dunkle Schaft ist nur in der Basis von St1 bis 4 farblich etwas abgehoben. Die längsten Steuerfedern messen durchschnittlich etwa 63 mm und variieren zwischen 56 und 71 mm (n = 570). Sie sind sonst untereinander etwa gleich lang, nur St1 und 6 sind meist um 1 bis 2 mm kürzer. Die äußeren Steuerfedern sind oft ein wenig nach außen gebogen, auch sind hier die Außenfahnen deutlich verschmälert. Während die Oberschwanzdecken neutral und einheitlich graubraun sind, zeichnen sich die Unterschwanzdecken durch breite rahmfarbene Säume an Innen- und Außenfahne aus. Das verbleibende hellbraune Mittelfeld ist zur Federspitze hin pfeilförmig ausgezogen.

Vorkommen: Die Heckenbraunelle ist in Europa bis in den Hohen Norden weit verbreitet – im Norden als Sommervogel, in Mitteleuropa schon weitgehend als Kurzstreckenzieher oder Jahresvogel. Sie kommt sowohl im Tiefland als auch im Gebirge bis hinauf in die Latschenregion als häufiger Brutvogel vor. In Bayern liegen die höchsten Brutnachweise um 2000 m ü. NN. Der Vogel ist in allen deutschen Bundesländern bei leichter Abnahme verbreitet und erreicht eine Gesamtpopulationsgröße von 1,25 bis 1,75 Millionen Revieren.

Mauser: Die Vollmauser der Altvögel findet im Sommer nach dem Ende der Brutzeit im Brutgebiet statt; sie beginnt im Juli und erreicht ihren Höhepunkt im August, um im September abzuklingen.

Ähnliche Arten: Für die Art kennzeichnend sind vor allem die Schirmfedern, die Unterschwanzdecken und die Großen Oberen Armdecken. Einzelne gefundene Schwingen und Steuerfedern wird man nicht leicht von Sperlings- und Rotkehlchenfedern unterscheiden können. Die Alpenbraunelle stößt in der alpinen Krummholzzone an die Heckenbraunellenreviere an, ist aber in allen Maßen größer und hat auffallende Endflecke in den Schwanzfedern.

100 %

Der Flügel ist recht rund geschnitten. Er weist entsprechende Merkmale an den Verengungen und der relativen Länge der Handschwingen auf. Die GOAD lassen eine Mausergrenze erkennen.

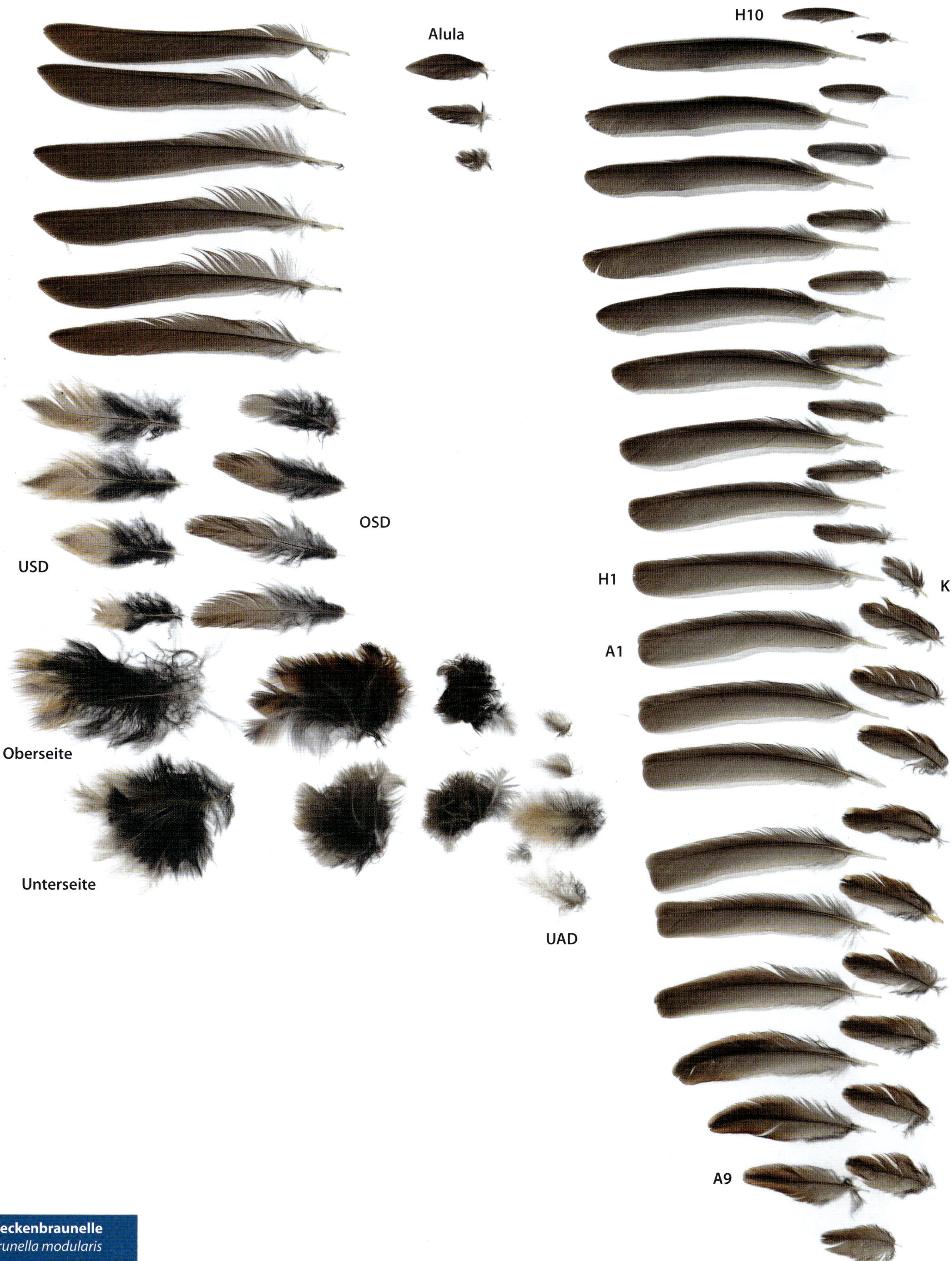

Heckenbraunelle
Prunella modularis
En: Dunnock
Fr: Accenteur mouchet
Es: Acentor Común
It: Passera scopaiola
ad. ♂ 100 %

Wiesenschafstelze
Motacilla [flava] flava

Federmerkmale: Die Schafstelzen sind in jüngerer Vergangenheit in mehrere Arten aufgeteilt worden. In Mitteleuropa dominiert als Brutvogel die Wiesenschafstelze, als Durchzügler und Gäste kommen vor: die nordische Thunbergschafstelze (*M. thunbergi*), von den Britischen Inseln die Gelbkopf-Schafstelze (*M. flavissima*), im Süden die Aschkopf-Schafstelze (M. *cinereocapilla*) und die Maskenschafstelze (*M. feldegg*, siehe dort). Weitere Formen können als Ausnahmegäste auftreten. Die folgende Beschreibung bezieht sich auf die Wiesenschafstelze. Ob es zu den anderen Arten Unterschiede im Großgefieder gibt, ist unklar. Die unten mitgeteilten Mittelwerte und Streuungen unterscheiden nicht zwischen den verschiedenen früheren Unterarten, die heute als Semispezies gelten.

Bei den **Handschwingen** der Wiesenschafstelze tragen H6 bis 8 eine Verengung der Außenfahne, eine Verengung an den Innenfahnen von H7 bis 9 ist schwach erkennbar. Die längsten einzelnen Handschwingen sind H7 und 8 (größte Länge 62 bis 75 mm, Mittel 68 mm, n = 64), H6 und 9 sind einige Millimeter kürzer. H10 ist mit 7 mm Länge winzig, selbst deutlich kleiner und schmaler als die äußerste Handdecke. Die inneren Handschwingen 1 bis 6 (7) haben in der Basishälfte der Innenfahnen ein helles Feld, das aber den Schaft nicht erreicht.

Bei den graubraunen **Armschwingen** ist das weiße Innensaumfeld randlich verschwommen, das gilt aber nicht in allen Kleidern der Schafstelzen. Das Federende ist zweispitzig, die Spitze der Innenfahne überragt die der Außenfahne. Die Außenfahnen sind gelblich gesäumt. Diese Säume sind bei den Schirmfedern noch breiter und heben sich besser ab, weil die Fahnen besonders in der Spitzenhälfte schwarzbraun sind und basal nur wenig grau aufgehellt. Die Großen Oberen Armdecken haben ebenfalls gelbliche Endsäume, die sich ein Stück weit die Außenfahnen entlangziehen. Die Mittleren Oberen Armdecken haben scharf abgegrenzte weißliche Endsäume. Auf diese Weise entstehen die Säume im kompletten Flügel.

Bei den **Steuerfedern** sind die inneren vier jeder Seite schwarz bis schwarzbraun wie bei der Bachstelze, aber bedeutend kürzer. Die längsten Steuerfedern erreichen durchschnittlich 76 mm und variieren zwischen 68 und 83 mm (n = 198). Sie sind gerade, in der Mitte der Innenfahnen etwas bauchig und an den Spitzen abgerundet. Die beiden äußeren Steuerfedern sind nur basal dunkelbraun, im größten Teil der Außenfahne und in einem ausgedehnten, schräg abgeschnittenen Innenfahnenfeld jedoch weiß, sodass beim Flug des Vogels weiße Schwanzkanten sichtbar werden. Der Schaft ist in seiner Farbgebung an die Fahnen angepasst, kann aber bei St5 ein gutes Stück weit schwarz in den weißen Fahnenbereich hineinlaufen. Die Oberschwanzdecken sind im Kern olivgrau, haben aber breite gelbe Außenfahnensäume. Die Unterschwanzdecken sind beim alten Männchen leuchtend gelb, beim Weibchen blassgelb.

Vorkommen: Wiesenschafstelzen sind in ihrem brutzeitlichen Vorkommen an Feuchtwiesen und entsprechende Habitate gebunden und daher mit vielen Mitbewohnern im Bestand zurückgegangen und weiterhin gefährdet. Neben Viehweiden haben sie inzwischen auch Anbauflächen wie Raps-, Klee- und Getreideschläge besiedelt, aber die Population nimmt trotzdem weiter ab. Sie wurde vor einiger Zeit mit 82 000 bis 155 000 Revieren angegeben.

Mauser: Die Vollmauser der Altvögel findet im Spätsommer noch im Brutgebiet statt, bevor sie in den Süden wegziehen. Vor dem Heimzug im Frühjahr wird noch eine Teilmauser eingelegt, bei der neben dem Kleingefieder auch Steuer- und Schirmfedern ausgetauscht werden können.

Ähnliche Arten: Über Unterschiede im Großgefieder zwischen den verschiedenen Schafstelzenarten ist nichts bekannt. Die Steuerfedern sind kürzer als bei Bach- und Gebirgsstelze, in ihrem Färbungsmuster erinnern sie aber an Pieper und andere Arten mit weißen Schwanzkanten. Die Federn der Zitronenstelze (*Motacilla citreola*, nicht behandelt) sind denen der Schafstelze sehr ähnlich.

Die Flügel der Fernwanderer sind spitz. A7 ist stark verlängert, wie bei den anderen Stelzen.

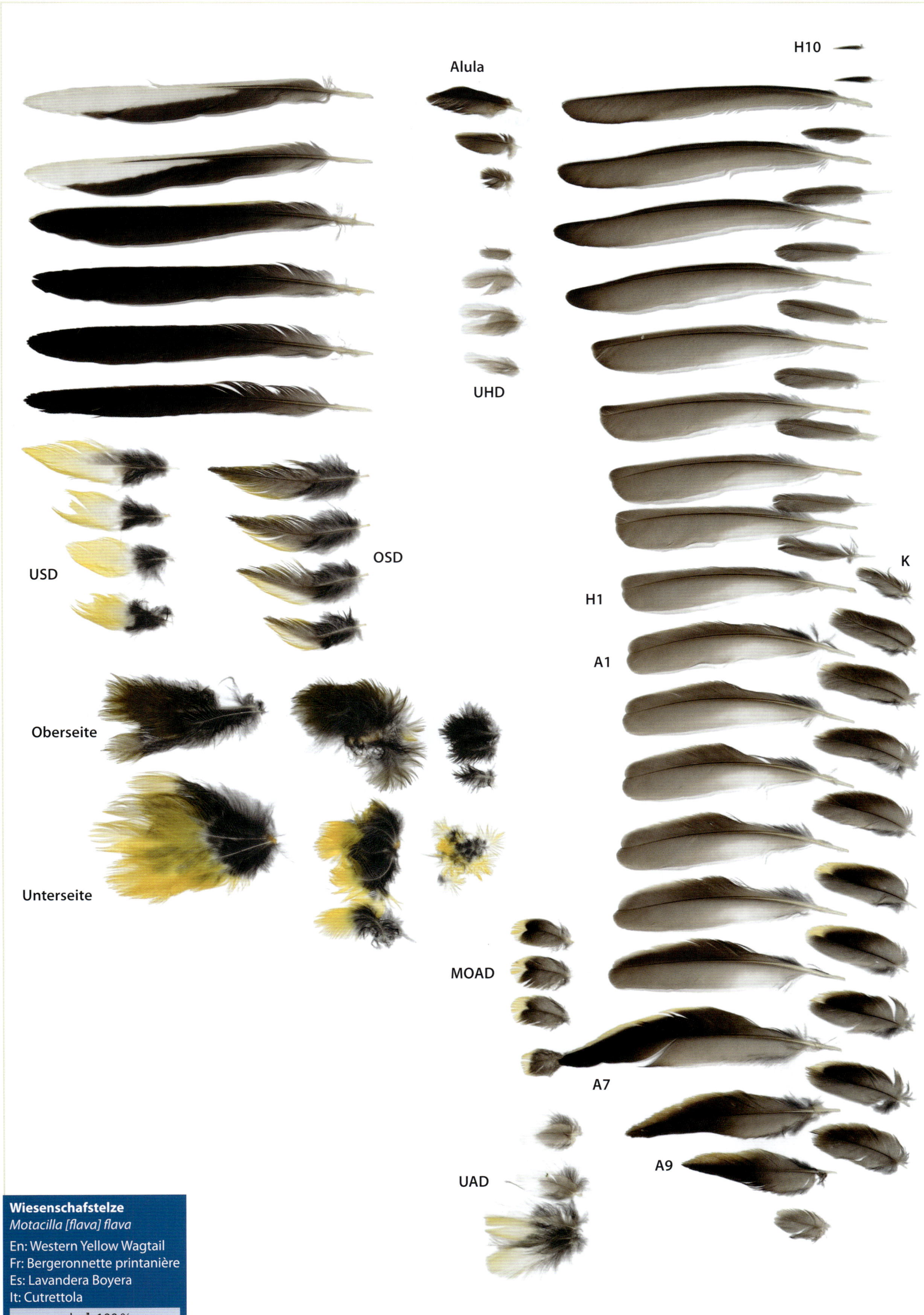

Wiesenschafstelze
Motacilla [flava] flava
En: Western Yellow Wagtail
Fr: Bergeronnette printanière
Es: Lavandera Boyera
It: Cutrettola
ad. ♂ 100 %

Maskenschafstelze
Motacilla [flava] feldegg

Die Schafstelzen sind in jüngerer Vergangenheit in mehrere Arten aufgeteilt worden. In Mitteleuropa dominiert als Brutvogel die Wiesenschafstelze, als Durchzügler und Gäste kommen vor: die nordische Thunbergschafstelze (*M. thunbergi*), von den Britischen Inseln die Gelbkopf-Schafstelze (*M. flavissima*), im Süden die Aschkopf-Schafstelze (*M. cinereocapilla*). Weitere Formen können als Ausnahmegäste auftreten. Die folgende Beschreibung bezieht sich auf die Maskenschafstelze. Ob es zu den anderen Arten Unterschiede im Großgefieder gibt, ist unklar. Bei dieser Form wird auch erst in jüngerer Zeit der eigene Artstatus diskutiert. Sie wird jetzt häufig – ähnlich wie andere Schafstelzen-Populationen – als Allospezies der Superspezies Schafstelze *Motacilla [flava]* geführt.

Federmerkmale: Die Unterschiede zwischen den Populationen beziehen sich vorwiegend auf die schwarze Kopfzeichnung der Männchen im Prachtkleid und auf die Kehlfärbung. Das muss sich nicht gleichzeitig in Unterschieden im Großgefieder zeigen.

Bei den Maßen der längsten **Handschwinge** (ca. 67 - 71 mm) und der längsten Steuerfeder (ca. 80 mm) liegen nur wenige Messwerte vor. Die bei der Wiesenschafstelze aufgeführten Daten können aber ältere Messwerte von anderen Populationen enthalten. Wie bei den anderen Schafstelzen tritt ein helles Feld auf der Innenfahne der Handschwingen H1 bis H6 sowie bei A1 bis A6 auf. Dieses Feld kann klar abgegrenzt sein wie hier bei der Maskenschafstelze oder mit weichem Übergang an die dunklere Pigmentierung der übrigen Innenfahne angrenzen.

Unter den Armschwingen sind die Schirmfedern A7 bis 9 ohne das beschriebene helle Feld und dunkel- bis schwarzbraun, mit Ausnahme der etwas aufgehellten Basis. A7 überragt ihre Nachbarschwingen in allen Kleidern um etwa 10 mm und deckt im geschlossenen Flügel die Handschwingen weitgehend ab. Alle drei Schirmfedern sind in den Außenfahnen breit gelblich oder weißlich gesäumt, diese Säume können aber durch Abnutzung verschmälert sein oder ganz fehlen. Die Großen Oberen Armdecken sind in ihren Außenfahnen und Spitzen mattgelb gesäumt, auch diese Säume können bei Altvögeln bereits im Juni abgenutzt sein. Einen hellen Endsaum gibt es auch bei den Mittleren Oberen Armdecken. Bei allen Schafstelzen entsteht daraus ein lichter vorderer Flügelsaum, bei dem das Innere der Einzelfeder gegen das Ende deutlich abgegrenzt ist. Die Säume sind nicht so kontrastreich weiß wie bei der Zitronenstelze (hier nicht behandelt).

Die **Steuerfedern** sind kürzer als bei der Bachstelze und viel kürzer als sowie nicht so schmal wie bei der Gebirgsstelze.

Das Kleid des Weibchens und noch mehr das der Jungvögel kann man nach der Unterseitenfärbung unterscheiden: Bei den Weibchen ist diese viel blasser als bei den Männchen. Beiden Geschlechtern der Maskenschafstelze fehlt der weiße Überaugenstreif, der bei den meisten anderen Schafstelzen vorhanden ist. Jungvögel haben eine dunkle gestrichelte Kehlumrandung.

Vorkommen: Die Maskenschafstelze ist ursprünglich ein Brutvogel Russlands und Südosteuropas südlich der Wiesenschafstelzen-Vorkommen, auch in Kleinasien, auf dem Balkan und auf den griechischen Inseln. Ihr Vorkommen reicht im Osten bis Kasachstan, im Süden bis in den Iran. Sie hat sich aber seit den 1950er-Jahren stark nach Norden und Westen ausgebreitet und als Brutvogel Ungarn, Tschechien und Österreich erreicht; vereinzelt tritt sie bereits in Süddeutschland im Voralpenland auf. Sie ist ein Wiesenvogel wie die Wiesenschafstelze. Von Italien aus hat sich auch die Aschkopf-Schafstelze *Motacilla [flava] cinereocapilla* nordwärts ausgebreitet.

Mauser: Wahrscheinlich ähnlich wie bei der Wiesenschafstelze.

Ähnliche Arten: Die einzelnen Populationen der „Schafstelzen“ können bislang nur nach dem Zeichnungsmuster des männlichen Prachtkleids sowie nach den Lautäußerungen unterschieden werden. Die Steuerfedern sind kürzer als bei Gebirgsstelze und Bachstelze.

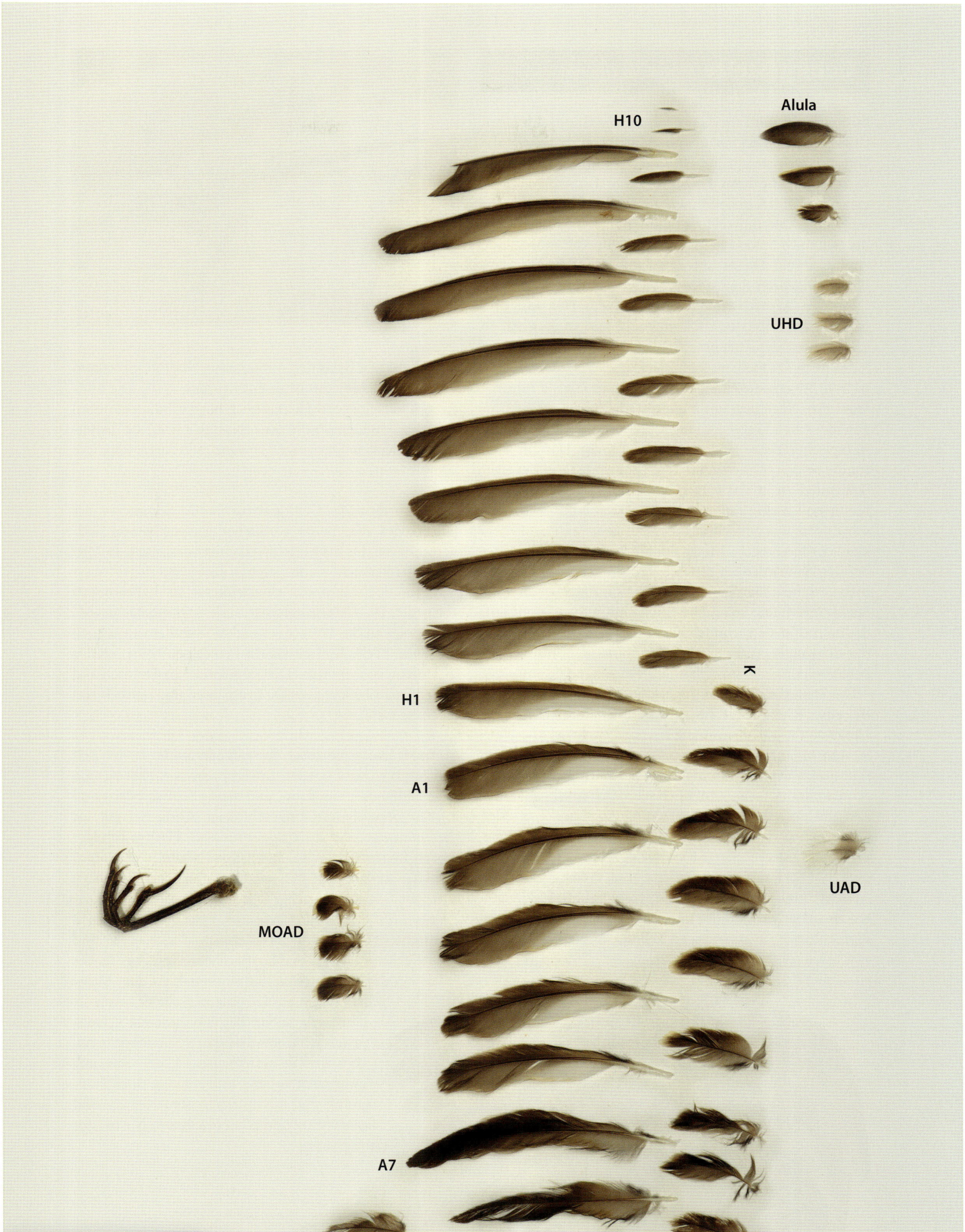

Maskenschafstelze

Motacilla [flava] feldegg

En: Black-headed wagtail
Fr: Bergeronnette printanière
Es: Lavandera Boyera Balcánica
It: Cutrettola

100 %

Gebirgsstelze *Motacilla cinerea*

Federmerkmale: Bei den einzelnen **Handschwingen** ist zwar H7 mit 65 bis 76 mm (Mittel 72 mm, n = 62) die längste, doch stehen ihr H8 und 9 kaum nach. H10 ist winzig und sehr dünn. H6 bis 8 sind in den Außenfahnen verengt, H7 bis 9 in den Innenfahnen. Die äußeren Handschwingen sind dunkel graubraun. Bei H6 beginnend bildet sich nach innen hin in der Basalhälfte der Innenfahne ein helles Feld. Dieses ist für den äußeren Teil des weißen Flügelbandes des fliegenden Vogels verantwortlich.

Bei den **Armschwingen** setzt sich das Feld fort und gewinnt an Größe, Randschärfe und Kontrast. Es greift ab (A2) A3 auf die Außenfahne über und löscht bei A5 bis 7 das noch verbliebene Pigment am Schaft. Am stärksten ist es in A7 entwickelt. Diese überragt als längste Schirmfeder ihre Nachbarn um mehr als 15 mm. Sie erreicht im geschlossenen Flügel die Flügelspitze. In ihrer Form ist sie in typischer Weise langgezogen keilförmig. Das gilt auch für die beiden restlichen kürzeren Schirmfedern. Bei allen Schirmfedern ist das verbleibende dunkle Feld schwarzbraun und nicht graubraun wie bei den regulären Armschwingen, das gilt schon im ersten vollständigen Federkleid des Jungvogels. Dieses dunkle Feld von A7 bis A9 ist bei den Schirmfedern mit breiten gelblichen Außensäumen versehen. Die Armschwingen 1 bis 6 weisen an ihrer Spitze meist eine schwache Einbuchtung am Schaft auf, dadurch sind sie gerundet zweispitzig. Die hellen Fenster der Schwingen erzeugen im Flug, besonders im Gegenlicht von der Unterseite, das helle Flügelband.

Die **Steuerfedern** sind ungewöhnlich lang und schmal. Bei einer Breite von 7 bis 8 mm erreichen St4 bis 6 eine Länge von etwa 100 mm, die längsten variieren zwischen 93 und 116 mm (Mittel 103 mm, n = 248). Die drei inneren, oft etwas kürzeren Steuerfedern sind in ihrem Spitzenteil mit nur 6 bis 7 mm noch schmaler. Im abgenutzten Zustand im Juli sind die Spitzen häufig abgerieben oder abgebrochen und dadurch zusätzlich verkürzt. Während die inneren drei Steuerfedern fast durchgehend schwarzoliv sind (St1 mit etwas hellerer und breiter gesäumter Außenfahne), setzen sich die äußeren drei mit viel leuchtendem Weiß ab. Nur St4 und 5 erhalten sich noch etwas Pigment im größeren basalen Teil der Außenfahne sowie im Schaft. Die Basis der Außenfahne ist grau mit einem blassgelben Saum. St6 ist so gut wie ganz weiß. Die mittleren Oberschwanzdecken sind graugrün, die seitlichen dagegen leuchtend gelb oder blassgelb wie die Unterschwanzdecken. Der lange Schwanz fällt durch ständiges Schwanzwippen auf.

Vorkommen: Die Gebirgsstelze ist ein Sommer- oder Jahresvogel, der in der westlichen Paläarktis von Südskandinavien bis ins Mittelmeergebiet vorkommt. In Mitteleuropa versucht sie in neuerer Zeit verstärkt zu überwintern, doch sind die Überwinterer in Kältewintern gefährdet. Die Gebirgsstelze ist, anders als die Bachstelze, ausgeprägt an das Wasser gebunden, vor allem an schnell fließende Bäche und Flüsse. In den Alpen brütet sie bis in Höhen von 2000 m. Die Population in Deutschland besteht aus 33 000 bis 59 000 Brutpaaren und wird als stabil angesehen.

Mauser: Die Vollmauser der Altvögel findet in der Zeit von Juli bis Oktober statt. Im Frühjahr tritt eine zusätzliche Teilmauser ein, dabei sind häufig Schirmfedern und mittlere Steuerfedern eingeschlossen. Ähnliches gilt für die Teilmauser der Jungvögel im ersten Herbst. Infolgedessen können sich die neuen Schirmfedern und Steuerfedern dunkel von den länger getragenen Nachbarn absetzen.

Ähnliche Arten: Die Steuerfedern sind meist länger und stets viel schmaler als bei der Bachstelze und viel länger als bei den Schafstelzen. Sie sind auch an dem blassgelben Saum an der grauen Basis der Außenfahne erkennbar. Bei den anderen Stelzenarten fehlt überdies das weiße Flügelband. Bei der Schwanzmeise ist der Schwanz zwar auch so lang und schmal, doch stark gestuft und die mittleren Steuerfedern sind fast schwarz und nicht graubraun wie bei der Gebirgsstelze.

Der Handflügel ist recht spitz geschnitten. H7 bis H9 sind sowohl bei den Einzelfedern als auch im kompletten Flügel am längsten, H10 ist winzig.

Gebirgsstelze
Motacilla cinerea
En: Grey Wagtail
Fr: Bergeronnette des ruisseaux
Es: Lavandera Cascadeña
It: Ballerina gialla
100 %

Bachstelze *Motacilla alba*

ad. und juv.

Federmerkmale: Bei den **Handschwingen** haben H6 bis 8 eine Verengung der Außenfahne. Eine Verengung der Innenfahne ist nur bei H8 und 9 schwach ausgebildet. H6 bis 9 sind als Einzelfedern beinahe gleich lang. Die längste Handschwinge erreicht 65 bis 82 mm, im Mittel 75 mm (n = 105). H10 ist mit etwa 7 mm Länge winzig. Die Handschwingen sind dunkelgrau, aber so durchscheinend, dass sich die schwarzen Schäfte von den Fahnen abheben. Damit kontrastiert ein klar abgesetztes weißes Feld, das den Rand der Innenfahne basal begleitet, aber nicht den Schaft erreicht. Es fehlt nur bei H8 und 9.

Die **Armschwingen** setzen das Hell-Dunkel-Muster der Handschwingen fort. A1 bis 6 enden in je zwei gerundeten Spitzen, wobei die der Innenfahne die Außenfahne etwas überragt. Hellgraue Säume der Außenfahnen verstärken sich zur A6 hin. Die in der Spitzenhälfte schwarze längste Schirmfeder A7 überragt ihre Nachbarn um mehr als 1 cm. Bei den Schirmfedern sind die hellen Außensäume noch breiter, doch sind die Innenfahnen in der basalen Federhälfte grau. Alle drei Schirmfedern sind schon beim Jungvogel im Kern dunkler als die anderen Armschwingen. Die Großen und Mittleren Oberen Armdecken sind außen und an der Spitze weißlich gesäumt und bilden zwei weiße Flügelbinden.

Die **Steuerfedern** sind lang, gerade und schlank, die Innenfahnen in der Mitte etwas bauchig. Die Enden sind im frischen Zustand abgerundet. Die mittleren Federn sind meist etwas kürzer als die äußeren. Die längsten Steuerfedern sind durchschnittlich 92 mm lang, sie variieren zwischen 71 und 102 mm (n = 530). Die inneren vier Steuerfedern jeder Schwanzseite sind schwarz. Die Schäfte heben sich nur durch ihren Glanz etwas ab, auch auf der Unterseite sind sie farblich völlig angepasst. Die beiden äußeren Steuerfedern haben weiße Außenfahnen und ausgedehnte weiße Felder in den Innenfahnen, derart, dass sich ein weißes Diagonalfeld von der Spitze her bildet. Sie erzeugen die hellen Schwanzkanten im geschlossenen wie im offenen Schwanz des Vogels, die durch stetiges Schwanzwippen noch mehr Geltung bekommen. An der Basis bleibt innen wie außen in variablem Ausmaß ein schwarzes Feld, das sich ein Stück weit den Innensaum entlangziehen kann, bei St5 meist stärker als bei St6. Die Oberschwanzdecken sind schwarzbraun, die äußeren mit breitem weißem Außensaum. Die Unterschwanzdecken sind reinweiß mit dunkelgrauer Dunenbasis.

Vorkommen: Bachstelzen sind Insektenfresser, die den Winter bei uns vermeiden oder doch nur gelegentlich hier zu überwintern versuchen. Sie wandern sonst als Kurzstreckenzieher nach West- und Südeuropa, teils bis Nordafrika, und kehren schon im März zurück. Bei uns bewohnen sie die offene Kulturlandschaft, vielfach auch inmitten von Ortschaften. Sie sind nicht an Gewässer gebunden. In Deutschland ist die Art weit verbreitet, die Brutpopulation schwankt zwischen 475 000 und 680 000 Revieren und scheint sich etwas zu verringern.

Mauser: In der Teilmauser der Jungvögel werden im ersten Sommer nicht nur das Kleingefieder, sondern auch Schirmfedern und einzelne Steuerfedern erneuert. Die Vollmauser der Altvögel findet im Herbst statt. Im Frühjahr werden noch einmal Partien des Kleingefieders, eine oder mehrere Schirmfedern und zwei Paare, selten alle, Steuerfedern ausgetauscht. Vorjährige kann man allenfalls an zwei Mausergrenzen in den Armdecken und den stärker abgenutzten und graueren Schwingen unterscheiden. Am sommerlichen Gemeinschaftsschlafplatz kann man Mauserfedern aufsammeln.

Ähnliche Arten: Verwechslungen können allenfalls mit anderen Stelzen vorkommen, die stark verlängerte Schirmfedern haben. Bei der Wiesenschafstelze sind deren Säume gelblich, bei der Gebirgsstelze ist die basale Hälfte weiß. Die Steuerfedern der Wiesenschafstelze sind kürzer, die der Gebirgsstelze länger und schmaler als bei der Bachstelze. Der Schwanz der Schwanzmeise ist stark gestuft.

100 %

Der Flügel des Kurzstreckenziehers kann als spitz gelten. H6 bis 9 sind auch im kompletten Flügel lang.

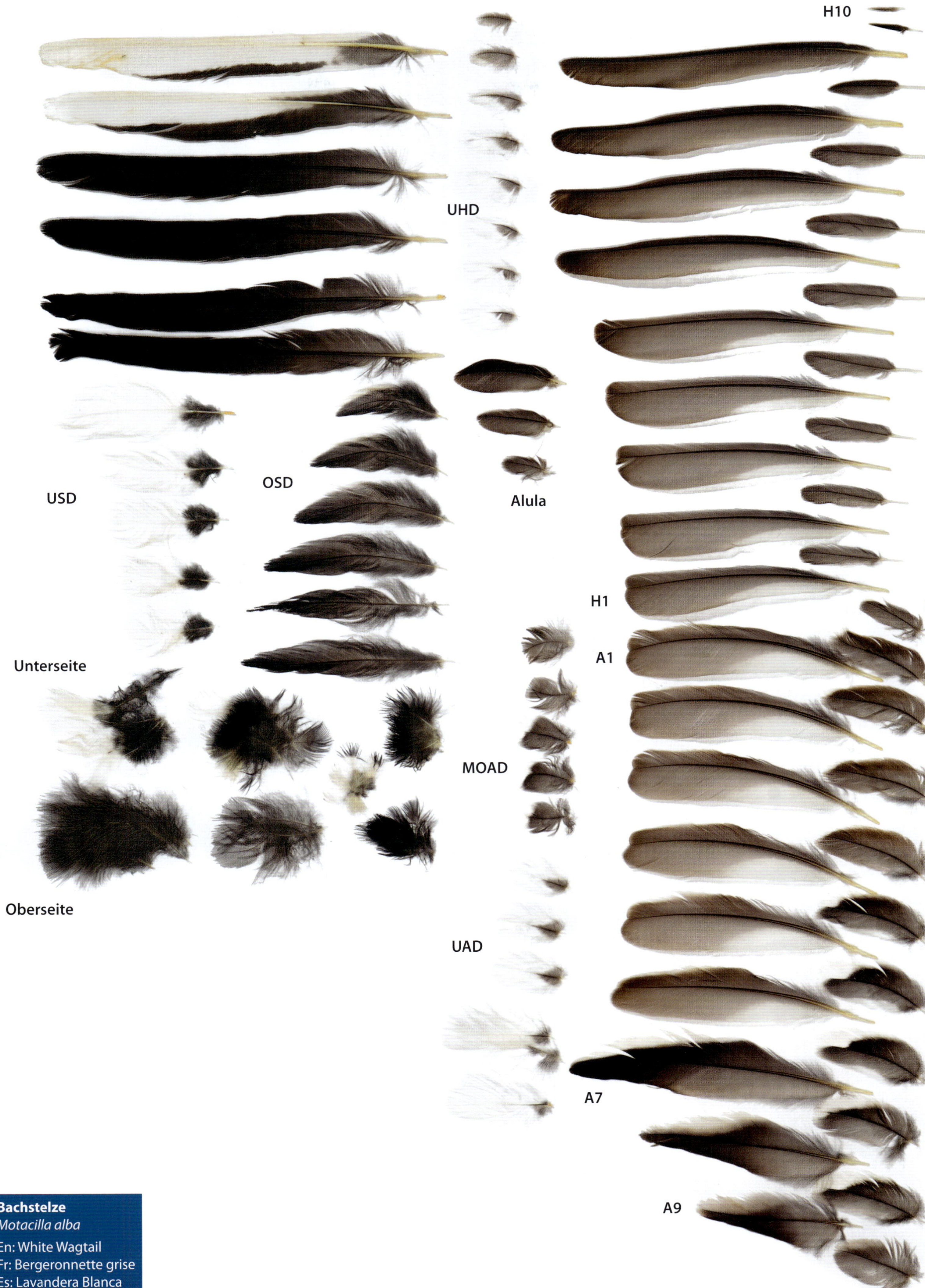

Bachstelze
Motacilla alba
En: White Wagtail
Fr: Bergeronnette grise
Es: Lavandera Blanca
It: Ballerina bianca
ad. 100 %

Spornpieper *Anthus richardi*

Federmerkmale: Mit einem Körpergewicht von mehr als 30 Gramm ist der Spornpieper die größte in Europa auftretende Pieperart. Er fällt auch durch lange Beine und lange Schwanzfedern auf sowie durch einen drosselartig wirkenden kräftigen Schnabel und eine extrem lange Hinterkralle, die die Hinterzehe sogar an Länge übertrifft. Unter den einzelnen **Handschwingen** sind H6 bis 8 etwa gleich lang, H9 nur wenig kürzer, H10 aber winzig. Die längste misst 72 bis 88 mm (Mittel 79 mm, n = 11). H6 bis 8 besitzen eine Außenfahnenverengung. Hand- und Armschwingen sind in der Grundfärbung dunkel graubraun. Die äußeren Handschwingen sind an den Außenfahnen fein hell gesäumt, bei den inneren Handschwingen wird der Saum breiter und bräunlicher. Die Innenfahnen sind zur Basis hin aufgehellt.

Alle **Armschwingen** sind mit einem breiten hellbräunlichen Außensaum versehen. Dieser Saum fällt besonders bei den schwarzbraunen Schirmfedern des Jungvogels auf. A7 überragt als größte Schirmfeder die benachbarte A6 um etwa 5 mm. A8 und 9 sind wieder kürzer. Auch die Großen Oberen Armdecken sind an der Außenfahne und in der Spitze hellbräunlich gesäumt. Bei den Mittleren Oberen Armdecken sind die Säume noch heller und begleiten einen zugespitzten schwarzen Kern.

Der Schwanz ist lang und leicht eingebuchtet; St5 als längste kann 8 mm länger als St1 sein. Diese längste **Steuerfeder** misst 64 bis 91 mm (Mittel 80 mm, n = 12). Die Steuerfedern sind dunkelbraun, St1 ist aber an beiden Fahnen hellbräunlich gesäumt. St5 und 6 haben ausgedehnte rahmfarbene Felder auf der Innen- und Außenfahne, der Schaft ist bei St5 dunkel bis in die Spitze, bei St6 hell. St4 kann in der Spitze der Innenfahne ebenfalls noch etwas helle Färbung abbekommen. Damit hat der Spornpieper unter allen hier dargestellten Pieperarten die ausgedehnteste weiße Schwanzkante. Die Unterschwanzdecken sind intensiv rahmfarben, aber ungezeichnet.

Flügel: Der Handflügel ist relativ spitz geschnitten.

Vorkommen: Der Spornpieper ist kein europäischer Brutvogel, gilt jedoch als zwar seltener, aber regelmäßiger Herbstgast aus Mittelasien oder Sibirien, der besonders im Küstenraum auftritt, aber auch im Binnenland gesehen wird.

Mauser: Die Vollmauser der Altvögel beginnt im Spätsommer im Brutgebiet, wird allerdings in vielen Fällen unterbrochen und im Winterquartier beendet. Im Frühjahr werden noch einmal Kleingefieder sowie einige Schirmfedern und zentrale Steuerfedern erneuert.

Ähnliche Arten: Entsprechende Federn des Spornpiepers sind größer als die der Verwandten. Bei den Maßen der Steuerfedern gibt es nur mit dem Bergpieper und dem Brachpieper gewisse Überschneidungen. Das helle Feld in der zweitäußersten Steuerfeder des Spornpiepers ist auf Innen- und Außenfahne ausgedehnt und verhältnismäßig sehr groß, worin die anderen heimischen Pieperarten übertroffen werden.

St6 vom Sporn- (links) und Wiesenpieper

Spornpieper
Anthus richardi
En: Richard's Pipit
Fr: Pipit de Richard
Es: Bisbita de Richard
It: Calandro maggiore

juv. 100 %

Brachpieper *Anthus campestris*

Federmerkmale: Die Handschwingen 6 bis 10 sind im Flügel etwa gleich lang, bei den Einzelfedern überragt H6 (65 bis 85 mm, Mittel 77 mm, n = 37) die folgenden um wenige Millimeter. H5 ist fast 10 mm kürzer als H6. H10 ist mit etwa 5 mm Länge winzig und sehr dünn. Sie kann kaum als Stütze für die Flügelspitze dienen und wird auch niemals in einer Rupfung gefunden werden. H6 bis 8 haben Außenfahnenverengungen, H6 bis H9 sind auch an den Innenfahnen verengt. Die äußeren Handschwingen sind braun pigmentiert, doch nimmt die Intensität der Färbung nach den inneren Handschwingen hin zu einem Hellbraun ab. Die Innenfahne weist ein weißliches basales Randfeld auf, das aber erst kurz vor der Spule den Schaft erreicht.

Auch die Armschwingen sind fahl graubräunlich und entschieden heller als diejenigen der anderen Pieperarten. Ihre Innenfahnen sind ebenfalls zur Basis hin aufgehellt, hier eher hellgrau, wobei die Grenze zum dunklen Feld verschwimmt. Die Schirmfedern sind besonders im frisch vermauserten Zustand in der Außenfahne und der Spitze breit sandfarben gesäumt. Das gilt auch für die Großen Oberen Armdecken. Die Mittleren Oberen Armdecken haben weißliche Endsäume. Die Säume verlieren sich im Sommer besonders bei den unvermauserten Schirmfedern A7 bis A9 durch Abnutzung. Die längste Schirmfeder A7 überragt als Einzelfeder ihre Nachbarn um einige Millimeter.

Die Steuerfedern sind dunkelbraun, aber heller und mit weniger Grau als bei den anderen Pieperarten. Die mittleren Steuerfedern sind kürzer als die übrigen, sodass der Schwanz etwas eingebuchtet ist. Das wird durch Abnutzung noch verstärkt. Sie sind sämtlich in der Grundfärbung dunkel graubraun. St1 ist zugespitzt und an beiden Fahnen mit breiten fahlbräunlichen Säumen versehen. Die folgenden Federn haben nur einen hellen Saum an den Außenfahnen aufzuweisen, St5 und 6 jedoch einen weißen Keilfleck unterschiedlicher Ausdehnung auf der Innenfahne und weitgehend weiße Außenfahnen. Der Keilfleck auf St5 erreicht etwa nur ein Viertel bis fast die Hälfte der Fahnenlänge und damit mehr als bei anderen Piepern, aber nicht so viel wie beim Spornpieper. Der Schaft ist hier im weißen Feld dunkel, bei St6 jedoch hell. Die längsten Steuerfedern messen 68 bis 83 mm, im Mittel 76 mm (n = 66). Die Unterschwanzdecken sind schwach cremefarben ohne Musterung. Die Oberschwanzdecken sind etwas kräftiger getönt. Unvermauserte Schirmfedern sowie obere Armdecken und mittlere Steuerfedern weisen im Sommer starke Zeichen von Abnutzung auf.

Vorkommen: Der Brachpieper ist ein weitverbreiteter, aber nur lokal vorkommender und vielerorts schon ausgestorbener Sommervogel. Er ist ein Offenlandbewohner, der vegetationsarme Flächen mit höherer eingestreuter Vegetation und Einzelbäumen als Singwarten schätzt, vielfach auf Dünen, Heiden und Trockenrasen. Kürzlich wurden, fast ausschließlich in den östlichen Bundesländern, für ganz Deutschland nur noch 550 bis 900 Reviere gezählt, mit weiterhin abnehmender Tendenz.

Mauser: Altvögel beginnen ihre Vollmauser im Brutgebiet und unterbrechen sie dann für den Wegzug, um sie im Winterquartier zu vollenden. Vögel im Herbst haben daher frische Schirmfedern sowie innere Handschwingen. Letztere sind dann dunkelgrau, die alten in der Flügelspitze dagegen abgenutzt und heller graubraun. Auch die mittleren Steuerfedern können schon zu diesem Zeitpunkt erneuert werden. Bei Jungvögeln treten so entstandene Mausergrenzen in Europa nicht auf.

Ähnliche Arten: Die Schwingen des Brachpiepers sind im Vergleich zu denen der anderen gleich großen Pieperarten eher fahlbraun und nicht schwarzbraun. Bei St5 reicht der weiße Keilfleck von der Federspitze aus manchmal relativ weit in die Innenfahne und noch weiter in die Außenfahne hinein, bei Baum-, Wiesen- und Bergpieper ist er auf die Spitze der Innenfahne beschränkt.

100 %

Der Handflügel ist relativ spitz geschnitten. Auch die äußeren Handschwingen H6 bis 9 sind recht spitz geformt.

Brachpieper
Anthus campestris
En: Tawny Pipit
Fr: Pipit rousseline
Es: Bisbita Campestre
It: Calandro
ad. ♂ 100 %

Wiesenpieper *Anthus pratensis*

Federmerkmale: Bei den einzelnen **Handschwingen** ist H6 mit 63 bis 76 mm (Mittel 69 mm, n = 119) die längste. Die winzige H10 ist nur etwa 8 mm lang. Der Längenunterschied zwischen H6 und H5 kann 8 mm betragen. Die Federn sind dunkel graubraun mit nur schwacher Aufhellung der Innenfahne. Doch hebt sich der schwarzbraune, glänzende Schaft ein wenig von den Fahnen ab. H6 bis 8 sind an den Außenfahnen verengt. Diese haben schmale helle Säume. H1 bis H4 sind schwach zweispitzig.

Die **Armschwingen** sind zur Innenfahnenbasis hin ebenfalls nur schwach aufgehellt. Sie haben mattgelbliche Außenfahnensäume, die sich im inneren Armflügel verstärken. Bei den drei Schirmfedern sind sie in der Spitzenhälfte der Außenfahne mehrere Millimeter breit ausgeprägt. Auch die Großen Oberen Armdecken haben mattgelbliche helle Säume, die am Schaft unterbrochen sind. Die Schirmfeder A7 überragt ihre Nachbarin A6 um 5 bis 8 mm. Die Mittleren Oberen Armdecken weisen mattgelblich gefärbte Endsäume von etwa 1 mm Breite auf, die in der Mitte ebenfalls durch einen dunklen Schaftstrich unterbrochen sind. Sie bilden im kompletten Flügel einen vorderen Flügelstreif mit dunklen Federzentren.

Die **Steuerfedern** sind denjenigen des Baumpiepers sehr ähnlich. St1 ist kürzer als ihre Nachbarn, sodass der Schwanz etwas eingebuchtet ist. St6 ist meist am längsten. Sie misst durchschnittlich 64 mm, bei einer Streuung von 57 bis 71 mm (n = 231). Der weiße Keilfleck auf der Innenfahne von St6 erfasst zwei Drittel bis drei Viertel der Fahnenlänge, auf der Außenfahne reicht das Weiß noch weiter. Der Schaft läuft jedoch meist dunkel durch das weiße Feld und die Außenfahne bildet ein schmales graubraunes Feld vor der Spitze. Bei St5 ist das weiße Spitzenfeld klein, bei St4 fehlt es meistens. Die Unterschwanzdecken sind weißlich oder schwach gelblich getönt. Brust und Flanken sind auf gelblichem Untergrund kräftig dunkel gestrichelt.

Vorkommen: Der Wiesenpieper ist wie andere Feuchtwiesenbewohner bei uns bestandsgefährdet und in vielen früheren Vorkommensgebieten bereits ausgestorben. Brutbestände gibt es vor allem noch im Tiefland in feuchten Wiesen, Heiden und Mooren. Derzeit kann man nur mit 36 000 bis 57 000 Brutrevieren in ganz Deutschland kalkulieren und muss mit einer negativen Tendenz von mehr als 3 % Verlust pro Jahr rechnen. Die Winterquartiere liegen vor allem in Südwesteuropa, also nicht weit weg. Es gibt auch bei uns Tendenzen zum Überwintern.

Mauser: Die Altvögel erneuern in der Vollmauser nach der Brutzeit zwischen Juli und Oktober ihr gesamtes Gefieder. Die Schwingenmauser verläuft schnell und bildet große Mauserlücken, die die Vögel nahezu flugunfähig machen können. Bei Jungvögeln gibt es gleichzeitig eine Teilmauser, im Winterquartier dann bei allen Altersklassen eine weitere Teilmauser, wobei Mausergrenzen in den Flügeldecken entstehen und auch Schirmfedern sowie die inneren Steuerfedern erneuert werden können. Sie sind dann zur Brutzeit weniger abgenutzt als ihre Nachbarn.

Ähnliche Arten: Der Brachpieper unterscheidet sich im Großgefieder durch hellere sandfarbene Tönung. Der Spornpieper ist in allen Maßen größer. Beim Strandpieper ist der helle Keilfleck bei St6 grau überlaufen und nicht weiß. Bei den Steuerfedern wie bei den Schwingen gibt es jedoch große Übereinstimmungen mit dem Baumpieper. Im kompletten Flügel ist H6 fast gleich lang wie H7, beim Baumpieper aber 2,5 bis 5 mm kürzer. Bei den Einzelfedern sind die Relationen verschoben. Falls man den Fuß zu Gesicht bekommt: Die Hinterkralle ist sehr lang, was besonders auffällt, wenn der Vogel auf einem dünnen Zweig oder Draht sitzt. Noch ausgeprägter ist das nur beim Spornpieper der Fall.

100 %

Der Wiesenpieper ist ein Kurzstreckenzieher, der bei uns in klimamilden Gebieten überwintert. Der Handflügel ist mäßig spitz geformt. Im Flügelverband sind H7 bis 9 etwa gleich lang, H6 ist wenig kürzer. Der geschlossene Handflügel wird wie bei anderen Piepern von der längsten Schirmfeder A7 weitgehend abgedeckt.

Wiesenpieper
Anthus pratensis
En: Meadow Pipit
Fr: Pipit farlouse
Es: Bisbita Pratense
It: Pispola
100 %

Baumpieper *Anthus trivialis*

Federmerkmale: H6 bis 9 sind annähernd gleich lang, die **Handschwinge** H7 als längste überragt mit 66 bis 79 mm (Mittel 74 mm, n = 61) ihre Nachbarn nur wenig. Im vollständigen Flügel ist H6 jedoch um 2,5 bis 5,0 mm kürzer als H7. H6 bis 8 sind an den Außenfahnenspitzen verengt. H1 und 2 sowie A1 bis 6 sind gerundet zweispitzig, das heißt, die Spitze ist am Schaft etwas eingezogen.

Hand- und **Armschwingen** sind dunkel graubraun, die Innenfahnen nur schwach und verlaufend aufgehellt. Auffallend sind die breiten, verlaufenden, mattgelblichen Säume an den Außenfahnen der drei Schirmfedern. Solche besser abgegrenzten Säume finden sich auch an den Großen Oberen Armdecken, an den Mittleren sind sie weißlich und am Schaft dunkel unterbrochen. Sie bilden einen vorderen Flügelstreif, ähnlich wie bei den anderen Piepern. Sie können sich aber im Laufe des Sommers ein Stück weit abnutzen.

Die mittlere **Steuerfeder** weist ebenfalls eine graubräunliche Färbung mit breiten hellen Außensäumen an beiden Fahnen auf. Die übrigen Steuerfedern sind dunkelbraun. Die längste Steuerfeder, meist St5, misst durchschnittlich 67 mm und variiert zwischen 60 und 74 mm (n = 161). Die beiden Außensteuerfedern 5 und 6 bilden eine weiße Kante im gespreizten Schwanz. Bei St6 setzt der weiße Anteil in der Außenfahne etwa in der Federmitte an und erreicht etwa bei drei Vierteln oder vier Fünfteln der Fahnenlänge den Saum der Innenfahne, um von hier bis zur Federspitze durchzulaufen. Das entstehende helle Feld ist oft leicht gelblich oder bräunlich getönt. Das ist bei der Außenfahne noch stärker ausgeprägt. Der Schaft zieht sich dunkel oder hellbraun pigmentiert durch den Keilfleck bis zur Federspitze. Bei St5 ist das helle Feld viel kleiner und auf die Innenfahne beschränkt, es fehlt manchmal ganz. Bei St4 kann es punktförmig auf der Innenfahnenspitze vorhanden sein. Im geschlossenen Schwanz sind die Keilflecke nicht sichtbar, beim Landen und im Flug werden sie jedoch beidseitig als weiße Schwanzkante wahrnehmbar. Die Oberschwanzdecken sind graubraun, die Unterschwanzdecken hell rahmfarben mit schwachem oder fehlendem Schaftstrich. Beim Jungvogel sind die Steuerfedern zugespitzt, beim Altvogel in den Spitzen abgerieben.

Vorkommen: Der Baumpieper ist heute in vielen Regionen, in denen er früher häufig war, als Brutvogel selten geworden oder sogar ganz verschwunden. Im Gebirge ist er auf Waldlichtungen und am Waldrand bis in Meereshöhen gegen 2000 m anzutreffen, in Bayern erreicht er nur 1500 bis 1800 m, in den Westalpen dagegen sogar 2300 m. Die jüngste Erfassung bis 2009 ergab für ganz Deutschland nur noch 252 000 bis 360 000 Reviere und einen stark abwärtsgerichteten Trend von mehr als 3 % Abnahme pro Jahr. Bestimmend für die Existenz der Population sind die offenen Lebensräume an Waldrändern und auf Heiden und Mooren.

Mauser: Die Vollmauser nach der Brutzeit beginnt im Juni/Juli, bei den Männchen vor den Weibchen, wird aber mit dem Wegzug unterbrochen. Die Dauer der Handschwingenmauser beläuft sich auf insgesamt nur 35 bis 50 Tage.

Ähnliche Arten: Beim Bergpieper sind die Säume der Schirmfedern und der mittleren Steuerfedern trüb und unscheinbar gefärbt, nicht so mattgelb getönt wie bei Baum- und Wiesenpieper. Die beiden letzteren Pieper sind an den Steuerfedern nicht unterscheidbar, jedoch an der Schwingenformel im kompletten Flügel. Bei den Einzelfedern ist das nicht so offensichtlich. Der Brachpieper unterscheidet sich im Großgefieder durch hellere, sandfarbene Tönung. Der Spornpieper ist in allen Maßen größer. Beim Strandpieper ist der helle Keilfleck bei St6 grau überlaufen und nicht weiß. Falls man den Fuß zu Gesicht bekommt: Die Hinterkralle ist deutlich kürzer als beim Wiesenpieper. Der Fuß des Baumpiepers ist hell rötlich, beim Strand- und beim Bergpieper dunkel.

100 %

Der Flügel des Langstreckenziehers ist recht spitz geschnitten. Die Fahnenverengungen an H6 bis H9 sind jedoch deutlich. H10 ist winzig und kürzer sowie schmaler als HD9.

Baumpieper
Anthus trivialis
En: Tree Pipit
Fr: Pipit des arbres
Es: Bisbita Arbóreo
It: Prispolone

ad. ♂ 100 %

Bergpieper *Anthus [spinoletta] spinoletta*

Federmerkmale: Im kompletten Flügel bilden H8 und 9 die Spitze, während bei den einzelnen **Handschwingen** H6 mit 71 bis 83 mm (Mittel 76 mm, n = 46) am längsten ist und H7 bis 9 schwach stufig abnehmen. H6 bis 8 sind an den Außenfahnen verengt. H10 ist zu einem winzigen Rudiment von etwa 8 mm Länge reduziert, kleiner als HD9. Die Flügelfedern sind dunkel grauoliv, Innen- und Außenfahnen schwach grau aufgehellt. Die Schäfte heben sich dunkelbraun von den Fahnen ab.

Die Handschwingen weisen feine helle Säume an den Außenfahnen auf, bei den Armschwingen sind sie etwas breiter. Unter den **Armschwingen** ist A7 als größte Schirmfeder deutlich gegenüber ihren Nachbarn verlängert. A7 bis 9 ebenso wie die mittleren Steuerfedern können im Frühjahr erneuert werden, sodass sie im Sommer wenig abgenutzt erscheinen. Im geschlossenen Flügel verdeckt A7 die Handschwingen fast bis zur Flügelspitze. Die Säume der Schirmfedern sind unscheinbar grau im Schlichtkleid bis gelblich-braun im Prachtkleid.

Von den **Steuerfedern** ist die innerste dunkel grauoliv, nach außen zu werden sie allmählich schwarzbraun. Die Schäfte heben sich nur im basalen Drittel dunkel ab. Bei der äußersten Steuerfeder 6 gibt es einen weißen Keilfleck, der als schwacher Saum auf der Außenfahne beginnt, sich allmählich in Richtung des Federendes bis in die Innenfahne hinein verbreitert und kurz vor deren Ende die volle Federbreite einnimmt. Der Schaft ist in der Basalhälfte dunkelbraun, was sich noch etwa 1 cm in den weißen Keilfleck hinein fortsetzt. Bei der benachbarten St5 ist der Keilfleck winzig und nimmt nur etwa ein Zehntel der Fläche desjenigen von St6 ein. Die längsten Steuerfedern messen 65 bis 82 mm, im Mittel 73 mm (n = 62). Das Kleingefieder wird beim Bergpieper zweimal jährlich erneuert. Ab März haben Altvögel beiderlei Geschlechts eine weißliche, an der Brust leicht rötlich getönte Unterseite mit schwacher Strichelung an den Flanken. Nach der Brutzeit wird die Unterseite auf hellem Grund kräftig olivfarben gestrichelt.

SK

Vorkommen: Der Bergpieper bildete früher zusammen mit dem Strandpieper die Art Wasserpieper, heute werden sie als zwei getrennte Arten behandelt. Da die alpinen Bergpieper teilweise zum Überwintern nordwärts ins Tiefland ziehen, können sie an der Küste und an binnenländischen Gewässern auf Strandpieper stoßen, die dort den Winter verbringen. Bergpieper brüten in den Zentralalpen von der Waldgrenze bis auf Höhen um 2000 m, im Extrem bis 2600 m, wo sie Almwiesen und alpine Matten bewohnen, die mit einzelnen Büschen, Bäumen und Felsblöcken durchsetzt sind; in den Westalpen erreichen sie sogar bis gegen 3000 m. Die Brutbestände belaufen sich in Bayern auf nur 900 bis 1800 Reviere, es ist nichts über eine Abnahme bekannt. In der Schweiz und in Österreich sind die Bestände größer. Im Winter halten sich die Vögel als Kurzstreckenzieher in Mitteleuropa und Südeuropa bis Nordafrika auf: in Feuchtgebieten des Tieflandes, an Gewässerufern aller Art, auch an Süßwasser nahe den Küsten.

Mauser: Die Vollmauser beginnt noch im Brutgebiet Mitte Juli, bei den Männchen ein bis zwei Wochen früher als bei den Weibchen, die dafür etwas schneller mausern. Die meisten Altvögel erneuern im Frühjahr schon vor der Brut nochmals mittlere Schwanzfedern und die Schirmfedern, außerdem das Kleingefieder, sodass sie dann im Brutgebiet im Prachtkleid auftreten – ohne Strichelung, aber mit schwacher rötlicher Tönung der Unterseite.

Ähnliche Arten: Beim Strandpieper weisen die Schwanzaußenkanten zwar noch gut erkennbare, jedoch grauoliv getönte Keilflecke auf, beim Bergpieper sowie bei Baum- und Wiesenpieper sind sie weiß. Im Unterschied zum Bergpieper sind die Säume der Schirmfedern und der innersten Steuerfedern bei Baum- und Wiesenpieper lebhafter mattgelb oder beige gefärbt.

100 %

Der komplette Flügel wirkt relativ spitz, doch lässt sich dieses Bild bei den Einzelfedern nicht leicht nachvollziehen. Die Vögel sind keine Langstreckenzieher.

Bergpieper
Anthus [spinoletta] spinoletta
En: Water Pipit
Fr: Pipit spioncelle
Es: Bisbita Alpino
It: Spioncello
ad. ♂ PK 100 %

Strandpieper *Anthus petrosus*

Federmerkmale: Dieser Pieper macht selbst im Prachtkleid wenig aus sich. Bei den **Handschwingen** haben H6 bis 8 eine Außenfahnenverengung. Von einer Verengung der Innenfahnen ist nichts zu erkennen. Die längsten Handschwingen sind die äußeren: H6 bis H9, bei ungefähr gleicher Länge. Als Maß für die längste (meist H6) ergeben sich 70 bis 82 mm, im Mittel 76 mm (n = 25). H10 ist winzig und sehr dünn, sie ist kürzer als die benachbarte HD9. Alle Schwingen sind dunkel olivgrau, die schwarzen Schäfte kaum abgesetzt. Die hellen Säume an den Außenfahnen sind extrem schmal. Die Innenfahnen sind zum Rand hin schwach aufgehellt.

Die **Armschwingen** haben breitere, aber auch sehr matte, olivfarbene Außensäume und helle Endsäume. Auch bei den dunklen Schirmfedern fallen die Säume kaum auf, was besonders im abgenutzten Zustand gilt. Die Spitze der größten Schirmfeder A7 überragt allerdings ihre Nachbarin A6 um etwa 8 mm. Die Großen Oberen Armdecken haben unansehnliche schmutzig-beige Außen- und Endsäume.

Anders als bei dem nahen Verwandten, dem Bergpieper, weist der Schwanz im Flugbild nur eine sehr schwach ausgeprägte helle Kante auf. Die **Steuerfedern** sind allgemein schwarzbraun gefärbt mit geringer Aufhellung an der Basis der beiden Fahnen. Der Schaft ist jedoch auch hier noch glänzend schwarz und wird erst in der Spule pigmentlos. Der kleine Keilfleck an der Spitze der Innenfahne von St5 und der etwas größere an St6, der auch die Außenfahne erreicht, sind jedoch nicht weiß, sondern hell graubraun getönt. Hinzu kommt manchmal ein entsprechender kleiner Spitzenfleck an St4. Auf der Unterseite weisen diese hellen Felder mehr Kontrast auf als von oben. Die längsten Steuerfedern erreichen 63 bis 75 mm, im Mittel 70 mm (n = 42). Zur Schwanzmitte hin werden die Federn kürzer, wobei sich ein Unterschied von 3 bis 5 mm ergibt. St6 ist ein wenig nach außen gebogen. Die Unterschwanzdecken sind weißlich, mit schwachem Schaftstrich.

Vorkommen: Die Vögel brüten an Felsküsten und auf Inseln Nordeuropas und des nördlichen Westeuropas, auch an der Küste des Ärmelkanals. Zum Überwintern kommen einige Strandpieper in die Salzwiesen an unsere Küsten, wo sie im Winter mit Berghänflingen, Schneeammern und Ohrenlerchen zusammentreffen können. In Schleswig-Holstein sind nicht mehr als 1000 Überwinterer erfasst worden, in Niedersachsen 2300 bis 3100 Individuen. In den Salzwiesen sind sie wie andere Kleinvögel dem Zugriff von Sperber und Merlin ausgesetzt. Die auf der Tafel abgebildeten Federn gehen auf eine vermutlich durch einen Sperber verursachte Rupfung zurück, weswegen einige Federn fehlen, andere beschädigt sind. Ins Binnenland dringen die Vögel äußerst selten vor. Eine einzige Brut ist auf Helgoland gefunden worden, eine in Mecklenburg-Vorpommern.

Mauser: Eine Vollmauser läuft bei den Altvögeln im Spätsommer und Herbst nach dem Ende der Brutzeit ab. Die Mauser der Handschwingen dauert nur etwa sechs Wochen. Im Spätwinter findet nochmals eine Teilmauser statt, die aber bei den Teilpopulationen zu unterschiedlichem Ergebnis führt.

Ähnliche Arten: Der Strandpieper wurde früher als nächstverwandt zum Wasserpieper gerechnet, der aber heute Bergpieper heißt. Die Unterscheidung ist schon durch das folgende Merkmal plausibel: Der Strandpieper ist die einzige europäische Pieperart mit graubraun schattierten (nicht weißen) Schwanzkanten. Eine ähnliche Reduktion der weißen Schwanzkanten findet man sonst beim Bergfinken sowie bei der Grau- und der Kappenammer. Eine Verwechslungsmöglichkeit ist dadurch nicht gegeben. Ein weiterer wichtiger Unterschied tritt im Unterseitengefieder der Prachtkleider auf: Bergpieper rosa, Strandpieper trüb gestrichelt. Der Fuß (beim Bergpieper abgebildet) ist beim Strand- wie beim Bergpieper dunkel.

100 %

Der Flügel ist recht spitz geschnitten. Dem entsprechen die winzige H10 und die geringe Ausbildung der Fahnenverengungen an den Handschwingen.

Strandpieper
Anthus petrosus
En: Eurasian Rock Pipit
Fr: Pipit maritime
Es: Bisbita Costero
It: Spioncello marino
SK 100 %

Die Federn gehen auf eine Rupfung zurück, daher sind diese teilweise beschädigt, teilweise die Reihen unvollständig.

Buchfink *Fringilla coelebs*

Federmerkmale: Bei den einzelnen **Handschwingen** sind die äußeren H6 bis 9 etwa gleich lang. Die längste Handschwinge misst 65 bis 84 mm, im Mittel 76 mm (n = 254). H(5) 6 bis 8 haben eine Außenfahnenverengung. Bei den inneren sechs Handschwingen ist die Innenfahne größtenteils dunkel, doch beginnt am Innensaum fast an der Spitze ein helles Feld, das zur Basis hin breiter wird und beinahe den dunklen Schaft erreicht. Bei denselben Schwingen setzt sich an der Außenfahne im basalen Viertel ein etwa 1 cm langes weißes Feld ab. Dieses Außenfahnenfeld liegt im kompletten Flügel weitgehend unter den Handdecken, sodass im Flugbild nur ein schmaler weißer Saum davon sichtbar bleibt. Bei H7 bis 9 ist die Außenfahne durchgehend dunkel, trägt aber einen feinen gelblichen Außensaum.

Bei den **Armschwingen** A1 bis 6 trägt das basale Drittel der Außenfahne wieder das weißliche Feld, der Rest ist dunkel graubraun mit einem zunehmend breiten hellen Außensaum. Die Innenfahne hat ebenfalls ein schräg angeschnittenes weißes Feld, das erst kurz vor der Spule grau wird. Der Schaft ist durchgehend schwarz bis zur Spule. Den Schirmfedern fehlen die weißen Felder, nur bei A7 ist es in der Außenfahne angedeutet. Ansonsten sind sie nur basal etwas aufgehellt, die Außensäume sind zwar breit, aber wenig kontrastreich. Im Armflügel bilden die Decken zwei helle Säume: Die Kleinen und Mittleren Oberen Armdecken erzeugen mit breiten weißlichen Enden das „Schulterstück“ des Vogels, die Endsäume der Großen Oberen Armdecken bilden einen schmaleren gelblichen Saum, der eine weitere Flügelbinde erzeugt.

Der Schwanz ist nur wenig eingebuchtet. Die längste **Steuerfeder** (meist St5) ist bei einer Durchschnittslänge von 71,5 mm (60 bis 81 mm, n = 875) beim alten Männchen ungefähr 6 mm länger als die kürzeste St1. Die Steuerfedern sind beim älteren Vogel in der Tendenz ebenfalls um 6 mm länger als beim dies- oder vorjährigen Individuum, beim Männchen in den Mittelwerten etwa 5 mm länger als beim Weibchen. Sie sind in der Grundfärbung schwarz, nur St1 ist düster graublau mit breiten hellen Säumen. St5 weist im Spitzendrittel der Innenfahne ein keilförmiges weißes Feld auf. Die Außenfahne ist bis auf einen sehr schmalen grünlichen Saum schwarz. Bei St6 erreicht der weiße Keilfleck von der Spitze her die Mitte der Innenfahne und greift hier ein Stück weit auf die Außenfahne über. Diese ist nur im Spitzendrittel dunkel. Der Schaft ist durchgehend schwarz. Die Oberschwanzdecken sind beim Männchen graublau mit bräunlichen Säumen, die Unterschwanzdecken blassrosa.

Beim diesjährigen **Jungvogel** und beim vorjährigen Männchen bis zur sommerlichen Vollmauser sind im zusammengelegten Flügel Handdecken und Alulafedern dunkel graubraun mit schwachen hellen Säumen, beim Altvogel sind sie schwarz. Innerhalb der äußeren Großen Oberen Armdecken tritt meist eine Mausergrenze auf.

Vorkommen: Der Buchfink gilt neben der Amsel als der häufigste Vogel in Mitteleuropa. Man rechnet allein in Deutschland mit einer Zahl von 7,55 bis 9,05 Millionen Brutpaaren. Doch nehmen die Bestände etwas ab. Die Vögel sind zur Brutzeit in lichten Baumbeständen und Einzelbäumen, aber auch im geschlossenen Wald und Forst anzutreffen.

Mauser: Die Vollmauser der alten Männchen setzt bei uns gegen Mitte Juli ein. Die Mauser dauert bis in den Herbst hinein. Zu derselben Zeit legen die Jungvögel eine Teilmauser ab, bleiben aber an stehen gebliebenen jugendlichen Flügeldecken erkennbar. Kleingefieder: Nach der Mauser tragen die Federn beim Männchen im Herbst und Winter beigefarbene Säume, die sich zum Frühjahr hin abnutzen. Dabei entsteht das Prachtkleid.

Ähnliche Arten: Die Schwingen können allenfalls mit denjenigen des Bergfinken (s. dort) verwechselt werden. Ein helles Feld an der Basis der Außenfahne ist auch bei Hand- und Armschwingen von Trauer- und Halsbandschnäpper vorhanden, doch sind bei diesen Arten die Federn zarter. Man vergleiche auch das Braunkehlchen.

ad. ♂ 100 %

Der Flügel ist nicht sonderlich spitz geformt. H6 – 8 sind am längsten.

Buchfink
Fringilla coelebs
En: Common Chaffinch
Fr: Pinson des arbres
Es: Pinzón Vulgar
It: Fringuello
ad. ♂ 100 %

Bergfink *Fringilla montifringilla*

Federmerkmale: Unter den **Handschwingen** sind H6 bis 9 als Einzelfedern etwa gleich lang, die längste misst 71 bis 86 mm (Mittel 78 mm, n = 82). H10 ist spitz, klein und unter HD9 verborgen. H6 bis 8 weisen eine Verengung der Außenfahne auf. Alle Handschwingen sind fein hell gesäumt, doch werden die Säume bei den inneren breiter. Die Innenfahnen der Handschwingen 1 bis 6 haben ein breites weißes Randfeld, das zur Spitze und zur Basis der Feder hin schmaler wird und ausläuft. Bei H7 bis 9 tritt an die Stelle dieses weißen Feldes eine schwache, nur noch graue Aufhellung der Innenfahne. Ähnlich wie beim Buchfinken tragen auch beim Bergfinken die Handschwingen 1 bis 6 an der Außenfahne eine weiße Markierung von etwa 1 cm Länge, die etwa 1 cm über der dunigen Fahnenbasis beginnt. Den Handschwingen 7 bis 9 fehlt dieses Feld.

Es setzt sich bei den **Armschwingen** bis hin zu den Schirmfedern fort und wird dort breiter, dreieckig und leicht rahmfarben oder grau getönt. Die äußeren fünf oder sechs Armschwingen sind an ihrer Spitze etwas eingebuchtet: Die Innenfahne überragt jedoch die Außenfahne kaum. Ein heller Saum im Spitzendrittel der Außenfahne verbreitert sich nach innen hin von Feder zu Feder und gewinnt an Farbkraft. Bei den Schirmfedern ist er etwa 3 mm breit und mattorange. Er erreicht sowohl die Federspitze als auch das basisnahe helle Außenfahnenfeld. Auch die Endsäume der Großen Oberen Armdecken sind bei den äußeren Federn schmal, hell und werden nach innen hin breiter und mattorange. Bei **Jungvögeln** kann hier allerdings bis ins Folgejahr eine Mausergrenze nach 1 bis 4 äußeren Armdecken auftreten. Die äußeren sind schmal weißlich gesäumt, die inneren breit und farbig.

Die längste **Steuerfeder**, meist St6, hat eine Länge von durchschnittlich 68 mm (58 bis 75 mm, n = 510), bei den Weibchen ist sie kürzer als bei den Männchen. Im Zusammenhang mit der Schwanzgabelung ist das innere Paar im Durchschnitt etwa 10 mm kürzer als das äußerste. St6 ist am Ende deutlich nach außen gebogen, St5 weniger. Die Steuerfedern sind beim Männchen schwarz, nur an der Basis der Innenfahne ein wenig grau aufgehellt. Beim Weibchen sind sie schwarzbraun, St1 graubraun. Alle sind ringsum fein hell gesäumt. Die Innenfahnen sind am Ende abgeschrägt, was besonders bei den Jungvögeln auffällt. Bei diesen sind alle Steuerfedern überdies zugespitzt, bei Altvögeln in der Spitze eher gerundet. Die Außensteuerfeder nimmt eine auffallende Sonderstellung ein. Von dem weißen Keilfleck, der für einige Finkenvögel typisch ist, bleibt nur ein Rudiment in der Außenfahne und ein verwischtes Feld in der Mitte der Innenfahne. Der große helle Keilfleck in der Innenfahne ist bis auf einen lichten Innenfahnensaum regelrecht dunkelgrau schattiert. Die Unterschwanzdecken sind in ihrem Fahnenfeld weißlich oder blass rahmfarben bis bräunlich getönt. Die Oberschwanzdecken sind schwarz oder dunkel graubraun und besonders die mittleren breit hell gesäumt. Das für den Bergfinken in allen Kleidern typische weiße Bürzelfeld wird von den mittleren Decken des Hinterrückens gebildet. Die Kleider der beiden Geschlechter kann man nur am Kleingefieder erkennen.

Vorkommen: Der Bergfink ist hierzulande ein alljährlicher und häufiger Wintergast und Durchzügler aus dem Norden. Er bevorzugt Buchenwälder, wo er sich von Bucheckern ernährt und manchmal in riesigen Scharen auftritt. Er stellt sich aber auch in Parks und Gärten an Futterstellen ein.

Mauser: Wenn die Vögel hier im Winterquartier ankommen, haben sie als Altvögel eine schnelle Vollmauser hinter sich. Die Jungvögel unterziehen sich einer Teilmauser, die in den meisten Fällen eine Mausergrenze in den äußeren Großen Oberen Armdecken hinterlässt.

Ähnliche Arten: Die Federn sind denen des Buchfinken ähnlich, doch beim Bergfinken ist bei den äußeren Steuerfedern das keilförmige weiße Feld weitgehend grau schattiert, ähnlich wie beim Strandpieper und der Grauammer.

ad. ♂ 100 %

Die Handschwingen zeigen ein recht spitzes Flügelprofil.

Bergfink
Fringilla montifringilla
En: Brambling
Fr: Pinson du Nord
Es: Pinzón Real
It: Peppola
ad. ♂ 100 %

Eine Mausergrenze liegt zwischen GOAD 3 und 4.
Der Vogel vom 30. Oktober ist eher diesjährig.

Kernbeißer *Coccothraustes coccothraustes*

Federmerkmale: Die **Handschwingen** H6 bis 8 sind an ihrer Außenfahne verengt, H7 bis 9 an der Innenfahne. H10 ist winzig, kürzer und schmaler als HD9. Die längste Handschwinge misst 79 bis 94 mm (Mittel 88 mm, n = 85). Die Handschwingen sind in ihrer Grundfarbe schwarz. Sie tragen aber in der Mitte ihrer Innenfahne ein weißes Feld, das am Schaft fußt und sich jeweils am Innenfahnensaum ein Stück aufweitet. Dieses Feld wird bei den äußeren Handschwingen zur Flügelspitze hin kleiner, ist aber auch bei H9 noch vorhanden. Es erzeugt ein weißes Flügelband, das sich durch den gestreckten Flügel bis zur A6 zieht. Die inneren fünf Handschwingen zeichnen sich zusätzlich durch besondere **Ornamente** aus. Das Ende ihrer Außenfahne ist verlängert, blau schimmernd gefärbt und nach außen zu einer Spitze gekrümmt, dies am stärksten bei den alten Männchen, weniger stark bei den Weibchen und den Jungvögeln. H6 und 7 haben noch blaue Spitzen, aber keine lockenartige Form mehr. Jungvögel und Altvögel kann man an der Innenfahnenspitze der inneren Handschwingen (Beispiel H4) unterscheiden: Bei den Jungen ist sie nur schwach eingebuchtet, bei den Altvögeln deutlich.

Das weiße Feld in der Innenfahne setzt sich bei den **Armschwingen** 1 bis 6 kleiner werdend fort. Nur die Schirmfedern sind beim Männchen schwarz, A8 und 9 mit schwarzbraunem Feld in der Außenfahne; bei den **Weibchen** sind sie dunkelgrau mit breitem graubraunem Saum auf der Außenfahne. Auch A1 bis 6 haben beim Weibchen einen breiten grauen Saum in der äußeren Hälfte der Außenfahne. Diesen haben auch die äußeren Großen Oberen Armdecken, beim Männchen sind sie schwarz. Die mittleren Großen Oberen Armdecken haben eine helle Außenfahne, die inneren sind braun mit dunkler Basis. Die Mittleren Oberen Armdecken sind in ihrer Spitzenhälfte leuchtend weiß und bilden einen Flügelsaum. Beim Männchen sind die Außenfahnen von A1 bis 6 nicht grau, sondern schwarz mit violettem Metallglanz. Sie sind am Ende verbreitert, tragen noch blauen Glanz an der Spitze und entsprechen in der Form abgeschwächt den Ornamenten der inneren Handschwingen.

Die **Steuerfedern** sind mit einem Maximalwert bei St5 oder 6 von durchschnittlich 62 mm (53 bis 67 mm, n = 379) recht kurz und weitgehend unter den hellbraunen Oberschwanzdecken verborgen. Der Schwanz ist schwach eingebuchtet. Dafür ist vor allem St1 verantwortlich, die 3 bis 8 mm kürzer ist als die längste (St5 oder 6). St1 hat eine hellbraune Außenfahne, eine dunkelbraune bis schwärzliche Innenfahne und ist an der Spitze weißlich aufgehellt. St2 bis 5 dagegen sind schwarzbraun und tragen auf der Innenfahne an ihrer Spitze ein weißes Feld, das sich von St2 bis 6 vergrößert und bei St6 etwa ein Drittel der Fahnenlänge einnimmt. Es ist bei den Männchen durchschnittlich größer als bei den Weibchen, mit schwacher Überlappung der Maße. Die Oberschwanzdecken sind grauoliv oder bräunlich, die Unterschwanzdecken leuchtend weiß. Dies- und vorjährige **Jungvögel** nach der Jugendteilmauser kann man meist an einer Mausergrenze in den Alulafedern, den Großen Oberen Armdecken und den Steuerfedern erkennen.

Vorkommen: Kernbeißer sind Standvögel und Teilzieher, die in Brutgruppen zur Fortpflanzung schreiten. Im Winter versammeln sich zum Teil Trupps in Hainbuchenbeständen, wo sie die harten Früchte knacken. Die Vögel finden sich aber auch regelmäßig an Futterstellen ein und dominieren dort gegenüber den kleineren Arten. Die Zahl der in Deutschland erfassten Reviere beläuft sich auf 205 000 bis 355 000.

Mauser: Die Vollmauser der Altvögel kann nach der Brutzeit bereits im Juni beginnen und sich bis in den Herbst hinziehen.

Ähnliche Arten: Keine. Besonders die inneren Handschwingen mit ihren lockenartigen, blau schillernden Fortsätzen und ihren weißen Innenfahnenfeldern sind unverkennbar. Bezeichnend sind auch die kurzen und breiten Steuerfedern mit ihrem hellen Endband.

Der Flügel des Kernbeißers wirkt im Flug rund. Die äußeren Handschwingen sind jedoch zugespitzt.

Kernbeißer
Coccothraustes coccothraustes
En: Hawfinch
Fr: Gros-bec casse-noyaux
Es: Picogordo Común
It: Frosone
ad. ♂ 100 %

Hakengimpel *Pinicola enucleator*

ad. ♂

Federmerkmale: Mit einer Körpermasse von mehr als 50 Gramm erreicht der Hakengimpel das doppelte Gewicht unseres europäischen Gimpels mit 24 Gramm und gehört in die Größenklasse des Kernbeißers. Da es sich nicht um einen Vogel Mitteleuropas handelt, fehlen Messdaten für die Schwingen und Steuerfedern, wie sie für andere Arten bei Hansen & Synnatzschke (2015) zur Verfügung stehen. Unter den **Handschwingen** eines Weibchens sind H7 und H8 mit je 92 mm die längsten. Die kleine H10 ist mit 11 mm noch kürzer als die zugehörige HD9. Die Handschwingen sind sämtlich dunkel graubraun. Die Außenfahnen tragen einen feinen hellen Saum. Eine Aufhellung der Innenfahnen zur Basis hin ist kaum wahrnehmbar, allenfalls im Vergleich mit der etwas dunkleren Außenfahne. Eine Verengung der Außenfahne findet sich bei H(6) 7 bis 8. Die Spitzen der Handschwingen können ausgebleicht sein, sofern sie nicht durch Nachbarfedern geschützt sind.

Von den Handschwingen unterscheiden sich die **Armschwingen** nur durch ihre leicht einwärts gebogene Form, nicht in der Färbung. Allerdings verbreitert sich der lichte Außensaum bei ihnen auf etwa 1 mm. Die Schirmfedern A7 bis 9 nehmen gegenüber A6 stufig an Länge ab. In ihrer Form sind sie leicht zugespitzt, enden aber gerundet. Auch die Großen Oberen Armdecken haben einen hellen Außen- und Endsaum, der im kompletten Flügel eine lichte Flügelbinde erzeugt. Die darüber stehenden Mittleren Armdecken verfügen ebenfalls über helle Endsäume, die einen kurzen zweiten Flügelstreif erzeugen. Diese Säume können in allen Decken fehlen, wenn die Federn vor der Mauser abgenutzt sind. Die unteren Armdecken sind hellgraubraun.

Hakengimpel haben einen langen Schwanz, der etwas gegabelt ist. Bei einem Weibchen maß die längste **Steuerfeder** St5 94 mm, St6 war 2 mm kürzer. Eine St1 erreichte nur 86 mm. Alle Steuerfedern des Weibchens sind durchgehend dunkelgraubraun. Eine Aufhellung der Innenfahne zur Spule hin ist kaum wahrnehmbar. Die Schäfte der Steuerfedern heben sich oberseits nicht von den dunkelgraubraunen Fahnen ab, sind aber unterseits hell. Die äußeren Steuerfedern sind leicht nach außen gebogen. Die Oberschwanzdecken sind beim Weibchen genauso finster getönt wie die Steuerfedern. Die Unterschwanzdecken sind etwas heller braun. Beim ausgefärbten Männchen sind die Körperfedern rötlich, die Decken des Hinterrückens und die Oberschwanzdecken mit rötlichen Endsäumen ausgestattet, beim Jungvogel im ersten Winter sind diese Federn eher gelblich-goldfarben.

Flügel: Der Flügel des Hakengimpels ist mäßig spitz. Das zeigt sich an der annähernd gleichen Länge der H6 bis H9, auch an der sehr kurzen und zugespitzten H10.

Vorkommen: Der Hakengimpel ist ein Jahresvogel der nördlichen Taiga der Alten und Neuen Welt. Er bewohnt meist Nadelwälder mit eingemischten Birken und beerenreichem Unterwuchs. Nur selten kommen Trupps bei Evasionen als Gäste im Winter aus Skandinavien bis nach Mitteleuropa. Hier gelten sie als Ausnahmeerscheinungen.

Mauser: Die ausgeflogenen Jungvögel mausern ihr Kleingefieder ab Juli bis in den Herbst hinein, wobei auch ein Teil der Armdecken erneuert wird. Die Vollmauser der Altvögel erfolgt zur gleichen Zeit.

Ähnliche Arten: Hakengimpel gelten feldornithologisch schon als drosselgroß. Sie sind größer als Fichtenkreuzschnäbel und viel größer als Gimpel. Meist wirken sie wuchtig, untersetzt und halslos. Ihnen fehlt eine schwarze Kappe, sie verfügen über zwei helle Flügelbinden. Das Gefieder alter Männchen gilt als himbeerrot, das der Weibchen und Jungen im ersten Winter als überwiegend gelborange.

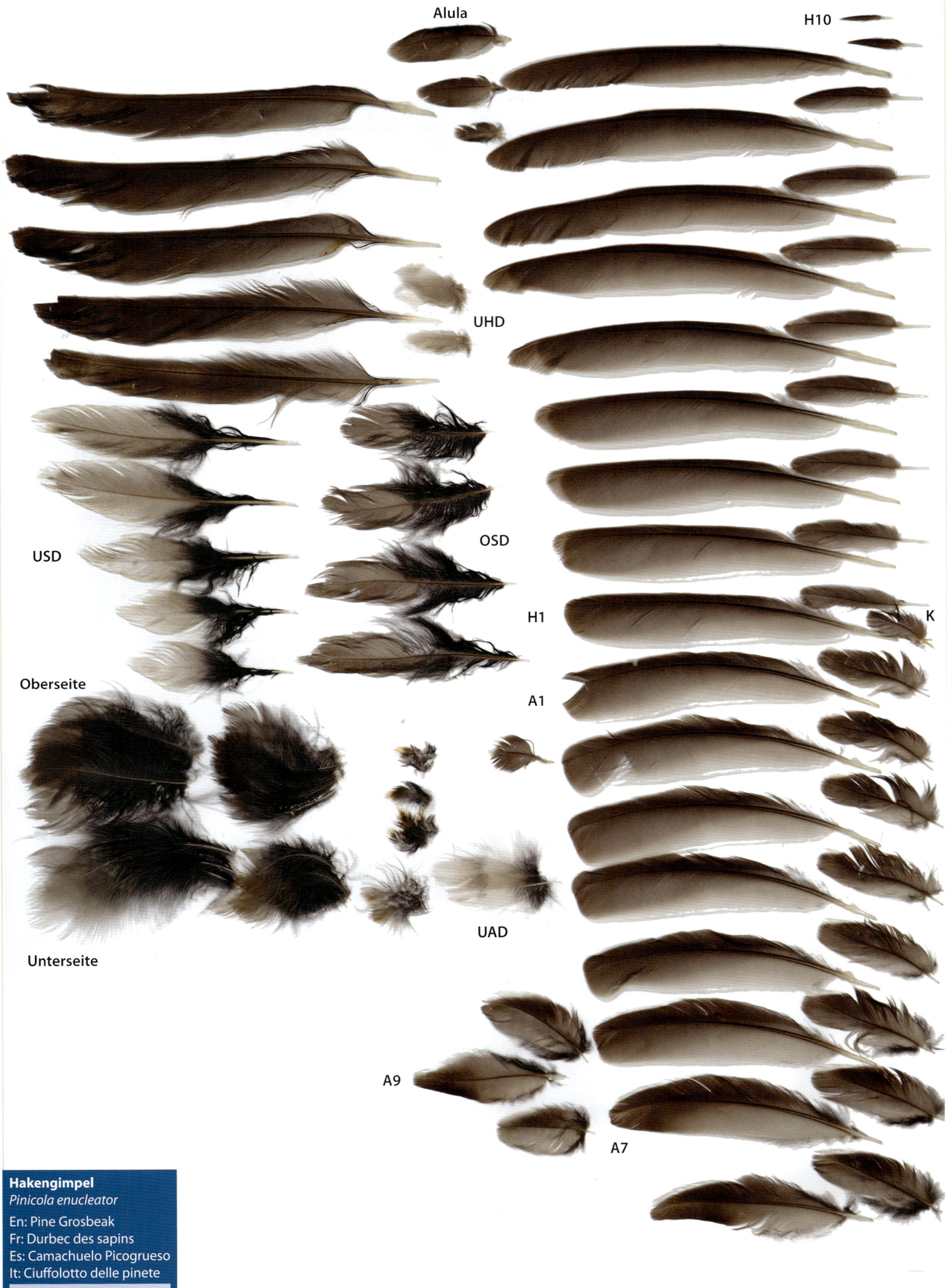

Hakengimpel
Pinicola enucleator
En: Pine Grosbeak
Fr: Durbec des sapins
Es: Camachuelo Picogrueso
It: Ciuffolotto delle pinete
ad. ♀ 100 %

Gimpel *Pyrrhula pyrrhula*

Federmerkmale: Die Schwingen des Gimpels sind zart gebaut und wirken durchscheinend. H5 bis 8 verfügen über eine Außenfahnenverengung, dazu H(5) 6 bis 9 über eine Verengung der Innenfahne. H9 und H1 bis 4 sind dann etwas kürzer als die oben genannten. Die längste Handschwinge hat eine Länge von 71 bis 87 mm, im Mittel 77 mm (n = 80). H10 ist winzig und versteckt sich mit einer Länge von etwa 7 mm noch unter der kleinen HD9 mit 11 mm. Die Handschwingen sind dunkel- bis schwarzgrau mit schwacher, nicht klar abgegrenzter Aufhellung der Innenfahne, besonders zur Basis hin. Der Schaft hebt sich durch schwarzen Glanz etwas von den Fahnen ab. H9 hat einen feinen hellen Außensaum, bei den nach innen folgenden Schwingen beschränkt sich dieser auf den verengten Spitzenteil.

Die randständige Aufhellung der Innenfahne ist bei den **Armschwingen** ein wenig heller und besser abgegrenzt. Nur die drei Schirmfedern sind in der Spitzenhälfte tiefschwarz mit blauem Glanz, in der Basis grau. Die kleine Schirmfeder 9 zeigt auf der hellen Außenfahne eine rosa oder rötliche Tönung (noch nicht bei Jungvögeln vor der Jugendteilmauser). An den Großen Oberen Armdecken kann man ältere von jungen beziehungsweise vorjährigen Vögeln unterscheiden. Bei den **Jungvögeln** vor der ersten Kleingefiedermauser im Herbst des ersten Jahres sind die äußeren Decken und auch die kleine Karpaldecke sämtlich schmal und meist beigefarben gesäumt. Diese äußeren Decken bleiben stehen, während die inneren noch im ersten Herbst durch Nachfolger mit breiten hellgrauen Endsäumen ersetzt werden. Demnach haben die Jungvögel dann eine Mausergrenze in den Decken aufzuweisen, bis sie im Sommer des zweiten Kalenderjahres das gesamte Gefieder austauschen. Ab dann sind die Decken alle einheitlich und bilden bei Altvögeln die komplette weißlich wirkende Flügelbinde des fliegenden Gimpels. Man kann die Mausergrenze unter günstigen Bedingungen mit dem Fernglas auch im Freien beobachten, sonst nur, wenn man Vogel oder Federn in der Hand hat.

Der Schwanz ist recht gerade abgeschnitten. Die längsten **Steuerfedern** erreichen eine Durchschnittslänge von etwa 70 mm, sie variieren zwischen etwa 61 und 81 mm (n = 877). Ihre Färbung ist tiefschwarz mit etwas bläulichem Glanz an der Spitze und auf den Außenfahnen, besonders bei St1. Blauschwarz schimmern auch die Oberschwanzdecken. Der weiße Bürzel wird also nicht von ihnen, sondern von den Deckfedern des Hinterrückens gebildet. Die Unterschwanzdecken sind weiß, nur der dunige Basalteil ist dunkelgrau. Bei manchen Individuen, in zwei untersuchten Populationen bei 23 %, ist auf der Innenfahne der Außensteuerfeder St6 nahe dem Schaft ein hellgrauer oder weißlicher Längsfleck zu erkennen, der das Rudiment eines weißen Keilflecks darstellen dürfte. In ganz seltenen Fällen greift der Fleck auch auf die Außenfahne über und kann dann reinweiß sein. Vermutlich hat es bei den Vorfahren des Gimpels eine finkentypische weiße Schwanzkante gegeben, die dann gegen einen weißen Bürzel ausgetauscht worden ist. Nach Befunden an beringten Vögeln kann dieses Merkmal mit einer Mauser verschwinden.

Vorkommen: Gimpel sind Jahresvögel und Teilzieher, die sich im Winter häufig als Nahrungsgäste an Futterstellen einfinden, im Sommer aber meist aus den Gärten verschwinden und im Nadelwald brüten. Für Deutschland geht man von einem mäßigen Brutbestand von 170 000 bis 330 000 Revieren aus. Im Winter gelangen nordöstliche Vögel mit anderem Rufdialekt zu uns (Trompetergimpel).

Mauser: Die Jungvögel legen im Sommer eine Teilmauser ab, die oft in den Großen Oberen Armdecken eine Mausergrenze hinterlässt. Die Altvögel erledigen ihre Vollmauser im Spätsommer.

Ähnliche Arten: Keine. Artkennzeichnend sind außer dem Kleingefieder die schwarzen Steuerfedern, Oberschwanzdecken und Schirmfedern mit ihrem bläulichen Glanz.

juv. ♂ 100 %

Der Flügel ist mäßig rund geschnitten, sodass die einzelnen Handschwingen 5 bis 8 etwa die gleiche Länge haben. Die GOAD enthalten eine Mausergrenze.

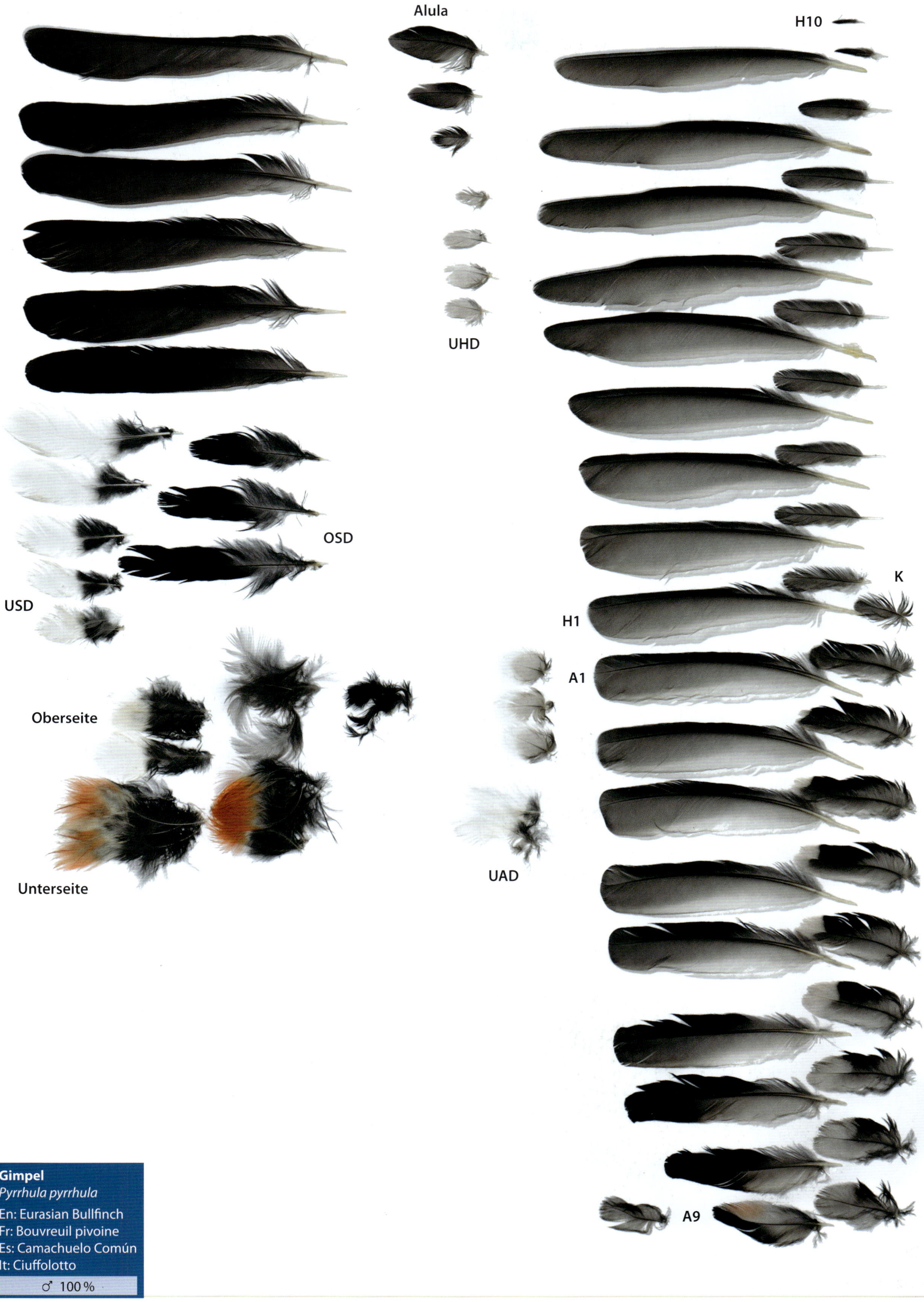

Gimpel
Pyrrhula pyrrhula
En: Eurasian Bullfinch
Fr: Bouvreuil pivoine
Es: Camachuelo Común
It: Ciuffolotto
♂ 100 %

Karmingimpel *Carpodacus erythrinus*

Federmerkmale: Bei den einzeln betrachteten **Handschwingen** sind H6 bis 9 annähernd gleich lang. Die mit knappem Vorsprung längste Handschwinge ist H8 (68 bis 80 mm, Mittel 71 mm, n = 29). H10 ist winzig, mit etwa 7 mm noch deutlich kürzer als die äußerste Handdecke. H6 bis 8 sind an den Außenfahnen schwach verengt. Von Verengungen der Innenfahnen ist kaum etwas zu sehen. Die Handschwingen H7 bis 9 sind in ihrer Form zugespitzt. Das gesamte Großgefieder ist besonders bei Weibchen und Jungvögeln sehr unscheinbar. Die Hand- und **Armschwingen** sind graubraun, die Schäfte heben sich nur wenig dunkel von den Fahnen ab. Die Innenfahnen sind, mit Ausnahme der Federspitzen, am Rand etwas aufgehellt. Die Außenfahnen sind mattgelblich gesäumt, an den Handschwingen sehr schmal, bei den Armschwingen etwas breiter. Die längste Schirmfeder A7 fällt aus der Reihe der an Länge abnehmenden Armschwingen heraus, indem sie die gleiche Länge wie ihre äußere Nachbarin A6 aufweist. Gelbliche oder beige Spitzenflecke gibt es bei Jungvögeln an den Außenfahnen der drei Schirmfedern, ebenso an den Großen und Mittleren Oberen Armdecken. Dabei entstehen zwei helle Armbinden. Bei alten roten Männchen sind die Säume an den Schwingen und Decken etwas rosa, an den Schirmfedern hell.

Die **Steuerfedern** sind relativ schmal, aber nicht so schmal und klein wie beim Girlitz. Die äußere Steuerfeder ist in ihrem Spitzenteil etwas nach außen gebogen, ein Eindruck, der noch durch eine Verschmälerung der Außenfahne im Mittelteil verstärkt wird. Der Schwanz ist deutlich gegabelt, das heißt, St5 oder 6 ist die längste mit 63 mm (Streuung 57 bis 72 mm, n = 29), die mittlere die kürzeste, mit einem Unterschied von 6 bis 9 mm zur längsten. Die Grundfarbe ist graubraun, die Innenfahne der Außensteuerfeder etwas heller. Sie tragen ringsum sehr feine grünlich-bräunliche Säume, besonders an den Außenfahnen der inneren vier Steuerfedern. Bei alten Männchen sind auch hier die Säume rosa bis rostfarben. An der Spitze sind die Säume hell und sehr schmal. Bei Jungvögeln sind die Federn schräg nach außen zugespitzt, bei Altvögeln auch abgeschrägt, aber in der Spitze eher gerundet. Erst Männchen, die das dritte Kalenderjahr erreicht oder überschritten haben, sind an Kopf, Brust und Hinterrücken blutrot. Jüngere Männchen, Weibchen und Jungvögel sind kontrastlos braungrau und nur an den hellen Flügelsäumen zu erkennen.

Vorkommen: Der Karmingimpel hat sich im 20. Jahrhundert im Küstenraum und unabhängig davon in den Alpen und Voralpen als Brutvogel von Osten her westwärts ausgebreitet, in jüngerer Vergangenheit aber wieder teilweise zurückgezogen. Er bevorzugt halb offene Landschaften mit lichten Baumbeständen und reicher Strauch- und Krautschicht, gern an feuchten Stellen. Die höchsten Brutplätze erreichen sie in den nach Norden offenen Alpentälern bei etwa 830 m ü. NN. Die Brutpopulation Deutschlands hat ihre stärksten Bestände in Mecklenburg-Vorpommern und zählt 600 bis 1000 Reviere.

Mauser: Als Fernzieher begeben sich die Vögel bereits früh im Jahr südostwärts auf ihren Wegzug und legen ihre Vollmauser erst im indischen Winterquartier zu Beginn ihrer Überwinterung ab.

Ähnliche Arten: Das Großgefieder ist unauffällig gefärbt und trägt keine für die Artbestimmung besonders hilfreichen Bestimmungsmerkmale. Für eine sichere Bestimmung ist daher Vergleichsmaterial erforderlich. Am ehesten können die rötlichen Säume der Schirmfedern und Oberen Armdecken der alten Männchen Aufschluss geben. Schmuckloses Großgefieder gibt es unter den Finkenvögeln auch bei dem sehr kräftigen Fichtenkreuzschnabel, beim Girlitz, beim Birkenzeisig und beim Zitronenzeisig. Bei den letztgenannten Arten haben die Großen Oberen Armdecken unterschiedlich gefärbte Endsäume, die auch die Innenfahnen erreichen.

Der Flügel des Fernziehers ist recht spitz geschnitten. Bei den einzelnen Handschwingen wie im kompletten Flügel ist die längste (H8) sehr weit außen.

Karmingimpel
Carpodacus erythrinus
En: Common Rosefinch
Fr: Roselin cramoisi
Es: Camachuelo Carminoso
It: Ciuffolotto scarlatto
juv. 100 %

Grünfink *Chloris chloris*

Federmerkmale: Im Groß- und Kleingefieder gibt es deutliche Unterschiede zwischen den Geschlechtern. Bei beiden sind die Außenfahnen der **Handschwingen** 6 bis 8 verengt, die Innenfahnen von H6 bis 9. Die längste Handschwinge misst 70 bis 81 mm (Mittel 75 mm, n = 135). Hier wird zuerst das Gefieder des Männchens beschrieben, dann die Abweichungen beim Weibchen (s. Abschnitt u.). Die Handschwingen sind dreifarbig. Die Innenfahnen sind von der Spitze her schwarz (mit hellem Endsaum). Etwa bei einem Drittel der Länge beginnt am Saum der Innenfahne ein breiter werdendes weißes Feld, das sich an der Fahnenbasis bis zum Schaft ausdehnt. Die Außenfahne ist gelb, mit Ausnahme der verengten Spitzenteile der Handschwingen. Die unteren Handdecken sind grau, die unteren Armdecken weiß oder gelblich mit grauer Basis.

Die **Armschwingen** sind dunkelgrau mit breiten grauen Außen- und Endsäumen, die zu den Schirmfedern hin immer mehr um sich greifen. Die schwarzen Schäfte der Armschwingen treten von außen nach innen hin immer mehr hervor. Auch die Großen Oberen Armdecken verlieren von außen her einen matten Grünanteil und gewinnen zum Schirm hin immer mehr Grau. Dagegen setzen sich die Mittleren Oberen Armdecken leuchtend grün ab.

Die **Steuerfedern** sind durch die deutliche Gabelung des Schwanzes gestuft. Die mittlere Steuerfeder ist die kürzeste, aber auch die breiteste. Die längste St6 misst bei Männchen und Weibchen im Mittel 62 mm (Streuung 53 bis 69 mm, n = 1309). Die Tiefe der Gabelung macht 6 bis 9 mm aus. Bei Jungvögeln, auch den vorjährigen bis zur Mauser, sind die Steuerfedern schmaler als bei Alten und am Ende zugespitzt, meist stärker abgenutzt. St1 der Männchen ist schwärzlich, die Außenfahne mit einem matt graugrünen breiten Saum versehen. Bei St2 ist die Innenfahne ebenso dunkel, aber die äußere Basishälfte der Außenfahne gelb. Das Gelb erfasst bei St3 bis 6 auch die Innenfahne bis zum Schaft, nur das Spitzendrittel und der gesamte Schaft bleiben schwarz; der Übergang vom Schwarz zum Gelb in der Fahne ist weich. Auch an der Basis der Innenfahne bleibt oft ein kleines graues Feld erhalten. St6 ist schmaler als die anderen und in der Spitze leicht nach außen gebogen. Junge Männchen haben weniger Gelb im Schwanz als alte. Die Oberschwanzdecken sind graugrün, die Unterschwanzdecken bis auf die graue Basis gelb mit einer schmutzig wirkenden grauen Verdunkelung an der Spitze.

ad. ♂

Beim **Weibchen** beschränkt sich der gelbe Handflügelspiegel auf die Handschwingen 6 bis 8 und erreicht hier nicht den Schaft. Bei den Steuerfedern ist der Gelbanteil viel geringer, oft auch blasser als beim Männchen. St2 ist dunkel wie St1, St3 hat nur einen gelben Außenfahnensaum.

Vorkommen: Grünfinken sind verbreitete Jahresvögel und Teilzieher. Man trifft sie oft in Gruppen an und sie brüten auch in kleinen Kolonien. Sie haben in offenen Agrarlandschaften abgenommen, profitieren aber von der Ausdehnung von Gartenstädten, Winterfütterungen und milderen Wintern. Die Brutpopulation wird mit der imponierenden Zahl von 1,45 bis 2,05 Millionen angegeben. Dennoch sind sie regional selten geworden. Dabei spielen auch Infektionskrankheiten eine Rolle. Die Vögel besuchen gern Futterstellen, wo sie sich an das Körnerfutter halten. Im Sommer kann man sie an Straßen- und Wegrändern beobachten, wo sie die Samen von Löwenzahn und anderen Kräutern, am Boden Magensteinchen aufnehmen.

Mauser: Die Vollmauser der Altvögel findet im Spätsommer und Herbst etwa über drei Monate statt. Die Teilmauser der Jungvögel erfasst zur gleichen Zeit eine variable Anzahl von Schirm- und Steuerfedern, teilweise einen Teil der weiteren Schwingen.

Ähnliche Arten: Der Girlitz ist kleiner und hat kein Gelb in den Steuerfedern. Das gilt auch für den Zitronenzeisig. Der Erlenzeisig hat ähnliche Schwingen und Steuerfedern wie der Grünfink, ist aber entschieden kleiner. Die Steuerfedern sind bei ihm zugespitzt, beim Grünfinken nur im Jugendgefieder.

ad. ♂ 100 %

Der Flügel ist mäßig spitz geschnitten.

Grünfink
Carduelis chloris
En: European Greenfinch
Fr: Verdier d'Europe
Es: Verderón común
It: Verdone
ad. ♂ 100 %

Berghänfling *Linaria flavirostris*

Federmerkmale: Der Berghänfling tritt bei uns nicht als Brutvogel, sondern alljährlich als Wintergast vor allem im Küstenraum auf. Da die meisten der Vögel aus Skandinavien stammen, erweist sich die Population als Kurzstreckenzieher. Bei den **Handschwingen** ist die längste (H7 oder 8) 60 bis 71 mm, im Mittel 64 mm lang (n = 58). H6 bis 8 sind an den Spitzen der Außenfahnen verengt. Verengungen der Innenfahnen sind nur angedeutet. H1 bis 9 haben an den Innenfahnen weiße, ziemlich schmale Säume.

Bei den **Armschwingen** sind diese weißen Innensäume ebenfalls vorhanden, aber breiter, und sie reichen fast bis zur Federspitze. Nur den Schirmfedern fehlen sie. Bei den inneren Armschwingen fällt eine bauchige Vorwölbung der Außenfahnen im mittleren Bereich auf. Im frischen Zustand haben sie ferner helle Endsäume. Die größte Schirmfeder A7 ist nicht länger, sondern kürzer als ihre Nachbarin A6. Die Großen Oberen Armdecken einschließlich der Karpaldecke haben beigefarbene Endsäume von etwa 2 mm Breite, die sich sowohl am Innenfahnensaum ein Stück weit entlangziehen als auch den Schaft als heller Schaftstrich begleiten können.

Die **Steuerfedern** sind gestreckt und schmal, die äußeren beiden im Spitzendrittel etwas nach außen gebogen. Sie sind besonders in der Mitte scharf zugespitzt. Die längsten Steuerfedern, St4, 5 oder 6, erreichen durchschnittlich 65 mm und variieren zwischen 59 und 70 mm (n = 109). Von hier aus verkürzen sie sich nach innen hin, sodass die Schwanzgabelung der Einzelfedern eine Tiefe von 7 bis 13 mm erreicht. Im kompletten Schwanz ist sie etwas verringert. Die Federn sind braunschwarz und haben sehr feine helle Außensäume, bei den beiden inneren sind sie beige und etwas breiter. Die Innensäume sind zwar etwa 2 mm breit und leicht getönt, aber viel weniger kontrastreich als beim Bluthänfling. Die Oberschwanzdecken sind im Schlichtkleid graubraun und nur die äußeren mit breiten hellen Säumen versehen. Die Unterschwanzdecken sind weiß, nur die mittleren warten mit einem dünnen Schaftstrich auf.

Vorkommen: Der Berghänfling ist ein Brutvogel des Nordens und Teilzieher, der zur Überwinterung scharenweise in den Salzwiesen der Küsten, seltener im Binnenland auftritt. Die Zahl der Durchzügler und Wintergäste im Küstenraum ist früher mit 22 000 bis 45 000 Individuen angegeben worden. Doch war die Population bereits seit den 1970er-Jahren stark rückläufig.

Mauser: Die Vollmauser der Altvögel findet von Juli bis in den Herbst hinein statt. Sie kommen also in frischem Gefieder ins Überwinterungsgebiet. Die Teilmauser der Jungvögel ist dann auch schon vorüber, hinterlässt aber unter Umständen Mausergrenzen in den Großen Oberen Armdecken und den Schirmfedern.

Ähnliche Arten: Die Federn müssen vor allem von denen des Bluthänflings unterschieden werden. Die inneren Handschwingen sind statt mit breiten weißen nur mit sehr dünnen hellen Außensäumen versehen. Entsprechendes gilt für die Steuerfedern 2 bis 5. Bei diesen und bei der Außensteuerfeder sind die Innensäume schmaler und leicht beige oder hellbraun getönt. Die Großen Oberen Armdecken sind beim Berghänfling klar und weißlich bis hellocker gesäumt, beim Bluthänfling sind sie eher einfarbig. Der Schwanz ist tiefer gegabelt als beim Bluthänfling.

100 %

Der Flügel ist für einen Finkenvogel recht spitz geformt, was sich an den schlanken Handschwingen, den geringen Fahnenverengungen und an der winzigen H10 zeigt. Die einzeln betrachteten H6 bis H9 sind ungefähr gleich lang. Im kompletten Flügel verschieben sich die Relationen zugunsten der äußeren Handschwingen.

Berghänfling
Carduelis flavirostris
En: Twite
Fr: Linotte à bec jaune
Es: Pardillo Piquigualdo
It: Fanello nordico
100 %

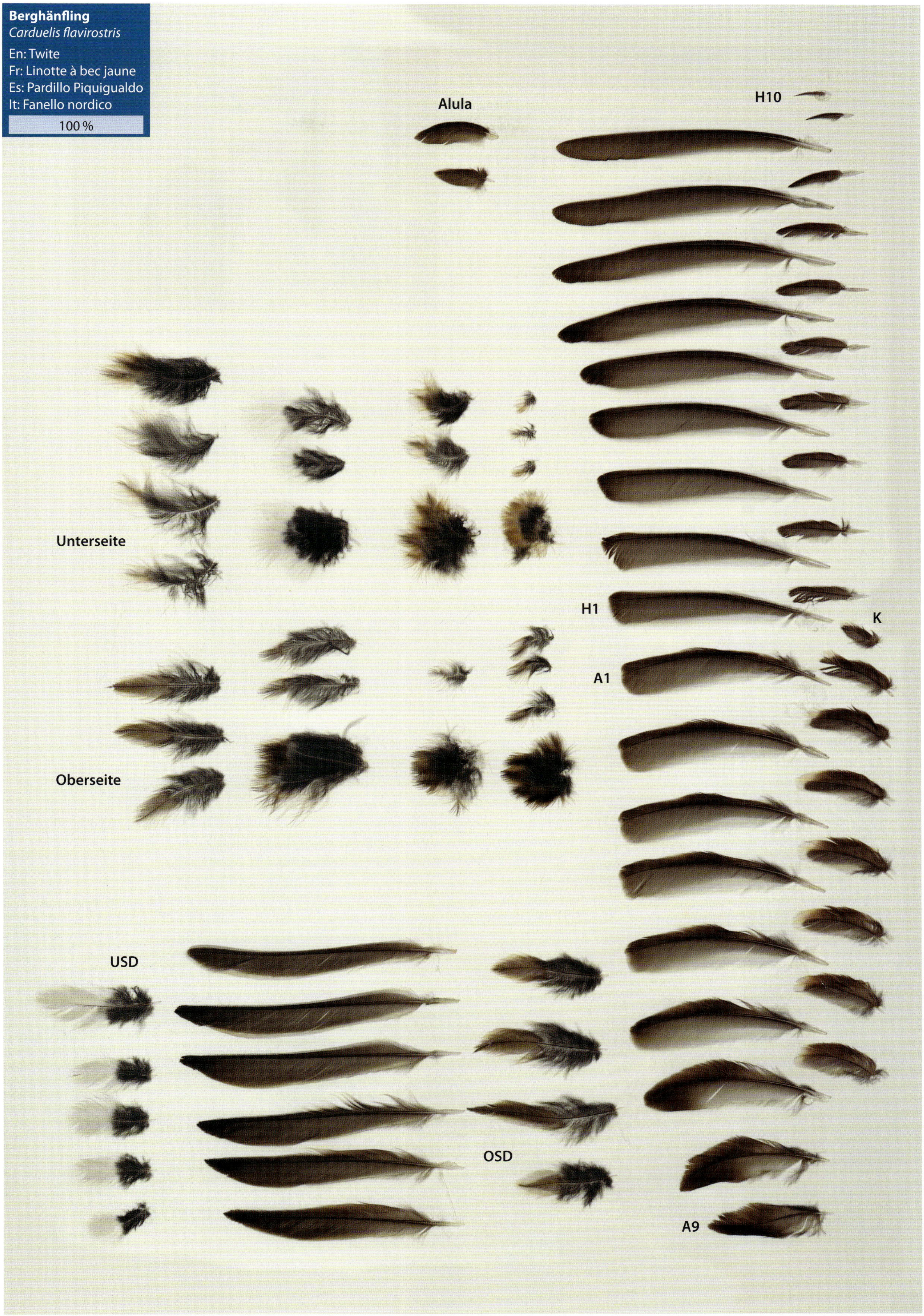

Bluthänfling *Linaria cannabina*

Federmerkmale: Das Prachtkleid alter Männchen kommt im Frühjahr durch Abbrechen von hellen Federsäumen zustande. Die Außenfahnen der **Handschwingen** H6 bis 8 sind verengt. Die äußerste Handschwinge H10 ist mit etwa 7 mm sehr kurz. Die längste Handschwinge H6 oder 7 erreicht 63 bis 75 mm, im Mittel 69 mm (n = 106). Die inneren Handschwingen H1 bis 5 (6) zeichnen sich durch weiße Außensäume aus, die nach außen im Flügel kürzer werden. Alle Handschwingen haben außerdem helle Innensäume.

Bei den **Armschwingen** A1 bis 6 ist das weiße Innenfahnenfeld beim Männchen breiter als dasjenige der inneren Handschwingen. Dagegen sind bei den Schirmfedern die Innenfahnen unauffällig graubraun. Hier sind die schwarzen Schäfte stärker kontrastiert. An den Außenfahnen gibt es bei den Armschwingen bräunliche Säume, die sich zu den Schirmfedern hin verbreitern. Die größte Schirmfeder A7 ist gegenüber ihrer Nachbarin A6 nicht verlängert, durch Abnutzung eher kürzer. Die Außenfahne ist braun, was ebenso für die inneren Großen Oberen Armdecken gilt. Diesen fehlt in den Alterskleidern ein klarer, heller Endsaum, bei Jungvögeln ist er deutlich. Die Mittleren Oberen Armdecken sind beim Männchen warm rotbraun, beim Weibchen graubraun. Beim **Weibchen** sind auch die Innensäume von Hand- und Armschwingen schmaler und weniger klar abgegrenzt. Bei **Jungvögeln** tragen die Schirmfedern breite hellbraune Spitzensäume. Jungvögel kann man in vielen Fällen nach der Jugendteilmauser noch an Mausergrenzen in den Großen Oberen Armdecken, bei der Alula, den Schirmfedern und den Steuerfedern bestimmen. Die Geschlechter unterscheiden sich sogar schon vor der Jugendmauser an den weißen Außensäumen der inneren Handschwingen. Sie reichen bei den Männchen fast bis an den Schaft heran, bei den Weibchen sind sie nur halb so breit.

Die **Steuerfedern** sind schmal und zugespitzt, im frischen Zustand am Ende gerundet. Die längsten erreichen 60 mm, sie variieren zwischen 54 und 66 mm (n = 691). Der Schwanz ist tief gegabelt, was sich aus einem Längenunterschied von 7 bis 10 mm zwischen St1 und St5/6 ergibt. Die äußeren Steuerfedern sind in der Spitze oft etwas nach außen gebogen. Sie sind im Kern einschließlich der Schäfte schwarzbraun, fallen aber durch weiße Säume an beiden Fahnen auf. Der weiße Innensaum nimmt von St2 bis 6 auf die halbe Breite der Innenfahne zu. Beim Weibchen sind die Steuerfedern in ihrer Kernfärbung eher dunkelbraun als schwarz, die Säume schmaler. Die Oberschwanzdecken sind in beiden Geschlechtern mit spitz zulaufendem grauschwarzem Kern und breiten weißen Säumen ausgestattet. Die Unterschwanzdecken sind weißlich, die inneren haben einen dunklen Schaftstrich.

Vorkommen: Der Bluthänfling war ursprünglich in Mitteleuropa ein weitverbreiteter und häufiger Teilzieher, hat aber in vielen Regionen abgenommen und fehlt heute in vielen Gärten, wo er früher regelmäßig gebrütet hat. Die Zahl der Reviere in Deutschland wird mit 100 000 bis 205 000 angegeben, doch ist die Population von einer jährlichen Abnahme von mehr als 3 % betroffen. Er bevorzugt offene Landschaft mit Einzelbäumen und dichtem Gebüsch, vor allem aus Koniferen, zum Beispiel Wacholderheiden, an der Küste auch Ginster.

Mauser: Die Vollmauser der Altvögel findet im Hochsommer bis in den Herbst hinein statt.

Ähnliche Arten: Der Bluthänfling gehört zu den wenigen Vögeln, bei denen die Steuerfedern ebenso wie die inneren Handschwingen sowohl an der Innen- als auch an der Außenfahne beim Männchen breit weiß gesäumt sind. Beim Berghänfling sind die inneren Handschwingen nur mit sehr feinen hellen Außensäumen ausgestattet. Gleiches gilt für die Außen- und Innensäume der Steuerfedern. Die Steuerfedern bei der Beutelmeise sind denen des Bluthänflings ähnlich, aber kürzer und zarter gebaut. Dieser Art fehlen auch die weißen Außensäume an den inneren Handschwingen.

Der Flügel ist recht spitz geformt. Die äußeren Handschwingen sind alle etwa gleich lang, nur H10 ist sehr kurz.

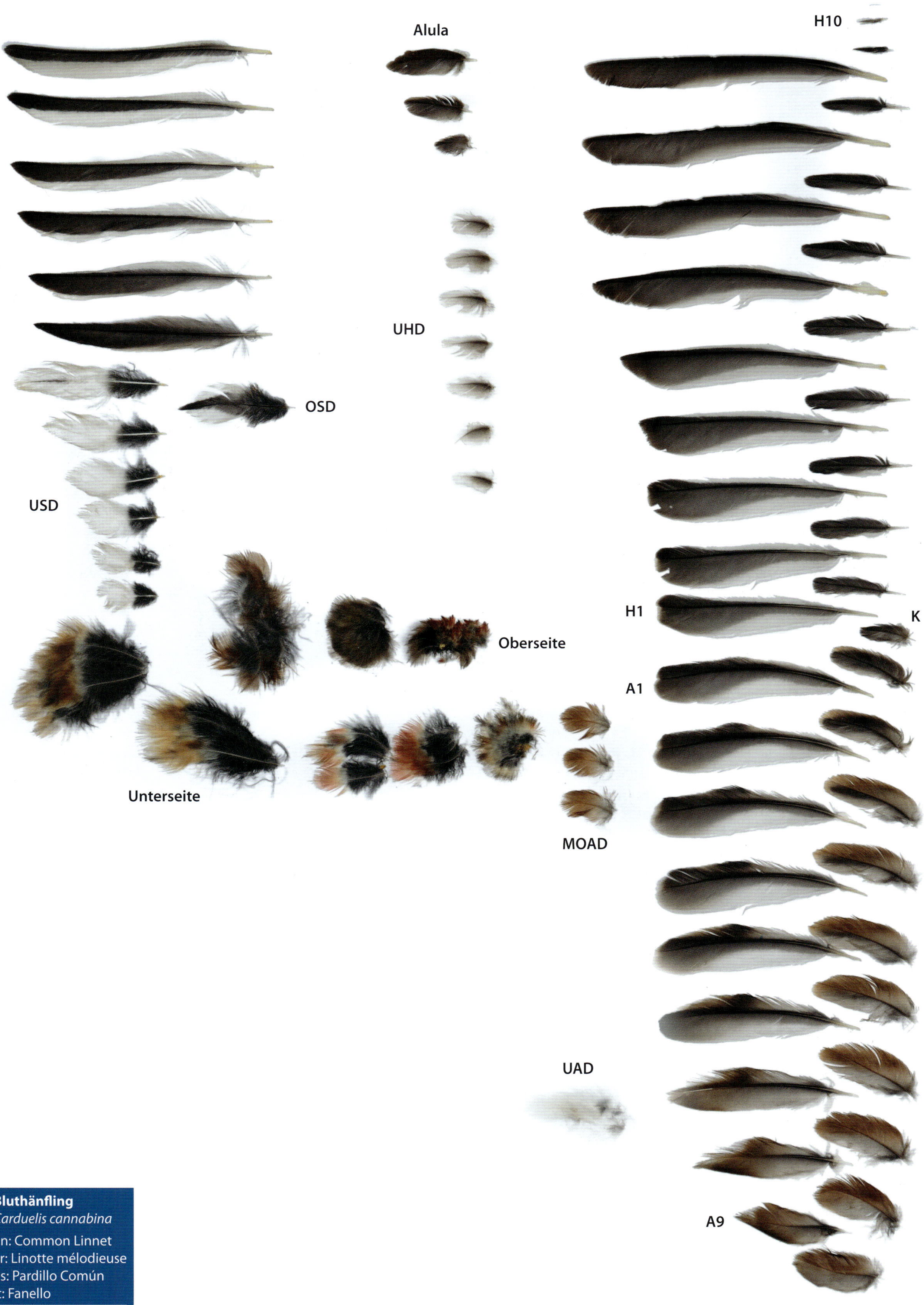

Bluthänfling
Carduelis cannabina
En: Common Linnet
Fr: Linotte mélodieuse
Es: Pardillo Común
It: Fanello
ad. ♂ 100 %

Taigabirkenzeisig
Acanthis [flammea] flammea

Der Taigabirkenzeisig ist dem nordwärts bis Südskandinavien verbreiteten Alpenbirkenzeisig (*Acanthis [flammea] cabaret*) äußerst ähnlich. Beide Formen werden vielfach als Unterarten einer Art aufgefasst, weil ihre genetischen Distanzen recht gering sind. Taigabirkenzeisige können im Winter nach Mitteleuropa kommen und treten dann zuweilen in Trupps von Alpenbirkenzeisigen auf.

Federmerkmale: Die Federmerkmale werden hier für die beiden Zeisige weitgehend identisch angegeben. Es gibt nur wenige Unterschiede, die bei einem Federfund eine Zuordnung möglich machen, vor allem die Färbung der oberen Flügeldecken. Nützlich ist es auch zu wissen, ob der Fund aus einem Gebiet wie Mittelskandinavien oder den Alpen stammt, wo nur eine Population brütend vorkommt.

Die **Handschwingen** 6 bis 9 sind etwa gleich lang, die längste erreicht 58 bis 70 mm, im Mittel 64 mm (n = 70); H10 als winziges Rudiment hat nur etwa 10 mm Länge. Sie wird von der zugehörigen Großen Handdecke verdeckt, die etwas größer ist. H6 bis 8 sind an den Außenfahnenspitzen verengt. Die Hand- wie die **Armschwingen** sind graubraun, nur die Schirmfedern gegen die Spitze hin dunkel graubraun. Alle Schwingen tragen an der Innenfahne eine unauffällige und verschwommene Aufhellung, vor allem am Federgrund. Sehr feine helle Säume finden sich an den Außenfahnen. Bei den inneren Armschwingen 5 und 6 und den drei Schirmfedern sind die Säume im Spitzendrittel bis zu 2 mm breit und mattweißlich, allerdings auch stark abnutzbar. Die Endsäume der Großen und Mittleren Oberen **Armdecken** sind klar abgegrenzt und weißlich getönt (beim Alpenbirkenzeisig schwach beige). Der Schwanz ist mit 7 bis 13 mm recht tief gegabelt. Die längsten, äußeren Steuerfedern sind 54 bis 67 mm lang, im Mittel 61 mm (n = 168). Sie haben weißliche Innen- und hellbeige Außensäume, was besonders bei den mittleren Steuerfedern sichtbar ist. Sie sind zum Federende hin zugespitzt. Die Oberschwanzdecken und die Bürzelfedern sind gestrichelt, die Unterschwanzdecken breit weiß gesäumt.

Die Spitzen der äußeren **Steuerfedern** können etwas nach außen gebogen sein. Bei allen Schwingen und Steuerfedern heben sich die dunkelbraunen Schäfte knapp von den Fahnen ab. Bevor die Mauser im Juni/Juli beginnt,

ad. ♂

können die Federn stark abgenutzt sein. Das betrifft besonders die Schirm- und die mittleren Steuerfedern, denen dann alle Säume fehlen können. Bei Jungvögeln sind diese frisch und zugespitzt, bei Altvögeln nach der Mauser abgerundet.

Vorkommen: Der Taigabirkenzeisig ersetzt den Alpenbirkenzeisig als Brutvogel nördlich von Südskandinavien. Alljährlich kommt es von Norden her zu Einflügen nach Mitteleuropa. Gelegentlich bleiben Paare auch da, um hier zu brüten.

Mauser: In der Teilmauser der Jungvögel, hauptsächlich im August und September, werden die meisten Flügeldecken, aber gelegentlich auch einige Schirm- und Steuerfedern ausgetauscht. Die Vollmauser der Altvögel findet ab Mitte Juli bis in den Oktober hinein statt, sie beginnt gewöhnlich bereits während der Jungenaufzucht. Nach der Mauser sind rote Partien an der Brust der alten Männchen mit breiten beigefarbenen Säumen abgedeckt, die erst im Lauf der Zeit verschwinden.

Ähnliche Arten: Der Taigabirkenzeisig ist dem Alpenbirkenzeisig *Acanthis flammea cabaret* sehr ähnlich. Einzelheiten siehe oben. Der Polarbirkenzeisig *Acanthis hornemanni* ist nächstverwandt mit beiden. Diese in hocharktischen Wäldern und in der Tundra als Brutvogel verbreitete Art zeichnet sich durch weiße Grundfärbung von Unterseite und Mantel aus sowie durch einen ausgedehnten weißen Bürzel ohne Strichelung. Auch die Strichelung der Flanke ist in den Alterskleidern gering oder fehlt ganz. Der durch die Großen Oberen Armdecken erzeugte Flügelstreif ist genauso weiß wie beim Taigabirkenzeisig. Der Polarbirkenzeisig gilt in Mitteleuropa als Ausnahmeerscheinung.

100 %

Der Flügel der Birkenzeisige ist recht spitz geschnitten. Artkennzeichnend sind die Säume der GOAD (vgl. Alpenbirkenzeisig)

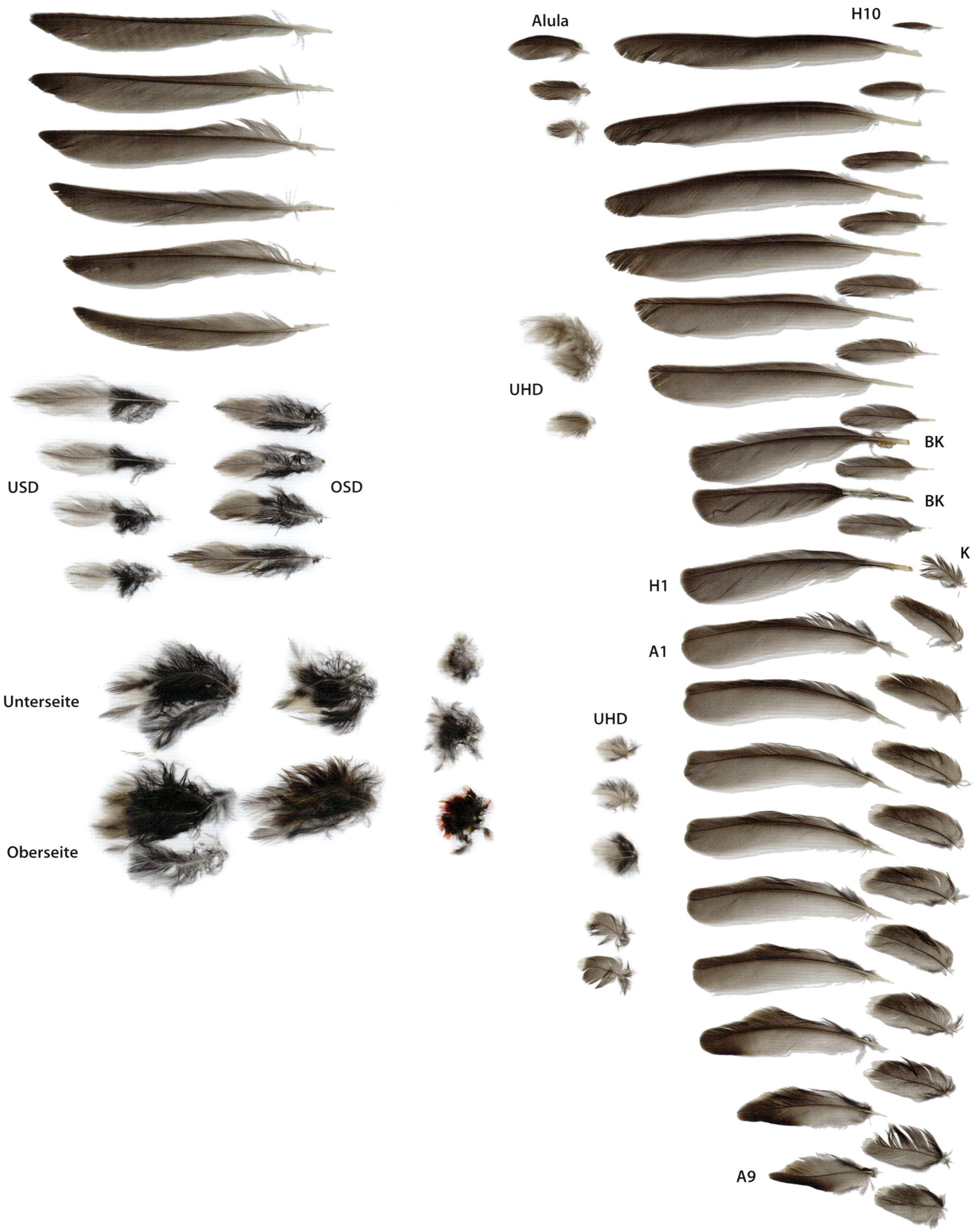

Taigabirkenzeisig
Acanthis [flammea] flammea

En: Common Redpoll
Fr: Sizerin flammé
Es: Pardillo norteño
It: Organetto

ad. ♀ 100 %

Alpenbirkenzeisig
Acanthis [flammea] cabaret

Der Alpenbirkenzeisig ist dem weiter nördlich verbreiteten Taigabirkenzeisig (*Acanthis [flammea] flammea*) äußerst ähnlich und nahe verwandt. Beide Formen werden heute vielfach als Unterarten einer Art aufgefasst, da ihre genetische Distanz gering ist. Taigabirkenzeisige kommen im Winter regelmäßig nach Mitteleuropa, treten aber dann meist in Trupps von Alpenbirkenzeisigen auf.

Federmerkmale: Die einzeln betrachteten **Handschwingen** 6 bis 9 sind etwa gleich lang, die längste erreicht 58 bis 70 mm, im Mittel 64 mm (n = 70); H10 als winziges Rudiment hat nur etwa 10 mm Länge. Sie wird von der zugehörigen Großen Handdecke verdeckt, die etwas größer ist. H6 bis 8 sind an den Außenfahnenspitzen verengt. Die Hand- wie die **Armschwingen** sind graubraun, nur die Schirmfedern gegen die Spitze hin dunkel graubraun. Alle Schwingen tragen an der Innenfahne eine unauffällige und verschwommene Aufhellung, die die Federspitze nicht erreicht, sondern ihre größte Breite und Helligkeit am Federgrund entwickelt. Sehr feine helle Säume finden sich an den Außenfahnen. Bei den inneren Armschwingen 5 und 6 und den drei Schirmfedern sind die Säume im Spitzendrittel bis zu 2 mm breit und mattweißlich, allerdings auch stark abnutzbar. Die Endsäume der Großen und Mittleren Oberen **Armdecken** sind klar abgegrenzt und schwach beige getönt (beim Taigabirkenzeisig weißlich, ein feldornithologisches Unterscheidungsmerkmal). Der Schwanz ist mit 7 bis 13 mm recht tief gegabelt. Die längsten, äußeren Steuerfedern sind 54 bis 67 mm lang, im Mittel 61 mm (n = 168). Sie haben weißliche Innen- und hellbeige Außensäume, was besonders bei den mittleren Steuerfedern sichtbar ist. Sie sind zum Federende hin zugespitzt.

Die Spitzen der äußeren **Steuerfedern** können etwas nach außen gebogen sein. Bei allen Schwingen und Steuerfedern heben sich die dunkelbraunen Schäfte knapp von den Fahnen ab. Bevor die Mauser im Juni/Juli beginnt, können die Federn stark abgenutzt sein. Das betrifft besonders die Schirm- und die mittleren Steuerfedern, denen dann alle Säume fehlen können. Bei Jungvögeln sind sie frisch und zugespitzt, bei Altvögeln nach der Mauser abgerundet. Die mittleren Unterschwanzdecken weisen beim Alpenbirkenzeisig breite dunkle Schaftstriche auf.

Vorkommen: Der Alpenbirkenzeisig hat sich in jüngerer Vergangenheit im Flachland Mitteleuropas ausgebreitet und bewohnt regelmäßig, wenn auch nicht sehr häufig, Gärten und Friedhöfe. In einigen Regionen ist diese Tendenz gestoppt und die besiedelten Gebiete werden wieder geräumt. In den Alpen bevorzugt der Vogel lichte Lärchenbestände. Für die Population werden nur 8500 bis 14 000 Reviere angegeben.

Mauser: In der Teilmauser der Jungvögel, hauptsächlich im August und September, werden die meisten Flügeldecken, aber gelegentlich auch einige Schirm- und Steuerfedern ausgetauscht. Die Vollmauser der Altvögel findet ab Mitte Juli bis in den Oktober hinein statt, sie beginnt gewöhnlich bereits während der Jungenaufzucht, bei den Männchen etwas früher als bei den Weibchen. Nach der Mauser sind rote Partien an der Brust der alten Männchen mit breiten beigefarbenen Säumen abgedeckt, die erst im Lauf der Zeit durch mechanische Einflüsse verschwinden.

Ähnliche Arten: Die Endsäume der Großen Oberen Armdecken sind beim Alpenbirkenzeisig hellbräunlich getönt, beim Taigabirkenzeisig weißlich. Dies ist auch bei Beobachtungen draußen zu erkennen. Die mittleren Unterschwanzdecken tragen beim Alpenbirkenzeisig dunkle breite Schaftstriche. Beim Taigabirkenzeisig sind sie hell bräunlich. Der Zitronenzeisig hat gelbliche oder grünliche Säume an den Steuerfedern und den Armdecken. Er ist auch sonst völlig anders gefärbt als die Birkenzeisige.

GOAD vom Alpen- (links) und Taigabirkenzeisig

Der Flügel des Alpenbirkenzeisigs ist recht spitz geschnitten.

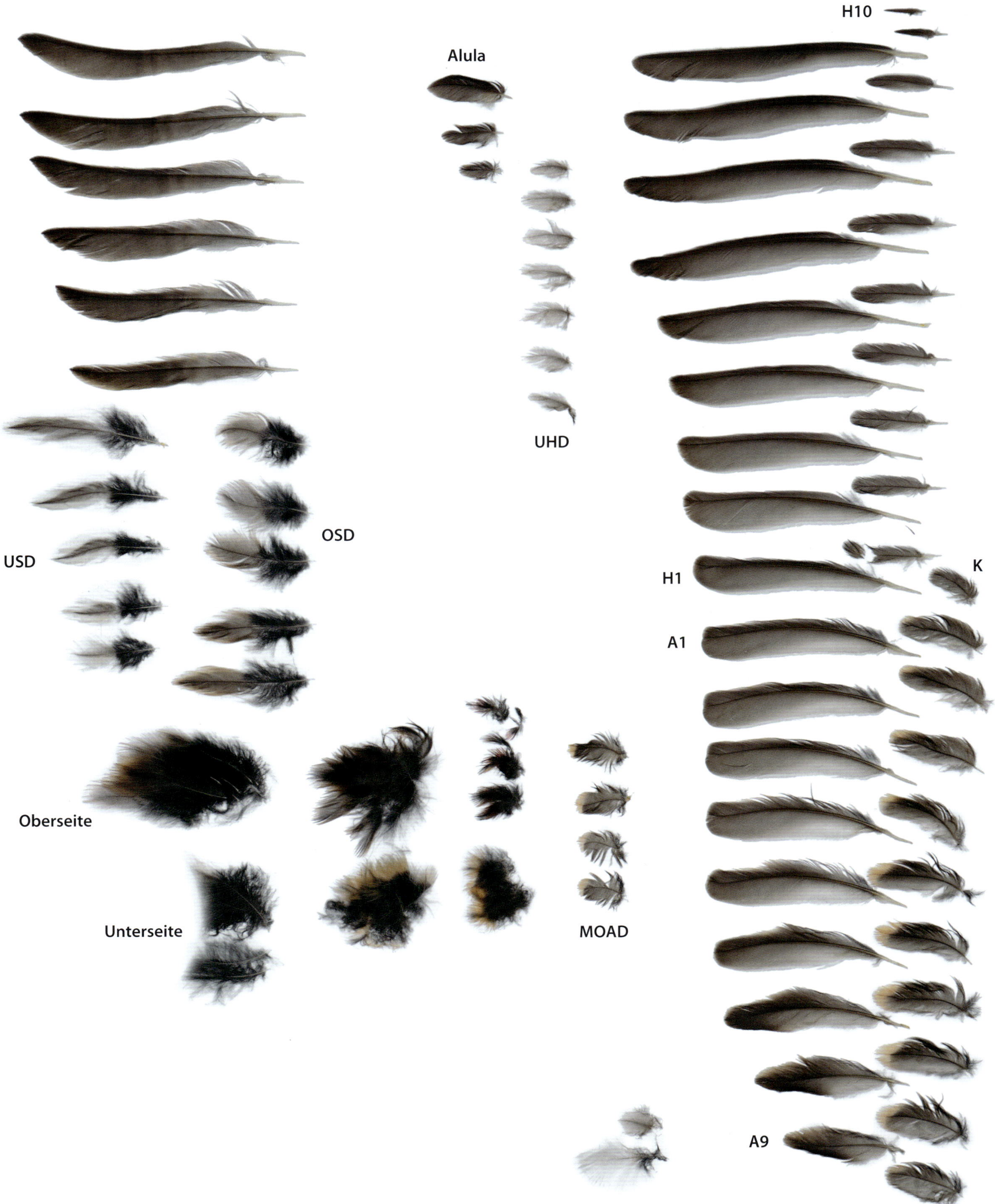

Alpenbirkenzeisig
Carduelis [flammea] cabaret
En: Lesser Redpoll
Fr: Sizerin cabaret
Es: Pardillo alpino
It: Organetto minore
100 %

Kiefernkreuzschnabel
Loxia pytyopsittacus

Federmerkmale: Bei den **Handschwingen** sind die Innenfahnen von H6 bis H9 an den Spitzen verengt, die Außenfahnen von H6 bis H8. H10 ist kürzer als die äußerste Handdecke HD9 und dolchartig zugespitzt. Die Außenfahnen von H6 bis H8 sind zur Spitze hin verengt, das gilt ebenso für die Innenfahnen von H6 bis H9. Als längste einzelne Handschwinge bietet sich im vorliegenden Flügel H7 mit 72 mm Länge an, die benachbarten sind um Millimeterbeträge kürzer. Im kompletten Flügel verschieben sich die Relationen und H9 wird an der Spitze sein.

Bei dem vorliegenden Individuum sind die Schäfte der **Armschwingen** in der Spitze etwas eingezogen, sodass die Schwingen knapp zweispitzig wirken. Das ist beim Fichtenkreuzschnabel kaum zu sehen, doch lässt sich die Variabilität dieses Merkmals nicht beurteilen. Bei den drei Schirmfedern A7 bis A9 tritt an die Stelle des Einzugs ein schwacher heller Saum. Ansonsten sind die hellen Endsäume von Armschwingen wie von Großen und Mittleren Oberen Armdecken an den isolierten Federn kaum wahrzunehmen.

Die **Steuerfedern** sind kurz und durch Abschrägen der Innenfahnen am Ende zugespitzt. Sie sind schwarzgrau pigmentiert, was besonders für die Spitzenhälfte gilt. Zur Basis hin sind Außen- und Innenfahne etwas aufgehellt, sodass hier auch die schwarzbraunen Schäfte zur Geltung kommen. Die äußeren Steuerfedern sind zur Spitze hin etwas nach außen gebogen, doch wird dieser Eindruck durch eine Verbreiterung der Außenfahnenbasis verstärkt. Ober- und Unterschwanzdecken entsprechen denen des Fichtenkreuzschnabels. Die Unterschwanzdecken besitzen schwache helle und breite Außensäume, sodass der dunklere Kern sich als verbreiterter Schaftbereich abhebt, besonders bei den mittleren Decken.

Vorkommen: Der Kiefernkreuzschnabel ist ein Brutvogel Skandinaviens und Nordrusslands. Er tritt als winterlicher Gast, z. T. invasionsartig im nördlichen Mitteleuropa auf, er vergesellschaftet sich auch mit Fichtenkreuzschnäbeln. In den Beneluxländern gab es über Jahre hin eine kleine Brutpopulation. Die Art wird wohl öfter übersehen. Der Vogel ist dann auch nicht streng an Kiefern als Nahrungsgeber gebunden, sondern nimmt auch mit Fichtensamen vorlieb.

Mauser: Die Jugendmauser ist eine Teilmauser, die sich an die variable Brutsaison anschließt und schon im April beginnen kann. Die Vollmauser der Altvögel ist ebenso variabel eingenischt und kann in der Jahresmitte einsetzen. Wahrscheinlich ist die Rotfärbung der alten Männchen ebenso von der Ernährung abhängig wie beim Fichtenkreuzschnabel.

Ähnliche Arten: Am nächsten verwandt ist der Kiefernkreuzschnabel mit dem Fichtenkreuzschnabel, der jedoch neuerdings als Superspezies mit mehreren untereinander nahe verwandten Allospezies (Unterarten) aufgefasst wird. In die gleiche Richtung weisen bei den Fichtenkreuzschnäbeln unterschiedliche Rufe und Gesänge sowie verschiedene Nahrungswahl. Beim Kiefernkreuzschnabel gibt es wohl im Gefieder keine brauchbaren Unterscheidungsmöglichkeiten. Eine Bestimmung kann am ehesten gelingen, wenn man den kompletten Vogel mit seinem wuchtigen überkreuzten Schnabel vor sich hat. Eine Population in Schottland (*Loxia scotica*) wird heute als eigene Art gehandhabt, die in ihren Merkmalen intermediär zwischen Fichten- und Kiefernkreuzschnabel steht. Der Bindenkreuzschnabel unterscheidet sich durch die weißen Säume an den Flügeldecken und an den Schirmfedern (s. dort). In schwächerer Form gibt es solche Säume ausnahmsweise auch beim Fichtenkreuzschnabel. Beim Kiefernkreuzschnabel ist dazu nichts bekannt.

100 %

Die Flügellängen-Mittelwerte für Kiefern- und Fichtenkreuzschnabel liegen nur etwa 5 % auseinander. Kiefernkreuzschnabel: ♂ 104 mm, ♀ 101 mm; Fichtenkreuzschnabel: ♂ 100 mm, ♀ 97 mm. Auch nach anderen Werten scheint der Kiefernkreuzschnabel im Mittel etwas größer zu sein als die Schwesternart. Der Flügel ist etwa genauso spitz geformt wie beim Fichtenkreuzschnabel.

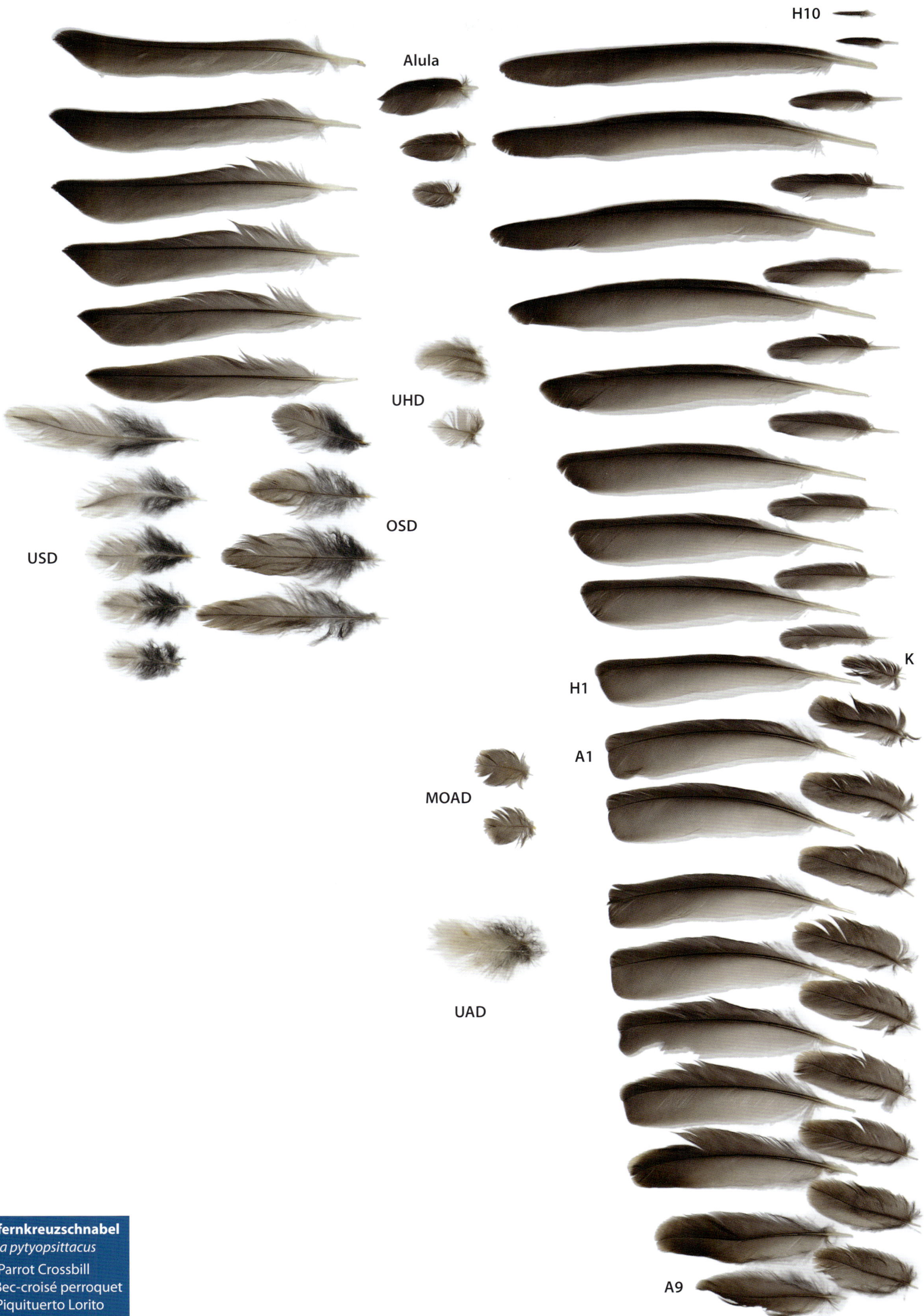

Kiefernkreuzschnabel
Loxia pytyopsittacus
En: Parrot Crossbill
Fr: Bec-croisé perroquet
Es: Piquituerto Lorito
It: Crociere delle pinete

juv. 100 %

Fichtenkreuzschnabel
Loxia curvirostra

Federmerkmale: Das Großgefieder des Fichtenkreuzschnabels ist schmucklos: Die Federn sind fast durchgehend braunschwarz. Die nebeneinander gelegten Handschwingen H6 bis 9 sind ungefähr gleich lang, wobei H7 und 8 ihre Nachbarn um etwa 3 mm überragen. Die Maße der längsten **Handschwinge** schwanken zwischen 77 und 89 mm (Mittel 83 mm, n = 77). H10 ist mit 10 mm kürzer als die Handdecke 9. H6 bis 8 haben Außenfahnenverengungen aufzuweisen, während H(6) 7 bis 9 an der Innenfahne verengt sind. Alle Handschwingen wirken fast schwarz, aber etwas durchscheinend, die Innenfahnen lassen kaum eine Aufhellung erkennen. Die Außenfahnen tragen schwache helle Säume.

Bei den **Armschwingen** einschließlich der Schirmfedern ist die basale Hälfte der Innenfahnen minimal aufgehellt, sodass die schwarzbraunen Schäfte ein wenig mehr hervorstechen als bei den Handschwingen. Die Schirmfedern sind mitunter an der Innenfahnenspitze ein wenig aufgehellt. Die Schirmfeder A7 ist nicht länger als A6, sondern um einen Millimeterbetrag kürzer. Die sämtlichen oberen Flügeldecken sind bei Altvögeln ohne Säume.

Die **Steuerfedern** sind ebenfalls schmucklos und entsprechen in ihrer Färbung den Handschwingen, sodass auch hier die Schäfte in den dunklen Fahnen nur schwach zu erkennen sind. Allein die Spulen sind hell. Die Federn sind kurz und breit. Sie erreichen in der längsten St5 im Mittel eine maximale Länge von etwa 65 mm, sie variieren zwischen etwa 57 und 72 mm (n = 159). Sie sind zugespitzt, besonders bei Jungvögeln, bei denen sie anfänglich helle Endsäume tragen. Durch Abnutzung gehen auch die sehr feinen rötlichen Außensäume der Männchen und die grünlichen der Weibchen verloren. Sie sind ohnehin nur vor dunklem Hintergrund sichtbar. Die äußeren Steuerfedern können im Spitzenbereich etwas nach außen gebogen sein. Der Schwanz ist stark gegabelt, bei Männchen in der Tendenz stärker als bei Weibchen, bei Jungvögeln stärker als bei Altvögeln. Die Tiefe der Gabelung variiert zwischen 5 und 10 mm. Die Oberschwanzdecken sind dunkelgrau, die Unterschwanzdecken bei Jungvögeln hellgrau, teils mit dunklen, zugespitzten Zentren und breit hell gesäumt.

Das **Körpergefieder** ist bei ausgefärbten Männchen ziegelrot, bei manchen grünlich-gelblich, bei Weibchen grünlich. Der Färbungsunterschied bei den Männchen kommt nicht durch das Alter zustande, sondern durch die Ernährung während der Mauser. Junge und alte Männchen, die vor dem Juli mausern, werden mehr oder weniger gelblich, nachher mausernde rötlich, was durch den Anteil frischer Fichtensamen in der Nahrung bewirkt wird.

Vorkommen: Die Teilpopulationen der Fichtenkreuzschnäbel fluktuieren regional und die Vögel sind nirgends auf Dauer sehr häufig. Die Vögel sind aber weitgehend an Fichtenbestände gebunden, wo sie sehr früh im Jahr brüten können und in den Samen der Zapfen ihre Hauptnahrung finden. Hin und wieder treten sie invasionsartig auf. In Deutschland rechnet man insgesamt mit einem Brutbestand von 32 000 bis 85 000 Revieren.

Mauser: Die Vollmauser findet in Abhängigkeit von der Brut zu unregelmäßigen Jahreszeiten statt, meist jedoch nicht im Winter. Die meisten mausern zwischen August und November. Ein Teil beginnt aber schon im Frühling mit der Mauser, unterbricht sie dann zur hauptsächlichen sommerlichen Brutzeit und schließt sie im Spätsommer bis Herbst ab.

Ähnliche Arten: Dunkle, stabile Federn sind arttypisch. Hilfreich sind bei der Bestimmung die Gabelung des Schwanzes, die gemusterten Unterschwanzdecken und das eventuell farbige Kleingefieder. Kiefernkreuzschnäbel (s. dort) kann man nach dem Gefieder nicht unterscheiden. Wegen der Unterschiede zum Bindenkreuzschnabel (*Loxia leucoptera*) schlage man bei dieser Art nach. Beim Fichtenkreuzschnabel treten in seltenen Fällen als Variation Individuen mit schmalen weißen Flügelsäumen auf (*rubrifasciata*). Beim Girlitz ist der Schwanz ebenfalls gegabelt, aber die Federn sind viel kleiner und schmaler.

100 %

Der Flügel ist recht spitz geschnitten.
Er trägt keinerlei auffallende Farbmerkmale.

Fichtenkreuzschnabel
Loxia curvirostra
En: Red Crossbill
Fr: Bec-croisé des sapins
Es: Piquituerto Común
It: Crociere
♂ 100 %

Bindenkreuzschnabel
Loxia leucoptera

Bindenkreuzschnäbel sind als Verwandtschaftsgruppe (Superspezies) über die arktische Nadelwaldtaiga der Alten wie der Neuen Welt verbreitet. Die nordamerikanische Population ist aber als eigene Art *L. bifasciata* von der eurasischen *leucoptera* abgetrennt. Beide sind vorwiegend an den Verzehr von Samen aus den Zapfen von Lärchen und Tannen angepasst und daher mit einem zarteren und nicht so hohen Schnabel wie Kiefern- und Fichtenkreuzschnabel ausgestattet. In dem Sammelwerk von Hansen & Synnatzschke (2015) wird die Art nicht behandelt.

Federmerkmale: Die Vögel sind kleiner als die beiden anderen Kreuzschnabelarten. Demnach wirken die Federn im Vergleich eher zierlich. Sie sind auch schmaler als bei den verwandten Arten. Die Handschwingen des Bindenkreuzschnabels sind schwarzbraun und lassen besonders bei den Jungvögeln noch weniger von einer Innenfahnen-Aufhellung erkennen als die Federn der anderen Kreuzschnäbel. Bei H(6) 7 bis H9 treten schwach ausgeprägte Verengungen der Außenfahnen auf.

Bei den Armschwingen sind an der Spitze besonders die inneren am Schaft schwach eingezogen. Allein die Schirmfedern warten in frischem Zustand mit breiten weißen Endmustern auf. Handelt es sich bei A7 noch um einen umlaufenden Endsaum, so wird daraus bei A8 ein Spitzenfleck, bei A9 ein spitzenständiger Keilfleck. Sie können jedoch durch Abnutzung so gut wie verschwunden sein. Die Großen Oberen Armdecken tragen bei den Altvögeln gleichfalls ein mehrere Millimeter breites weißes Endband. Die Mittleren Oberen Armdecken sind ebenfalls mit einem weißen Spitzenfeld versehen, sodass daraus im Flügel ein zweites oberes Flügelband entsteht. Bei den Jungvögeln sind nur Endsäume vorhanden, die kaum einen Millimeter Breite erreichen.

Die Steuerfedern sind durchgehend schwarzbraun, nur an der Innenfahnenbasis zur Spule hin schwach aufgehellt. Sie sind zur Spitze hin an der Innenfahne abgeschrägt, wodurch eine Zuspitzung entsteht, die bei den Jungvögeln in frischem Gefieder noch stärker ist als bei den Alten. Die äußeren Steuerfedern können in ihrem ganzen Verlauf leicht nach außen gebogen sein. Die längsten sind in der Regel St5 und 6, nach innen hin verkürzen sich die Federn, woraus eine deutliche Gabelung entsteht. Die Oberschwanzdecken sind zugespitzt und bei dunkler Färbung vor allem an den Außenfahnen breit hell gesäumt. Das gilt umso mehr für die Unterschwanzdecken, die an beiden Fahnen breite helle Säume aufweisen.

Vorkommen: Bindenkreuzschnäbel sind gelegentliche Invasionsgäste, die selten und meist im Norden zusammen mit Fichtenkreuzschnäbeln auftreten. Im Süden und Westen Mitteleuropas gelten sie als Ausnahmeerscheinungen. Doch werden die Vögel nicht selten in menschlicher Obhut in Volieren gehalten und gezüchtet, sodass einige auch ins Freiland gelangen. Sie halten sich für ihre Ernährung vor allem an Lärchen, Tannen und Fichten.

Mauser: Eine Teilmauser der Jungvögel findet im Sommer statt, wobei auch Armdecken und Schirm- sowie Steuerfedern erneuert werden können. Die Vollmauser der Altvögel findet gleichzeitig, aber mit Schwerpunkt ab September statt.

Ähnliche Arten: Was das Federkleid des Bindenkreuzschnabels vor den anderen Kreuzschnabelarten auszeichnet, sind die unverkennbaren weißen Säume an den Großen Oberen und Mittleren Flügeldecken sowie die Endsäume an den Schirmfedern. Dabei entstehen vor allem die auffälligen beiden Flügelbänder. Wenn keine der weiß gezeichneten Federn zur Verfügung stehen, ist die Bestimmung der Art schwierig. Die Hand- und Armschwingen wirken etwas zierlicher und schmaler als bei den anderen beiden Kreuzschnabelarten. Beim Fichtenkreuzschnabel treten in seltenen Fällen als Variation Individuen mit schmalen weißen Flügelsäumen auf (*rubrifasciata*).

Die Flügellängen liegen für beide Geschlechter um die 90 mm. Die Flügel sind spitz geschnitten, die Verengungen der Handschwingen schwach ausgeprägt. Eine vorliegende H10 ist dolchartig schmal und nur 10 mm lang.

Bindenkreuzschnabel
Loxia leucoptera
En: Two-barred Crossbill
Fr: Bec-croisé bifascié
Es: Piquituerto Aliblanco
It: Crociere fasciato
100 %

Die Federn sind als einzelne Mauserfedern eines Volierenvogels eingesammelt worden.

Stieglitz *Carduelis carduelis*

Federmerkmale: Der Stieglitz ist einer der Vögel mit dem buntesten und kontrastreichsten Gefieder, was bei ihm nicht nur für das Kleingefieder, sondern auch für die Schwingen und Steuerfedern gilt. Bei den einzelnen **Handschwingen** ist H7 die längste mit 62 bis 74 mm, im Mittel 69 mm (n = 87). H6 bis 9 sind jedoch annähernd gleich lang, H10 ist winzig. Eine schwache Außenfahnenverengung ist bei H6 bis 8 zu erkennen. Die Handschwingen sind dreifarbig. Die zwei basalen Drittel der Außenfahne sind leuchtend gelb, was gemeinsam mit dem entsprechenden Muster der Armschwingen im gestreckten wie im zusammengelegten Flügel einen breiten gelben Flügelstreif ergibt. In H8 ist das gelbe Feld kürzer und schwächer, in H9 fehlt es ganz. Hinzu kommt ein breiter heller Saum der Innenfahne, der etwa bei zwei Dritteln der Federlänge beginnend an der Basis den durchgehend schwarzen Schaft erreicht. Bei den vier inneren Handschwingen findet sich eine weiße Federspitze am Ende des Schaftes. Diese kann aber zur Brutzeit schon der Abnutzung zum Opfer gefallen sein.

Die **Armschwingen** setzen das dreifarbige Muster der Handschwingen fort. Das gelbe Außenfahnenfeld wird aber nach innen zu im Flügel kürzer und farbschwächer, bei den Schirmfedern 8 und 9 wird es grau. Das weiße Innenfahnenfeld nimmt mehr als die basale Hälfte der Fahne ein und ist klar abgegrenzt, wird aber in den Schirmfedern ebenfalls grau. Die weiße Spitze der Armschwingen ist ebenfalls vorhanden, kann aber leicht abgenutzt werden, besonders bei den Schirmfedern. Bei Jungvögeln im ersten vollständigen Federkleid sind die Großen Oberen Armdecken auf schwarzer Basis hellbräunlich und nicht gelb. Bei der jugendlichen Teilmauser erneuern sich meist die inneren Decken und werden gelb mit schwarzer Basis; sehr oft bleiben die Karpaldecke und einige äußere stehen und lassen bis zur Vollmauser im zweiten Kalenderjahr das jugendliche Alter des Vogels erkennen. Bei alten Männchen ist die Innenfahne der Großen Oberen Armdecke 8 gelb, bei Weibchen oft weißlich-beige.

Die **Steuerfedern** sind mit etwa 55 mm maximaler Länge recht kurz (Variation 46 bis 61 mm, n = 531). Die mittleren Steuerfedern sind zudem noch um 3 bis 9 mm kürzer als die äußeren, sodass der Schwanz gegabelt ist. St6 ist kaum nach außen gebogen. Die Steuerfedern sind schwarz mit aufgehellter Basis an der Innen- und Außenfahne. Sie haben eine weiße oder bräunliche Spitze, die manchmal noch mit einem schwarzen Punkt endet. Bei den äußeren Steuerfedern kann die helle Spitze ganz fehlen. Sie kann im Sommer auch bei den inneren Steuerfedern weitgehend abgerieben sein, sodass an jeder Feder eine Lücke entsteht. Bei St6 kommt ein meist ovales weißes Feld nahe der Federspitze hinzu, das als Insel entwickelt ist oder die ganze Breite der Innenfahne einnimmt. In kleinerer Form ist es oft auch bei St5 vorhanden, seltener bei St4. Die Unterschwanzdecken sind weiß mit grauer Dunenbasis. Die Oberschwanzdecken sind schwarz mit sehr breiten weißen Säumen, die zum weißen Bürzel im Flugbild beitragen.

Vorkommen: Stieglitze sind in Mitteleuropa Kurzstreckenzieher oder Teilzieher; sie sind auch im Winter bei uns anzutreffen, flüchten aber in Kältewintern. Sie bewohnen offene und halb offene Landschaften mit mosaikartiger Vegetationsstruktur und eingestreuten Kraut- und Staudenbeständen, brüten gern in Streuobstwiesen, Parks und Gärten. Ihre Population ist mit 240 000 bis 355 000 Revieren erfasst worden, wird jedoch von einer starken Abnahme von mehr als 3 % pro Jahr betroffen.

Mauser: Die Vollmauser der Altvögel findet von Mitte Juli bis Mitte Oktober statt. Die Jungvögel erneuern gleichzeitig sowohl das Kleingefieder als auch einige Schirm- und Steuerfedern, wodurch Mausergrenzen entstehen.

Ähnliche Arten: Wegen der Mehrfarbigkeit und der Musterung sind die Federn kaum zu verwechseln. Man vergleiche die Schwingen aber mit denen des Grünfinken.

100 %

Der Flügel ist relativ spitz geschnitten, obwohl der Vogel nur ein Kurzstreckenzieher ist.

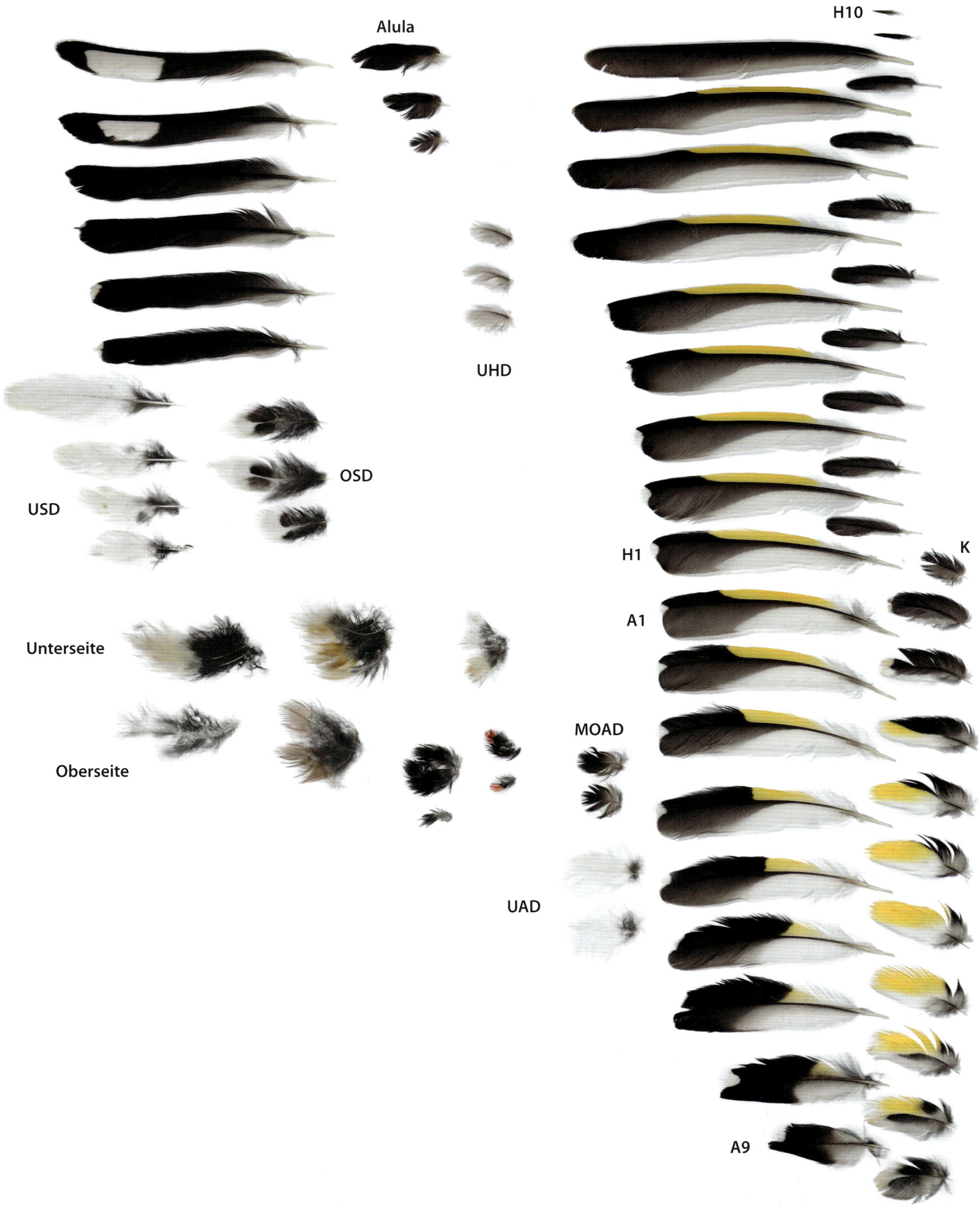

Stieglitz
Carduelis carduelis
En: European Goldfinch
Fr: Chardonneret élégant
Es: Jilguero Europeo
It: Cardellino

ad. ♀ 100 %

Zitronenzeisig *Carduelis citrinella*

Federmerkmale: Die längsten **Handschwingen** erreichen eine Länge von 62 bis 73 mm (Mittel 67 mm, n = 20). Die längste einzelne Handschwinge ist H6. H6 bis 8 sind an den Außenfahnenspitzen verengt, H7 bis 9 an den Innenfahnen. H10 ist kürzer als die Große Obere Handdecke 9 und im geschlossenen Flügel unter ihr verborgen. Die Handschwingen sind in der Grundfarbe dunkel graubraun mit schwacher Aufhellung am Rand der Innenfahne. Die Außenfahnen haben einen schmalen grüngelblichen Saum, nur bei H9 ist er weißlich.

Die **Armschwingen** sind wieder dunkel graubraun bis schwärzlich, weisen aber an den Außenfahnen breite, von der Mitte bis zur Spitze reichende gelbgrüne Säume auf. Die Innenfahnen sind etwa 2 mm breit weiß gesäumt. Die äußeren Armschwingen A1 bis A5 sind an der Schaftspitze minimal eingezogen, sodass sie dort wie abgeschnitten wirken. Bei den Armschwingen A4 bis 6 und den Schirmfedern verbreitern sich die Säume und hellen sich zur Federspitze hin auf. Bei A4 bis 8 wird der Außenfahnensaum durch ein schwarzes Feld unterbrochen. Die Großen und die Mittleren Oberen Armdecken haben ebenfalls breite gelbgrünliche Endsäume von 3 bis 5 mm Breite, woraus im geschlossenen wie im offenen Flügel eine doppelte Armbinde entsteht. Im Übrigen verdunkeln sich die Großen Oberen Armdecken in der Mitte der Außenfahne zu einem schwarzen Feld, ebenso wie die inneren Armschwingen. Dieses schwarze Feld unterbricht im geöffneten Flügel die beiden gelbgrünen Flügelstreifen, sodass sie nicht zusammenfließen.

Der Schwanz ist deutlich gegabelt, das heißt von den Steuerfedern ist St6 am längsten. Der Längenunterschied zwischen innerster und äußerster **Steuerfeder** variiert um einen Betrag zwischen 7 und 10 mm. Die längsten Steuerfedern messen 55 bis 63 mm (Mittel 59 mm, n = 19). Die äußeren Steuerfedern können im Spitzendrittel leicht nach außen gebogen sein. Diese äußeren Steuerfedern haben weißliche, die inneren grüngelbe Außensäume, die im Schwanz von außen nach innen breiter werden und bei St1 einen großen Teil der Außenfahne einnehmen. Die Schäfte heben sich dunkel gegen die sonst grauen Fahnen ab. Beim Weibchen und den Jungvögeln sind die Außensäume schwächer gefärbt als beim adulten Männchen. Die

ad. ♂

Oberschwanzdecken sind graugrün, verstärken sich aber beim Männchen mit den Hinterrückenfedern im Flugbild zu einem grünlich-gelben Bürzelfeld. Die Unterschwanzdecken sind hellgelb, die mittleren mit einem verschwommenen dunklen Schaftstrich versehen.

Vorkommen: Der Zitronenzeisig ist ein Kurzstreckenzieher, der schon im März an den Brutplätzen eintrifft. Er besiedelt offene Koniferenbestände vorwiegend der subalpinen Stufe, am ehesten Fichtenwald, der aber auch mit anderen Nadelhölzern untermischt sein kann. Er benötigt zusätzlich offene Flächen mit einem reichen Angebot an Samen tragenden Kräutern und Stauden. Bruten können an Waldrändern bis hinunter auf 700 m Meereshöhe vorkommen, die meisten finden sich jedoch bei Almflächen bis in die Zone der oberen Waldgrenze zwischen 1000 und 2000 m. In Deutschland gibt es lediglich in den bayerischen Alpen und im Schwarzwald regelmäßige sommerliche Vorkommen, deren Größe sich jetzt insgesamt auf 400 bis 700 Reviere beläuft, davon im Schwarzwald nur 120 bis 210. Der Trend ist negativ. Die Art gilt schon wegen der geringen Populationsgröße als gefährdet. In der Schweiz und in Österreich sowie im Süden Frankreichs und in Spanien hat man bessere Chancen, auf den Vogel zu treffen.

Mauser: Die Vollmauser der Altvögel läuft nach der Brutzeit von Juli bis Anfang September ab.

Ähnliche Arten: Zumindest anhand der Färbung der Schwanzfedern lassen sich Jungvögel und Weibchen nicht leicht von den entsprechenden Kleidern des Girlitzes unterscheiden. Doch sind die Steuerfedern des Zitronenzeisigs größer und nicht so deutlich zugespitzt wie beim Girlitz.

ad. ♂ 100 %

Die äußeren Handschwingen sind am Ende der Verengungen zugespitzt. Der Flügel wirkt als Ganzes mäßig spitz. Die Vögel haben keine langen Zugwege.

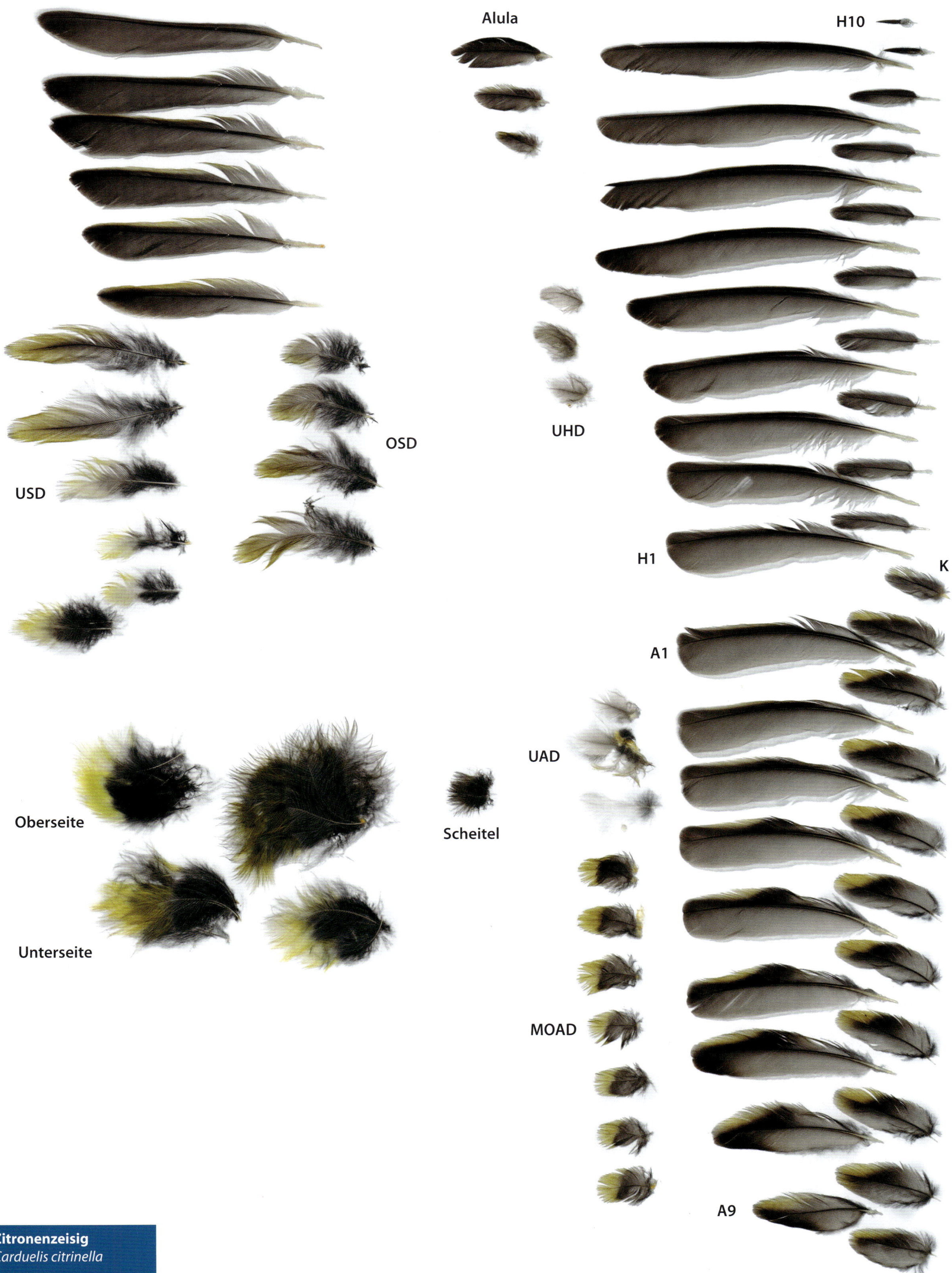

Zitronenzeisig
Carduelis citrinella
En: Citril Finch
Fr: Venturon montagnard
Es: Verderón Serrano
It: Venturone alpino
ad. 100 %

Girlitz *Serinus serinus*

Federmerkmale: Die längste **Handschwinge** bei den Einzelfedern ist H6 mit 54 bis 66 mm (Mittel 62 mm, n = 61). H7 bis 9 nehmen jeweils um etwa 1 mm ab, was aber im kompletten Flügel nicht zutrifft. H6 bis 8 sind an den Außenfahnen verengt. Eine Verengung der Innenfahne ist bei H6 bis 9 angedeutet. H10 ist mit 7 mm Länge extrem schmal und klein, sie ist kürzer als die äußerste Handdecke H9. Die Handschwingen sind dunkel graubraun mit cremefarbenen Säumen an den Innenfahnen.

Das setzt sich bei den **Armschwingen** fort. Sie sind an der Spitze hell gesäumt und schwach eingebuchtet. Die inneren Armschwingen und die Schirmfedern haben in der Mitte ausgebuchtete Außenfahnen, die Schirmfedern wirken geradezu keilförmig. Bei den inneren Armschwingen fallen auch die schwarzbraunen Schäfte stärker auf. Bei den Schirmfedern ist das nicht der Fall, hier sind die Innenfahnen grau. Bei den Jungvögeln sind die Schirmfedern an Außenfahne und Spitze breit und hellbräunlich gesäumt. Die Großen Oberen Armdecken haben blass ockerfarbene Spitzensäume. Die Endsäume der Mittleren Oberen Armdecken sind bei Jungvögeln und bei Weibchen ocker oder weißlich, bei alten Männchen hellgelb. In allen Kleidern bilden sie die vordere von zwei hellen Flügelbinden. Die zweite wird von den Spitzensäumen der Großen Oberen Armdecken gebildet.

Der Schwanz des Girlitzes ist tief gegabelt, sodass die äußerste, längste **Steuerfeder** St6 die innerste St1 um 5 bis 12 mm an Länge übertrifft. Dabei erreicht die längste Steuerfeder (meist St6) im Mittel 53 mm (46 bis 58 mm, n = 135). Die Steuerfedern sind schmal, sie wirken geradezu grazil. Die beiden äußeren Federn sind im Spitzenteil mehr oder weniger nach außen gebogen. Sie sind schwarzbraun und haben einen weißlichen Saum an der Innenfahne sowie gelblich-grünliche Außensäume, bei den Männchen lebhafter gefärbt als bei den Weibchen. Nur bei St6 ist der Außensaum weißlich. Diese Außensäume nutzen sich im Laufe der Zeit ab. Die Federn sind durch Abschrägung der Innenfahnen zugespitzt. Die Zuspitzung nimmt noch zu, wenn die Federenden im Sommer vor der Mauser stark abgenutzt sind. Die Oberschwanzdecken sind grünlich-grau mit dunklen, verlaufenden Schaftstrichen. Die Unterschwanzdecken sind gelblich-weiß mit einem kleinen, zugespitzten, grauen Federzentrum bei den mittleren.

ad. ♂

Vorkommen: Der Girlitz gilt als häufiger Brut- und Sommervogel sowie als Teilzieher. In Europa beschränkt er sich auf den Süden, Westen und Mitteleuropa, ist aber in Südskandinavien in Ausbreitung – die Fortsetzung einer historischen Ausbreitung vom Mittelmeer her durch ganz Westeuropa. Er brütet in parkartigen Baumbeständen, die Nester stehen hoch in Nadelbäumen. In klimamilden Gebieten harrt er auch in Mitteleuropa im Winter aus. Die Zahl der erfassten Reviere aus den deutschen Bundesländern liegt zwischen 65 000 und 130 000. Dabei wird in jüngerer Zeit ein starker Rückgang verzeichnet.

Mauser: Sowohl die Teilmauser der Jungvögel als auch die Vollmauser der Alten findet nach der Brutzeit bis Oktober statt.

Ähnliche Arten: Im Vergleich zu den anderen kleinen Finkenvögeln sind die Schwingen wie die Steuerfedern geradezu schmucklos. Beim Zitronenzeisig mit ähnlichen Merkmalen ist das Großgefieder jedoch mehr schwärzlich gefärbt, die Schwingen und Steuerfedern sind länger und breiter, die Säume sind gelblich-grün. Der Birkenzeisig hat kein Gelb im Körpergefieder, jedoch in den Flügeldecken, den Schirmfedern und den mittleren Steuerfedern klar abgesetzte helle Säume. Der ebenfalls kleine Erlenzeisig wartet mit mindestens matt- oder leuchtend gelben Feldern in den Schwingen und den Steuerfedern auf (s. dort).

ad. 100 %

Die Teilpopulationen, die sich nordwärts ausgebreitet haben und zu ausgeprägten Zugvögeln geworden sind, haben spitzere Flügel entwickelt als die südlichen. In einem kompletten Flügel aus Portugal ist H8 am längsten, in demselben ist aber H6 die längste Einzelfeder.

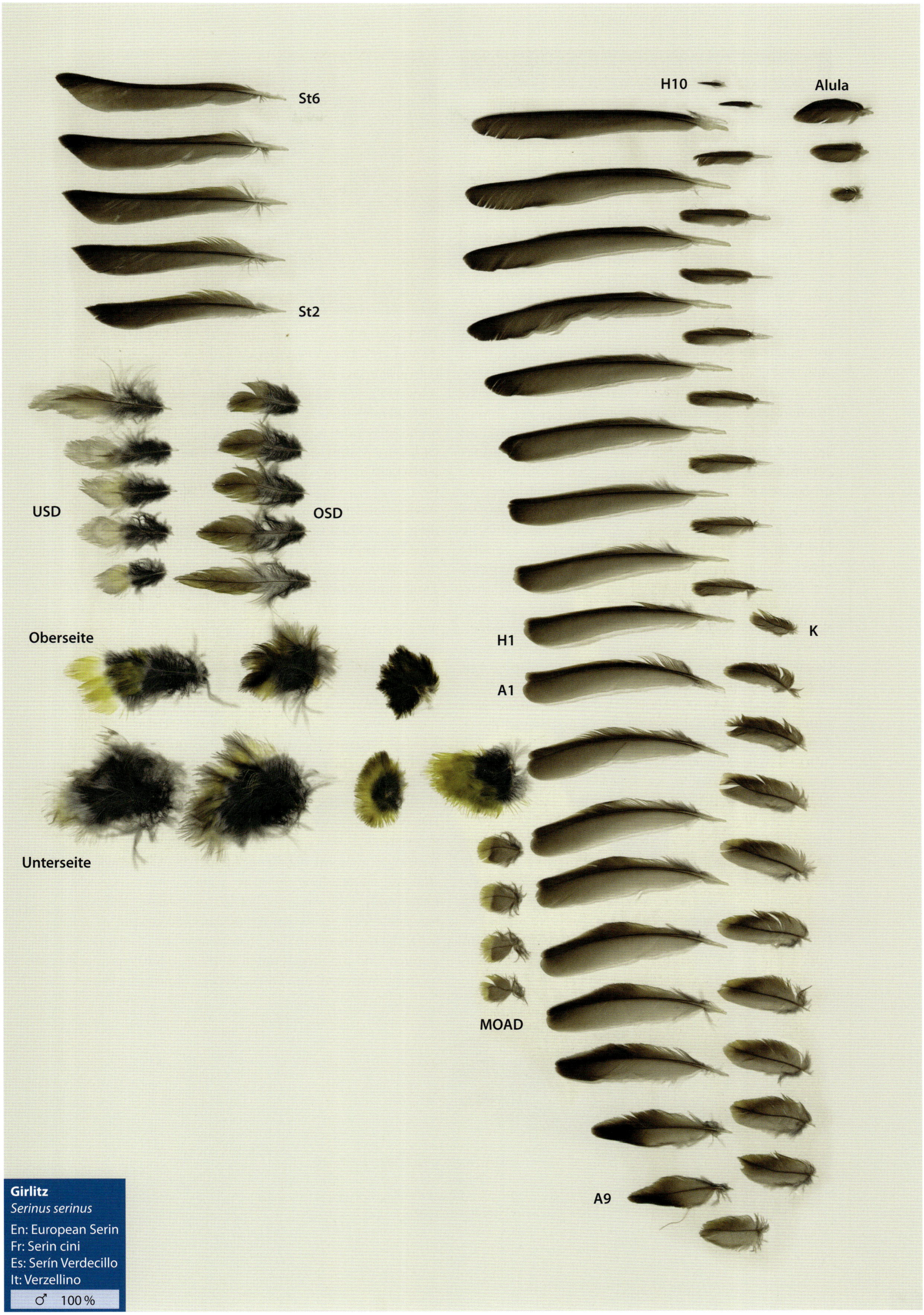

Girlitz
Serinus serinus
En: European Serin
Fr: Serin cini
Es: Serín Verdecillo
It: Verzellino
♂ 100 %

Erlenzeisig *Carduelis spinus*

Federmerkmale: Die **Handschwinge** H9 ist selbst als Einzelfeder nur wenig kürzer als H7 und 8. H10 ist winzig, sie liegt unter der HD9 verborgen. Die längste einzelne Handschwinge (H7/8) erreicht im Mittel 62 mm, bei einer Streuung von 57 bis 68 mm (n = 85). Die Handschwingen (6) 7 und 8 sind an der Spitze der Außenfahne schwach verengt, entsprechend auch innen an H7 bis 9. In beiden Geschlechtern haben die inneren Handschwingen einen breiten hellgelben Innenfahnensaum, der an der Federbasis fast den dunkel abgesetzten Schaft erreicht. Auf der Außenfahne erstreckt sich im unteren Federdrittel ein gelbes Feld bis zum Schaft. Bei den äußeren Handschwingen (6) 7 bis 9 fehlt es, hier bleibt nur das Innenfahnenfeld, das aber bei H8 und 9 schmaler und grauer wird.

Die **Armschwingen** setzen das Muster der inneren Handschwingen mit gelben Basisfeldern in der Innen- und Außenfahne fort. Ein schmaler heller Außensaum am dunklen Teil der Außenfahne wird zu den Schirmfedern hin immer breiter. Hier verengt sich die Außenfahne im Spitzenteil. Die Schirmfedern werden nach innen zu dunkler. Die Große Obere Armdecken haben besonders ab der 3. bis 8. ausgedehnte gelbe End- und weißliche Innensäume. Zusammen mit den Mittlere Obere Armdecken bilden sie eine zweifache Flügelbinde. Bei dem größten Teil (87 %) der diesjährigen und vorjährigen Jungvögel tritt in den Großen und Mittleren Decken eine Mausergrenze auf: Die äußeren unvermauserten Federn haben schmale gelblich-weiße Säume und eine dunkelbraune Grundfärbung, vermauserte haben grüngelbe Säume und eine schwarze Grundfärbung.

Die **Steuerfedern** 2 bis (5) 6 haben auf Innen- und Außenfahne meist viel leuchtendes Gelb, das nur durch den dünnen schwarzen Schaft aufgeteilt ist. Das Spitzendrittel ist ebenfalls schwarz abgesetzt. Bei der Außensteuerfeder zieht sich dieses Schwarz allerdings auf der Außenfahne weit den Schaft entlang und lässt oft nur die gelbe Basis frei. Bei St1 ist das Gelb weitgehend durch eine graue oder schwarze Schattierung abgedeckt. Beim Weibchen fehlt hier das Gelb oft fast völlig, ebenso in der Außenfahne von St6. Bei St2 bis 4 ist zwar die Basis gelb, aber verlaufend abgegrenzt. Der Schwanz ist gleichmäßig und tief gegabelt, sodass die äußere Steuerfeder um fast 1 cm länger ist als die innerste. Die äußeren Steuerfedern sind in ihrem Spitzendrittel leicht nach außen gebogen. Die längsten Steuerfedern messen 42 bis 52 mm, im Mittel 49 mm (n = 373). Die Oberschwanzdecken sind einheitlich graugrün, mit schwachen Endsäumen. Die Unterschwanzdecken haben breite, zum Federende hin spitz auslaufende, dunkle Schaftstriche und beiderseits sehr breite gelbe oder weißliche Randsäume. Die Bürzelfedern sind beim Männchen reingelb, beim Weibchen mit dunklen Schaftstrichen versehen.

Vorkommen: Erlenzeisige brüten vor allem in Nadelwäldern im Norden und Osten Europas, in geringerer Zahl auch bei uns im Gebirge und Mittelgebirge. Die brutzeitlichen Revierzahlen für Deutschland schwanken zwischen 21 000 und 51 000. Im Winter gibt es alljährlichen Zuzug von Überwinterern bei uns, die in Trupps auftreten und vor allem in Erlen und Birken Nahrung suchen.

Mauser: Die Vollmauser der Altvögel findet nach der Brutzeit in der Regel zwischen Mitte Juni und Ende September statt.

Ähnliche Arten: Gegenüber dem Grünfinken und dem Girlitz kann ein Erlenzeisig bunt wirken. Im Großgefieder dominieren Schwarzbraun und Gelb neben Weiß. Die Weibchen haben kaum weniger Gelb als die Männchen. Der Grünfink ist größer als der Erlenzeisig. Bei ihm konzentriert sich das Gelb auf die Außenfahnen der Handschwingen und auf die Steuerfedern, die Armschwingen sind frei davon. Eine doppelte gelbliche oder weißliche Flügelbinde gibt es auch bei Zitronenzeisig und Girlitz, doch fehlt bei diesen Arten das Gelb sowohl in den Schwingen als auch in den Steuerfedern. Bei den Birkenzeisigen sind die Flügelbinden weißlich oder beige, auch hier sind Schwingen und Steuerfedern ohne gelbe Felder.

Der Flügel ist recht spitz geschnitten. Die Schwingen bilden eine breite gelbe Flügelbinde, die fast die Flügelspitze und innen die Schulter erreicht.

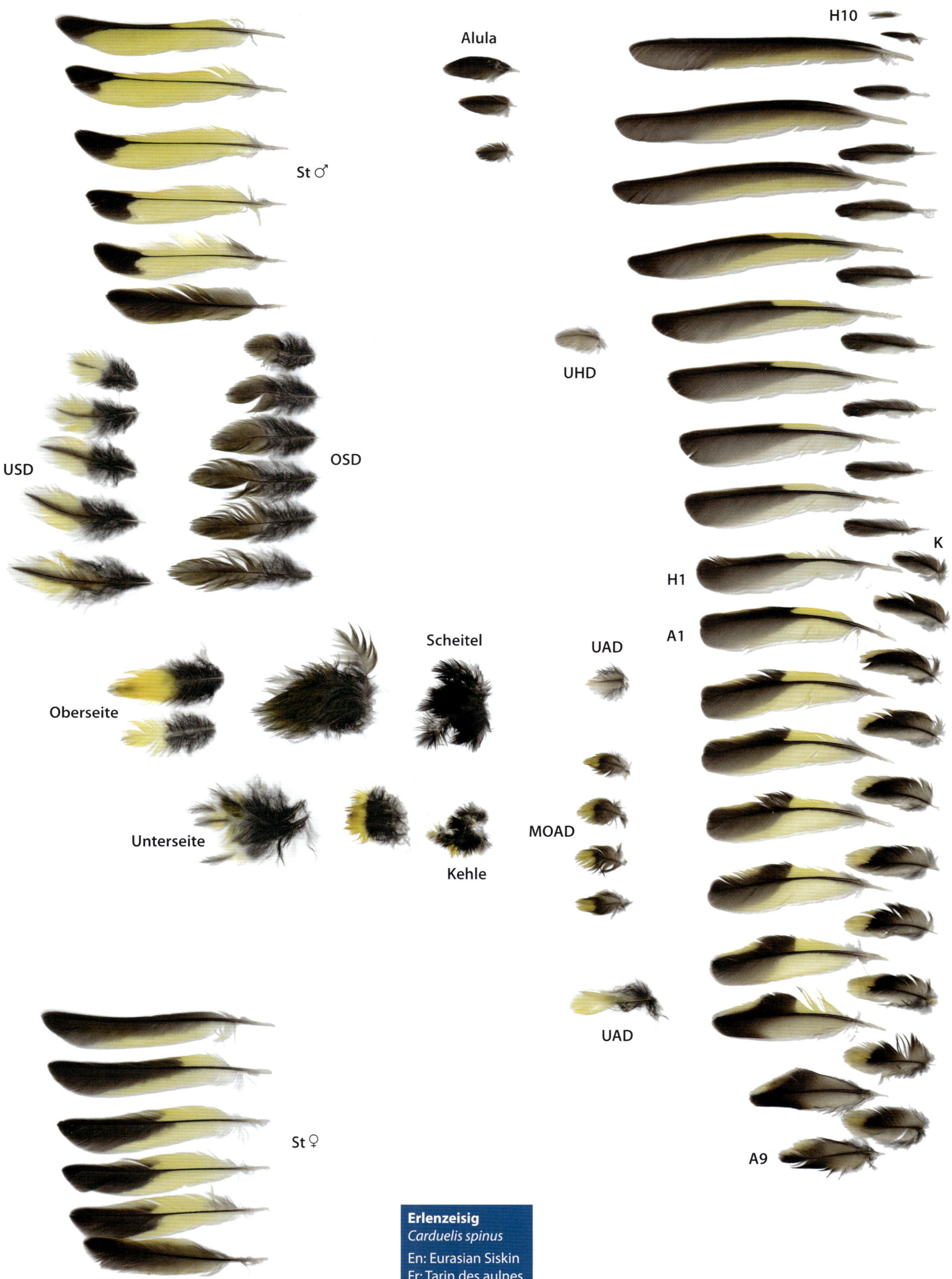

Erlenzeisig
Carduelis spinus
En: Eurasian Siskin
Fr: Tarin des aulnes
Es: Jilguero Lúgano
It: Lucherino
♂ 100 %

Spornammer *Calcarius lapponicu*

Federmerkmale: Unter den einzelnen **Handschwingen** ist je nach Abnutzungsgrad eine zwischen H6 und H8 die längste, mit durchschnittlich 79 mm (62 – 86 mm, n = 31). Besonders die äußeren tragen feine helle Außensäume. Ansonsten sind sie schwarzbraun, die Innenfahnen zur Basis und zum Innensaum hin etwas aufgehellt. H6 bis H8 sind an den Außenfahnen schwach verengt, H7 bis H9 in sehr geringem Maße an den Innenfahnen. Die bräunlichen Endsäume der inneren Handschwingen sind beim Altvogel im Sommer abgenutzt.

Sie gehen in den **Armschwingen** in helle, 1 bis 2 mm breite Endsäume über. In den Außenfahnen fällt hier ein matt rostbrauner Saum auf. Die Enden der Armschwingen 1 bis 6 sind schwach doppelspitzig, was sich auch schon bei den beiden inneren Handschwingen auswirkt. Das gilt nicht für die Schirmfedern. Diese sind nicht verlängert, obwohl die Spornammer lerchenartige Singflüge ausführt. Die Schirmfedern sind im frischen Zustand, also auch beim Jungvogel, mit breiten braunen Säumen an den Außenfahnen ausgestattet. Bei Altvögeln vor der Mauser können diese stark abgerieben sein. Bei den Großen Oberen Armdecken gibt es gleichfalls diese braunen Säume in den Außenfahnen, die ein auch feldornithologisch auffallendes rotbraunes Flügelfeld bilden. In der Spitze gehen diese Decken in helle Endsäume über. Diese bilden parallel zu den ebenfalls hell gesäumten Mittleren Oberen Armdecken zwei weißliche Flügelbänder, ähnlich wie bei der kleinen Zwergammer (*Emberiza pusilla*, hier nicht behandelt).

Die **Steuerfedern** lassen das übliche Ammernmuster erkennen. Von ihnen ist St5 oder eine ihrer Nachbarinnen (außer St6) mit einem Mittelwert von 69 mm am längsten (63 – 74 mm, n = 30). Nach innen zur Schwanzmitte hin nimmt die Federlänge um einige Millimeter ab, sodass eine Gabelung des Schwanzes entsteht. Die Federn sind schwarzbraun gefärbt, St1 breit bräunlich gesäumt. Vor der Mauser im Sommer sind die Säume abgenutzt, die Federn am Ende zugespitzt, besonders St1, St5 und St6. St5 trägt in der Innenfahne einen weißen Keilfleck, der in der Spitze beginnt und basalwärts nach 2 bis 3 cm spitz ausläuft. In St6 ist er viel stärker ausgebildet, erreicht am Schaft nahezu die Federbasis und bezieht auch die Außenfahne mit ein. Der Schaft ist im weißen Feld ebenfalls weiß, nur in der Spitze bleibt ein bräunlicher Schaftstrich. Die Oberschwanzdecken des alten Männchens sind schwarz mit breiten hellen Säumen, die Unterschwanzdecken fast reinweiß.

ad. ♂, PK

Beim **Jungvogel** trägt sowohl die Außen- wie auch die Innenfahne von St1 einen breiten braunen Außensaum, der sich auch bei den folgenden Federn fortsetzt, aber viel schmaler ist. Der helle Keilfleck in der Spitze von St5 ist schmaler als beim Altvogel und leicht bräunlich getönt. Die Flankenfedern weisen kräftige Schaftstriche auf.

Flügel: Der geöffnete Flügel der Spornammer ist deutlich spitzer als derjenige der Feldlerche. H10 ist extrem schmal und dolchförmig. Im kompletten Flügel dürfte H9 am längsten sein. Der geschlossene Flügel fällt durch eine starke Handflügelprojektion auf.

Vorkommen: Die Spornammer ist Brutvogel in der Arktis der Neuen und Alten Welt. Sie überwintert regelmäßig, aber meist einzeln an unseren Küsten, seltener im Binnenland. Ihr gegenüber treten Schneeammer und Ohrenlerchen eher in kleinen Gruppen auf.

Mauser: Die Vollmauser findet im Brutgebiet statt. Da sie sehr schnell abläuft, sind die Vögel dann zeitweise flugbehindert. Im Überwinterungsgebiet treten sie in frischem Schlichtkleid auf. Das Prachtkleid im Frühjahr entsteht weitgehend durch Abnutzung.

Ähnliche Arten: Die Spornammer hat ihren deutschen und wissenschaftlichen Namen (calcar, lat. = Sporn) von der langen gestreckten Hinterkralle. Die in den gleichen Lebensräumen auch im Winter vorkommende Schneeammer hat viel mehr Weiß in Flügel und Schwanz. Bei den anderen Ammern mit weißer Schwanzkante weist St6 in der Regel einen pigmentierten Schaft im weißen Keilfeld auf.

H10
Alula
OSD
USD
K
H1
UHD
A1
Ober-
seite
Unterseite
A9
MOAD
Spornammer
Calcarius lapponicus
En: Lapland Longspur
Fr: Plectrophane lapon
Es: Escribano Lapón
It: Zigolo della Lapponia
ad. ♂ 100 %

Schneeammer *Plectrophenax nivalis*

Federmerkmale: Die **Handschwingen** H7 und 8 sind in der Außenfahnenspitze verengt, H10 ist sehr klein. Die längste Handschwinge misst 83 bis 99 mm (Mittel 92 mm, n = 63). Bei alten Männchen sind die Spitzen der Handschwingen tiefschwarz, die Basis ist blendend weiß. Der schwarze Anteil an der Spitze erhöht sich von H1 mit etwa einem Fünftel der Fahnenlänge bis auf zwei Drittel bei H9. Bei jüngeren Männchen ist der pigmentierte Anteil mehr dunkel graubraun, zur Basis hin bei den äußeren Handschwingen ausgedehnter und weniger gerade begrenzt. Die Großen Oberen Handdecken sind beim sehr alten Männchen weiß, beim jüngeren braun mit einem hellen Innenfahnenfenster oder weißlich mit brauner Spitze. Die Alula hebt sich tiefschwarz aus dem Weiß der Handbasis heraus. Beim alten Weibchen wird das Schwarz in den Schwingen durch Dunkelbraun ersetzt, welches schon eher die Basis erreicht und nur auf der Innenfahne einen breiten basalen Saum freilässt. Bei Jungvögeln beschränkt sich das Weiß noch mehr, dafür sind die Schwingen mit hellen Endsäumen versehen.

Die **Armschwingen** 1 bis 6 mitsamt den Großen Oberen Armdecken sind beim alten Männchen blendend weiß, A7 ist halb weiß, halb schwarz, A8 und 9 tiefschwarz. Bei jüngeren Männchen finden sich in den Spitzen der äußeren Armschwingen und in den Decken Flecke von braunem oder braunschwarzem Pigment, die sich bei A4 bis 6 auflösen oder ganz fehlen. Die Schirmfedern A7 bis 9 sind hier ebenfalls weitgehend schwarz. Beim Jungvogel (vielleicht nur beim Weibchen) erreicht das Braun die inneren Armschwingen, die Schäfte sind bräunlich und die Endsäume ausgeprägt. Bei Jungvögeln sind sonst die Schirmfedern graubraun und mit breiten, matt beigefarbenen Säumen versehen.

Unter den **Steuerfedern** ist meist St5 am längsten, St1 ist 3 bis 8 mm kürzer. Bei den Männchen ergeben sich für die längste Steuerfeder Durchschnittswerte von etwa 75 mm, bei den Weibchen sind es mindestens 5 mm weniger. Insgesamt variiert die längste Steuerfeder zwischen 66 und 81 mm, im Mittel 72 mm (n = 117). Jungvögel haben zugespitzte Steuerfedern, Altvögel abgerundete. Es gibt in einem Trupp überwinternder Vögel immer einzelne alte Männchen mit sehr viel Weiß. Diese haben drei fast reinweiße äußere Steuerfedern, auch St2 und 3 können größtenteils weiße Außenfahnen haben. Bei den jüngeren Männchen tritt dort mehr Grau auf, die äußeren Schwingen wirken in ihren Spitzen schlank.

Vorkommen: Die Schneeammer ist ein Brutvogel der Arktis, südwärts bis Südnorwegen und Schottland. Im Winter tritt sie regelmäßig als Nahrungsgast in den Salzwiesen an Nord- und Ostseeküste auf. Für Niedersachsen und Schleswig-Holstein sind jeweils 3000 bis 5000 Individuen angegeben worden. Seltener sind die Vögel im Binnenland zu beobachten.

Mauser: Die Vollmauser der Altvögel findet ab Juli im Brutgebiet statt. Dann sind die Spitzen der Handschwingen oft stark abgetragen, mit Ausnahme von H8 und 9. Auch die Säume der Schirmfedern können fehlen. Der Wechsel vom winterlichen Schlichtkleid zum Prachtkleid im Frühjahr kommt nicht durch Mauser, sondern durch den Verlust von Federsäumen zustande.

Ähnliche Arten: Als ähnliche Art mit viel Schwarz-Weiß-Kontrast im Großgefieder kommt nur der Schneesperling infrage. Bei diesem sind im Alterskleid H4 bis 10 bis auf die Spulen schwarz, bei der Ammer haben sie nur eine mehr oder weniger ausgedehnte schwarze Spitze. Die Armschwingen haben beim Schneesperling eine schwarze Basis, bei der Schneeammer sind A1 bis 6 beim alten Männchen gänzlich schneeweiß. Auch die drei äußeren Steuerfedern sind bei der Ammer fast ganz weiß, beim Schneesperling haben sie eine dunkle Basis und teilweise eine schwarze Kappe an der Spitze. Die Schirmfedern sind bei beiden Arten gemischt schwarz-weiß. Bei Jungvögeln beider Arten tritt mehr braunes Pigment auf. Schneesperling und Schneeammer werden nur höchst selten im gleichen Gebiet zusammentreffen.

ad. ♂ 100 %

Der Flügel dieses nordischen Gastes ist recht spitz.

Schneeammer
Plectrophenax nivalis
En: Snow Bunting
Fr: Plectrophane des neiges
Es: Escribano Nival
It: Zigolo delle nevi

ad. ♂ 100 %

Grauammer *Emberiza calandra*

Federmerkmale: Die Grauammer ist die größte der heimischen Ammerarten, was man auch den einzelnen Federn ansehen kann. Ihr Gefieder ist allgemein lerchenartig unscheinbar gefärbt und gemustert, mit Strichelung auf Ober- und Unterseite des Körpers. Man könnte sie nach den Federn geradezu als Lerchenammer bezeichnen. Von den **Handschwingen** sind H6 bis 8 an der Außenfahne verengt. H6 ist mit 71 bis 93 mm (Mittel 83 mm, n = 64) knapp die längste, H7 und 8 sind nur wenig kürzer. Dagegen ist H10 mit gut 8 mm geradezu winzig, sie ist kürzer als die benachbarte 9. Handdecke. Die äußeren Handschwingen verfügen über feine helle Außensäume, die in den verengten Spitzen fehlen. Nach innen zu werden diese breiter und grau. Die Grundfärbung der Handschwingen ist graubraun.

Dies setzt sich bei den **Armschwingen** fort. Es gibt nur schwache und wenig kontrastierte Aufhellungen entlang der Innenfahnen. Im frischen Zustand sind die inneren Hand- und die Armschwingen außen farblos hell gesäumt. Erst bei den etwas dunkleren Schirmfedern und den innersten Armschwingen gewinnen die Außensäume eine fahl ockerfarbene Tönung. Die größte Schirmfeder A7 überragt als Einzelfeder ihre Nachbarin A6 um etwa 3 mm. Man kann wie bei den Lerchen eine kleine A10 finden.

Von den **Steuerfedern** sind meist St4 und/oder 5 am längsten mit einem Mittelwert von etwa 79 mm und einem Streuungsbereich zwischen 62 und 90 mm (n = 197). Die innerste Steuerfeder ist 3 bis 5 mm kürzer als die längste, wodurch der Schwanz gebuchtet wirkt. Auch St6 ist bis zu 3 mm kürzer als ihre Nachbarn. Der Schwanz der Jungvögel im ersten vollständigen Federkleid, der bald gemausert wird, ist deutlich kürzer (in einem Fall 62 mm). Die Steuerfedern im Kleid der Altvögel sind an den Innenfahnen abgeschrägt, St6 ist etwas nach außen gebogen. Im frischen Zustand haben sie umlaufende helle Säume, die an der Außenfahne dünner sind als an der Innenfahne. Am deutlichsten sind diese Säume an St6. Hier hebt sich ab der Mitte der Innenfahne nach außen hin ein breiter werdender Keilfleck heller braun vom Dunkelbraun der Federbasis ab. Es ist, als stamme die Grauammer von einem Vorfahren mit weißem Keilfleck ab und habe diesen zuschattiert, ähnlich wie die Kappenammer und der Bergfink. Die Oberschwanzdecken sind graubraun, die Unterschwanzdecken ebenso, beide mit feinen dunklen Schaftstrichen, die letzteren aber mit breiten mattgelben Säumen.

Vorkommen: Die Grauammer ist ein lokaler Brutvogel in offener, extensiv genutzter Ackerlandschaft des Tieflands. Sie hat vielerorts stark abgenommen oder ist bereits ausgestorben. Im Osten Deutschlands hat sie sich kürzlich regional wieder erholt, doch ist diese Zunahme durch Intensivierung der Landwirtschaft schon wieder gestoppt. Die Grauammer ist Jahresvogel oder Teilzieher mit Bereitschaft zur Winterflucht. Die Brutpopulation für ganz Deutschland wurde mit 16 500 bis 29 000 Revieren ermittelt, die meisten in Brandenburg und Mecklenburg-Vorpommern. In Südeuropa ist die Art sehr häufig. Dort kommen viele an den Straßen ums Leben.

Mauser: Die Vollmauser der Altvögel beginnt im Hochsommer und erstreckt sich bis in den Herbst hinein. Die Männchen beginnen damit ein bis zwei Wochen vor den Weibchen. Bei dieser Art absolvieren auch die diesjährigen Jungvögel im ersten Herbst eine Vollmauser, ähnlich wie es die Lerchen, Stare, Bartmeisen und einige weitere Arten tun. Die Jugendmauser der Grauammern findet gleichzeitig mit derjenigen der Altvögel statt. Sie beginnt im Alter von etwa fünf Wochen und dauert etwa 70 Tage.

Ähnliche Arten: Bei allen anderen heimischen Ammerarten bilden die beiden äußeren Steuerfedern weiße Schwanzkanten, was aber bei der Grauammer und der Kappenammer nur rudimentär angedeutet ist. Federfunde sind auch durch ihre Größe und mangelnde Gelbfärbung zu erkennen.

100 %

Der Flügel ist recht spitz geschnitten, obwohl die Vögel überwiegend Standvögel sind und nur in den nördlichen Teilen des Verbreitungsgebietes zur Winterflucht neigen.

Grauammer
Emberiza calandra
En: Corn Bunting
Fr: Bruant proyer
Es: Escribano Triguero
It: Strillozzo
ad. ♂ 100 %

Goldammer *Emberiza citrinella*

Federmerkmale: Bei den **Handschwingen** tragen H(5) 6 bis 8 Außenfahnenverengungen. H6 (und 7) ist als Einzelfeder mit 67 bis 85 mm (Mittel 77 mm, n = 118) am längsten, im Flügelverband sind es allerdings H7 und 8. H10 ist mit einer Länge von höchstens 10 mm und einer Breite von 1 mm geradezu winzig, kleiner als die benachbarte äußerste Handdecke. Die äußeren Handschwingen tragen feine gelbliche Außensäume, bei den inneren Handschwingen werden sie graugelblich. An den Innenfahnen haben die Handschwingen zur Basis hin breite, klar abgesetzte weiße Randfelder.

Die **Armschwingen** tragen ebenso klare weiße Innenfahnenfelder, die sich von der Federspitze her kommend allmählich auf die halbe Fahnenbreite ausdehnen und an der Fahnenbasis den Schaft erreichen. Nur bei den Schirmfedern sind sie durch Grau ersetzt. Die längste Schirmfeder A7 überragt ihre Nachbarin A6 um wenige Millimeter oder ist gleich lang. Die Schirmfedern sind im Spitzendrittel der Außenfahne und an der Spitze selbst breit mattorange gesäumt. Das Federzentrum ist schwarzbraun und zieht sich als Schaftstrich bis zum Federende. Auch die Mittleren und Großen Oberen Armdecken tragen beigefarbene bis bräunliche Außen- und Spitzensäume, aber schmaler und (beim Männchen) klarer abgesetzt.

Die **Steuerfedern** sind schwarzbraun und an den Außenfahnen fein gelblich gesäumt. Am längsten unter ihnen sind meist St4 oder 5. Sie erreichen durchschnittlich 80 mm, variieren aber zwischen 69 und 91 mm Länge (n = 1032). St1 ist meist 5 bis 8 mm kürzer als die längste, sodass der Schwanz deutlich eingebuchtet ist. Die Innenfahnen sind meist am Ende abgeschrägt, St1 zugespitzt und St5 und 6 in der Spitzenhälfte etwas nach außen gebogen. Nur St1 hat an beiden Fahnen breite hellbräunliche Außensäume bis zur Spitze. St5 hat in der Innenfahne einen weißen Spitzenfleck, der sich keilförmig abnehmend in die Fahne hineinzieht, aber weit vor der Fahnenhälfte zugespitzt endet. Bei St6 ist dieses weiße Feld ausgedehnter und erreicht die Hälfte der Fahnenlänge. Hier ist auch die sonst dunkle Außenfahne breiter gelblich gesäumt. Die beiden Außensteuerfedern bilden damit die weiße Schwanzkante des fliegenden Vogels. Die Unterschwanzdecken sind gelb bis graugelb mit einem verwaschenen bräunlichen Schaftstrich. Die Decken des Hinterrückens und die Oberschwanzdecken sind rotbraun (siehe ähnliche Arten). Sie tragen im frischen Zustand breite beigefarbene Säume und beim Weibchen einen verwaschenen dunklen Schaftstrich. Bei Jungvögeln sind die Steuerfedern in der Regel deutlich zugespitzt, bei Altvögeln eher abgerundet. Im Laufe des Frühjahrs verschwimmen diese Unterschiede durch Abnutzung.

♂ PK

Vorkommen: Die Goldammer ist im Allgemeinen bei uns Jahresvogel oder Teilzieher mit Tendenz zur Winterflucht und Vertikalwanderung. War sie früher in halb offenen Landschaften in Ackergebieten mit Feldrainen und einzelnen Bäumen verbreitet, findet sie in den Agrarsteppen heute keinen Lebensraum und keine Nahrung mehr, auch kein Futter für die Nestlinge; sie ist in Mitteleuropa bereits teilweise ausgestorben. Die Brutpopulation wird noch mit 1,1 bis 1,65 Millionen Revieren bei leichtem Rückgang angegeben. Im Winter tun sich die Vögel meist zu Gruppen zusammen und finden sich dann auch oft am Boden unter Futterstellen ein.

Mauser: Die Vollmauser der Altvögel beginnt im Spätsommer und kann sich bis in den Winterbeginn hinziehen. Die Teilmauser der diesjährigen Jungvögel kann zusätzlich einzelne Schirmfedern sowie eine bis drei oder alle Steuerfedern erfassen.

Ähnliche Arten: Rotbraune Oberschwanzdecken sind auch bei der Fichtenammer, der Zippammer und beim Ortolan vorhanden, nicht jedoch bei anderen heimischen Ammernarten. Alle in Mitteleuropa regelmäßig vorkommenden Ammern, mit Ausnahme der Grauammer, haben weiße Schwanzkanten. Dieses Merkmal findet man auch bei etlichen anderen Singvögeln – jeweils in unterschiedlicher Ausprägung.

100 %

Der Flügel ist nicht sonderlich spitz geschnitten.

Goldammer
Emberiza citrinella
En: Yellowhammer
Fr: Bruant jaune
Es: Escribano Cerillo
It: Zigolo giallo
ad. ♂ 100 %

Fichtenammer *Emberiza leucocephalos*

Federmerkmale: Die Fichtenammer ist die nächste Verwandte der Goldammer und deswegen auch in vieler Hinsicht ähnlich. Allerdings ist im Deckgefieder des Körpers und auch in den Außensäumen der **Handschwingen** das Gelb durch Rot oder Weiß ersetzt. Die Federspitzen weisen schwache helle Säume auf. H6 ist ungefähr die längste Handschwinge, wenn man sie einzeln betrachtet. H6 bis H8 weisen Außenfahnen-Verengungen auf, H6 bis H9 solche der Innenfahnen. H10 ist sehr klein und eng zugespitzt. Sie liegt im geschlossenen Flügel verborgen unter der äußersten Handdecke HD9.

Die **Armschwingen** enden wie bei der Goldammer schwach zweispitzig, was sich beim Jungvogel im frischen Gefieder bis zur A8 fortsetzen kann. Die Schäfte setzen sich in ihrer Färbung kaum gegenüber den dunklen Außenfahnen durch, was bei der Goldammer eher stärker entwickelt ist. Bei den inneren Armschwingen und den Schirmfedern herrschen in den Säumen der Außenfahnen hellbraune Farbtöne. Sie kontrastieren im frischen Gefieder mit dem dunklen Kern der Federn, der sich jedoch zur Basis hin aufhellt. Ähnlich ist das Färbungsmuster der Großen Oberen Armdecken mit mattbräunlichem End- und Außensaum, der sich zur Basis hin verbreitert und einen dunklen Pigmentkern umrahmt. Sie wirken durch dieses Muster recht bunt, aber etwas matter als bei der Goldammer. Die Mittleren Armdecken sind unauffällig, sie bilden jedoch einen zweiten, kurzen oberen Saum im Armflügel. Die unteren Hand- und Armdecken sind weiß gesäumt.

Die **Schwanzfedern** sind langgestreckt und schlank. St1 ist etwa 8 mm kürzer als die folgenden, die untereinander ungefähr gleich lang sind. Das führt zu einer Schwanzgabelung wie bei der Goldammer. St1 und 2 tragen im frischen Zustand einen breiten hellen Außensaum. Sie sind schwarzbraun, nur St5 und 6 warten in der Spitzenhälfte wie bei der Goldammer mit einem weißen Keilfleck auf der Innenfahne auf. Die Oberschwanzdecken sind rotbraun, jedoch nicht so leuchtend wie bei der Goldammer. Die Unterschwanzdecken sind hellbraun mit weißem Saum und dunklem Schaftstrich. Beim Jungvogel sind sie ganz weißlich, was nur für die Fahne gilt, nicht für die dunkelgraue Zone an der Basis, die normalerweise vom Nachbargefieder verdeckt ist.

Flügel: Die Flügelform entspricht derjenigen der Goldammer.

ad. ♂

Vorkommen: Die Fichtenammer ist ein Brutvogel Sibiriens jenseits des Ural und tritt dort als Vertreterin der Goldammer auf. Im Grenzgebiet der Vorkommen findet man beide Arten nebeneinander und hier gibt es auch Hybriden. Alljährlich findet sich eine Überwinterungspopulation in Norditalien ein. Im übrigen Europa gilt die Art als Ausnahmegast und gelegentliche Begleiterin in winterlichen Goldammertrupps.

Mauser: Das Männchen trägt ein auffallendes Prachtkleid mit weißem, schwarz gesäumtem Scheitelstreif und brauner Kehle und ebensolchem Überaugenstreif. Demgegenüber steht das Schlichtkleid mit dunklem Kopfgefieder mit weißem Wangenstreif. Die Kleider des Weibchens und des Jungvogels sind schwer von denen der Goldammer und anderen Arten zu unterscheiden. Der Jungvogel erwirbt sein erstes vollständiges Erwachsenenkleid im Herbst. Die Vollmauser der Altvögel findet im Spätsommer von Juli bis September statt. Im frühen Frühjahr legen sie durch Mauser des Kopfgefieders das Prachtkleid an.

Ähnliche Arten: Die Fichtenammer ist der Goldammer sehr ähnlich. Nur sind bei der Fichtenammer die gelben Farbkomponenten des Gefieders durch Weiß oder Rot ersetzt. Dies ist als Merkmal auch im ersten Winterkleid und beim Kleid der Weibchen maßgeblich. Das Fehlen der gelben Farbkomponenten fällt besonders auf der Unterseite der Vögel auf. Die Säume der Rückendecken, der Schirmfedern und der Armdecken sind jedoch genauso bräunlich wie bei der Goldammer. Die Kopfzeichnung des Männchens ist aber in allen Kleidern völlig andersartig als bei der Goldammer. Die Gesänge der beiden Arten sind dagegen kaum zu unterscheiden. Dies führt dazu, dass die beiden Formen in Westsibirien jenseits des Urals Mischpaare bilden.

Fichtenammer
Emberiza leucocephalos
En: Pine Bunting
Fr: Bruant à calotte blanche
Es: Escribano cabeciblanco
It: Zigolo golarossa
juv. ♂ 100 %

Zippammer *Emberiza cia*

Federmerkmale: Der Flügel ist recht rundlich geschnitten, sodass H5 die längste **Handschwinge** ist (66 bis 76 mm, Mittel 70 mm, n = 18); H10 ist mit 4 bis 5 mm Länge allerdings winzig. Sie verbirgt sich im kompletten Flügel unter der ebenfalls kleinen HD9. Bei H5 bis 8 gibt es verengte Außenfahnen. An den Innenfahnen ist davon kaum etwas zu sehen. Die Handschwingen sind graubraun; sie tragen ein helles Feld am Rand der Innenfahne, das sich zu den inneren Handschwingen hin verbreitert und klarer abgrenzt.

Noch deutlicher wird das bei den **Armschwingen**, bei denen das weiße Innenfahnenfeld bis zur A7 reicht. An der Außenfahne entwickelt sich ein schmaler heller Saum der A1 bei den anschließenden Armschwingen schrittweise zu einem breiten rostbraunen Saum, der um die Federspitze herumläuft. Bei A7 bis 9 ist er am stärksten ausgeprägt. Die Großen Oberen Armdecken sind ebenso gesäumt und mit einem gelblichen Spitzenfleck an der Außenfahne versehen. Die Enden der Armschwingen mit Ausnahme der Schirmfedern sind knapp doppelspitzig, das heißt am Schaft etwas eingezogen.

Die innerste **Steuerfeder** ist braun mit breiten rostbraunen Säumen an der Innen- wie an der Außenfahne, die Steuerfedern 2 bis 4 sind schwarz mit bräunlichen Säumen und die beiden Außensteuerfedern haben weißliche Außensäume. Die längsten Steuerfedern erreichen 74 bis 90 mm, im Mittel 80 mm (n = 23). Der Schwanz weist wie bei vielen anderen Ammernarten im Flug weiße Kanten auf, was auf spitzenständigen Keilflecken in den Innenfahnen der beiden äußeren Steuerfedern beruht. Bei St5 erreicht der Keilfleck von der Spitze aus etwa ein Drittel der Federlänge, bei der Zaunammer nur ein Fünftel. Bei St6 reicht er bei der Zippammer noch weiter basalwärts und greift auf die schmale Außenfahne über, wobei nur der schwarze Schaft noch Pigment trägt. Die Oberschwanzdecken sind grau-rostfarben mit basalem dunklem Schaft und weiter außen mit verschwommenem schwarzem Schaftstrich. Dagegen sind die Unterschwanzdecken gelblich-weiß, allerdings mit dunkler Dunenbasis.

Bei **Jungvögeln** sind die Steuerfederenden ein wenig stärker zugespitzt als bei Altvögeln. Auch ist bei ihnen St4 ohne weiße Spitze oder allenfalls schmal beige gesäumt; bei Altvögeln trägt sie im frischen Zustand eine weiße Spitze, die sich allerdings abnutzen kann. Auch Schirmfedern, Große Obere Armdecken und Steuerfedern können im Sommer vor der Mauser stark abgenutzt sein, sodass Säume ganz verloren gehen.

Vorkommen: Die Zippammer ist ein spärlich vorkommender, nur regional verbreiteter, Wärme liebender Sommer- oder Jahresvogel, mithin Teilzieher. Sie ist Brutvogel an trocken-warmen, felsigen Hängen, in den Alpen oft an Föhn-exponierten Lagen im Bereich der Waldgrenze, häufig um 1500 m, in der Schweiz bis in Höhen von 2300 m ü. NN, im Südschwarzwald mit wenigen Brutpaaren auf etwa 1200 m. In Südwestdeutschland kommt eine Teilpopulation in tieferen Lagen in Weinbaugebieten vor. Die Art gilt in Bayern schon wegen des geringen Bestandes als vom Aussterben bedroht, doch wird auch eine Zunahme der Population gemeldet. Wurden früher insgesamt 380 bis 390 Reviere für Deutschland angezeigt, werden heute allein für Rheinland-Pfalz 230 bis 420 Reviere angegeben. Ein kleines Brutvorkommen hat sich bei Jena in Thüringen eingestellt, ist aber in jüngerer Zeit nicht mehr nachweisbar. Möglicherweise besteht im Zusammenhang mit der Klimaänderung eine Chance zur Ausbreitung dieser Ammernart.

Mauser: Die Vollmauser der Altvögel findet von Juli bis September statt.

Ähnliche Arten: Die Zaunammer hat weniger Weiß in St5, außerdem sind die Unterschwanzdecken mit einem dunklen Schaftstrich versehen. Die Goldammer, die Fichtenammer und der Ortolan haben ebenfalls braunrote Oberschwanzdecken wie die Zippammer.

ad. ♂ 100 %

Der Flügel ist recht rund geschnitten. Das zeigt sich darin, dass von den einzelnen Handschwingen die längste (H5) weit nach innen verlagert ist. Dem entspricht aber nicht die sehr kleine H10.

Zippammer
Emberiza cia
En: Rock Bunting
Fr: Bruant fou
Es: Escribano Montesino
It: Zigolo muciatto
ad. ♂ 100 %

Ortolan *Emberiza hortulana*

Federmerkmale: Die **Handschwingen** 6 bis 8 sind untereinander etwa gleich lang (die längsten messen 64 bis 83 mm, Mittel 75 mm, n = 30), H9 ist nur wenig kürzer. Dagegen ist H10 winzig und sehr dünn. H(5) 6 bis 8 sind an den Außenfahnen verengt, H7 bis 9 an den Innenfahnen. Von der Grundfarbe her sind sie graubraun, die Innenfahnen nur schwach und ohne klare Grenze grau aufgehellt. Die äußeren Handschwingen haben feine helle Außensäume.

Bei den **Armschwingen** gibt es bräunliche Außensäume, die zur Schulter hin breiter werden. Helle Endsäume sind ebenfalls erkennbar. Die Schwingen sind schwach doppelspitzig, wobei die Innenfahne etwas überragt. Bei den Schirmfedern füllt ein breiter ockerfarbener Saum das Spitzendrittel der Außenfahne aus. Dann springt er auf den Rand der Außenfahne zurück. Die Innenfahnen sind basal grau, an den Spitzen aber dunkel. Im basalen Federteil heben sich die Schäfte schwarzbraun von den Fahnen ab. Bei den Großen Oberen Armdecken läuft das dunkle Zentrum zum Federende hin in einen scharfen Schaftstrich aus, sodass ein zweiteiliger breiter Endsaum entsteht. Auch die Mittleren Oberen Armdecken haben solche farbigen Endsäume.

Die **Steuerfedern** erreichen eine maximale Länge von 72 mm mit einer Streuung von 62 bis 81 mm (n = 47). Der Schwanz ist leicht eingebuchtet: Die inneren Steuerfedern sind 2 bis 5 mm kürzer als die längste. Die Federn sind in der Grundfärbung schwarzbraun. St1 setzt sich dagegen dunkel graubraun ab und ist an beiden Fahnen matt ockerfarben gesäumt. St5 und 6 haben weiße Keilflecke an den Innenfahnenspitzen, deren Ausdehnung bei St5 etwa ein Drittel der Fahnenlänge erreicht und bei St6 nur wenig größer ist. Die Außenfahne ist bei St6 zum größeren Teil gelblich oder weiß gesäumt und endet mit einem länglichen braunen Pigmentfleck, der ein wenig auf die Innenfahne übergreift. Bei St5 dagegen läuft die Außenfahne schwarzbraun bis zur Spitze durch. Die Schäfte sind auch im weißen Keilfleckenfeld schwarzbraun, auf der Federunterseite jedoch heller als die Fahnen. Die Oberschwanzdecken sind hell graubraun, der Hinterrücken aber leuchtend braunorange. Die Unterschwanzdecken sind fahlgelb bis hellorange. Vermutlich stammen stark abgeschrägte und zugespitzte sowie abgenutzte Steuerfedern im Sommer von vorjährigen Vögeln.

Vorkommen: War der Ortolan früher regelmäßig in Ackerlandschaften mit Baumreihen als Brutvogel anzutreffen, so ist er heute auf wenige Regionen und kleine Restpopulationen beschränkt. In Ostdeutschland werden lokal neuere Bestandszunahmen gemeldet. Die Zahl der in ganz Deutschland erfassten Reviere liegt zwischen 7500 und 11 500. Ansonsten tritt der Vogel selbst als Durchzügler selten auf. Ortolane sind Langstreckenzieher, die den Winter im tropischen Afrika verbringen. Die Zugwege sind noch weitgehend unbekannt. In Frankreich sind sie bis in jüngste Zeit zum Verzehr gefangen worden.

Mauser: Die Vollmauser der Altvögel findet Mitte Juli bis Ende August im Brutgebiet statt, wird aber teilweise dann noch nicht abgeschlossen und für den Wegzug unterbrochen. Eine Teilmauser findet im ausgehenden Winter statt und führt zur Erneuerung von Schirmfedern, Flügeldecken und Steuerfedern vor allem bei den vorjährigen Jungvögeln, bei Altvögeln wohl auch von inneren Armschwingen. Dabei entstehen Mausergrenzen.

Ähnliche Arten: Weiße Schwanzkanten finden sich auch bei den anderen Ammernarten außer der Grauammer und der Kappenammer, daneben bei Finken, Kohlmeisen, Piepern, Lerchen, Würgern, Schnäppern, dem Braunkehlchen und mehreren Grasmückenarten. Bei der Kohlmeise beschränkt sich das Weiß auf St6. Bei St5 und 6 des Ortolans verläuft die Grenze zwischen weißem Keilfleck und dunkler Basis nicht so steil wie bei den anderen Ammern, sondern manchmal fast horizontal. Helle Schwanzkanten fehlen unter den Ammern nur der Grauammer und der Kappenammer.

100 %

Der Flügel des Langstreckenziehers ist recht spitz geformt. H9 ist sogar extra zugespitzt.

Ortolan
Emberiza hortulana
En: Ortolan Bunting
Fr: Bruant ortolan
Es: Escribano Hortelano
It: Ortolano

ad. ♂ 100 %

Zaunammer *Emberiza cirlus*

Federmerkmale: Von den einzelnen **Handschwingen** ist H6 mit 65 bis 77 mm (Mittel 70 mm, n = 46) die längste, doch stehen ihr H5 und 7 kaum nach. H10 ist mit etwa 8 mm Länge winzig. H5 bis 8 sind an den Außenfahnen verengt. Die Verengungen der Innenfahnen sind kaum wahrnehmbar.

Hand- und **Armschwingen** sind unauffällig graubraun mit einem weißlichen Saum am Rand des inneren Teils der Innenfahne. Frische Schirmfedern haben breite hellbraune oder mattgelbe Säume an der Außenfahne und bis zur Spitze. Sie sind im Fahneninneren deutlich dunkler pigmentiert als die übrigen Armschwingen, was durch die hellen Säume noch betont wird. A4 bis 7 sind gegen die Spitze in der Außenfahne verengt. Die Außenfahnen und die Spitzen der Großen Oberen Armdecken tragen meist nur schwache und verschwommene farbige Säume in den gleichen Farbtönen, doch können diese Säume auch klar abgesetzt sein. Die Spitzen der Mittleren Oberen Armdecken sind hell gesäumt und bilden einen kurzen vorderen Flügelsaum.

Der Schwanz weist in der Mitte eine schwache Einbuchtung auf, ist aber an den Außenecken gerundet. Die mittlere **Steuerfeder** ist im Zentrum graubraun, trägt jedoch beiderseits breite gelbbraune Säume, wenn diese nicht abgenutzt sind. Die übrigen Steuerfedern sind mit Außensäumen versehen, die in der Nähe der Basis olivgrün und zu den Spitzen hin hell sind. Der Schwanz zeichnet sich wie bei vielen anderen Ammernarten im Flug durch weiße Kanten aus, was auf spitzenständigen Keilflecken in den äußeren Steuerfedern 5 und 6 beruht. Bei St6 läuft das weiße Spitzenfeld etwa in der Mitte der Innenfahne scharf zugespitzt aus, bei St5 bereits etwa nach einem Viertel bis Sechstel der Fahnenlänge. Die Außenfahnen laufen an den weißen Feldern entlang dunkel von der Spitze bis zur Basis durch. St6 kann aber noch einen dünnen weißen Außensaum tragen. Die längsten Steuerfedern messen 72 bis 82 mm, im Mittel 77 mm (n = 47). Die Oberschwanzdecken sind oliv bis grünbraun mit dunklem Zentrum, die Unterschwanzdecken matt- bis blassgelb mit dunklem Schaftstrich. Die Federn können im Sommer extrem stark abgenutzt sein, besonders die Steuer- und die Schirmfedern sowie die Oberschwanzdecken. Das Kleingefieder von Ober- und Unterseite ist gestrichelt, besonders bei den Weibchen und den Jungvögeln.

Vorkommen: Die Zaunammer lebt als Wärme liebender Standvogel oder Teilzieher an trockenen, sonnigen Hängen mit lichtem Baumbestand; sie ersetzt im Süden die Goldammer in der Kulturlandschaft. Im Süden Mitteleuropas kommt sie regional in der Hügel- bis Montanstufe vor. In der Schweiz erreicht sie bis 1200 m, in Bayern (jetzt ausgestorben) 750 bis 820 m, in der Steiermark kaum 600 m ü. NN. In Deutschland leben 550 bis 700 Brutpaare, davon 80 % in rheinland-pfälzischen Weinbergen.

Mauser: Die Vollmauser der Altvögel findet zwischen Mitte Juli und Mitte Oktober statt. Die Jungvögel erneuern außer dem Kleingefieder manchmal schon im ersten Sommer einige Schirm- und Steuerfedern. Dies ist bei früh geschlüpften Jungen stärker ausgeprägt als wenn sie später schlüpfen.

Ähnliche Arten: Der Zaunammer fehlt in allen Kleidern das Braunrot des Hinterrückens und des Oberschwanzes der Goldammer, der Fichtenammer, der Zippammer und des Ortolans. Bei den beiden äußeren Steuerfedern läuft das weiße Feld zur Basis hin spitzer zu als bei anderen Ammern, bei der Steuerfeder 5 ist es deutlich kürzer als bei der Zippammer.

St6 (links) und St1 (abgenutzt) eines alten Männchens

Der Flügel dieser Ammer ist mäßig spitz. Die längste einzelne Handschwinge ist ziemlich weit hinten im Flügel, allerdings ist H10 kurz und extrem schmal. Die Verengungen an den Handschwingen sind maßvoll und begrenzen sich auf die Außenfahnen.

Zaunammer
Emberiza cirlus
En: Cirl Bunting
Fr: Bruant zizi
Es: Escribano Soteño
It: Zigolo nero
100 %

Kappenammer *Emberiza melanocephala*

Federmerkmale: Von den **Handschwingen** ist H7 am längsten, im vollständigen Flügel H8. H (6) 7 und 8 weisen spitzennah eine schwache Verengung der Außenfahne auf. Verengungen der Innenfahne sind kaum zu erkennen, allenfalls bei H8. Auffallend ist auch, dass die äußeren Handschwingen am Ende ziemlich zugespitzt sind, was wohl mit der spitzen Flügelform des Langstreckenziehers zu tun hat.

Bei H1 und 2 (nicht immer) sowie den **Armschwingen** A1 bis 6 ist der Schaft in der Mitte der Spitze etwas eingezogen, bei den Schirmfedern dann nicht mehr. Die Mittleren Oberen Armdecken fallen auch im geschlossenen Flügel durch ihre hellen Endsäume auf, die einen Flügelstreif bilden. Die Endsäume der Großen Oberen Armdecken sind weniger auffällig, bilden aber in allen Kleidern einen weiteren, schwächeren Flügelstreif. Im Laufe des Sommers können sie stark abgenutzt werden. Das Kleingefieder der Körperunterseite ist beim alten Männchen leuchtend gelb, beim Weibchen blassgelb, im Gegensatz zu den meisten anderen Ammernarten ohne Strichelung, allenfalls mit zarten dunklen Schaftstrichen bei den Weibchen.

Die **Steuerfedern** sind recht lang und dunkel graubraun, St6 oft leicht nach außen gebogen. Bei einem Weibchen waren St2 bis 6 70 mm lang, nur St1 mit 67 mm etwas kürzer. Bei einem Männchen waren die äußeren Steuerfedern 68 mm lang, die inneren kürzer und zugespitzt, wozu die Abnutzung beigetragen hatte. Eine sonst für die Gattungsverwandten typische weiße Schwanzkante ist nur als graubraunes Rudiment mit dunklem Schaftstrich an St6 erhalten. St5 lässt keine Spuren davon erkennen. Ähnlich reduziert ist die helle Schwanzkante bei der Grauammer. Die Unterschwanzdecken bei der Kappenammer sind leuchtend gelb, beim Jungvogel blassgelb; die Oberschwanzdecken sind gelblich oder bräunlich.

Bei **Jungvögeln** fallen die breiten ockerfarbenen Säume der Armschwingen und der oberen Flügeldecken auf, besonders bei den Schirmfedern. Dieselben Säume sind beim Altvogel weißlich und deutlich schmaler oder sie fehlen durch Abnutzung ganz.

Vorkommen: Die Kappenammer brütet normalerweise nicht in Mitteleuropa. Die nächsten Brutvorkommen liegen in Süditalien und auf dem westlichen Balkan. Doch tritt die Art gelegentlich als Ausnahmegast in Deutschland auf und hat hier sogar in jüngerer Zeit einmal gebrütet. Ein häufigeres Auftreten in Westeuropa wird einer Zugprolongation zugeschrieben: Die Vögel fliegen auf ihrem Heimzug in die Brutgebiete nordwestwärts über ihr Ziel hinaus. Kappenammern werden auch im Käfig gehalten und können entkommen, sodass sie dann im Freiland nur an der Beringung als Käfigvögel zu erkennen sind. Die Kappenammer siedelt in Offenlandschaften mit einzelnen Baumgruppen und Gebüschen. Zur Überwinterung zieht sie südostwärts nach West- und Zentralindien. Der Wegzug erfolgt schon im August, allerdings noch vor der Großgefiedermauser.

Mauser: Jungvögel mausern schon wenige Wochen nach dem Ausfliegen im Juli und August in einer Teilmauser das Kleingefieder, teilweise auch die Schirmfedern. Auch die meisten Männchen erneuern vor dem Wegzug schon ab Juli einen Großteil ihrer Körperfedern, teilweise auch schon Schirmfedern. Ab Oktober findet dann im indischen Überwinterungsgebiet eine Vollmauser statt, die bei den Altvögeln als erstes das schon stark abgetragene Großgefieder erfasst. Dabei wird aber nicht mehr das ganze Kleingefieder ersetzt.

Ähnliche Arten: Die nah verwandte Braunkopfammer kommt weit außerhalb unseres Gebietes in Mittelasien vor, wird allerdings in Europa häufig als Käfigvogel gehalten. Die anderen Ammern des Gebietes weisen fast durchweg eine Strichelzeichnung der Unterseite auf, vor allem der Flanken. Das gilt besonders für die Grauammer, der aber ebenfalls die weißen Schwanzkanten und andere auffallende Zeichnungs- und Färbungsmuster fehlen.

100 %

Der Flügel ist recht spitz geformt: Die längste Handschwinge ist H8, außerdem sind die äußeren Handschwingen etwas zugespitzt.

Kappenammer
Emberiza melanocephala
En: Black-headed Bunting
Fr: Bruant mélanocéphale
Es: Escribano Cabecinegro
It: Zigolo capinero
ad. ♂ 100 %

Rohrammer *Emberiza schoeniclus*

Federmerkmale: Die **Handschwingen** (4) 5 bis 8 weisen an der Spitze der Außenfahne eine Verengung auf. Bei den Innenfahnen trifft dies auf H(6) 7 bis H9 zu. H10 ist ein winziges Rudiment von etwa 7 mm Länge; man wird sie selbst in einer sonst vollständigen Rupfung kaum je auffinden, es sei denn, der Handflügel oder wenigstens das Spitzenstück davon wäre noch erhalten. Die längste Handschwinge misst 60 bis 78 mm, im Mittel 69 mm (n = 82). Die Handschwingen 1 bis 9 haben am Rand ihrer Innenfahne einen hellen Saum.

Die **Armschwingen** 1 bis 6 weisen wie die Handschwingen ein helles Innenfahnenfeld auf. Zusätzlich verfügen sie über einen hellbraunen Saum an der Außenfahne, der sich im Armflügel nach innen hin verbreitert und sich besonders bei den drei Schirmfedern deutlich um das Federende herumzieht. Zugleich sind alle Schirmfedern im Spitzenbereich sehr dunkel kontrastiert. Ihre Innenfahnenbasis ist grau, ebenso wie bei A6. Die Großen und Mittleren Oberen Armdecken weisen an den Außenfahnen und Spitzen warm braune Säume auf, die besonders bei den Kleidern des ersten Winters zu Flügelsäumen führen; bei Männchen im Prachtkleid sind sie kaum sichtbar.

Bei den **Steuerfedern** sind diejenigen dies- und vorjähriger Vögel bis zur ersten Vollmauser auffallend zugespitzt und neigen verstärkt zur Abnutzung. Wie bei den meisten anderen Ammernarten fallen auch bei der Rohrammer die weißen Außenkanten des Schwanzes auf, die durch ruckartiges Schwanzspreizen des beunruhigten Vogels sowie im Flug und beim Landen sichtbar werden. St1 ist die kürzeste und als Schirmfeder graubraun gefärbt, mit lichtem Saum an der Außen- und der Innenfahne. St2 bis 4 sind schwarz. Bei den St5 und 6 ist die Grundfärbung die gleiche, doch kontrastiert damit ein bei St5 schwacher, bei St6 stark entwickelter weißer Keilfleck. Bei St5 beschränkt er sich auf die Innenfahne, bei St6 erfasst er größere Teile der Außenfahne und hinterlässt nur die schwarze Färbung des Schafts, die sich am Federende etwas aufweitet und zu Grau tendiert. Die längsten Steuerfedern messen 64 bis 85 mm, im Mittel 72 mm (n = 433). Die Oberschwanzdecken sind graubraun, bei den Männchen eher grau, bei den Weibchen eher braun, was auch für die Jungvögel des ersten Winters gilt. Die Unterschwanzdecken sind weiß mit Ausnahme der dunkel pigmentierten Dunenbasis.

Die ausgeprägten Geschlechterunterschiede in den Kleidern beziehen sich nur auf das Kleingefieder, besonders an Kopf und Kehle.

Vorkommen: Rohrammern sind als früh in den Brutgebieten ankommende Sommervögel typische Bewohner von Schilfbeständen an Flüssen, Seen, Teichen und Gräben. Doch überwintern im Süden und Westen Mitteleuropas viele Brutvögel der Region und Zuzügler aus dem Norden. Am Schilfrand findet man auf festem Untergrund gerade im frühen Frühjahr recht häufig Rupfungen von Rohrammern. Für alle deutschen Bundesländer zusammengenommen ergibt sich ein Brutbestand von 115 000 bis 200 000 Revieren.

Mauser: Im Sommer vor der Mauser können sowohl die Schirmfedern mit ihren Decken als auch die Steuerfedern, besonders St1 und 6, stark abgenutzt sein. Die Vollmauser nach der Brutzeit beginnt im Hochsommer und erstreckt sich bis in den Herbst hinein. Jungvögel absolvieren in ihrem ersten Sommer eine Teilmauser mit Tendenz zur Vollmauser, besonders bei früh mausernden Jungen, bei Männchen und in südlichen Vorkommen. Im frühen Frühjahr werden nochmals das Kopf- und das Kehlgefieder in einer Teilmauser erneuert.

Ähnliche Arten: Weiße, ähnlich gemusterte Schwanzkanten findet man bei fast allen heimischen Ammern, aber auch bei Buchfinken, Kohlmeisen, Piepern, Lerchen, Würgern, Schnäppern und den meisten Grasmückenarten. Diese Vögel kommen aber im Allgemeinen in anderen Lebensräumen vor.

100 %

Die Rohrammer als Teilzieher fliegt nur bis ins Mittelmeergebiet oder ist Standvogel und hat eher gerundete Flügel. Die längste Handschwinge ist H6/7. Trotzdem ist H10 winzig, wie bei allen Ammern.

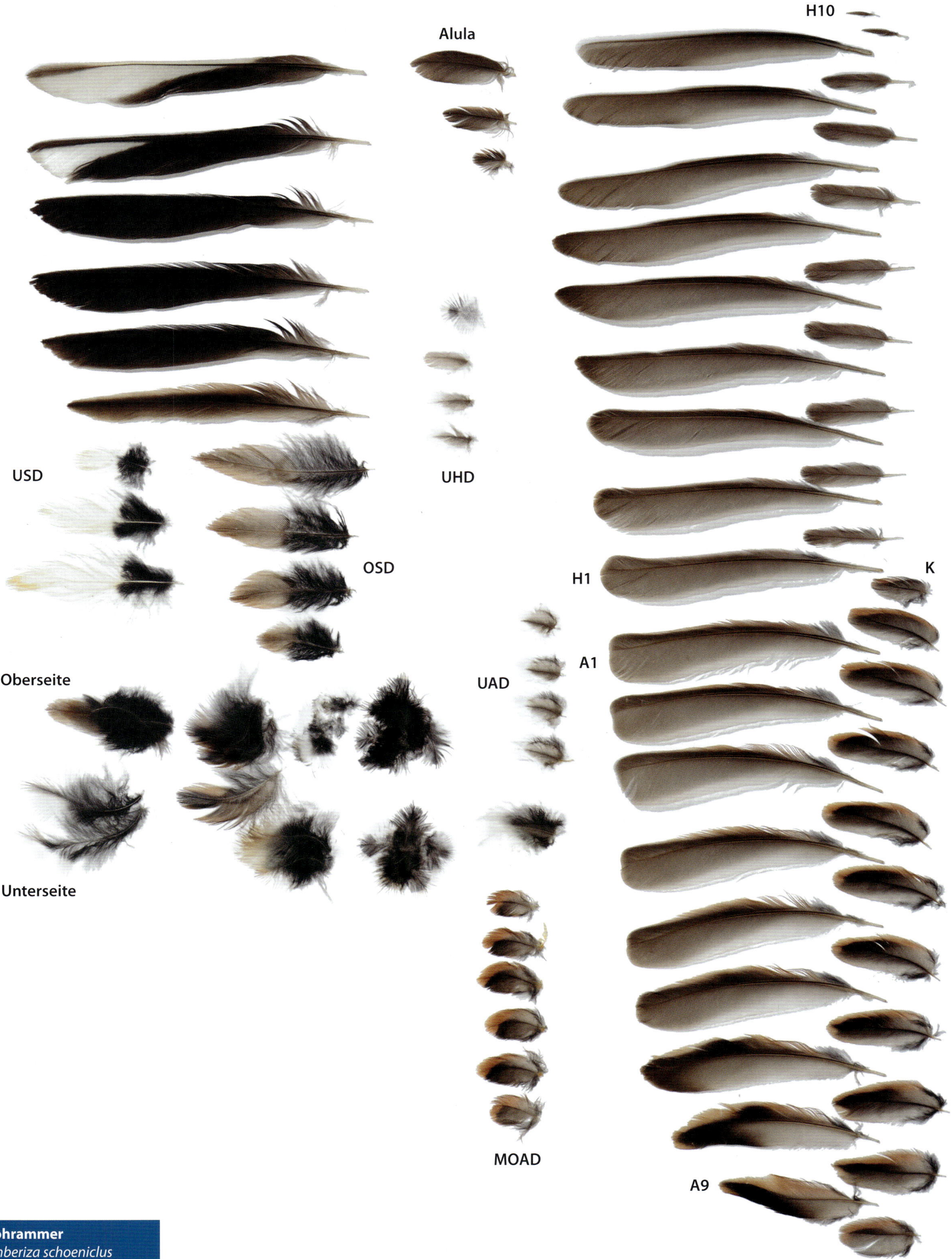

Rohrammer
Emberiza schoeniclus
En: Common Reed Bunting
Fr: Bruant des roseaux
Es: Escribano Palustre
It: Migliarino di palude
ad. ♂ 100 %

Fachbegriffe

Dieses Buch soll nicht durch zu viel Fachwissen belastet werden, doch einige Fachwörter sind nötig. Manche treten bereits in der Einführung auf, andere in den Artentexten oder auf den Tafeln. Hier sind die wichtigsten in alphabetischer Reihenfolge zusammengestellt und erklärt.

adult
Altvogel, im Gegensatz zu juvenil = Jungvogel ein Vogel im Jugendkleid. Ein nestjunger Vogel wird als Pullus bezeichnet.

Afterfeder
Eine Körperdeckfeder besteht ursprünglich aus zwei gleichwertigen Anteilen. Der Hauptfeder entspringt auf ihrer körpernahen Unterseite eine zweite, die viel kleiner und meist nur als Dune angelegt ist, die Afterfeder. Sie ist bei Singvögeln nur schwach ausgebildet.

Alula
Der sogenannte Daumenfittich als Teil des Handflügels besteht aus meist drei sehr kurzen Schwingen. Die Alulaschwingen sitzen an einem kurzen Finger am Handgelenk, also dort, wo der Unterarm in die Hand übergeht. Dieser kleine zusätzliche Flügel kann beim Landen abgespreizt werden, teils auch beim Tauchen. Er dient beim Fliegen als Landeklappe.

Abb. 24: Die Alula ist ein Finger, der am Handgelenk des Vogels befestigt ist und an dem man drei kurze spitze Schwingen erkennen kann.

Armschwinge
Armschwingen sind meist kürzer als die Handschwingen und haben eine seitlich zum Körper hin stärker gebogene Form. Sie sitzen an der Elle am Unterarm des Vogels zwischen Handflügel und Ellenbogen und dienen im Sinne von Tragflächen vorwiegend dazu, den Vogel beim Gleitflug in der Luft zu halten. Die Außenfahne ist schmaler als die Innenfahne, aber die Asymmetrie ist nicht so ausgeprägt wie bei den Handschwingen. Bei Singvögeln gibt es meist 9 (-10) Armschwingen, einschließlich der Schirmfedern. Sie werden entsprechend ihrem Mausermodus von außen nach innen gezählt.

Blutkiel
siehe Feder

Dunen (oder Daunen)
Sehr kleine, flauschige unter oder zwischen den Körperdecken stehende Federn mit winzigem Schaft und frei stehenden Federästen, die keine Federfahnen bilden. Sie dienen vor allem der Wärmeisolation. Viele Konturfedern weisen an ihrer Fahnenbasis einen kleinen Dunen-Anteil auf. Außerdem gibt es Halbdunen mit einem großen dunigen Anteil und einem kleinen Fahnenteil.

Ellenbogenfeder
siehe Schirmfeder

Fahne
Die zart gebaute Federfläche mit klettverschlussartig verzahnten Federästen (Rami), die auf beiden Seiten am Schaft der Feder ansitzt. Bei den Schwingen und Schwanzfedern ist die Außenfahne meist schmaler und steifer als die Innenfahne. Je weiter außen die Feder im Flügel oder im Schwanz ansitzt, desto stärker ist ihre Asymmetrie ausgebildet. Dunen (oder Daunen) haben keine Fahne.

Fahnenverengung
Eine Verschmälerung einer Handschwinge von der Spitze her. Sie kann entweder die Außenfahne (Außenfahnenverengung) oder die Innenfahne (Innenfahnenverengung) oder beide betreffen. Verengungen bei benachbarten Schwingen sind auf den zugewandten Seiten gleich lang. Eine Verengung kann sich auf die Schwingenspitze beschränken oder weit herablaufen. Je rundflügeliger ein Vogel ist, desto mehr Schwingen von außen her sind von den Verengungen betroffen. Das führt im geöffneten Flügel zu einer Fingerung, die in der Flügelspitze am stärksten ist und sich nach innen hin abschwächt. Die äußerste große Handschwinge hat nie eine Außenfahnenverengung oder ist auf ihrer ganzen Länge verengt. Runde Flügel sind für schnelle Beschleunigungen und wendigen Flug geeignet. Schnelle Dauerflieger wie der Mauersegler verfügen nicht über Fahnenverengungen. Bei den Singvögeln sind die Verengungen meist auf die Außenfahnen von Handschwinge 6 bis 8 und auf die Innenfahnen von Handschwinge 7 bis 9 beschränkt. Oft sind die Innenfahnenverengungen kaum oder gar nicht erkennbar.

Feder
Eine Feder ist ein unbelebtes Hautgebilde des Vogels – so wie die Haare bei Säugetieren. Sie wächst beim Jungvogel ebenso wie beim mausernden Vogel aus einer Hautpapille heran. Als wachsendes Gebilde trägt sie noch einen gut durchbluteten Basalteil, den Blutkiel. Später stirbt die Feder vollständig ab und ist gefühllos. Nur an der Basis in der Haut ist sie von Nerven und Muskeln umgeben und kann bewegt werden. Hier fühlt der Vogel auch, wenn die

Abb. 25: Zur Pflege der Federn gehört beim Haussperling (im Bild ein Weibchen) das Sandbad.

Feder berührt wird und wenn sie verschoben ist und nicht richtig steht. Dann bemüht er sich, sie mit dem Schnabel wieder einzuordnen. Es tut ihm weh, wenn sie mit Gewalt ausgerissen wird.

Flügeldecken
Die Basis von Hand- und Armschwingen sowie der sie tragende Unterarm und die Hand sind sowohl auf der Ober- wie auch auf der Unterseite mit mehreren Reihen von dachziegelartig angeordneten Flügeldecken versehen, sodass ein aerodynamisch glattes Profil entsteht. Auf der Oberseite gibt es eine Reihe Großer Oberer Handdecken und Großer Oberer Armdecken. Daran schließen sich zum Bug hin beim Arm Mittlere und Kleine Obere Armdecken an, die jeweils die Basis der vorherigen zudecken. Die Großen und Mittleren Oberen Armdecken tragen oft artkennzeichnende Farbmuster. Die Mittleren und Kleinen Armdecken werden oft als Randdecken zusammengefasst. Die unteren Flügeldecken sind zarter und oft unscheinbar gefärbt, können aber Farbmerkmale tragen. Dabei können auch die nach innen anschließenden Achselfedern und unteren Schulterdecken noch beteiligt sein.

Flügelformel = Schwingenformal
Die Flügelformel bezeichnet den Schnitt des Handflügels. Darin gehen die relative Länge der Handschwingen (im kompletten Flügel) sowie die Verteilung der Verengungen an Außen- und Innenfahne dieser Schwingen ein. Dabei ist zu beachten: Die relative Länge der Handschwingen ändert sich, wenn man die Federn aus dem Flügel herauszieht und einzeln auf Linie nebeneinanderlegt. Die weiter innen sitzenden Schwingen wirken dann länger als es im kompletten Flügel der Fall ist: Die Flügelspitze verschiebt sich scheinbar nach innen. Die Verengungen der Außen- und Innenfahnen an den einzelnen Schwingen sind davon nicht betroffen. Umgekehrt im Vergleich zum Handflügel sind die Verhältnisse im Armflügel. Die weiter innen sitzenden Schwingen wirken im geschlossenen Flügel länger, als wenn man sie einzeln vergleicht.

Großgefieder
Hierzu gehören die Hand- und die Armschwingen einschließlich der Schirmfedern sowie die Steuerfedern. Man kann auch die Federn der Alula dazuzählen. Nicht dazu gehören die den Körper und die Flügel bedeckenden Konturfedern und die Dunen.

Handschwinge
Die kräftigsten, meist auch die längsten und haltbarsten Federn eines Vogels. Sie sitzen am Handflügel, haben eine gestreckte Form und dienen dazu, den Vogel im aktiven Flug vorwärtszutreiben; sie können auch beim Gleit- und Segelflug behilflich sein. Die Außenfahne ist schmaler als die Innenfahne. Die Fahnen tragen meist keine Ornamente und farbigen Muster. Die Erneuerung der Handschwingen erfolgt meist von innen nach außen, das heißt vom Handgelenk aus zur Flügelspitze hin. Deswegen werden die Handschwingen auch vom Handgelenk aus nach außen gezählt. Bei den Singvögeln und den meisten Nicht-Singvögeln sind es 10 (s. Tafel S. 10, Abb. 20 und 26).

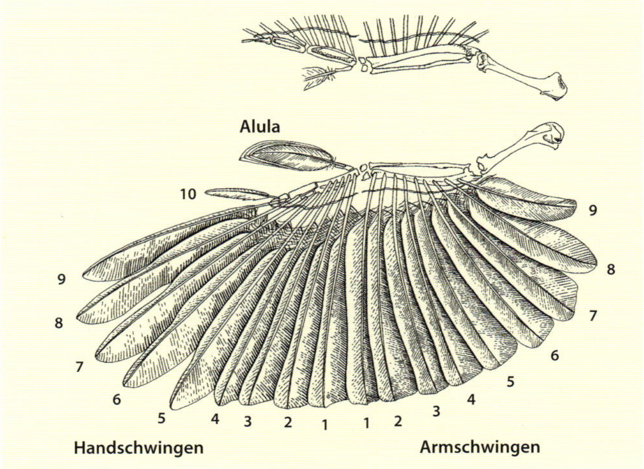

Abb. 26: Beim Flügel eines Singvogels gibt es 10 Handschwingen und 9 Armschwingen. Oben das Armskelett von der Unterseite mit den Ansätzen der Schwingen, die durch eine Sehne miteinander verbunden sind. Flügeldecken und Muskulatur sind entfernt.

Herbstsche Körperchen
Dies sind Rezeptoren, die dem Tastsinn dienen.

juvenil
Jugendlich, im Gegensatz zu adult = Altvogel. Nach der Jugendmauser im ersten Herbst kann man oft die Jungvögel nicht mehr von den Altvögeln unterscheiden.

Karpaldecke
Abgleitet von lat. carpus = Handgelenk. Auf der Spule der innersten Handschwinge ist eine Decke befestigt, die ihrer Gestalt nach einer Großen Oberen Armdecke entspricht. Sie deckt die Basis der Handschwingen und Handdecken ein Stück weit ab. Abkürzung K.

Kiel
Die tragende Säule der Feder. Sie besteht aus dem Schaft (Rhachis), an dem die Fahnen ansitzen, und der basalen

fahnenfreien und hohlen Spule (Calamus), die in der Haut verankert ist (s. Abb. 16). Der gesamte Kiel wird auch Scapus genannt, also: Scapus = Rhachis + Calamus.

Kleingefieder
Körpergefieder: Alle die Körperoberfläche bedeckenden Konturfedern ohne die Schwanzfedern, Schwingen und Alula des Flügels. Das Kleingefieder gibt dem Vogel die äußere Form und das Färbungsmuster, es schützt ihn gegen Temperaturschwankungen und viele andere Außeneinflüsse.

Konturfeder
Eine Feder mit Fahnen. Sowohl die Federn des Großgefieders als auch die Körperdecken gehören dazu. Die Dunen oder Daunenfedern haben keine Fahne und gehören nicht zu den Konturfedern.

Mauser
Erneuerung des Federkleides. Dieser Energie zehrende Prozess geht in der Regel langsam vor sich, wobei die Federn meist in einer bestimmten Reihenfolge nacheinander ausfallen und nachwachsen. Deswegen erstreckt sich der Vorgang meist über mehrere Monate. Bei der Mehrzahl der kleinen Vögel ist er so gesteuert, dass die entstehende Mauserlücke im Flügel jeweils nur zwei bis vier Federn umfasst (Abb. 12), sodass sie weiterhin fliegen können. Bei Schwalben sind die Mauserlücken klein. Manche Vögel erneuern die Körperfedern zweimal im Jahr und wechseln zwischen einem Prachtkleid, das sie im Frühjahr und Sommer tragen, und einem unauffälligen Schlichtkleid im Herbst und Winter. Dieser Kleiderwechsel betrifft aber vorwiegend das Kleingefieder. Von einer Vollmauser spricht man dann, wenn Groß- und Kleingefieder gewechselt werden, bei einer Teilmauser wird nur

Abb. 27: In dem Flügel der vorjährigen Singdrossel ist in den Großen Oberen Armdecken eine Mausergrenze zu erkennen: Die äußeren, nicht vermauserten Armdecken sind mit hellen Spitzenflecken versehen.

das Kleingefieder ausgetauscht. Wenn nur ein Teil einer Federserie erneuert wird, entsteht eine Mausergrenze. Mausergrenzen kann man bei den Armdecken vieler junger Singvögel nach der Jugendteilmauser sehen. Streng genommen beginnt die Mauser einer Feder mit ihrem Ausfallen und endet erst dann, wenn die nachfolgende Feder vollständig ausgewachsen ist.

Prachtkleid
Auffälliges Kleid, vor allem beim Männchen. Es entsteht durch Mauser oder Abrieb von Federsäumen anstelle des Schlichtkleids. Früher sprach man vom Brutkleid. Da das Prachtkleid beispielsweise bei den Enten bereits lange Zeit vor der Brutphase angelegt wird, ist der Begriff Prachtkleid besser geeignet.

Pullus
Jungvogel im Nestkleid.

Rupfung
Greifvögel und manche Eulen, die einen Vogel erbeutet haben, rupfen mehr oder weniger sorgfältig seine Federn aus, bevor sie ihn verzehren. Man findet dann als Rest der Mahlzeit einen Haufen Federn, oft an einer etwas erhöhten Stelle – die Rupfung (s. Abb. 13). Ein Wanderfalke hinterlässt meist auch das zusammenhängende Flügelpaar, oft noch mit anderen Teilen des Skeletts, wie Schultergürtel und Brustbein. Sind die Federn unten an der Spule abgebissen, so war ein Säugetier als Beutegreifer beteiligt – vielleicht ein Rotfuchs. Es kann auch geschehen, dass ein Greifvogel die Beute verlassen hat und dann ein Fuchs oder ein Marder sie weiter genutzt hat. Dann liegen ausgerupfte neben abgebissenen Federn. Manchmal entsteht eine Mischrupfung dadurch, dass an einer Stelle zwei Vögel gerupft worden sind. Rupfungen sind oft unvollständig, weil der Greifvogel den Platz gewechselt hat oder der Wind Federn verweht hat. Rupfungsfedern werden zur Brutzeit von manchen kleinen Vögeln weggetragen und für die Innenauskleidung ihres Nestes verwendet. Schwanzmeisen sammeln systematisch Federn und ihre Nester sind damit vollgestopft.

Schaft
Der solide Teil des Federkiels, der auf beiden Seiten die Fahnen trägt. Er wird auch Rhachis genannt. An ihn schließt sich unten die hohle Spule (Calamus) an. Beide zusammen bilden den Kiel (Scapus).

Schirmfeder
Gleichbedeutend mit Ellenbogenfeder. Diese Federn sind meist gerade gestreckt und nahezu symmetrisch geformt, das heißt die Außenfahne ist ungefähr so breit wie die Innenfahne. Die inneren sind manchmal sogar nach außen gebogen. Sie dienen dazu, bei gestrecktem Flügel die Gleitfläche zwischen Armschwingen und Körper zu schließen, bei zusammengelegtem Flügel legen sie sich schützend auf die Hand- und Armschwingen. Bei einigen Singvögeln sind sie flexibler und viel länger als die normalen Arm-

Abb. 28: Die Schirmfedern – hier am Beispiel der adulten Uferschwalbe – haben eine bezeichnende Form und Größe. Sie werden von A7 zu A9 kleiner.

schwingen. Weil sie dem Licht und anderen Einwirkungen ausgesetzt sind, neigen sie stärker als andere Federn zum Ausbleichen und zur Abnutzung. Bei manchen Vögeln dienen sie der Tarnung oder sind im Prachtkleid auffallend gefärbt und können auch zwischen zwei Vollmausern einmal zusätzlich erneuert werden.

Schlichtkleid
Unauffälliges Kleid, das durch Mauser nach dem Prachtkleid entsteht und vor allem außerhalb der Fortpflanzungsperiode getragen wird. Der alte Begriff ist Ruhekleid.

Schwinge
Eine der Flugfedern aus dem Hand- oder dem Armflügel. Landläufig wird auch häufig darunter der ganze Flügel verstanden (auch Fittich genannt). In diesem Buch ist aber mit Schwinge immer eine einzelne Flügelfeder gemeint. Man unterscheidet Hand- und Armschwingen (siehe Abb. 9, 14). Man kann auch den Begriff Schwungfeder verwenden.

Schwanz- oder Steuerfeder
Die Schwanzfedern des Vogels dienen einerseits dem Steuern im Flug, der Schwanz wird andererseits beim Landen gespreizt und hilft beim Bremsen. Die Steuerfedern sind meist relativ kurz und stabil. Die äußeren sind asymmetrisch geformt mit sehr schmaler Außenfahne, die inneren sind beinahe symmetrisch. Diese innersten Steuerfedern haben oft ein abweichendes, tarnendes Färbungsmuster und decken den zusammengelegten Schwanz nach oben ab, wie die Schirmfedern es im Flügel tun. Der Schwanz ist in der Regel symmetrisch aufgebaut und besteht auf jeder Seite aus 6, insgesamt also aus 12 Federn. Weniger Federn kommen selten vor. Die Schwanzfedern werden bei der Mauser meist von der Schwanzmitte nach außen hin in beide Richtungen („deszendent") nacheinander erneuert und werden deshalb auch so gezählt. Feder 1 steht jeweils in der Mitte, Feder 6 ist die äußerste.

Spule
Der hohle und fahnenfreie basale Teil des Federkiels, der in der Haut verankert ist (s. Abb. 16, S. 15).

Verengung
siehe Fahnenverengung

Bestimmungsbücher und andere Literatur

Barthel, P. H. & T. Krüger (2018): Artenliste der Vögel Deutschlands. Vogelwarte 56: 171-203.

Bergmann, H.-H. (2022): Das will ich wissen – Wie funktioniert ein Vogel? Quelle & Meyer, Wiebelsheim.

Bergmann, H.-H. & S. Klaus (2016): Spuren und Zeichen der Vögel Mitteleuropas. Aula, Wiebelsheim.

Deutsche Ornithologen-Gesellschaft (DO-G, Hrsg., o. J.): Measuring birds – Vögel vermessen. Christ Media Natur, Minden.

Fiedler, W., H.-J. Fünfstück & W. Nachtigall (2018): Die Vögel Mitteleuropas im Flug bestimmen. Quelle & Meyer, Wiebelsheim.

Fiedler, W. & H.-J. Fünfstück (2021): Die Vögel Mitteleuropas. Das große Fotobestimmungsbuch. Quelle & Meyer, Wiebelsheim.

Glutz von Blotzheim, U. N. & K. M. Bauer (Hrsg., 1987 bis 1995): Handbuch der Vögel Mitteleuropas, Bd. 10 bis 14. Aula, Wiesbaden.

Hansen, W. & J. Synnatzschke (2015): Die Steuerfedern der Vögel Mitteleuropas. Neuauflage, bearbeitet von G. Hartmann. Verlagsgruppe Federführer Publ., Gütersloh.

Khil, L. (2021): Handbuch – Vögel beobachten. Franckh-Kosmos, Stuttgart.

Moning, C., T. Griesohn-Pflieger & M. Horn (2022): Grundwissen Vogelbestimmung. 3. Aufl., Quelle & Meyer, Wiebelsheim.

Nottmeyer, K. (2021): Die siehst du – im Wald. Franckh-Kosmos, Stuttgart.

Reichholf, J. H. (2013): Der Ursprung der Schönheit. Darwins größtes Dilemma. Deutscher Taschenbuch-Verlag, München.

Singer, D. (2019): Was fliegt denn da? Der Fotoband. Mit Filmen von W. Engländer & H.-H. Bergmann. Franckh-Kosmos, Stuttgart.

Svensson, L. (1992): Identification Guide to European Passerines. 4. Aufl., Eigenverlag, Stockholm.

Svensson, L., K. Mullarney & D. Zetterström (2018): Der Kosmos – Vogelführer. 2. Aufl., Franckh-Kosmos, Stuttgart.

Westheide, W. & G. Rieger (Hrsg., 2015): Spezielle Zoologie. 3. Aufl. , Springer Spektrum, Berlin..

Wink, M. (2014): Ornithologie für Einsteiger. Springer Spektrum, Berlin.

Zedler, A. (2019): Eine aktuelle Übersicht über Farbabweichungen bei freilebenden Vögeln. Ber. z. Vogelschutz 56: 76–92.

Internetadressen zur Federbestimmung

Zusammengestellt und kommentiert von Martin Spiess, Schweizerische Vogelwarte Sempach, fortgeführt von Gabriel Hartmann (geprüft 2023)

Federbestimmung
www.featherbase.info
Die von A. Haase bearbeitete Webseite wird weiter ausgebaut und zeigt demnächst Federn von mehr als 1800 Vogelarten. Sie basiert auf der Sammlung des verstorbenen W.-D. Busching, die sich jetzt im Naumann-Museum in Köthen befindet.

Vogelfedern
www.vogelfedern.de
Umfangreiche Sammlung von Vogelfedern zahlreicher zumeist europäischer Vogelarten, ergänzt mit einem ‚Bestimmungsführer'. Eine ‚Kleine Federkunde' bietet zusätzlich theoretische Informationen zum Thema Vogelfedern. Autor Stephan Schubert.

Federführer.org
www.federfuehrer.org
Die Webseite enthält nur noch einen allgemeinen Hinweis auf eine bestehende Arbeitsgruppe. An die Stelle der Federtafeln tritt der in Vorbereitung befindliche Atlas of Feathers for Western Palearctic Birds (Autor bzw. Herausgeber G. Hartmann) in zwei Bänden. Darin werden das annähernd komplette Großgefieder sowie Kleingefiederproben der westpaläarktischen Vögel gezeigt. Mehr als 150.000 Federn liegen gescannt vor.

Gefiederkunde
www.gefiederkunde.de
Abbildungen zu Federn von mehr als 200 Vogelarten. Autor E. Tyll.

Federn.org
www.federn.org
Fotos von Einzelfedern zu ca. 200 Vogelarten aus der Sammlung von Philip Frei und Agatha Müller (Bern).

Bayerische Sammlung
www.otus-bayern.de/federn/federn.php
Sorgfältig bearbeitete komplette Federsätze europäischer Vögel. Autor Hermann Rank.

Holländische Sammlung
www.michelklemann.nl/verensite/start/index.html
von Michel Klemann.

Bildnachweis

Abkürzungen
o: oben, u: unten, li: links, re: rechts

Bachmeier, G. 72, 114
Bergmann, H.-H. 7 o, 7 u li, 8, 9, 10, 12, 13, 14, 15, 16, 18, 19, 36, 44, 46, 56, 72, 74, 90, 98, 102, 122, 134, 166, 168, 170, 190, 192, 212, 214, 218, 240, 256, 258, 272, 284, 286, 289, 290
Ebert, A. 58, 278
Ferdinand, J. 130
Fünfstück, H.-J. 22, 24, 26, 34, 38, 40, 42, 50, 52, 60, 64, 75, 86 u, 88, 92, 116, 128, 132, 136, 140, 142, 144, 146, 150, 152, 154, 156, 162, 164, 176, 182, 184, 194, 196, 198, 202, 206, 208, 210, 216, 224, 226, 228, 232, 242, 246, 262, 264, 268, 270, 274, 280
Grimm, M. 80, 106
Lösekrug, R.-G. 7 u re, 11, 13, 17
Mayer, R. 70, 124
Moning, C. 180
Moreth, B. 108
Probst, V. 234, 248, 252, 268
Putze, M. 220 u
Römhild, M. 178
Schäf, M. 282
Schneider, J. 138

Adobe Stock Bilder
AGAMI AdobeStock 96, 126, 158, 186, 276
Carol Hamilton AdobeStock 238
dennisjacobsen AdobeStock 230, 254
JRG AdobeStock 54
JuergenL AdobeStock 62
NickVorobey.com AdobeStock 172
Paolo AdobeStock 188
phototrip.cz AdobeStock 84
Piotr Krzeslak AdobeStock 32, 66
RLS Photo AdobeStock 258
ulikloes AdobeStock 148
WildMedia AdobeStock 28
William Parnell AdobeStock 250
Wolfram Riech AdobeStock 160
Wouter Midavaine AdobeStock 94
Yakubovich Dmitry AdobeStock 30

Wikimedia/Wikipedia
wikimedia/CCBYSA / Kaeptnchemnitz 20; MaleneThyssen 78
wikimedia/CCBYSA 2.0 / Sandra 202
wikimedia/CCBYSA 3.0 / Cesco77 200
wikipedia/CCBY / JürgenFreisinger 112; JJHarrison 220o
wikipedia/CCBYSA / AndreasTrepte 100, 104, 118; Chapmankj75 244; CRobiller 82; DûrzanCîrano 222; MarekSzczepanek 114, 236; StefanHage 120
wikipedia/GFDL 1.2 / Romeiks C 174

Register der deutschen und wissenschaftlichen Vogelnamen

Register der englischen Vogelnamen

Register der französischen Vogelnamen

Register der spanischen Vogelnamen

Register der italienischen Vogelnamen

Abkürzungen

♂	Männchen
♀	Weibchen
ad.	Adult, Altvogel
juv.	juvenil, Jungvogel
A	Armschwinge
AD	Armdecke
BK	Blutkiel
GOAD	Große Obere Armdecke
HD	Handdecke
H	Handschwinge
K	Karpaldecke
KlOAD	Kleine Obere Armdecken
MOAD	Mittlere Obere Armdecke
OAD	Obere Armdecke
OSD	Oberschwanzdecke
PK	Prachtkleid
pull.	Pullus
Sch	Schirmfeder
SK	Schlichtkleid
St	Steuerfeder, Schwanzfeder
UAD	Untere Armdecke
UHD	Untere Handdecke
USD	Unterschwanzdecke

Der Autor

Prof. Dr. Hans-Heiner Bergmann (Jahrgang 1939) war Hochschullehrer an den Universitäten von Marburg/L. und Osnabrück. Er hat sich Zeit seines Lebens mit der Biologie der Vögel befasst und zahlreiche Bücher, Tonträger und DVDs zu ihrem Verhalten veröffentlicht – meist gemeinsam mit anderen Autoren. Insbesondere interessiert er sich für Vogelstimmen und Vogelfedern.